腾讯游戏开发精粹 II

腾讯游戏 著

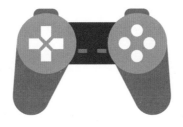

电子工业出版社

Publishing House of Electronics Industry

北京·BEIJING

内 容 简 介

《腾讯游戏开发精粹 II》是腾讯游戏研发团队不断积累沉淀的技术结晶，是继 2019 年推出《腾讯游戏开发精粹》后的诚意续作。本书收录了 21 个在上线项目中得到验证的技术方案，深入介绍了腾讯公司在游戏开发领域的新研究成果和新技术进展，涉及人工智能、计算机图形、动画和物理、客户端架构和技术、服务端架构和技术及管线和工具等多个方向。本书适合游戏从业者、游戏相关专业师生及对游戏幕后技术原理感兴趣的普通玩家。

图书在版编目（CIP）数据

腾讯游戏开发精粹. II / 腾讯游戏著. —北京：电子工业出版社，2021.12

ISBN 978-7-121-42290-4

Ⅰ. ①腾… Ⅱ. ①腾… Ⅲ. ①游戏程序－程序设计－文集 Ⅳ. ①TP317.6-53

中国版本图书馆 CIP 数据核字（2021）第 226294 号

责任编辑：张春雨　　　　　　　　特约编辑：田学清
印　　刷：北京天宇星印刷厂
装　　订：北京天宇星印刷厂
出版发行：电子工业出版社
　　　　　北京市海淀区万寿路 173 信箱　　　邮编：100036
开　　本：720×1000　　1/16　　印张：29.5　　字数：594.7 千字
版　　次：2021 年 12 月第 1 版
印　　次：2021 年 12 月第 1 次印刷
定　　价：148.00 元

凡所购买电子工业出版社图书有缺损问题，请向购买书店调换。若书店售缺，请与本社发行部联系，联系及邮购电话：（010）88254888，88258888。

质量投诉请发邮件至 zlts@phei.com.cn，盗版侵权举报请发邮件到 dbqq@phei.com.cn。

本书咨询联系方式：010-51260888-819，faq@phei.com.cn。

《腾讯游戏开发精粹 II》编委会

王小波曾说："我总在回想幼时遥望人类智慧星空时的情景。千万丈的大厦总要有片奠基石，最初的爱好无可替代。所有的智者、诗人，也许都体验过儿童对着星光感悟的一瞬"。

所有把小时爱好作为职业的游戏从业者，几乎都有一个好的开始。正如我从2000年投身游戏技术开发3D引擎的时候一样。20年前，想得到一些游戏开发的新技术知识，只能托人从海外带回一些原版的游戏开发书籍。著名的《游戏编程精粹》（Game Programming Gems）第一卷是2000年在国外出版的，2004年国内才引进。国内游戏的研发在当时还处于快速追赶期，更谈不上出版书籍。

随着中国游戏业腾飞，腾讯凭借自身实力，迅速成为国内开发高品质游戏的领军公司之一。游戏开发既是非常复杂的软件工程，又是创新与创造高度密集的心理学产品制造过程。腾讯公司聚集了大量国内顶尖人才，在众多高技术质量自研项目中不断积累和进步。如今，腾讯公司把自己技术人才多年研发的经验积累编纂出书，无疑是对中国游戏技术研发的巨大贡献。

——姚勇，北京永航科技有限公司 CTO

相比第一本书，本书结合了更多前沿技术，大多在实际项目中落地并有了很好的表现，同时对工作管线和流程有了更多的分享。

人工智能部分从个性化内容生成到游戏AI决策，都在多款游戏和生产管线中有了成熟的运用；计算机图形部分的内容有趣且有价值，实时面光源的优化使得我们能在手机平台应用高级的渲染功能，体素化场景射线可以追踪烘焙LightProbe的SH系数和可见性的，基于Cuda实现的MPM的框架整合进引擎能高效模拟多种复杂的弹性和塑性材质的交互，给游戏的表现和玩法层面带来了新的可能性，以及进行了详细完善的从表情捕捉到捏脸的实践和分析。动画和物理部分包含需要大量实践和积累的动画和物理系统的运用技巧，可以帮助读者了解对于相关模块技术的高级运用方式。通用部分包括客户端和服务端对架构的设计和常见需求的解决方案，以及工具、管线方面的技术。

整本书覆盖了游戏开发的很多方面，兼顾了技术广度和深度，从业的开发人员或有兴趣在相关技术方向发展的同学能从中获得行业中较新的且已经落地的技术的第一手资料。

——王祢，Epic Games China 首席引擎工程师

本书汇聚了腾讯资深工程师在实战中使用的技术精华，涵盖了自然场景快速建模、个性化人脸建模、实时全局光照、语音驱动的表情动画、基于物质点法的物理仿真、多足角色动画等前沿计算机图形学和计算机动画研究进展。该书不仅体现了人工智能与计算机图形学深度融合这一技术发展趋势，还深入介绍了工业界非常关注的内存管理、客户端和服务端架构等工程实战经验，能让读者全面、快速地了解实时图形的新技术进展。分享的开发精粹不仅可用于数字娱乐，还可用于智能制造、智慧城市、虚拟现实、电子商务、社交媒体等领域，从而让更多领域的研发人员受益。

——金小刚，浙江大学-腾讯游戏智能图形创新技术联合实验室主任

过去几年来，AI 技术的突飞猛进在许多应用领域取得巨大的进步，正在改变世界。游戏领域正是对 AI 技术的需求最强烈、最积极的深度变革的领域。鹅厂的游戏业务在过去 20 年，经历了从 PC 时代到移动时代，再到 ABC 时代（AI+BigData+Cloud）的 3 次技术时代变迁，鹅厂的游戏团队从几个爱好者的小作坊发展为人数过万的大型专业团队。

本书由鹅厂游戏的技术大牛出品，记录和分享了在面对技术时代变迁时，在大型在线游戏作品中如何应用 AI 技术和场景落地的经验、教训，以及他们的思辨路径。推荐给喜欢游戏产业，喜欢 AI 新科技的朋友们。

——张志东，腾讯主要创办人

技术是游戏的第一驱动力。技术的高速发展，不断重塑着游戏的形态；游戏与技术的相互促进，延展出许多新的想象空间。今天的游戏正在成为一种"超级数字场景"，除可以提供令人愉悦的体验外，还开始与各行各业产生更紧密的连接，为我们的生活创造出更多丰富的价值与可能。

对游戏从业者来说，这是机遇也是挑战，需要我们用更加开放、更加动态、更加有责任心的眼光来看待我们所处的这个行业。《腾讯游戏开发精粹》系列书籍是腾讯游戏一次有益的尝试，继 2019 年的第一册后，出版《腾讯游戏开发精粹 II》，我们尝试将项目中积累沉淀的前沿技术方案与全行业共享，希望能激发出更多的想象力和创意，不断丰富游戏技术在不同场景、产业运用的可能，共同探索产业契合未来的可能路径。

——马晓轶，腾讯集团高级副总裁

《腾讯游戏开发精粹 II》由腾讯游戏学堂发起，多个腾讯游戏研发团队参与撰写，经过内部多轮审核优化，沉淀了 21 个前沿技术案例。作为《腾讯游戏开发精粹》的续作，本书维度更丰富、技术更前沿，希望为读者朋友们提供更好的阅读体验。同时，期待能以本书为契机，促进游戏行业更多的分享交流，推动游戏行业良性发展，助力游戏人成就游戏梦想。

——夏琳，腾讯游戏副总裁、腾讯游戏学堂院长

第二册《腾讯游戏开发精粹 II》和时下的热词 Metaverse（元宇宙）遥相呼应。如果说第一册是传统的游戏开发和运营所需要用到的基础技术的剪影，那么第二册则是元宇宙的敲门砖：腾讯游戏在计算机图形学、动画上的实践，工业化的生产流水线，各种 AI 能力和应用，大世界的 C/S 架构……凡此种种，均有助于读者搭建自己的虚拟世界。

——崔晓春，腾讯游戏副总裁、腾讯游戏公共研发运营体系负责人

《腾讯游戏开发精粹 II》汇集了多位研发一线专家的宝贵经验。书中的技术方案大都在腾讯游戏产品中部署，经过了亿万名玩家的检验。对于正在从事游戏开发或对游戏开发好奇的读者，本书既可以拓展知识面，又可以对照着动手实践。

本书各章独立成文，有经验的开发者可以快速跳到自己感兴趣的部分，读完后还能以此为起点，在网上搜索相关信息扩展阅读。

——徐成龙，腾讯互动娱乐天美工作室群技术中心副总经理

《腾讯游戏开发精粹II》是一部技术好文集锦，囊括了当前游戏开发所必需的多种关键技术。书中所录知识来源于实际的游戏研发过程，涉及的游戏项目均为腾讯游戏中在研或已上线的项目，许多案例历经充分的版本测试和线上运营考验，凝结了腾讯技术专家们在实际研发场景中克服种种技术挑战得出的宝贵经验。希望本书可帮助广大游戏同行在工作与研究中举一反三，也期盼本书对志于投身游戏开发的爱好者们有所启发。

——陆遥，腾讯互动娱乐光子工作室群技术中心助理总经理

游戏是艺术创作与技术实现的完美结合，技术的突破和创新一直是游戏行业发展的源动力。本书由腾讯游戏多位资深技术专家共同编撰，涵盖了游戏研发各重要领域的知识，代表了腾讯游戏前沿的技术实践。我们期待与本书的各位读者共享游戏技术，更期待与大家一起学习和成长，一起推动游戏技术进步，打造优秀的游戏作品，为全球用户带来更多快乐。

——朱新其，腾讯互动娱乐魔方工作室群魔镜工作室总经理

《腾讯游戏开发精粹》系列不知不觉已经来到第二册，作为读者和参与者，我收益良多。游戏开发从本质来说是一个创意和内容生产的活动，并不是一个算法或架构的挑战赛。一个做法和算法好不好，要用最终的结果品质和体验来评判。这里很大程度上就超越了编程的范畴，需要考虑参与的美术策划人员，以及整个项目的流程产能等。很酷的算法到实战中吃瘪的案例比比皆是。

《腾讯游戏开发精粹II》贵在实战和实践，除技术和算法外，我们更能看到这些技术和算法是如何应用到具体的项目中最终面见玩家的，是一个有实战意义的完整分享。希望本书对游戏开发者有所启发，帮助大家开发出更优质的游戏产品。

——安柏霖，腾讯互动娱乐北极光工作室群技术总监

从点线方块的简单组合到栩栩如生的美术表现、丰富多样的玩法体验、导入 AR / VR 而突破的交互形态、融合人工智能而构建的海量内容，都是永不停歇的技术进步赋予游戏的想象空间。同样，游戏对规模化、沉浸感日益增长的需求不断驱动技术的开放创新、迭代发展和高效落地。

精于历练，粹于热爱。希望本书用心编撰的内容能给予读者更多启发，我们一起知行并进，持续探索前沿技术对游戏开发的内在提升，乃至未来跨领域结合应用的无限可能。

——沈黎，腾讯互动娱乐 NExT Studios 负责人

推荐序

　　本书是《腾讯游戏开发精粹》系列的第二册。万事开头难，得益于第一册的优秀成绩，本书在编写过程中秉承了第一册的开放精神，力求推动游戏开发领域朝着更加开放的未来迈进。本书通过系统性地组织，鼓励腾讯游戏的工程师将游戏中实际使用的新技术拿出来，毫无保留地与行业共享，与行业一起进步。

　　游戏技术覆盖面广泛。因此，本书在筹备的过程中在广度上下了功夫。在征稿阶段，全面覆盖腾讯游戏的所有工作室群及同级组织；在审稿阶段，有幸邀请到各个方向的技术专家担任审稿人和编委，力求在广度上充分展现腾讯游戏的技术胸怀和包容性。

　　在深度上，各位专家审稿人严格把关，保障了文章的技术深度和质量。本书在征稿阶段收到了 53 份有效投稿，覆盖了腾讯游戏技术的方方面面，由于篇幅的限制，一些优秀的投稿无法收录，在此向所有投稿人致以真诚的感谢。考虑到对读者的技术价值，本书增加了相关技术须通过大规模验证的要求，以及普通读者在阅读后较为容易复现的要求。最终，本书从创新性、时效性和实用性的角度出发，遴选出其中对业界现有技术方案有技术创新并在游戏中已经实际使用的 21 篇文章。

　　在时效性上，入选本书的技术都贴近当前游戏研发的前沿技术：从人工智能在游戏决策与内容生产上的技术突破，到光影特效在计算机图形学中的新表现；从动画物理控制下的动静相宜，到客户端与服务端上复杂细致的架构思考，再到游戏制作生产管线的工具技术。每篇文章都选择了投稿一年内的技术方案，并且充分考虑了在未来技术发展方向上的代表性。

　　然而，本书还是有所缺憾的，虽然投稿踊跃，遴选用心，却仍在游戏安全、软硬件结合技术和理论算法研究等方向上力有不逮。千里之行，始于足下。希望《腾讯游戏开发精粹 II》的这一小步，能向前承接本系列之开放精神，也能向后抛砖引玉，期待本系列续作发扬光大。

　　最后，希望本书能对读者有所帮助，如有任何意见请不吝通过邮件反馈给我们：tencentgamesgems@tencent.com。期待在第三册再见。

　　　　　　　　——吴羽《腾讯游戏开发精粹 II》主编、腾讯互动娱乐研发效能部引擎技术总监

目录

部分 I　人工智能

部分 II　计算机图形

部分 IV　客户端架构和技术

部分 V　服务端架构和技术

部分 VI　管线和工具

部分 I

人工智能

第1章

基于照片的角色捏脸和个性化技术

1.1 游戏中的捏脸系统

随着游戏行业的快速发展，个性化的角色设定已经越来越成为必不可少的功能。个性化角色可以根据玩家的喜好进行局部的修改、编辑、增删等。

在早期的 2D 游戏中，游戏角色的个性化设定往往通过修改贴图来实现，不同部位的贴图存在图层前后关系，以达到最终效果。例如，用户可以指定不同的发型、服装，其贴图可以覆盖标准角色的头部及躯干，以达到修改游戏角色的效果。

现阶段的多数游戏采用了 3D 技术，通过网格与贴图的方式，以 3D 形式呈现游戏中的角色。常见的 3D 角色的个性化设定有两种方式：①模板选择方式；②自由调整方式。

模板选择方式通常将角色划分为不同的部分，每个部分提供多套模板供用户选择。例如，不同的发型、不同的脸型、不同的服饰等。通过模板选择方式，用户可以自定义多种不同的搭配，以实现个性化角色的设定。此类方法的优点在于模板都是游戏制作者预先制作好的具备美观效果的样例，用户所能改变的仅仅是不同部分的组合方式，最终效果相对可控。缺点则是游戏制作者需要花费大量的时间与人力对各个部分生成足够多的模板，由于人力的限制，往往无法提供足够多的具备各色特征的模板，造成个性化能力表示不足。

为了提供更加自由的个性化角色生成，很多游戏开始采用自由调整方式。游戏提供了很多具有物理含义的滑条供玩家调整，如眼睛大小、肤色深浅、脸部长短等。通过提供多种滑条，玩家可以对各个部分进行各种非常细致的控制。有些游戏直接让玩家对某些关键点进行拖曳，以达到改变模型的效果。自由调整方式使得最终可以生成的个性化角色的数量大幅增加，并且可以减少人工生成模板的成本，因此开始被越来越多的游戏采用。

本章关注游戏中 3D 人脸的自由调整方式的个性化。人脸的特征往往是个性化中最为关注的部分，对于细微的变化，玩家可能会主观认为有较大的差别。对于没有美术功底的普通玩家而言，通过滑条或关键点的调整达到满意的细微的人脸变化十分困难。因此，自动捏脸成为了很多游戏中的关键模块。

目前，行业中的自动捏脸系统主要有以下几方面的问题：①仅能适用于真实系的游戏，现有的系统采用将真实人脸的特征直接迁移到游戏人脸的方法，保证两张人脸的类似，无法适用于风格变化较大的卡通系游戏；②现有的系统需要对游戏引擎进行模拟或对真实人脸进行全脸建模（如《天涯明月刀》），计算复杂度较高；③现有的系统模块耦合度较高，对于不同游戏的部署需要进行算法及系统方面的较大调整。

本章将介绍基于照片的自动捏脸系统的设计与实现。玩家只需要上传一张单人照片，系统将自动分析与提取人脸的特征，并自动生成带有照片中人脸风格的游戏人脸。

本章的结构如下：首先介绍整体的基于照片的角色捏脸流程，然后对每个模块依次进行说明。主要模块包含基于关键点的人脸表示方法、人脸关键点检测、人脸关键点风格化调整、基于关键点的网格变形、骨骼参数估计、图像特征提取和发型分类。最后介绍基于以上模块搭建的自定义捏脸工具包 Face Avatar。

1.2　基于照片的角色捏脸流程

基于照片的自动捏脸流程如图 1.1 所示。对于给定的单张照片，首先检测其中最主要的人脸，同时进行发型分类及眼镜检测。在检测到的人脸区域，进一步进行关键点检测。在真实照片中，人脸可能并不是正视摄像头的，并且真实人脸并非总是完美对称的，因此，需要将原始照片中的关键点进行预处理，以达到归一、对称、平滑的效果。下一步需要根据游戏具体的风格，对人脸关键点进行调整。

如果是偏向写实风格的游戏，可以直接使用预处理后的关键点，也可以添加额外的调整，如瘦脸等；如果是偏向卡通风格的游戏，则需要根据游戏风格对真实人脸的关键点进行调整，使得调整后的关键点既符合游戏风格，又保持用户特征。

得到了风格化关键点后，需要将其转化为游戏中模型的控制参数。有些游戏采用网格控制，那么可以直接将标准模型网格变形，使变形后的关键点位置达到用户的预期，同时保持平滑；有些游戏采用骨骼或滑条控制，那么需要将风格化关键点转化为相应的参数。

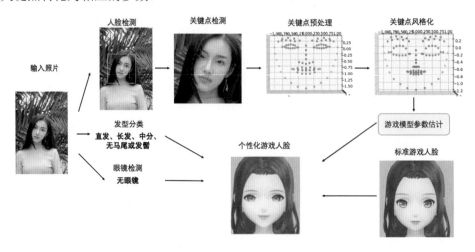

图 1.1　基于照片的自动捏脸流程

根据图 1.1，2.1～2.9 节将对应介绍每一个模块的具体实现及相应的定义。

1.2.1　基于关键点的人脸表示方法

为了从照片上自动提取人脸的特征，首先需要对脸部特征进行表示。脸部特征一般分为形状特征与颜色特征两个部分。形状特征主要指脸型及五官的边界。例如，脸部的轮廓、眼睛的轮廓、眉毛的轮廓等。颜色特征包括面部各个区域的颜色，如肤色、眉色、唇色等。无论哪种特征，都需要对脸部重要部分进行形状和位置的定位，并且定位信息需要包含 3D 坐标。

为了有效表示脸部特征，业内比较成熟的表示方式是使用关键点信息。所有的关键点都定义在脸型和五官的边界处。我们希望尽可能准确地表示人脸各个部分的形状信息，关键点越多，显然拥有越强的表示能力。但是，为了能够自动捏脸，程序需要对定义的关键点的 3D 信息进行估计，关键点越多，预测难度越大。综合两方面考量，本章介绍的自动捏脸流程采用了如图 1.2 所示的 96 个关键点的定义方式。

对于给定的单张照片，程序会检测这 96 个关键点，并估计出它们的 3D 空间的坐标，这样就可以得到人脸主要部位的形状信息。根据具体的游戏需求，对关键点进行符合游戏风格的调整，如对称化、眼睛放大、瘦脸等，从而得到游戏人脸模型的关键点的目标位置。对于默认的游戏中的人脸模型，需要预先标定其网格上对应的 96 个关键点，将它们调整到上述的目标坐标，并在此过程中保持人脸网格的平滑，从而得到最终的带有人脸特征的游戏人脸。

图 1.2　人脸关键点定义

1.2.2　人脸关键点检测

本节将介绍人脸关键点的检测方法。如图 1.3 所示，为了对用户输入的照片进行关键点预测，首先需要进行人脸检测，根据人脸检测框对输入照片进行裁剪和缩放得到固定大小的人脸照片（如 256 像素×256 像素），才能进行人脸关键点预测。现有基于深度学习或图像特征的方法都可以比较有效地检测到照片中的人脸，基于深度学习的人脸检测方法相对于基于图像特征的方法可以在更加难以识别的照片中检测到人脸，如人脸朝向较偏，或者光照阴影干扰较大的情况。但是，基于深度学习的方法需要使用 GPU 进行推理，否则人脸检测速度较慢，尤其是对于较大的照片。图 1.4 所示为在使用 CPU 进行计算的情况下，基于深度学习（CNN）和基于图像特征（HoG）的方法进行人脸检测的速度对比。当具体应用时，如果有 GPU 计算资源，可以使用基于深度学习的方法进行人脸检测；如果没有，可以使用基于图像特征的方法进行人脸检测。

用户输入照片　　　　人脸检测结果　　　　缩放裁剪后人脸照片　　　　关键点预测结果

图 1.3　人脸检测和关键点预测

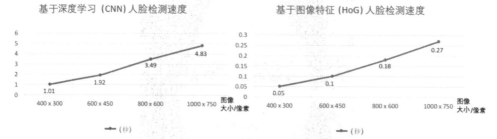

操作系统: Linux (Ubuntu 18.04); CPU: Intel® Core™ i7-8700K @ 3.70GHz; 内存大小: 64 GB 2133 MHz DDR4

图 1.4　人脸检测的速度对比

　　在进行人脸检测时，依据照片中的人脸个数，检测程序会输出若干方框，所以在使用和处理人脸检测结果前需要进行判断处理。如果输出人脸检测方框数目为 0，表明人脸检测没有输出，需要提示用户重新输入照片；如果输出人脸检测方框数目大于 1，表明检测到 2 个或以上人脸，程序会默认选择最大人脸检测方框对应的人脸进行处理。确定使用人脸检测的某个检测方框输出后，需要根据方框进行缩放和裁剪得到固定大小的人脸照片，从而进行人脸关键点预测。缩放和裁剪后得到的照片大小要和人脸关键点检测模型中使用的训练图片大小一致。

　　人脸关键点检测作为一个计算机视觉领域的长期研究问题，随着近年深度学习的发展，在使用卷积神经网络（CNN）后得到了更好的解决。3D 人脸重建和人脸关键点（图像域）检测这两个问题联系紧密，解决一个问题，可以简化另一个问题。传统方法往往进行人脸关键点检测从而辅助人脸识别或 3D 人脸重建等任务。但是，当人脸偏转或被遮挡时，3D 关键点检测往往不准确从而影响后续任务的性能。

　　基于 CNN 的 3D 人脸重建和人脸关键点检测方法，大体上可以分为两类。第一类方法是基于 3D Morphable Model（3DMM）的方法[1][2]。这类方法使用 CNN 来预测 3DMM 系数或 3D 形变，根据单张 2D 人脸照片来复原人脸 3D 信息，从而进行密集的关键点检测或人脸 3D 重建。这类方法虽然取得一些进展，但是效果受限于人脸模型或模板定义的模型空间，所重建的 3D 人脸往往过于接近模板而较少保留重建对象人脸的特征。另外，这类方法使用 CNN 预测 3DMM 系数后需要调用模型基得到 3D 人脸三角面片模型，还需要使用透视投影和 3D 非线性形变

① JOURABLOO A, LIU X. Large-pose face alignment via CNN-based dense 3D model fitting[C]//Proceedings of the IEEE conference on computer vision and pattern recognition. Las Vegas, NV, USA: IEEE,2016: 4188-4196.

② BHAGAVATULA C, ZHU C, LUU K, et al. Faster than real-time facial alignment: A 3d spatial transformer network approach in unconstrained poses[C]//Proceedings of the IEEE International Conference on Computer Vision. Honolulu, HI, USA: IEEE, 2017: 3980-3989.

等计算。这一系列计算增加了 3D 人脸重建的计算开销，不符合实时性高的计算需求。与第一类方法不同，第二类方法跳过 3DMM，用端到端的网络直接根据 2D 人脸照片重建 3D 人脸模型[1][2]。其中，Adrian Bulat 等通过训练一个复杂的神经网络来回归 68 个人脸 2D 关键点，用另一个网络去估计关键点的深度。Aaron Jackson 等提出了用体素来表征 3D 人脸，在一个网络中用 2D 人脸照片来回归预测体素表达。这种体素表达把人脸网格 3D 模型转化成一个 3D 立方体，有很多冗余，几千个顶点的人脸网格 3D 模型转化成 3D 立方体后，数据量要增加一个数量级。为了减少数据量，需要牺牲分辨率来减少 3D 立方体的大小。此外，用于回归这种体素表达的网络很复杂。

目前常用的两类 CNN 人脸重建方法各有优劣。基于人脸模型的方法保留了关键点的语义信息但是受限于模型空间；无模型/数据驱动的方法（Model-Free）不受模型限制，虽然在性能上略有优势，但是不能保留图像上的语义信息。近年来，第三类方法开始出现，这类方法提出使用无模型的方法重建 3D 人脸且保留关键点信息[3]。此方法提出了同时预测密集关键点和 3D 人脸重建的 CNN 框架，多个公共数据集显示该方法优于同类算法。本文采用了类似直接从原始照片来回归 Position Map（位置图）的方法，从而达到关键点预测快速和高准确度的目的。关键点预测模型网络架构如图 1.5 所示。

输入照片　　　　　　　　　　　　　　预测位置图　　预测关键点　　预测人脸朝向

图 1.5　关键点预测模型网络架构

从应用层面上讲，对于一个人脸重建或关键点检测的应用，选择哪一类 CNN 方法要考虑方法的性能和泛化能力、模型预测的速度、模型网络的大小等。但是，

① BULAT A, TZIMIROPOULOS G. How far are we from solving the 2D & 3D face alignment problem?(and a dataset of 230,000 3D facial landmarks)[C]//Proceedings of the IEEE International Conference on Computer Vision. Venice, Italy: IEEE, 2017: 1021-1030.

② JACKSON A S, BULAT A, ARGYRIOU V, et al. Large pose 3D face reconstruction from a single image via direct volumetric CNN regression[C]//Proceedings of the IEEE International Conference on Computer Vision. Venice, Italy: IEEE, 2017: 1031-1039.

③ FENG Y, WU F, SHAO X, et al. Joint 3D face reconstruction and dense alignment with position map regression network[C]//Proceedings of the European Conference on Computer Vision (ECCV). Munich, Germany: Springer, 2018: 534-551.

对于实际应用来说，确定一个适当的网络框架仅仅是整个工作的开始。首先，学术界人脸关键点检测的标准是 68 个关键点。但是，68 个关键点对于具体的应用是否足够？这需要用 68 个关键点的检测结果，针对具体应用进行实验和分析得出结论。对于 VR/AR 或人脸卡通化的应用，68 个关键点往往不能准确地捕捉人脸的细节和特征。例如，眉毛的厚度、眼角的形状等都不能达到游戏捏脸的精度需求。在不计时间和成本的情况下，一般希望标注数据中的关键点越多越好。但实际的情况是，关键点定义得越多，标注时间越长且越困难。在 68 个关键点之外新增加的关键点往往并不位于人脸五官的边界上或没有明显的图像边界特征，在这样的情况下增加的关键点往往很难标准，或者说，不同的人标注的数据差异很大。这样的话，标注本身的噪声就会变大，从而使用这些标注数据进行网络训练也比较难达到好的效果。经过内部迭代，最终确定了使用 96 个关键点的方案。因为这样关键点数据足够多，且可以保证标注准确度。96 个关键点的示例参照图 1.2。

定义好关键点后，应该思考如何标注。标注工具基于现有的 CNN 的人脸关键点检测预训练模型，首先给出初始的 68 个关键点的预测，用户对 68 个关键点进行交互式调整。然后用户可以自行添加剩下的新定义的关键点。在整个标注过程中，为了让用户更好地评估自己标注的关键点的质量，关键点的拟合曲线叠加显示在标注图像上作为可选项提供给用户进行参考。如果曲线和人的面部五官轮廓贴合，则标注较好；如果曲线和面部五官轮廓差异大，则标注不够好。通过这种标注方式，标注人员可以快速进行半自动的人脸关键点标注，用户可以用拟合曲线叠加显示的方法对自己的标注进行评估，并进行修改。这样可以保证关键点标注的快速性和准确性。

选择好标注方式后，需要进行数据的收集和整理。数据收集和整理完毕后，可以使用标注工具进行标注。数据标注完毕后，可以开始进行模型训练。为了评估训练好的模型，需要对预测和手工标注的关键点进行比较和模型准确度量化分析。具体量化分析方法：计算模型预测关键点的平面坐标和手工标注关键点的坐标的欧式距离，用来作为度量，距离越近，误差越小，表明预测关键点与手工标注关键点越接近。图 1.6 所示为 111 张测试照片数据的量化分析结果。

基于256像素x256像素人脸图像大小下的误差统计

	平均误差	最大误差
全脸关键点*	2.62	8.18
脸部轮廓关键点	4.40	12.15
眉毛关键点	3.00	9.79
鼻子关键点	2.07	5.47
眼睛关键点	1.64	5.43
嘴巴关键点	2.42	18.10

单位：图像距离；* 96个关键点

图 1.6　111 张测试照片数据的量化分析结果

1.2.3　人脸关键点风格化调整

检测了人脸关键点后，检测结果无法被直接使用。因为真实人脸的视角可能未必正对摄像头，并且存在左右不对称、关键点检测误差等问题。因此，程序需要对检测结果进行一定的预处理。预处理的过程可以分为 3 步：关键点归一化、关键点对称化、关键点平滑化，如图 1.7 所示。下面将对其一一具体说明。

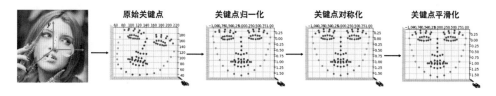

图 1.7　关键点预处理流程

1.2.3.1　关键点归一化

从图 1.1 可以看到，系统需要根据真实人脸的关键点预测来调整游戏中的标准人脸模型，这个过程需要确保两者的关键点在尺度、位置、方向等方面统一。因此，程序需要将预测的关键点与标准模型的关键点进行归一化，具体包含以下几个部分：尺度归一化、位置归一化、角度归一化。

定义原始的检测的所有 3D 人脸关键点为 P，其中第 i 个关键点为 $p_i = \{x_i, y_i, z_i\}$。归一化原点可以被定义为 1 号和 17 号关键点的中点（请参考图 1.2 的关键点定义），即 $c = (p_1 + p_{17}) / 2$。对于尺度，定义 1 号和 17 号关键点距原点的距离均为 1。所以可以得到尺度归一化与位置归一化后的 3D 关键点为 $P' = (P - c) / \| p_1 - c \|_2$。

尺度归一化与位置归一化后，人脸需要被进一步转正。如图 1.8 所示，实际照片中的人脸未必正对镜头，往往会有一定的偏转，这种偏转在 3 个坐标轴上都可能存在。

图 1.8　人脸旋转坐标轴定义

依次将预测的人脸 3D 关键点沿 x、y、z 坐标轴进行旋转，使得人脸的方向正对摄像头。当沿 x 轴旋转时，将 18 号与 24 号关键点的 z 坐标对齐（请参考图 1.2 的关键点定义），即让鼻梁上端与鼻子下端处于同一深度，得到旋转矩阵 $\boldsymbol{R}_x$；当沿 y 轴旋转时，将 1 号与 17 号关键点的 z 坐标对齐，得到旋转矩阵 $\boldsymbol{R}_y$；当沿 z 轴旋转时，将 1 号与 17 号关键点的 y 坐标对齐，得到旋转矩阵 $\boldsymbol{R}_z$。这样就可以将关键点方向对齐，并得到归一化的关键点。

$$P_{\text{norm}} = \boldsymbol{R}_z \times \boldsymbol{R}_y \times \boldsymbol{R}_x \times P'$$

1.2.3.2　关键点对称化

从图 1.7 可以看到，归一化的关键点的尺度、位置、方向都已经调整统一。然而得到的关键点往往并不构成一个比较完美的人脸，如鼻梁不位于中心的一条直线上，五官左右不对称。这是因为真实人脸在照片中由于表情或本身的特征并不会完美对称，并且在关键点预测时会引入额外的误差。虽然真实人脸未必对称，但是游戏中的人脸模型不对称会导致不美观，将大大降低用户体验，因此关键点对称化是一个必要的过程。

因为关键点已经进行过归一化，所以一个简单的对称化方法就是将所有左右对称的关键点的 y、z 坐标取平均，替代原有的 y、z 坐标。这种方法在多数情况下效果良好，然而当人脸在 y 轴方向上旋转角度较大时会对效果造成一定影响。

以图 1.7 中的人脸为例，当人脸向左侧偏转角度较大时，部分眉毛的区域将不可见，同时透视会造成左眼整体小于右眼。虽然预测的 3D 关键点可以部分弥补透视造成的影响，但是仍需要保持 3D 关键点的 2D 投影与照片上的关键点对应。因此，过大的角度偏转会导致得到的 3D 关键点检测结果出现明显的双眼、双眉尺寸不同的情况。

为了处理这种由角度造成的问题，当人脸沿 y 轴偏转角度较大时，自动捏脸系统使用靠近镜头一侧的眼睛与眉毛作为主眼、主眉，并将其镜像复制到另一侧以减小角度偏转造成的误差。

1.2.3.3　关键点平滑化

由于预测误差不可避免，因此在个别情况下，进行对称化的关键点仍然有可能不符合真实人脸，如脸部出现不自然的凹陷、眉毛出现锯齿状等。由于人与人之间的脸型及五官的形状差别较大，所以使用预定义的参数化曲线很难达到相对准确的描述。因此，在平滑化时，程序仅对部分区域进行平滑：人脸轮廓、眼睛、眉毛、下嘴唇。经观察，这些区域在真实人脸上基本都保持了曲线的单调平滑特征，即不存在锯齿状的情况。在这种情况下，目标曲线应该始终为凸曲线或凹曲线。

归一化模块对要检测的边界逐个检查关键点是否满足凸曲线（或凹曲线）的定义。如图 1.9 所示，不失一般性，假设目标曲线应为凸曲线，那么对于每个关键点（实线圆点），需要检查其位置是否在相邻的左右关键点连线的上方。如果满足条件，则当前关键点符合凸曲线要求；否则，将当前关键点向上移动到左右关键点的连线之上。在图 1.9 中，左起第 3 个实线关键点不满足凸曲线的要求，程序会将其移动到上方虚线关键点的位置。需要注意的是，如果多个关键点发生移动，那么由于检查曲线凹凸的关键点为原始关键点，移动后不一定保证曲线为凸曲线或凹曲线。因此，归一化模块采用多轮平滑的方式，以得到相对平滑的关键点曲线。

图 1.9　关键点平滑化示例

经过如上步骤预处理的关键点可以相对较好地表示真实人脸的特征，如五官位置、比例、脸型等。下一步需要将这些关键点风格调整为游戏人脸风格。

1.2.3.4　关键点风格化

不同游戏有不同的人脸风格，自动捏脸系统需要将真实人脸的关键点风格转化成游戏所需的风格才能生成游戏中的人脸。真实系的游戏人脸大同小异，但是卡通系的人脸千差万别。因此，关键点风格化很难有统一的标准。

本章介绍的捏脸流程实现了较为通用的、多数游戏可能需要的人脸调整方案。例如，脸长短调整、宽窄调整、五官比例缩放等。根据不同的游戏的美术风格，调整程度、缩放比例等都可以进行自定义的修正。

1.2.4　基于关键点的网格变形

获得了带有人脸特征且符合游戏风格的目标关键点后，自动捏脸系统需要对游戏里的标准人脸模型进行变形，使得标准模型上的关键点能调整到目标位置，并且在调整过程中保持模型的平滑。

为了拥有更强的普适性，本章的捏脸方案在设计之初，就希望能够应用在不同风格不同种类的头模上。在游戏制作中，美工通过 3DMax 或 Maya 等 3D 建模工具制作出的头模尽管有多种保存格式，但是内在的模型表征方式都是多边形网格（Polygon Mesh）。游戏角色的捏脸效果可以通过改变网格结构的组合、顶点位置及贴图等多种方式实现。对网格顶点位置的变形在学术界通常划归于蒙皮

（Skinning）研究的范畴。根据应用方式的不同，变形方式可以分为骨骼驱动、关键点驱动等。游戏业内常用的变形方式为骨骼驱动，所以业内蒙皮通常特指骨骼驱动蒙皮。如何通过预测的关键点回归到骨骼驱动的参数将在 1.2.5 节中介绍。本节将重点介绍如何在没有骨骼的情况下，利用关键点的位置信息的变化对头模进行自动优化变形。

1.2.4.1　基础模型处理和标记 3D 关键点

要生成 3D 捏脸的结果，首先需要制作一个 3D 的基础头模。基础头模往往是由脸、眼睛、睫毛、牙齿、头发等多个部分组合而成的，如图 1.10 所示。在没有骨骼的情况下，脸部变形依赖的是基础网格的连接结构，因此必须对复合的基础头模进行拆分。其中，变形的主体是脸部依托的连通模型，其他的附件则依赖脸部模型的变形结果进行调整。

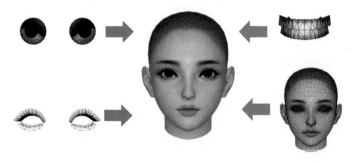

图 1.10　基础头模组合示例

前文提到过，照片上的人脸关键点可以通过自动检测的方式获得。但是要驱动 3D 网格变形，照片上的关键点就需要正确地映射到基础的脸部 3D 模型上。由于网格连接的不确定性和 3D 模型数据的稀缺性，目前业界并不存在自动标注任意 3D 头模关键点的方法，本章介绍的捏脸流程包括了一套可便捷使用的交互工具（此处不展开介绍），可以快速在 3D 模型上人工标注关键点。在自动捏脸时，这些人工标注的关键点位置将移动到风格化之后的关键点位置。

在标注时，3D 关键点的位置应该尽量与前文提到的照片关键点位置对应，如图 1.11 所示。当然，人工标注不可避免地会引入误差。为了消除标注误差带来的失真，在风格化时，可以通过规则调整来弥补。在对真实度要求较高的项目中，由于基础模型制作得比较逼真，可以把基础模型的渲染图作为"照片"进行检测，并将检测到的 3D 关键点与人工标注的 3D 关键点进行量化比较，统计出误差。在检测真实照片时，从检测到的关键点中将该统计值剔除，就可以大致消除人工标注误差带来的不良影响。

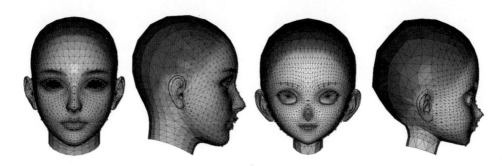

图 1.11　标记 3D 关键点示例

1.2.4.2　网格自动变形

与网格自动变形（Automatic Skinning）相关的研究有很多。在 SIGGRAPH Asia 2014 的课程分享中有专门的章节[①]对网格自动变形进行了比较全面的介绍。

解决网格自动变形的主要思路是把这种关键点驱动的形变问题转化为二次项函数优化问题，即求解一个线性偏微分方程组。二次项函数数学模型的建立有很多种方式，本节主要介绍两种：第一种称为双调和变形（Biharmonic Deformation），将网格形变转化为一个双调和函数的求解问题；第二种称为仿射变形，是另一种形式的线性偏微分求解。

1. 双调和变形

从 Alec Jacobson 等的论文[②]和开源代码实现[③]来看，双调和变形的数学表示可以记为：

$$\Delta^2 x' = 0$$

受限于关键点约束，即通常意义上的边界条件可以表示为：

$$x'_b = x_{bc}$$

式中，Δ 是拉普拉斯算子；x' 是变形后未知的网格顶点坐标；x'_b 是网格顶点坐标中的关键点；x_{bc} 是预测的关键点形变后的位置。这里让每个维度上双拉普拉斯方程的右值为 0。双调和函数是双拉普拉斯方程的解，也是拉普拉斯能量的最小值。

能量最小化的过程本质上是网格的平滑过程。如果直接在初始网格上进行能

① JACOBSON A. Part II: Automatic Skinning via Constrained Energy Optimization[C]// SIGGRAPH Course, Vancouver, Canada, 2014: 1-28.

② JACOBSON A, TOSUN E, SORKINE O, et al. Mixed finite elements for variational surface modeling[C]//Computer graphics forum. Wiley Online Library, 2010: 1565-1574.

③ JACOBSON A, PANOZZO D, SCHÜLLER C, et al. libigl: A simple C++ geometry processing library[Z](2016).

量最小化，那么网格模型上原有的细节特征都会被平滑掉。另外，在关键点的位置没有改变的情况下，即使应用了形变方法，预期得到的结果也应该跟初始的网格模型完全一致。出于以上考虑，双调和变形选择将顶点位置的位移而不是位置本身作为变量。这样一来，变形后的位置就可以写为：

$$x' = x + d$$

自然地，双调和变形的优化等式变为：

$$\Delta^2 d = 0$$

受限于

$$d_b = x_{bc} - x_b$$

式中，d_b 是关键点变形前后的位移；d 是网格所有未知顶点在每个维度上的变化。如图 1.12 所示，蓝色区域为边界区域，是形变的驱动部分，对应前文提到的关键点。图 1.12 左侧 3 张图片是将关键点位置作为优化对象的结果，图 1.12 右侧 3 张图片是对应的优化边界条件位移的结果。可以看到，右侧结果中双调和变形平滑的是每个顶点的变化，既保证了形变后的网格模型变化过渡自然，又保留了原有模型的细节特征。

除可以使用双调和函数外，还可以使用调和函数和多调和函数优化求解。在实际应用中，实验发现以上文定义的关键点位置为边界条件，使用调和函数会导致变形结果不够光滑。而多调和函数的变形结果与双调和函数差别不大，却对被变形网格的连续性提出了更高的要求，很多时候对游戏美术制作的头模提出了更高要求。

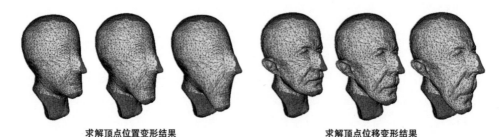

求解顶点位置变形结果　　　　　　求解顶点位移变形结果

图 1.12　双调和变形示例

2. 仿射变形

受到 Robert Sumner 等[1]提出的变形迁移方法启发，仿射变形是另一种以关键

---

① SUMNER R W, POPOVIĆ J. Deformation transfer for triangle meshes[J]. ACM Transactions on graphics (TOG), 2004, 23(3): 399-405.

点驱动优化求解线性方程组的数学建模方法。仿射变形把从基础网格到预测网格的变形看作每个三角面片的仿射变形的集合。一个三角面片的仿射变形可以定义为一个 3×3 的矩阵 $\boldsymbol{T}$ 和一个位移矢量 $\boldsymbol{d}$。因此，可以把顶点位置的改变记为：

$$v_i' = \boldsymbol{T} v_i + \boldsymbol{d}, \ i \in 1\cdots4$$

式中，v_1、v_2、v_3 分别表示三角面片的三个顶点坐标；v_4 是我们在每个三角面片法向方向引入的一个额外点，数学表示为：

$$\boldsymbol{v}_4 = \boldsymbol{v}_1 + (\boldsymbol{v}_2 - \boldsymbol{v}_1) \times (\boldsymbol{v}_3 - \boldsymbol{v}_1) / \sqrt{\left| (\boldsymbol{v}_2 - \boldsymbol{v}_1) \times (\boldsymbol{v}_3 - \boldsymbol{v}_1) \right|}$$

在 v_4 的计算中，仿射变形收缩了叉乘的结果，使其与三角面片原本边的长度保持同比例。之所以引入 v_4，是因为每个三角面片的 3 个顶点在形变前后的坐标不足以唯一确定一个仿射变换。而引入了 v_4 之后，可以用 v_2'，v_3'，v_4' 分别减去 v_1'，经过矩阵变换后可以得到如下关系，从而唯一确定该仿射变换的非位移部分的矩阵 $\boldsymbol{T}$ 了。

$$\boldsymbol{T} = \begin{bmatrix} \boldsymbol{v}_2' - \boldsymbol{v}_1' & \boldsymbol{v}_3' - \boldsymbol{v}_1' & \boldsymbol{v}_4' - \boldsymbol{v}_1' \end{bmatrix} \begin{bmatrix} \boldsymbol{v}_2 - \boldsymbol{v}_1 & \boldsymbol{v}_3 - \boldsymbol{v}_1 & \boldsymbol{v}_4 - \boldsymbol{v}_1 \end{bmatrix}^{-1}$$

由于矩阵 $\boldsymbol{V} = \begin{bmatrix} \boldsymbol{v}_2 - \boldsymbol{v}_1 & \boldsymbol{v}_3 - \boldsymbol{v}_1 & \boldsymbol{v}_4 - \boldsymbol{v}_1 \end{bmatrix}^{-1}$ 完全可以由基础网格推导出来，并且不受变形影响，所以可以如下将其预计算出来，并存储为合适的系数矩阵，方便在建立整体变形的线性系统时导入使用。

```cpp
// 一个三角面片的仿射变换可以被定义为一个 3×3 的矩阵 Q 和一个位移 d，以满足等式 Qvi +
//   d = vi'
// 将等式中的 vi 分别用 v1、v2、v3、v4 替换可以得到 4 个等式。用第二、三、四个等式分别减去
//   第一个等式可以消除未知向量 d，并重写为矩阵形式 QV = V'
// 其中 V = [v2-v1, v3-v1, v4-v1], V' = [v2'-v1', v3'-v1', v4'-v1']
// 因此，最终得到 Q = V'V⁻¹
//
// V'的未知量是 v1'、v2'、v3'、v4'，将未知量与系数矩阵分离后，V'可写作
//   |-1, 1, 0, 0| |v1'|
//   |-1, 0, 1, 0|×|v2'|
//   |-1, 0, 0, 1| |v3'|
//                 |v4'|
bool AffineDeformer::ComputeCoefficientMatrices(Eigen::MatrixXf*
coef_matrices) {
  coef_matrices->resize(triangles_.rows() * 3, 4);
  for (int i = 0; i < triangles_.rows(); ++i) {
    int v1 = triangles_(i, 0);
    int v2 = triangles_(i, 1);
    int v3 = triangles_(i, 2);
    // 计算 V = [v2-v1, v3-v1, v4-v1]
    Eigen::Matrix3f tri_matrix;
    tri_matrix.col(0) = vertices_.row(v2) - vertices_.row(v1);
    tri_matrix.col(1) = vertices_.row(v3) - vertices_.row(v1);
    // 计算三角面片法向，也就是向量 v4-v1
```

```
    Eigen::RowVector3f triangle_normal =
tri_matrix.col(0).cross(tri_matrix.col(1));

    // 检测三角面片是否共线
    if (triangle_normal.norm() == 0) {
      LOG_ERROR("Face %d is degenerate.", i);
      return false;
    }
    tri_matrix.col(2) = triangle_normal / triangle_normal.norm();
    Eigen::Matrix3f inverse_tri_matrix = tri_matrix.inverse();
    // 代表 V⁻¹

    Eigen::MatrixXf coef_matrix(3, 4);
    coef_matrix.block(0, 0, 3, 1) = -(inverse_tri_matrix.row(0)
                         + inverse_tri_matrix.row(1)).transpose();
    coef_matrix.block(0, 1, 3, 3) = inverse_tri_matrix.transpose();

    coef_matrices->block(i * 3, 0, 3, 4) = coef_matrix;
  }
  return true;
}
```

目前为止，仿射变形将每个三角面片的仿射变换的非位移部分矩阵 T 用数学公式和代码表示了出来。为了建立优化求解的线性矩阵，假设网格顶点数为 N，三角面片数目为 F，仿射变形考虑以下 4 种约束。

- 关键点位置约束 $E_k = \sum_{i=1}^{k} \left\| \boldsymbol{v}'_i - \boldsymbol{c}'_i \right\|^2$，$\boldsymbol{c}'_i$ 表示预测到的变形后的关键点位置。

- 相邻面平滑度约束 $E_s = \sum_{i=1}^{N} \sum_{j \in \mathrm{adj}(i)} \left\| \boldsymbol{T}_i - \boldsymbol{T}_j \right\|^2$，代表相邻三角面片的仿射变换应该尽量接近。基础网格的三角面片相邻关系可以提前检索并存储，以避免之后重复计算，并提高最终线性矩阵创建速度。

- 特征相似度约束 $E_i = \sum_{i=1}^{F} \left\| \boldsymbol{T}_i - \boldsymbol{I} \right\|^2$，$\boldsymbol{I}$ 表示单位矩阵，能量约束的含义是仿射变换幅度应该尽可能小，这样有利于保持基础网格的细节特征。

- 初始位置约束 $E_1 = \sum_{i=1}^{N} \left\| \boldsymbol{v}'_i - \boldsymbol{c}_i \right\|^2$，$\boldsymbol{c}_i$ 表示变形前基础网格上每个顶点的位置。

最终的约束能量是以上 4 种约束能量的加权相加：

$$\min E = w_k E_k + w_s E_s + w_i E_i + w_1 E_1$$

式中，权重系数 w_k、w_s、w_i、w_1 按照约束强弱依次递减。根据以上约束，可以构建一个大小为 $(F + N) \times (F + N)$ 的线性矩阵。未知变量除每个顶点变形后的位置外，还有每个三角面片额外引入的虚拟点 v_4'。而得到变形结果需要的只有前者，后者将被扔掉。当连续变形时，除关键点约束条件改变外，其他的约束矩阵都可以复用。所以在几千到上万个顶点的网格上，可以达到实时的变形结果。

1.2.4.3　网格变形结果

仿射变形可以通过调整四种约束条件的权重达到不同的变形效果，包括逼近拟合双调和变形的效果。图 1.13 所示为变形方法比较示例，蓝色点代表关键点，红色代表顶点位置距离初始位置的位移大小。在所有变形结果中，一个关键点位置不变，另一个关键点移动到相同位置。这展示了在逐步调大 E_s 相对于 E_i 的权重时，变形结果的平滑程度逐渐增加。另外，可以看到图 1.13 中最右边的双调和变形结果介于仿射变形平滑度位于 10～100 之间的结果。这说明仿射变形相比于双调和变形拥有更大的自由度。

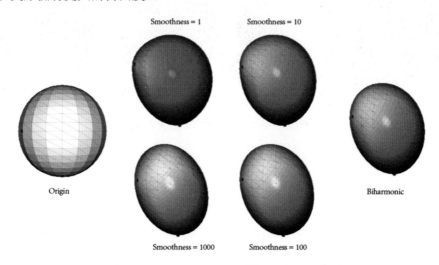

图 1.13　变形方法比较示例

但是双调和变形相比于仿射变形有更快的计算速度。对于几千个顶点的网格，双调和变形比仿射变形快 1/3 以上。随着顶点数目增多，双调和变形在计算速度上的优势进一步增大。一般情况下，双调和变形的效果已经可以满足头模的变形要求，所以自动捏脸流程默认使用双调和变形。

双调和变形和仿射变形两种自动变形方法都要求变形的网格对象是流形（Manifold）。一般来说，连通且没有重复点、边、面的网格都满足要求。本章最后提到的自动捏脸工具包提供了工具来检测变形网格是否满足要求。

在对头模变形时，网格模型需要改变的部分往往只有脸部区域。头顶、后脑勺和脖子都是不应该变动的部分，否则有可能与头发或躯干网格出现穿模或空洞等问题。本章的自动捏脸流程采用 Blend Shape 的方式，把由关键点驱动变形得到的头模结果跟基础头模进行线性融合。融合的权重计算可以复用双调和优化的方法计算出来。在求解时，需要把关键点所在点设为权重为 1 的边界条件。另外，在头模上，标记一圈固定点，如图 1.14 中蓝色点所示，并把这些固定点设为权重为 0 的边界条件。程序可以另外加入不等式约束，令每个未知量介于 0~1 之间，但这样会增加求解复杂度。经过实验，求解不添加不等式约束的双调和函数，最后将结果中小于 0 的值设为 0，大于 1 的值设为 1，也可以得到较好的结果。在 Blend Weights 渲染图中，颜色最深的地方权重为 1，无色的地方权重为 0，关键点跟固定点之间的区域有一个自然过渡。应用了线性融合后，变形结果保持了头模后半部分的顶点位置不改变。

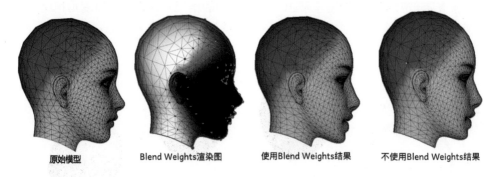

原始模型　　　　Blend Weights渲染图　　使用Blend Weights结果　　不使用Blend Weights结果

图 1.14　融合变形示例

到此为止，本章已经介绍了关键点预测、风格化调整和网格变形。图 1.15 所示为串联了上述介绍的流程并应用了双调和变形，在一个真实系的基础头模上，对一些随机照片的预测变形结果。

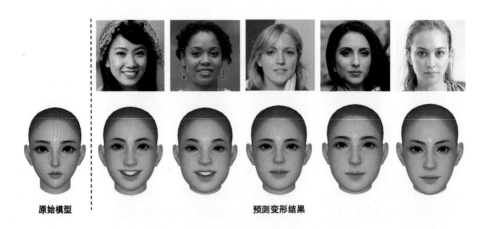

原始模型　　　　　　　　　　　预测变形结果

图 1.15　预测变形结果

1.2.5　骨骼参数估计

有了风格化的人脸关键点,可以使用网格变形方法得到目标游戏人脸的网格。然而,很多游戏中的人脸网格变形并不直接调整网格本身,而通过定义的骨骼或滑条来进行调整。所以,对于此类游戏,需要进一步根据风格化的关键点来预测骨骼或滑条参数。对于生成的任一组风格化关键点,游戏需要自动找到一组合适的参数,使得由此参数得到的游戏人脸的关键点位于自动检测并风格化之后的相应位置。

由于游戏中的骨骼或滑条的定义各不相同,且存在随时修改的可能性,因此直接定义从关键点到骨骼参数的简单参数化函数并不可行。因此,本节将介绍一种机器学习的方法,通过一个神经网络来实现从关键点到参数的转换,该神经网络称为 K2P 网络(Keypoints to Parameters)。一般情况下,参数与关键点的数目都不多(一般小于 100),所以此网络采用 K 层全连接网络。

为了使用机器学习的方法,需要生成大量训练数据(参数、关键点)。生成训练数据可以首先对骨骼或滑条参数进行随机采样,然后通过脚本调用游戏客户端,提取生成的游戏人脸中的关键点。由于训练模型的效果需要匹配游戏客户端,所以如果游戏的客户端更新了骨骼驱动的美术效果,那么训练数据需要重新生成。

有了训练数据后,一个直接的训练方式就是根据这些训练数据反向生成 K2P 网络,即从关键点到参数,以参数估计的 Mean Square Error(MSE)作为损失函数进行训练。这种方法虽然直观,但是存在两个问题。

一方面,不同参数对最终游戏人脸的视觉效果的影响程度可能有很大不同。有些参数微调可能对人脸产生明显影响,有些参数即使发生较大调整可能对整体人脸的视觉效果也影响甚微。这样就造成平均的 MSE Loss 的训练效果不能达到满意的结果。用户需要根据具体的参数手工定义相应的权重,但是由于每个模型的骨骼或滑条的定义各不相同,因此合适的权重定义非常困难。

另一方面,如图 1.16 所示,之前获得的训练数据都是根据游戏的骨骼或滑条参数生成的关键点,这些关键点并不能涵盖整个关键点采样空间,而仅仅涵盖关键点全空间(图 1.16 右侧黄色最大椭圆区域)的一个子集(图 1.16 中间蓝色小椭圆区域)。由此所生成的风格化关键点,部分关键点可能在参数可生成的关键点空间内,而更多的关键点可能并不在其中。也就是说,自动捏脸系统期望生成的风格化关键点中的一部分样例在理论上不可能根据游戏端定义的骨骼或滑条参数得到。例如,风格化关键点可能含有偏方形人脸,而游戏中限定人脸一定为椭圆形或倒三角形,那么这时无论如何改变骨骼或滑条参数都无法得到目标的风格化人脸。所以前面提到的直接训练 K2P 网络的方法实际上学习的目标是图 1.16 中间蓝色小椭圆关键点子空间到参数空间的映射，而自动捏脸系统期望学习的目标是图 1.16 右侧绿色小椭圆关键点空间到参数空间的映射。这就造成了训练数据与测试数据的 Domain Gap，在训练时虽然可以达到很好的收敛，但是在实际的测试数据上会造成较大的关键点误差。对于图 1.16 右侧的风格化关键点空间，虽然可能并不存在能准确表示其中关键点的参数组合，但是，自动捏脸系统寻找到的参数生成的人脸应该尽可能接近目标关键点的坐标。

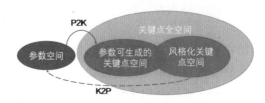

图 1.16　参数空间与关键点空间示例

为了解决以上问题，本节介绍了一种自监督的机器学习方法，即关键点到控制参数训练，其过程如图 1.17 所示，分为两步：第一步，训练一个 P2K 网络（Parameters to Keypoints）来模拟游戏参数到关键点生成的过程。第二步，采用大量未标注的真实人脸照片，通过这些照片生成大量的风格化关键点，这些未标注的风格化关键点就是自监督学习的训练数据。对于一组关键点 K，将其输入想要学习的 K2P 网络中，得到输出的参数 P。由于这些关键点所对应的理想参数的 Ground Truth 无法获得，骨骼参数估计模块将 P 进一步输入第一步训练好的 P2K 网络中，得到关键点 K'。通过计算 K 与 K' 的 MSE Loss，模型可以对 K2P 网络进行学习。需要注意的是，在第二步的过程中，P2K 网络是固定不变的，并不会因为神经网络的学习而继续调整。通过 P2K 网络的辅助，模型将游戏客户端的控制参数到关键点这一过程使用神经网络模拟出来，这样就给第二步的 K2P 网络的学习打下了基础。通过这种方法，可以确保最终根据参数生成的人脸与预期生成的目标风格化人脸的关键点保持接近。同时，如果想对某些部分的关键点增加权重（如眼睛的关键点），只需要在计算 K 与 K' 的 MSE Loss 时调整相应的权重即可。由于关键点的定义是预定义的，并不会受到不同游戏客户端的骨骼或滑条定义变化的影响，所以调整权重比较容易。

在实际应用过程中，为了提高模型的准确率，对于可以解耦合的部分，可以采用分开训练神经网络的方式。例如，如果某些骨骼参数仅对眼睛区域的关键点有影响，并且其他参数都对眼睛区域的关键点没有影响，那么这些参数及这部分关键点就形成了一组独立的区域。如果对每一组这样的区域都训练一个单独的 K2P 模型，那么每个模型可以采用更加轻量级的网络设计。这样不仅可以进一步提高模型的准确率，还可以降低计算复杂度。

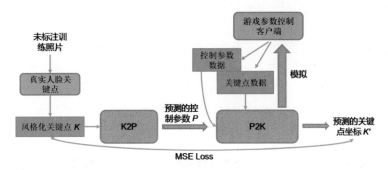

图 1.17　关键点到控制参数训练过程

1.2.6　图像特征提取

为了美观，游戏中的人脸往往使用预定义的贴图，而不会使用真实的人脸的贴图。但是为了在保持美观的同时使得游戏中形象的贴图更加符合用户特征，很多游戏会根据用户照片中的图像特征对标准贴图进行调整。例如，如果用户肤色比多数人的平均肤色偏深，则游戏中人物的肤色会进行相应加深。

图像特征的提取一般有两种思路：基于图像处理的方式与基于监督学习的方式。前者的好处是不需要任何训练数据，可以直接分析图像中的信息，如边界、颜色、纹理等，来获取希望提取的特征，算法较为轻量；后者则需要大量的人工标注，在运行时需要载入预训练的模型，算法相对复杂，带来的好处是获取到的图像特征更为准确，对于较为复杂的问题可以处理得更好。因此，两种方式适用于不同的场景。对于准确度要求不高的特征，则基于图像处理的方式更为合适；而对于预测难度较大准确度要求较高的特征，则基于监督学习的方式更为合适。

对于游戏中的贴图调整，往往对标准的贴图进行统一修正，所以仅仅需要真实照片中的平均的颜色即可，如肤色、眉色等，这个特点决定了图像特征提取模块不需要获得非常精确的各部分颜色，只需要大体与图像颜色接近即可。因此，对于颜色提取，本节介绍的方法均采用了轻量级的基于图像处理的方式。而对于游戏中的发型修改，则需要将真实照片中的发型进行分类，划分到游戏中设定好的发型库。发型分类和眼镜检测是相对较为困难的问题，因此，1.2.7 节将介绍一种基于监督学习的方式进行判断。

需要注意的是，本节提到的图像特征提取方法都假定人脸检测及关键点检测已完成，提取特征的图片为归一化大小后的人脸区域的图片（如 256 像素×256 像素）。本节将依次介绍不同的图像特征提取方法。

1.2.6.1　平均肤色提取

为了提取图像中的特征，首先需要将图像中的人脸区域进行旋转，使得人脸左右两侧的 1 号与 17 号关键点对齐，然后需要确定肤色像素检测区域，如图 1.18 所示。检测区域选取眼部的最下方关键点为上边界，鼻子的最下方关键点为下边界；左右边界则选取上下边界的 y 坐标所对应的脸部关键点的边界。如此，得到肤色关键点区域如图 1.18 右侧长方形区域所示。

原始人脸区域图片

角度修正后的图片

肤色像素检测区域

图 1.18　肤色提取示例

图 1.18 右侧长方形区域中并非所有的像素都是肤色像素，可能还包含部分的睫毛、鼻孔、法令纹、头发等。因此，此区域内所有像素 R、G、B 值的中位数被选取作为最终预测的平均肤色。

1.2.6.2　平均眉色提取

对于眉色提取，首先选取主眉毛，即更靠近镜头的一侧眉毛作为目标。如果两侧眉毛均为主眉毛，则两侧的眉毛像素均被提取。假设左侧眉毛为主眉毛，那么如图 1.19 所示，77 号、78 号、81 号、82 号关键点组成的绿色四边形区域将作为眉毛像素搜索区域。这是由于靠近外侧的眉毛部分过细，小范围的关键点误差造成的影响会被放大；而靠近内侧的眉毛往往比较稀疏，与肤色的部分混合严重。因此，程序选取了中段的眉毛区域收集像素，并且每个像素都要先与平均肤色进行比较，只有区别大于一定值的像素才会被收集。最后，与肤色类似，收集像素 R、G、B 值的中位数作为最终的平均眉色。

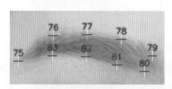

图 1.19　眉色提取示例

1.2.6.3　平均瞳色提取

与眉色提取类似，在提取瞳色时，首先选取靠近镜头的主眼睛。如果两个眼睛均为主眼睛，则两个眼睛的像素一起收集。眼睛的关键点所包含的封闭区域的内部除瞳孔本身外，可能还包含睫毛、眼白、反光。这些应该在像素收集的过程中尽可能去除，以保证最终得到的多数像素来自瞳孔。

为了去除睫毛像素，需要将眼睛的关键点沿 y 轴方向向内收缩一段距离，形成如图 1.20 所示的绿色折线所包含区域。为了去除眼白和反光（见图 1.20 中红色椭圆框区域），需要对此区域内的像素进行进一步排除。如果某个像素的亮度大于一个预定义的阈值，则将其排除。如此，收集到的像素可以保证多数来自瞳孔。同样地，采用中位数颜色作为平均瞳色。

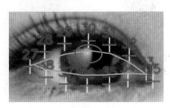

图 1.20　瞳色提取示例

1.2.6.4　平均唇色提取

对于唇色的提取，程序仅检测下嘴唇区域的像素。如图 1.21 所示，上嘴唇往往比较薄，对于关键点误差相对敏感，而且上嘴唇颜色较浅，无法很好地代表唇色。因此，对照片进行旋转修正后，收集所有下嘴唇关键点所包围的区域内的像素，并采用中位数颜色作为平均唇色。

图 1.21　唇色提取示例

1.2.6.5　平均发色提取

发色提取相对前面几个部分而言较为困难。由于每个人的发型各不相同，照片的背景也复杂多样，如图 1.22 所示，所以很难定位头发的像素。如果希望准确地找到头发像素，则可以使用神经网络进行图像的头发像素分割。由于图像分割的标注代价很大，并且对于游戏应用而言不需要非常高准确度的颜色提取，因此，本节介绍一个基于关键点的大致预测的方法。

图 1.22　不同发型与背景示例

　　为了获取头发像素，需要确定一个矩形检测区域。下边界为两侧眉脚；矩形高度为眉毛上沿到眼睛下沿的距离；左右边界为 1 号、17 号关键点分别向左、向右扩充固定距离后得到。头发像素检测区域如图 1.23 中绿色矩形区域所示。

图 1.23　头发像素检测区域

　　检测区域中一般包含皮肤、头发、背景三种类型的像素，有些更复杂的情况还会包含头饰等。因为上述检测区域左右范围相对扩充得较为保守，一般情况下可以假定包含进来的头发像素远多于背景像素。因此，程序仅将检测区域的像素划分为头发像素或皮肤像素。

　　一个简单的方法是根据平均肤色选取一个阈值进行皮肤像素的检测，即肤色阈值法。但是由于皮肤的颜色并不一致，靠近边缘的皮肤往往颜色较暗，所以很难选取一个合适的阈值，既排除足够多的皮肤像素，又保留足够多的头发像素，如图 1.24 左侧所示。第二种方法是简单的肤色、发色两类 K-Means，将检测区域内的像素进行二分类。此方法对于深色头发的情况效果良好，但是对于浅色头发（如金色）则很容易与皮肤混淆。如图 1.24 中间所示，可以看到很多的头发像素由于颜色较浅，被错误划分为皮肤像素。因此，这里介绍第三种相对较为简单且稳定的连通区域法。

图 1.24　不同的发色像素提取方法

对于每行在检测区域内的像素，可以观察到肤色的变化往往是连续的，如由亮到暗，而在皮肤与头发的交界处，肤色往往有明显的变化。因此，我们选取每行中间像素作为起始点，向左右两侧检测皮肤像素。首先使用一个相对保守的阈值找到比较可靠的皮肤像素，然后对其进行左右扩展。如果邻域像素的颜色比较接近，则也标记为皮肤像素。此方法将肤色的渐变考虑进来，可以得到相对准确的结果。如图 1.24 右侧所示，中间区域为皮肤像素，两侧区域多数为头发像素（绿色部分）。

1.2.6.6　平均眼影颜色提取

眼影颜色的提取与前面的部分有些不同。这是由于眼影是一个可能存在也可能不存在的部分。所以在提取眼影颜色的时候，需要首先确定眼影是否存在，如果存在，则提取其平均颜色。与眉毛和眼睛颜色提取类似，仅对靠近镜头的一侧的主眼睛、主眉毛所在的部分进行眼影颜色提取。

首先，确定哪些像素属于眼影。对于像素的检测区域，采用如图 1.25 所示的竖线区域，区域的左右边界分别为眼睛的内外眼角，区域的上下边界分别为眉毛的下沿和眼睛的上沿。这个区域内除可能存在眼影像素外，还可能存在睫毛、眉毛、皮肤等像素，这些像素需要在提取眼影时进行排除。

图 1.25　眼影颜色提取示例

为了排除眉毛的影响，需要将检测区域的上沿进一步下移。为了减少睫毛的影响，需要将亮度低于一定阈值的像素排除。为了与肤色进行区分，程序将检查每个像素的色相（Hue）与平均肤色的差别，只有差别大于一定阈值，才将其作为可能的眼影像素进行收集。这里之所以使用色相而非 RGB 值，是因为平均肤色的采集主要在眼睛下方，而眼睛上方的皮肤颜色可能在亮度上会有较大变化，但是色相对于亮度的变化并不敏感，所以比较稳定，更适于判断是否是皮肤。

通过以上过程，程序可以判断每个检测区域内的像素是否属于眼影像素。眼影像素预测示例如图 1.26 所示，其中判断为眼影的像素被标记。可以看到，对于没有眼影的情况，仍然存在部分像素被识别为眼影，这种误差不可避免。

图 1.26　眼影像素预测示例

因此，程序对检测区域每列进行判断，如果当前列的眼影像素数量大于一定阈值，则标记当前列为眼影列。如果检测区域内眼影列的数量与检测区域宽度的比例大于一定阈值，则认为当前图像中存在眼影，并将收集到的眼影的颜色中位数作为最终颜色的判断。这种方式可以将图 1.26 中左下的样例判断为无眼影。

1.2.6.7　颜色提取实验结果

人脸颜色特征提取结果如图 1.27 所示。可以看到多数的颜色提取相对较为准确，可以提供游戏人脸个性化的贴图调整。虽然瞳孔区域在图像中很小，但是依然可以提取到相对准确的颜色。但是检测结果中仍存在一些错误。例如，对于第一列和第二列，眉毛的位置与长刘海儿混淆，造成眉色提取成刘海儿部分头发的颜色；第四列的人脸带有头饰，导致发色提取成头饰的颜色；最后一列的照片由于光照，左右两侧头发颜色区别较大，因此最终提取的为未被光照影响的头发部分的颜色。

图 1.27　人脸颜色特征提取结果

1.2.6.8 纹理图片颜色调整

对于给定配色的默认纹理图片，如何根据检测到的任意颜色合理改变颜色呢？为了方便颜色转换，本节介绍的方法将常用的 RGB 颜色模型转换为 HSV 颜色模型。HSV 颜色模型由三个部分组成：色调 H、饱和度 S 和明度 V。色调 H 表示在 $360°$ 的颜色范围中取值，红色为 $0°$，绿色为 $120°$，蓝色为 $240°$。饱和度 S 表示光谱色跟白色的混合，饱和度越高，颜色越鲜艳，饱和度越趋近于 0，颜色越趋近于白色。明度 V 表示颜色明亮的程度，取值范围为从黑到白。在调整颜色后，由于希望纹理图片的 HSV 中位数符合预测到的颜色，所以每个像素的色调计算可以这样表示：

$$H_i' = \left(H_i + \overline{H'} - \overline{H}\right) \bmod 1$$

式中，H_i 和 H_i' 表示像素点 i 调整前后的色调；$\overline{H}$ 和 $\overline{H'}$ 表示纹理图片调整前后的色调中位数。

不同于色调是一个首尾相接的连续变化空间，饱和度和明度存在 0 和 1 这样的边界奇点。如果采用类似于色调的线性处理方式，当初始图片中位数或调整后的图片中位数靠近 0 或 1 时，那么很多像素会出现饱和度或亮度过高或过低的情况，从而导致颜色显示效果不自然的现象。为了解决这个问题，颜色调整使用了如下非线性的曲线来拟合像素点调整前后的饱和度和明度：

$$y = \frac{1}{1 + \dfrac{1-\alpha}{\alpha}\dfrac{1-x}{x}}, \quad \alpha \in (0,1)$$

式中，x 和 y 分别表示调整前和调整后的饱和度和明度。唯一需要确定的参数 α 可以推导为：

$$\alpha = \frac{1}{1 + \dfrac{x}{1-x}\dfrac{1-y}{y}}$$

由此计算出的 α 可保证一定会落在 $(0,1)$ 区间内。

以调整头发贴图的饱和度为例，默认纹理图片的初始饱和度 $\overline{S}$ 可以通过对图片中每个像素点的饱和度取中位数得到。调整后的目标饱和度 $\overline{S'}$ 可以通过对输入照片进行发色提取得到。据此，可以计算出头发饱和度的参数 α_S：

$$\alpha_S = \frac{1}{1 + \dfrac{\overline{S}}{1-\overline{S}}\dfrac{1-\overline{S'}}{\overline{S'}}}$$

对于纹理贴图上的每一个像素 S_i，都使用 α_S 按照如下公式进行调整，最终可得到与输入照片提取的颜色相匹配的贴图。头发的明度调整遵循同样的方法。

$$S_i' = \frac{1}{1 + \dfrac{1 - \alpha_S}{\alpha_S} \dfrac{1 - S_i}{S_i}}$$

为了使调整后的纹理图片的显示效果更接近真实照片，可以对不同的部分进行特殊处理。例如，为了使头发保持较低的饱和度，可以令 $\overline{S} = \overline{S} \times \overline{V}^{0.3}$，其中右侧的 $\overline{S}$ 和 $\overline{V}$ 分别是从真实照片中直接提取到的目标饱和度和明度。头发贴图的颜色调整结果如图 1.28 所示。

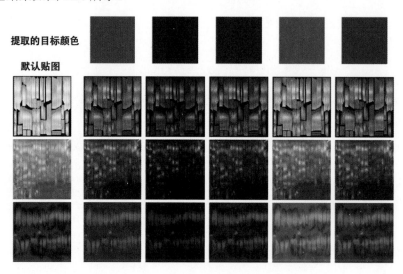

图 1.28 头发贴图的颜色调整结果

1.2.7 发型分类

除根据真实照片中的人脸各部分颜色调整贴图外，游戏形象中很重要的个性化部分就是发型与眼镜。前文已经提到，发型与眼镜的检测相对较为复杂，因此本节介绍如何使用深度学习方法训练分类模型来进行预测。发型分类属于男发、女发的多分类问题，眼镜有无属于二分类问题。具体分类类别如下。

1.2.7.1 女发分类

女发分类有多种结果，具体分为直发/卷发分类、短发/长发分类、前发刘海儿分类和马尾/发髻分类。

- 直发/卷发分类。

0——直发；1——卷发。

- 短发/长发分类。

0——短发；1——长发。

- 前发刘海儿分类。

0——无刘海儿或中分；1——左分；2——右分；3——M 字；4——平刘海儿；5——自然碎发 & 空气刘海儿。

- 马尾/发髻分类。

0——单马尾；1——双马尾；2——单团子；3——双团子；4——无马尾且无发髻。

1.2.7.2　男发分类

男发分类也有多种结果，合并后有 7 种发型，类型为 0～6，细节如下。

- 极短发/卷发/其他。

0——寸头、光头和极端（平头）；1——卷发；2——其他（子分类在背头/分头/自然碎发）。

- 背头/分头/自然碎发。

0——无刘海儿/背头；1——分头（子分类在左/右/中分）；2——自然碎发。

- 左/右/中分。

0——左分；1——右分；2——中分。

以上分类存在层级关系，所以最终的男发分类是合并后的。男发类型如下。

0——寸头、光头和极端（平头）；1——卷发；2——无刘海儿/背头；3——左分；4——右分；5——中分；6——自然碎发。

1.2.7.3　眼镜有无预测

眼镜预测属于二分类，只预测有无眼镜。

预测值为 0，代表无眼镜；预测值为 1，代表有眼镜。

在不同的深度学习图像分类模型中，公共数据集 ImageNet 上面分类预测准确性较高的模型，参数一般都较多，模型较大，如 EfficientNet[1]、Noisy Student[2]、

---

[1] TAN M, LE Q V. EfficientNet: Rethinking model scaling for convolutional neural networks[C]// International Conference on Machine Learning(ICML). Long Beach, CA, USA: ACM, 2019: 6105-6114.

[2] XIE Q, LUONG M-T, HOVY E, et al. Self-training with noisy student improves imagenet classification[C]//Proceedings of the IEEE/CVF Conference on Computer Vision and Pattern Recognition. Seattle, WA, USA: IEEE, 2020: 10687-10698.

FixRes[1][2]等。在选择使用哪一种主流深度学习架构作为 Backbone 网络的时候，需要综合考虑网络分类的准确性和模型大小的平衡。在实际应用过程中，分类准确性提高百分之几不一定会给用户带来实际体验的提升，但是模型的大小可能会增大很多。考虑到模型在服务器端和客户端部署的灵活性，在一定程度保证分类的准确性的前提下，使用更小的 Backbone 网络可以使得整体模型比较可控，方便部署在服务器端或客户端。基于这些考虑，MobileNetv2[3]被用来作为头发分类的 Backbone 网络进行迁移学习（Transfer Learning），在这个基础上添加多类别 Cross Entropy Loss 对不同分类任务的定义进行训练。对于眼镜有无的分类，本节使用多任务学习的方法（Multi-task Deep Learning），复用了关键点检测的 Base Network，并对参数进行冻结，在 U 型网络的瓶颈层输出特征向量并添加 Cross Entropy Loss 来进行训练。这样一来，同样的网络和参数可以用在不同的任务上（关键点预测和头发有无分类）。注意：该方法不适用于头发分类，由于头发分类需要看到更大的人脸和头部区域，头发分类使用的裁剪图片和人脸关键点检测的图片差异很大，所以复用后头发分类准确性不好。男发、女发、眼镜有无预测模型网络架构如图 1.29 所示。

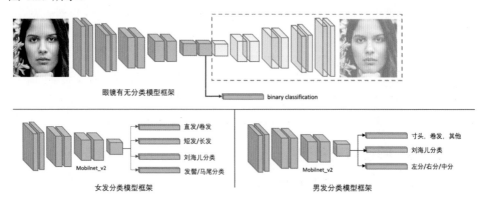

图 1.29　男发、女发、眼镜有无预测模型网络架构

　　搭建好不同分类任务的网络架构和整理好每个类别的训练数据后，每个分类任务的标注图片数据中有 10%被分为测试数据，在这些测试数据上面进行模型分

① TOUVRON H, VEDALDI A, DOUZE M, et al. Fixing the train-test resolution discrepancy[OL]. arXiv preprint arXiv:1906.06423, 2019.

② TOUVRON H, VEDALDI A, DOUZE M, et al. Fixing the train-test resolution discrepancy: FixEfficientNet[OL]. arXiv preprint arXiv:2003.08237, 2020.

③ SANDLER M, HOWARD A, ZHU M, et al. MobileNetv2: Inverted residuals and linear bottlenecks[C]//Proceedings of the IEEE conference on computer vision and pattern recognition. Salt Lake City, UT, USA: IEEE, 2018: 4510-4520.

类预测的量化分析，结果如下。男发、女发和眼镜有无分类预测结果可以参考图 1.30 和图 1.31。

（1）女发分类。

- 直发/卷发分类：测试集准确率约为 0.93。
- 短发/长发分类：测试集准确率约为 0.83。
- 前发刘海儿分类：测试集准确率约为 0.927。
- 马尾/发髻分类：测试集准确率约为 0.78。

（2）男发分类。

- 极短发/卷发/其他：测试集准确率约为 0.89。
- 背头/分头/自然碎发：测试集准确率约为 0.81。
- 左/右/中分：测试集准确率约为 0.91。

（3）眼镜有无分类。

测试集准确率为 0.97。

图 1.30　男发、女发预测结果

图 1.31　眼镜有无预测结果

1.3　自定义捏脸工具包 Face Avatar

以上的各个算法模块可以适用于多数的游戏自动捏脸需求。为了能够方便地在实际的游戏项目中进行部署，本章介绍的自动标注流程实现了一个自定义捏脸工具包 Face Avatar。此工具包具有以下特性。

- 通用性。对于不同的游戏，只需要非常少的用户人工操作即可实现具体游戏的捏脸系统的搭建。
- 易用性。为各个模块所需要的人工操作提供所需的工具，如网格划分、关键点标注等。

- 轻量及便利性。各个算法模块相互独立，每个使用 Face Avatar 的游戏可以根据实际需求选取相应的模块进行自定义的拼接，搭建出所需系统。
- 可扩展性。用户可以根据实际需求对相应的算法模块进行修改，或者新增额外的模块。例如，用户可以自定义风格化关键点算法或增加属性分类模块。

图 1.32 给出了一个使用 Face Avatar 工具包进行系统搭建的样例。

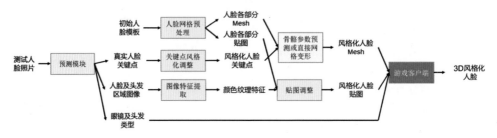

图 1.32　捏脸系统搭建样例

整个搭建过程分为以下几步。

（1）对目标人脸模板进行预处理，进行各个 Mesh 组件的分解、标准化，以及各部分贴图。

（2）对于给定的存在人脸的照片，采用 Prediction 模块进行人脸检测、关键点预估。如有需要，可以进一步预估眼镜和发型。

（3）对检测的人脸关键点进行处理，得到具备输入人脸特征且符合目标游戏风格的关键点。

（4）根据风格化关键点及人脸模板的 Mesh，计算控制参数或直接调整网格，生成风格化的人脸 Mesh。

（5）从检测到的人脸区域中进行颜色、纹理等特征的提取。根据提取的特征对标准贴图进行调整，使其带有当前人脸的颜色和纹理特征。

（6）最终 Demo 的输出为带有当前人脸特征且符合目标游戏风格的 Mesh、贴图和附件信息（眼镜及发型）。

（7）游戏客户端根据这些信息进行相应的 3D 模型生成。

图 1.32 中的样例是其中一种搭建方式，用户可以根据实际需求进行调整。例如，如果不需要进行贴图的修改，则无须进行颜色纹理特征的提取，仅使用默认贴图即可。

Face Avatar 工具包目前已经在《QQ 飞车》游戏中上线使用，用户可以通过自拍或上传照片的方式来生成游戏人脸。图 1.33 展示《QQ 飞车》AI 捏脸实例。

图 1.33　《QQ 飞车》AI 捏脸实例

1.4　总结

　　本章提出了一个可以根据真实照片自动捏脸的工具包 Face Avatar。它可以自动提取真实照片中的人脸特征，如五官形状、各部位颜色等，并根据这些信息自动调整游戏中的默认人脸，从而实现"千人千面"的效果。Face Avatar 可以方便地适用于不同类型或风格的游戏，用户可以根据需求进行快速的轻量级系统搭建与部署。此外，Face Avatar 为用户提供了较大的自由度与扩展空间，用户可以根据实际需求对相应的模块进行自定义设计。

强化学习在游戏 AI 中的应用

2.1 游戏中的智能体

游戏中的智能体一直是游戏的重要组成部分，对提升游戏体验和完善游戏内容有至关重要的作用。按照所控制智能体角色的不同，智能体通常可以分为两类，一类为非玩家角色（Non-Player Character，NPC），另一类是机器人（Bot）。NPC主要作为游戏世界中的一部分，起到引导玩家进行游戏，推动游戏情节发展，增加游戏挑战性的作用。Bot主要在多人竞技游戏中充当和玩家类似的角色，一方面可以帮助新手更快地学习游戏的玩法，提升玩家的游戏技巧；另一方面可以通过合适的强度控制，给玩家提供竞技挑战。除此之外，Bot可以在用户因为某些原因短暂离开游戏时（如网络问题引起的掉线），替代玩家继续进行游戏。

尽管这两类智能体各有侧重，但是在制作方式上是类似的。传统的制作流程往往采用有限状态机、行为树等基于规则编写智能体的技术。

以游戏《吃豆人》为例，如图 2.1 所示，游戏的目标是控制吃豆人尽可能多地吃掉地图中的豆子，并且要避开其中游走的鬼魂。

图 2.1 《吃豆人》游戏

假如要设计一个吃豆人的智能体，就需要考虑吃豆人可能会遭遇哪些状态，这些状态会按照什么条件进行转换，并且设计在各种状态内智能体该如何表现。如图 2.2 所示，在"寻找豆子"状态中，智能体可以随机游走，如果看到豆子就去吃掉；如果"鬼魂在附近"就进入"躲避鬼魂"状态。

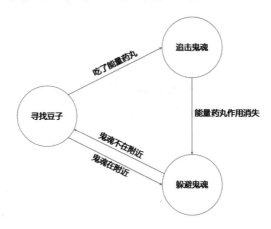

图 2.2　吃豆人的状态机模型

从这个例子中不难看出，如果游戏场景比较复杂或对智能体的行为和能力有比较高的要求，则会有非常复杂繁多的状态。分解出这些状态、编写状态内的行为、设计状态之间的转换条件无疑会给游戏开发人员带来巨大的工作量。

近些年来，随着机器学习和数据挖掘技术的快速发展，以数据驱动决策的方法开始在金融、安防、医疗等众多行业里崭露头角。这类方法可以通过大量的数据建立强大的模型帮助人们进行知识发现、模式识别、行为预测，极大地改变了原来的生产模式，提升了生产效率。在许多机器学习算法中，强化学习不仅能自动完成对数据的建模，还能依据这些数据直接产生决策。这使得通过机器学习模型自动控制游戏内的角色成为可能。

强化学习[①]的基本框架如图 2.3 所示。其中包含智能体、环境、反馈等部分。强化学习的过程是从框架中感知到所处的状态 s，并且执行一个决策动作 a，以改变自身的状态获得一个从环境中得到的反馈 r。强化学习的目的是通过一系列的决策获得一个最佳的累积反馈。

① SUTTON R Baito A. Reinforcement learning: An introduction[M]. MIT press, Cambridge, MA, 2018.

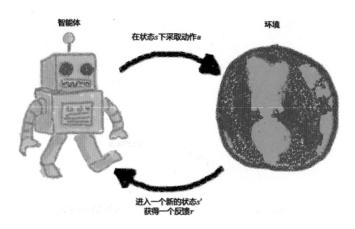

图 2.3　强化学习的基本框架

我们以《吃豆人》游戏为例来阐释一下相关概念。

智能体：在《吃豆人》游戏中，吃豆人即需要通过学习训练提高的智能体。吃豆人自身会有一系列的信息，如吃豆人当前所处位置、吃豆人与鬼魂的距离、吃豆人与豆子的距离、当前剩余的豆子数量等。

环境：游戏中的场景即智能体需要面对的环境，包括地图的地形、地图中的鬼魂、地图中的豆子分布等。

反馈：游戏中的反馈通常来源于 4 种类型（在实际应用中可以根据需要定义更多的反馈），如下。

- 与游戏胜利目标（吃掉所有豆子）相关的反馈，每当智能体吃掉豆子时都能获得一个正反馈。
- 由于游戏中存在鬼魂，鬼魂会把吃豆人吃掉从而阻止吃豆人完成目标，因此每当被鬼魂吃掉的时候，吃豆人就会获得一个负反馈。如果被鬼魂吃掉若干次，吃豆人可能就无法继续进行比赛，从而获得比赛失败的最终反馈。
- 游戏中存在可以改变局势的能量药丸，一旦吃豆人吃到能量药丸，吃豆人就会具备反吃鬼魂的能力，因此当吃豆人吃到能量药丸时能收到正反馈。
- 当吃豆人吃掉所有的豆子时，就取得了比赛的胜利，可以获得比赛胜利的最终反馈。

强化学习的过程要首先感知吃豆人所处的状态，通常来说可以从智能体自身和环境两个层面构建一组特征来描述当前智能体所处的状态。依据这些状态信息，吃豆人会选择一个动作（向上、向下、向左、向右）进行操作，从而获得一个新的状态。在这个过程中，吃豆人能够获得相应的反馈。强化学习的过程就是让吃豆人在地图中不断尝试各种策略，并不断优化自己的策略，最终通过一系列上下左右的操作在不被鬼魂吃掉的情况下吃完所有的豆子。

　　强化学习的过程可以由马尔可夫决策过程（Markov Decision Process，MDP）进行更严谨的表达。马尔可夫决策过程包括状态、动作、转换函数和奖励函数这样的一个四元组。一个决策过程是否具有马尔可夫性，主要取决于当前状态是否能够决定接下来的状态，而不需要任何历史信息。

　　基于此设定，强化学习的过程可以形式化地表达如下。

　　假设一条决策序列的长度为 T，那么得到一条 T 步的轨迹的概率为：

$$P(\tau \mid \pi) = \rho_0(s_0) \prod_{t=0}^{T-1} P(s_{t+1} \mid s_t, a_t) \pi(a_t \mid s_t)$$

式中，ρ 为状态的初始状态分布；P 为状态之间的转换概率；π 为某状态下的动作策略分布。

　　期望的累积反馈（通常用符号 $J(\pi)$ 代表）可以表示为：

$$J(\pi) = \int_\tau P(\tau \mid \pi) R(\tau) = E_{\tau \sim \pi} \big[R(\tau) \big]$$

　　强化学习的核心就是要求得：

$$\pi^* = \operatorname{argmax}_\pi J(\pi)$$

　　这里的 π^* 就是最优的决策策略。

　　通过《吃豆人》的例子可以看到，将游戏中智能体的制作建模成强化学习问题是比较自然直接的。具体来讲就是，首先将智能体置身于游戏场景中，游戏场景即环境；然后按照设计的目标为智能体与游戏的交互设计一些反馈，从而依此来引导智能体的行为，如在游戏中的得分等；最后只需要通过对强化学习问题求解，就可以得到一个能够完成设计目标的智能体。这个过程主要是通过机器自己学习的方式进行的，不需要现成的标记样本，也不用人为写规则，智能体能够产生的策略主要取决于游戏本身的设计和反馈的内容，这使得这些策略不再局限于设计者精心编码的几种类型，而能根据具体的游戏局势产生丰富的决策，并且随着训练的程度越来越深，智能体的决策水平会逐渐增强，达到甚至超过人类玩家。

　　风靡一时的围棋机器人 Alpha Go 就是基于这样的机器学习技术产生的[1]，Alpha Go 的成功为强化学习技术在游戏中的应用点亮了一盏明灯。

　　强化学习问题的求解有非常多的方法，目前比较流行的方法是基于策略梯度的。策略梯度可以将累计反馈作为目标，直接优化模型以获得累计反馈最大化的策略。

　　如果用参数 θ 来刻画策略，那么策略可以表示为 π_θ，目标是最大化期望的回馈 $J(\pi_\theta) = E_{\tau \sim \pi_\theta} \big[R(\tau) \big]$。

① DAVID S, Julian S, HASSABIS D, et al. Mastering the game of go without human knowledge[J]. Nature. 2017. 550(7676): 354-359.

通过梯度上升的方法可以求得合适的参数 θ ,

$$\theta_{k+1} = \theta_k + \alpha \nabla_\theta J(\pi_\theta)|_{\theta_k}$$

式中， $\nabla_\theta J(\pi_\theta)$ 为策略梯度，可以由产生的轨迹求得：

$$\nabla_\theta J(\pi_\theta) = \nabla_\theta E_{\tau \sim \pi_\theta}\left[R(\tau)\right] = E_{\tau \sim \pi_\theta}\left[\sum_{t=0}^{T} \nabla_\theta \log \pi_\theta(a_t \mid s_t) R(\tau)\right]$$

通过对轨迹样本求均值，就可以得到这个期望值，并依此通过不断地产生新的轨迹来不断地优化，最终得到最优的策略。

基于上述策略梯度的方法，根据游戏的玩法和特点，在竞速类、格斗类等游戏上，设计并建立了快速的游戏智能体生成流程。该流程只需要少部分的人工参与，即可以批量地生成大量的高质量游戏智能体。与此同时，为了增强这个生成流程的能力，我们探索了智能体的能力评估、能力分级、拟人性、多样性等方面的问题。

接下来，将分别从竞速类游戏和格斗类游戏两个品类来介绍强化学习在制作智能体上的应用。

2.2 强化学习在竞速类游戏中的应用

竞速类游戏玩家通常以第一人称或第三人称视角使用各种竞速工具（如车辆、赛艇、飞机等）参与不同环境的多人竞赛，并使用真实世界中的竞速竞赛的规则进行排名。竞速类游戏一般具有玩家水平不一、能力分布广等特点。面对不同等级段位的玩家智能体（AI）竞技挑战需求，如何制作和玩家水平匹配的 AI，以及根据玩家实际发挥动态调整 AI 的能力是 AI 挑战赛需要面对的主要问题。在线上应用时，通过使用难度评估分级的方法可以选择出不同等级段位的 AI，从而根据玩家的段位匹配对应能力的 AI，但是受到玩家能力、AI 能力预估不准和线上随机性因素的影响，AI 在挑战赛上不能进行灵活配置，有一定的局限性。因此对于竞速类游戏 AI 的核心需求可以总结为 AI 能力需要达到特定玩家水平（能力要求），行为模式和线上玩家尽可能接近（拟人性），能够尽可能覆盖不同段位的玩家（能力分级），能够根据局势个性化调整 AI 的能力（动态调整）。

2.2.1 问题建模

玩家在进行竞速类游戏的时候，会重点关注周围环境信息、载具自身状态、其他载具状态，从而做出相应的决策。例如，在《QQ 飞车手游》中（见图 2.4），周围环境信息包含前方赛道的曲率、宽度、地形等；载具自身状态包括车辆速度、车辆和赛道边界的距离、车辆的方向等。根据这些信息，玩家会操作控制的载具进行方向控制、加速、减速等操作，从而尽可能快地完成比赛取得竞赛名次。强化学习过程的常见模型是标准的马尔可夫决策过程，在竞速类游戏中，马尔可夫决策过程的核心内容包括状态空间、动作空间和奖励函数设计。本节以《QQ 飞车手游》的 AI 设计为例具体阐述竞速类游戏的马尔可夫决策过程设计方案。

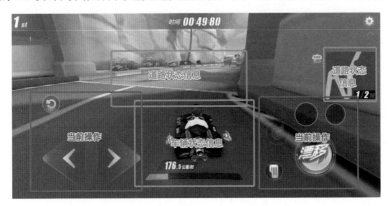

图 2.4　《QQ 飞车手游》图片

2.2.1.1　状态空间设计

游戏 AI 客户端在运行时，会捕捉当前时间赛车状态（如车速、VD 角、是否具有氮气）、赛道状态（如赛道宽度、下一个拐弯的距离、赛道曲率、坡度等），发送给 AI 预测服务。AI 预测服务预测出 AI 下一步的动作发送给 AI 客户端，AI 会在客户端执行对应动作，并最终完成比赛。

考虑到使用图像作为输入信号会使模型复杂度增加，不利于模型的实时预测并提高预测成本，本方案通过使用游戏客户端直接获取当前 AI 在游戏中的状态，并以数值表示，这些状态包括赛车状态和赛道状态，其中赛车状态包括：

- 赛车速度。
- VD 角。
- 车辆道路夹角。
- 赛车离轨迹线的横向距离。
- 液氮数量，即屏幕下方道具槽位的"液氮"道具数量，赛车会通过漂移等动作收集氮气，集满后可以获得一个大喷氮气道具。
- 离左边墙和右边墙的距离。
- 赛车高度。
- 距离下一个导航点的距离、方向。
- 车辆转向方向，向左大于 0，向右小于 0。
- 方向盘方向。

- 漂移方向。
- 是否有大喷氮气，存在一个大喷氮气道具或同时存在两个大喷氮气道具。
- 是否有小喷。
- 是否处于正常平跑/漂移/损毁/飞跃状态。
- 大喷/小喷/空喷/起步喷/落地喷/超级大喷/加速带/减速带/加速道具/减速道具是否正在作用。
- 是否发生碰撞/撞墙/往回跑/没有移动/没有走近道/进入复位动作。
- WC 喷/CW 喷/WCW 喷/CWW 喷/甩尾漂移/侧身漂移等高阶技巧是否在起作用。

赛道状态包括：
- 未来 20 个导航点的曲率。
- 未来 20 个导航点离左墙的距离。
- 未来 20 个导航点与当前 TP 点的归一化欧式距离。

整体状态空间拼接成一个 127 维的向量，向量每一维度都要进行尺度处理，避免数值过大或过小。

2.2.1.2 动作空间设计

当每帧画面更新时，AI 发送给客户端的动作空间包括左转、右转、大喷（一种长时间加速方式）、小喷（一种短时间加速方式）、刹车、复位、漂移、侧身漂移等基础动作。玩家在实际游戏过程中，左右手会同时按键，以释放组合动作，如左转+漂移、右转+漂移等。这些组合动作可以视为动作空间中的单独的动作序列。本方案将动作空间划分为 2 类，每一类都是上述基础动作的常见组合，分别为连续操作型动作空间和单次触发型动作空间。其中，动作类别 1 为连续操作型动作空间，共 6 维，包括：
- 空（AI 不做动作）。
- 漂移。
- 右转。
- 右转+漂移。
- 左转。
- 左转+漂移。

动作类别 2 为单次触发型动作空间，共 3 维，包括：
- 空。
- 小喷。
- 大喷。

每次网络分别预测出动作类别 1 和动作类别 2 的动作概率，并选择对应的基础动作空间，最后将两个动作空间合并。例如，动作类别 1 选择右转+漂移，对应基础动作空间为"右转、漂移"；动作类别 2 选择小喷，对应基础动作空间为"小喷"。那么 AI 最终进行的动作为"右转、漂移、小喷"。

2.2.1.3　奖励函数设计

奖励函数起到指引 AI 完成目标并引导其正确行为的作用。竞速类 AI 的目标主要是使用尽可能少的时间完成比赛，因此奖励函数和最终的完成时间密切相关。为了减少 AI 在比赛中的失误，更快引导其做出正确的决策，当 AI 做出一些负面行为时，会给予其负面的奖励，那么该任务的奖励函数为：

$$r = \begin{cases} \alpha \dfrac{S}{T}, & \text{当AI完成分段} \\ -4, & \text{当AI掉入死区重置} \\ -2, & \text{当AI卡住不动} \\ -1, & \text{当AI发生碰撞} \end{cases}$$

式中，S 表示当前分段的赛道长度；T 表示完成当前分段的时间；α 为正常数。在实际应用中，可以按照赛道的导航点或长度对赛道进行分段，使得最终的奖励函数变得稠密，稠密的奖励函数意味着更多引导信号，可以加速网络的训练。

2.2.2　难度分级和动态调整

模型难度评估和分级的主要目的是选出不同水平段的模型，与各个水平段的玩家进行匹配，从而方便玩家在对局中灵活选择和变换模型，如图 2.5 所示，主要步骤如下。

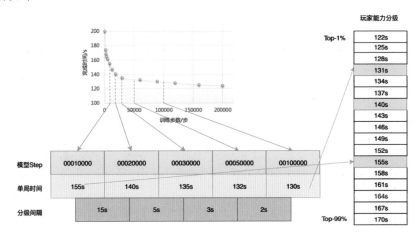

图 2.5　模型难度评估和分级

步骤（1）：模型训练每隔一定周期产生模型，依次送入模型难度评估系统。在深度强化学习中，模型通过神经网络来拟合输入到输出之间的映射，从而预测出下一帧需要执行的动作。模型的参数使用当前游戏环境产生的训练数据，在定义并计算出网络的损失函数后，使用梯度下降方法进行更新，并按一定时间间隔送入模型难度评估系统。

步骤（2）：模型难度评估系统根据评估参数对模型进行评估，评估服务器读取训练产生的中间模型，在规定的评估环境下进行重复评估，并且记录评估结果。如图 2.6 所示，模型版本号就是训练到不同步长的中间模型步数，通过评估系统接入正式游戏环境，对模型在一定游戏环境下（如赛道、车辆）进行重复评估，最终得到评估的平均结果，如单局完成时间，并且将结果上报至对应数据库中。在评估过程中，模型分级模块获取评估结果，计算模型在对应参数下的难度评分。难度评分基于模型评估结果，按照游戏评分规则或人工制定的规则，对模型进行打分。例如，对于竞速类游戏，一场对局的评估结果包括和目标完成时间的时间差绝对值、动作 A 的使用频率、动作 B 的使用频率、技巧 C 的使用次数、技巧 D 的使用次数、出现失误 E 的次数、出现失误 F 的次数，每一个指标都有具体的评分和权重，最终将所有的评分加权，得到模型的最终评分。难度分级系统将玩家水平按照一定间隔分成不同的难度，将评分后的模型和所需玩家水平匹配，从而覆盖玩家各阶段的水平，使模型能够在不同水平的模型中切换，动态地与玩家水平进行匹配。

当难度分级完成之后，需要进行动态能力估算。动态能力估算首先根据 AI 和对应人类玩家当前所处的赛道距离，估算出 AI 的历史平均水平和人类玩家的平均水平，然后根据剩余距离自适应调整 AI 的能力，在终点前和人类玩家保持在一定距离范围内。当检测到 AI 速度落后于人类玩家速度时，AI 会提升自身的能力（见图 2.6）；反之，减少自身能力（见图 2.7）以提高 AI 挑战赛的刺激程度。主要步骤如下（见图 2.8）。

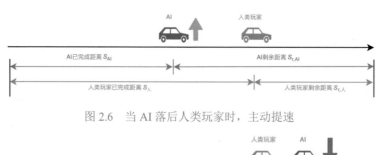

图 2.6　当 AI 落后人类玩家时，主动提速

图 2.7　当 AI 领先人类玩家时，主动降速

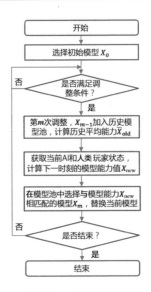

图 2.8　竞速类 AI 线上动态能力调整

步骤（1）：在游戏开始阶段，根据人类玩家历史水平给出与之相匹配的 AI 模型，作为 AI 的初始能力，其能力记为 X_0。

步骤（2）：给定从游戏客户端环境中获取的人类玩家当前位置 S_H、AI 当前位置 S_{AI}、游戏对局的赛道总长度 L 及 AI 与人类玩家之间的目标距离（游戏结束时）ΔL。动态能力估算函数 $X_{new} = f\left(S_{AI}, S_H, \bar{X}_{old}; L, \Delta L\right) = \dfrac{\left(L - \Delta L - S_{AI}\right) S_H}{\left(L - S_H\right) S_{AI}} \bar{X}_{old}$ 按照固定时间 T 进行激活，并且将上一时刻的模型 X_{m-1} 加入历史模型池。历史模型池是一个列表，记录了模型在每个时刻的模型能力 $X_0, X_1, \cdots, X_{m-1}$，用于表示 AI 的历史能力，给定历史模型池可以计算历史模型池的模型平均能力 $\bar{X}_{old} = \dfrac{\sum_{k=0}^{m-1} X_k}{m}$。

步骤（3）：计算人类玩家离终点的剩余距离 $L - S_H$，假设人类玩家在赛道中能力不变，记其平均速度为 $\bar{v}_H$，计算得到人类玩家完成剩余赛道的时间 $t = \dfrac{L - S_H}{\bar{v}_H}$。

步骤（4）：假设需要指定 AI 在人类玩家完成比赛时距离玩家 ΔL，那么 AI 在人类玩家完成比赛时，需要完成的距离为 $L - \Delta L - S_{AI}$，计算得到 AI 在剩余赛道的平均速度 $\bar{v}_{AI,new} = \dfrac{L - \Delta L - S_{AI}}{t} = \dfrac{L - \Delta L - S_{AI}}{L - S_H} \bar{v}_H$。

步骤（5）：根据已完成的赛道距离，计算 AI 和人类玩家的平均速度比值 $\dfrac{\bar{v}_{AI,old}}{\bar{v}_H} = \dfrac{S_{AI}}{S_H}$，由步骤（4）可得 AI 调整前后的速度比值为 $\dfrac{\bar{v}_{AI,new}}{\bar{v}_{AI,old}} = \dfrac{\left(L - \Delta L - S_{AI}\right) S_H}{\left(L - S_H\right) S_{AI}}$。

假设模型能力和速度成正比关系，则得到下一时刻的模型能力

$$X_{\text{new}} = \frac{(L - \Delta L - S_{\text{AI}}) S_{\text{H}}}{(L - S_{\text{H}}) S_{\text{AI}}} \bar{X}_{\text{old}} \text{。}$$

步骤（6）：使用得到的模型能力，在模型池中选择对应模型，替换原有模型。若对局未结束，则返回步骤（2）；若对局结束，则终止。

2.2.3 拟人化竞速类 AI

线上 AI 的一个核心需求是 AI 拟人化。顾名思义，AI 拟人化就是要使得 AI 表现得像一个真人玩家，给人类玩家带来更加真实的游戏体验。由于强化学习训练 AI 的数据是 AI 自我探索生成的，缺少人类行为模式的先验知识，因此训练出来的模型行为和人类玩家会有较明显的差异。与此同时，AI 更容易利用游戏漏洞来达到期望回报最大化。因此，需要通过人工设计的奖励和规则来规范 AI 的行为。总体而言，人类玩家的行为主要有以下几个特点。

- 动作连贯。
- 无效动作少。
- 有一定反应时间和操作频率。

而竞速类 AI 由于没有被限制操作帧间隔数，往往具有以下特点。

- 动作不连贯，频繁切换动作。
- 无效动作较多。
- 反应无延迟。

为了达到 AI 和人类玩家在线上公平竞争的目的，需要对 AI 行为做出一定限制，使其尽可能做出更接近人类的动作。对于竞速类 AI 而言，主要可以从以下 2 个出发点进行考虑。

- 对于动作连贯性和无效动作，可以对不必要的切换动作行为和无效动作进行惩罚。
- 对于反应时间，AI 的反应时间（从接收状态到执行预测动作的时间间隔）可以控制在人类反应时间区间内，如 100～200ms。

为了比较 AI 和人类玩家的数据差异，定义拟人化度量指标，主要包括动作连贯性和动作分布 2 个指标。动作连贯性是指每秒动作切换次数和单个持续型动作平均长度。动作分布是指漂移动作的占比。

表 2.1 展示了不同拟人化设置对 AI 整体拟人表现的提升。可以看到，设置预测间隔和动作切换的惩罚，有效降低了 AI 的操作频率，同时增加了动作的连贯性，AI 在线上游戏中的表现和人类玩家的表现更为接近。

表 2.1　拟人化对比实验

实 验 设 置	每 1 帧 1 次预测	每 5 帧 1 次预测	每 5 帧 1 次预测+拟人惩罚	人类玩家
每秒动作切换次数/次	16.5	4	3.3	3.6
动作长度（空/漂移/左右）	1.6/1.6/2.1	7.2/7.5/7.5	13/14.8/12	12.5/14/12.2
漂移占比	20%	21%	18.6%	17.5%
现象	频繁晃动和漂移	过弯时晃动和多段漂移	晃动和多段漂移明显减少	动作连贯，无效动作少

2.2.4　小结

　　本节将赛车竞速建模为强化学习问题，不但使用强化学习方法求解得到了能够自动生成的高水平 AI，而且使用难度评估分级的方法，快速便捷地生产了和玩家水平匹配的 AI，以满足不同等级段位的玩家 AI 挑战赛的需求。本节还对动态能力调整和拟人性优化进行了许多探索，从而让玩家能在对局中灵活选择和变换模型，提升玩家竞技体验，即使在 AI 挑战模式，也能让玩家感受到似乎在与真人高手较量，极大地提升了玩家在进行 AI 挑战时的游戏体验。

2.3　强化学习在格斗类游戏中的应用

　　格斗类游戏（Fighting Game）是电子游戏的类型之一，一般由玩家控制屏幕上的己方角色来和敌方角色进行近身格斗，玩家需要熟悉防御、反击、进行连招等操作技巧。格斗类游戏通常以一对一或二对二等双方同等人数呈现。需要双方在某个场景中通过数个回合的肉搏等对抗行为来决出胜负（在一些格斗类游戏中会使用近战武器）。这是一种角色与角色直接进行对抗的游戏，也称为 PVP（Player Versus Player）游戏。

　　一般而言，格斗类游戏对双方动作的对应和判断比大多数其他类型游戏要高，玩家需要综合利用招式相杀、攻击招式预判、霸体、防御、投技、格反等技巧来取得胜利。

　　格斗类游戏在自身设计上的特性使得玩家进入这样一种类型的游戏后，通常会遭遇以下几种很不好的体验。

- 门槛高，入门困难。很多格斗类游戏的出招表对于出招持续的帧数和出招转换的时机有严格的要求，这会导致新手刚接触时会有很长时间不知所措，难以入门。

- 上升空间狭窄。学习基本的招式后，玩家一般会进行连招学习和连招确认，此时一般会遭遇每套连招对不同角色打击效果不同，哪招打中谁可以接哪一套连招，打不中怎么规避风险等种种问题和挑战。

- 水平差异巨大，碾压或被碾压。由于格斗类游戏的自身特性，很多玩家（尤其是新人）在游戏中会被完全碾压，游戏体验非常差，从而放弃继续进入格斗类游戏。

因此，格斗类游戏是一直需要 AI 的，一方面可以用 AI 来进行基本招式的教学，另一方面可以利用 AI 来帮助新人提升技术，度过从新玩家到熟练玩家的过程，提升玩家的游戏体验，并增加格斗类游戏自身对玩家的吸引力。

但是，格斗类游戏不同于竞速类游戏，赛道在设计完成之后是不会改变的，而在格斗类游戏中，对手并不是一成不变的，不同的对手有不同的策略。这对经典的强化学习算法提出了新的挑战。具体而言，传统强化学习算法假设环境是静态的，模型在与环境的交互中，以获得最大的累积奖励为目标。如果将对手作为环境的一部分，由于不同的对手有不同的策略，因此环境实际上是一个复杂的动态的环境，对于模型的学习会非常困难。本节将介绍一种通用的方法，用以缓解格斗类游戏中对手难以建模的问题。

2.3.1 问题建模

以腾讯的动作格斗类游戏《火影忍者》（见图 2.9）为例，游戏中包含经典的 1V1 竞技模式。这种游戏模式主要包含了一个格斗的场景、两名选手和相应的状态条、分数值等。

图 2.9 《火影忍者》图片

将这种经典的格斗类游戏的场景进行抽象，主要有如下组成部分。

（1）场景信息。

- 战斗时间，很多格斗类游戏是限定时间的，因此需要考虑战斗时间。

- 战斗范围，一般会限定战斗的范围，不让角色出圈。
- 建筑物或障碍物等，有些格斗类游戏会设定一些建筑物或障碍物，因此攻击的位置或角色移动的位置需要做出相应调整。
- 其他信息。

（2）双方角色的基本信息。

- 位置。
- 血量。
- 蓝量。
- 怒气值。
- 其他信息。

（3）双方角色的招式、动作信息。

- 招式冷却时间。
- 招式消耗资源情况。
- 招式造成伤害情况。
- 伤害来源招式。
- 做的动作。
- 其他信息。

经过这样的处理，格斗类游戏中的状态就被建模出来了，这样可以很好地感知目前游戏进行到什么样的情景，给后面做正确的决策提供了数据上的可能。

对状态进行建模后，就需要考虑如何进行动作的建模了。在格斗类手游设计中，一般是左手操作轮盘来决定角色的朝向，右手操作各个按键来组合触发某些招式的。为了与玩家的操作相同，格斗类游戏中的动作建模统一为此种形式，即采用"一个模型两个输出"的形式来分别控制左右手的行为。

有了状态、动作的建模后，就需要考虑如何设计合理的奖励结构，从而引导 AI 学习合理的行为，并逐步提升能力和其他特性。根据格斗类游戏自身特性，奖励结构可以归纳为如下 4 类。

- 胜负：显然一局比赛的胜负对应了强化学习算法下的 Terminal Reward，胜负也是主要期望优化的目标。
- 血量变化：一局的胜负只在最后才能给出，这样的奖励信号过于稀疏，因此利用一段时间内的双方血量变化来表示双方战斗表现。
- 蓝量或其他资源变化：与血量变化相同，蓝量或其他资源的变化也可以被考虑作为奖励，如在达到同样伤害的情况下，蓝量用得更少可能是更好的对抗策略。
- 移动：考虑双方角色的移动情况，此种奖励可以引导玩家的走位，从而形成更好的攻击位置取得胜利，或者采取躲避策略来减少伤害等。

依据上面的设计，马尔可夫决策过程（MDP）具有如下的结构（见图2.10）。

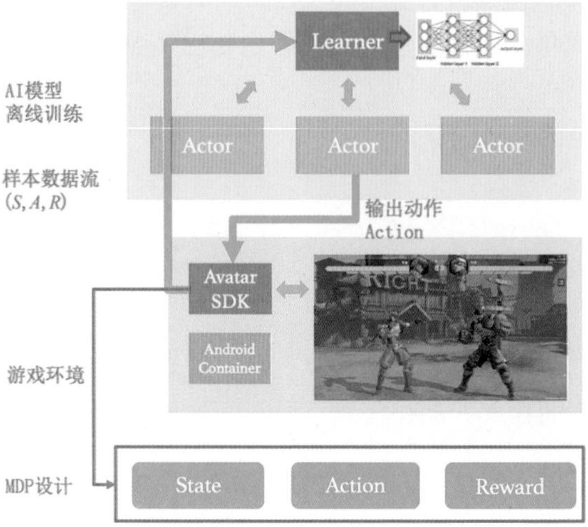

图2.10　格斗类游戏的 MDP 结构

2.3.2　模型自对弈

基于上述建模方式，先通过模型与行为树的对战来训练模型，再采用强化学习算法优化模型，模型便能很容易地拥有完全打败行为树的能力。然而，我们希望研发出具有一定能力强度、能覆盖不同段位玩家的 AI，来帮助玩家成长，所以仅仅打败行为树是远远不够的。为了继续提升模型的能力，可以使用模型自对弈（见图2.11）的方式来进行训练。具体来讲，就是让模型与之前训练得到的模型对战，到一定程度后，进行切换，将对手模型更改为目前最新的模型继续训练，不断重复此过程，使模型在这种自我对弈的过程中提升能力。

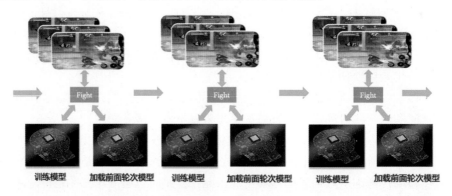

图2.11　模型自对弈过程

在模型自对弈过程中，以下几类问题会影响训练的进程走向和最终的结果。

- 停止切换条件。

停止切换条件即一轮训练什么时候结束，什么时候进入下一轮的训练。停止切换条件可以是训练到完全收敛，可以是训练到一定胜率，可以是训练到一定时间。在不同的问题情境和不同的训练阶段，可以考虑使用不同的停止切换条件。

- 对手模型选择策略。

对手模型选择策略即在一轮训练中选择什么样的模型作为对手。对手的不同，会使得学习目标不同，并使得最终得到的模型不同。一般来说，只使用最近轮次的模型，会使得训练得到的模型出现策略退化，即最新的模型对战较近轮次的模型胜率较高，而对战靠前轮次的模型胜率出现下降。因此，将历史模型进行一定程度的混合是一种使用较多的方案。

- 模型评估。

模型评估即一轮训练结束后，如何评价模型的能力和行为特性，以及是否达到预期效果等。在能力方面，可以使用 Elo Score、Nash Equilibrium 等方式来对训练得到的模型进行度量。在行为特性方面，可以通过增加行为指标数据（如各种技能的使用次数、使用时间等数据）的方式来反映模型的具体表现。

综合来看，模型自对弈结构如图 2.12 所示。

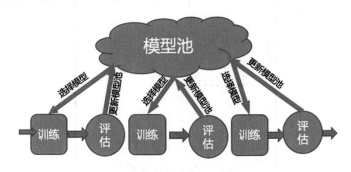

图 2.12　模型自对弈结构

经过一定的参数调整和对手模型选择的设置，随着自对弈的进行，模型能力整体上能够取得不断的增长，不仅能够远远超过内置的最强等级的行为树，并且很快便可以达到人类玩家中上水平。

2.3.3　联盟战争

按照上述模型自对弈的过程，通常会用同一种配置进行多轮次的迭代，以期望不断地提升模型的能力。然而，在实际应用此种方法来研发格斗类游戏 AI 的过程中，至少会遇到如下两大问题。

- 同一个角色，同种技能配置，可以有多种风格的玩法，有的疯狂进攻，有的保守防御等。风格与对手有关，会根据对手的情况进行选择。从实际应用场景的需求出发，我们希望模型的表现能够具有变化性，而不只是单一的操作习惯，也就是说，模型的风格多样性是期望的目标之一。

- 想要通过自对弈来不断提升模型的能力，需要有一个很强的前提，那就是模型在此游戏中具有传递性，即假设 A 能打败 B，B 能打败 C，则 A 一定能打败 C，这样在自对弈的过程中模型能力就能不断提升。然而实际上，这样的传递性在多角色的格斗类游戏中往往不存在，模型能力与模型的关系可能是一个如图 2.13 所示的陀螺形（RealWorld Games Look Like Spinning Tops）分布。从图 2.13 中我们可以看到，传递性只存在于风格单一的模型中，在多风格的模型中几乎是无法保障的。这就意味着，在训练中必须产生多风格模型，并与之对战演进，这样才能真正评估模型能力，并进一步提升模型能力。

从上述两方面可以看出，如何在模型训练过程中产生多样性模型，对提高模型的能力有至关重要的作用。

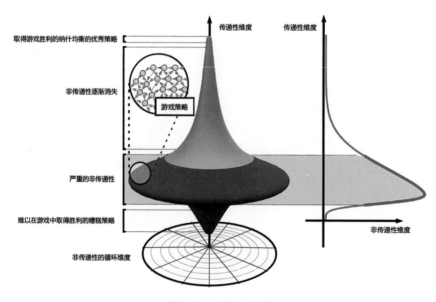

图 2.13　陀螺形分布

下面从 3 个不同的角度介绍一些相关的经验。

1．不同的训练参数

显然，不同的奖励设定会决定强化学习问题的优化目标，因此一个直接的方法就是通过不同的奖励的赋值来引导模型学习不同的打法和倾向,即不同的风格。具体来说,可以在格斗类游戏上设定 4 类奖励(见表 2.2),这 4 类奖励均可以进行调整,来引导风格的差异。

表 2.2　4 类奖励说明

	说　　明	不同的风格来源
结局奖励	根据对局胜负情况给予奖励	按照更倾向大胜/更倾向胜利即可等目标风格给予不同的奖励
血量奖励	根据一段时间内双方血量的增减情况给予奖励	按照更倾向保护自己血量/更倾向打掉敌方血量等目标风格给予不同的奖励
技能奖励	根据一段时间内各种技能使用情况给予奖励	按照更倾向有小招就放/更倾向憋大招等目标风格给予不同的奖励
走位奖励	根据一段时间内走位情况给予奖励	按照更倾向保持安全距离/更倾向不停移动等目标风格给予不同的奖励

除奖励外,其他的一些训练参数也会影响训练结果,从而导致不同的风格,如使用了含有熵的学习目标的熵的系数,以及使用了 ϵ-greedy 方法的 ϵ 的取值。

2．不同的种子模型

训练是一个迭代很多轮的过程,那么自然地,当每一轮训练开始时,从哪一个模型开始恢复训练就会影响最终模型的能力和风格的表现。例如,在某一轮训练时,使用完全相同的奖励配置和其他参数设定,但是选择从两个不同的模型开始恢复训练,那么最终训练收敛得到的模型可能有完全不同的表现。这个现象和优化算法的求解过程有相似之处,不同的起点往往会收敛到不同的终点。

3．不同的对手模型

同样地,训练过程中不同的对手模型会使得整个学习环境和学习目标发生改变。例如,以 A 模型为对手,则可能以战胜 A 模型为目标,而以 B 模型为对手,则可能以战胜 B 模型为目标,显然这样会得到差异很大的两个模型。

总之,不同的训练参数、不同的种子模型和不同的对手模型是训练过程中模型不同风格的主要来源。因此可以在一个迭代的训练中,综合考虑这 3 个因素,同时启动几个任务,以产生风格多样性。

通过上述方式不断地迭代,就可以产生具有不同特点的模型了。那么这些模型的能力和风格具体是怎么样的呢?我们需要对模型进行更客观的评估来更直观地表现出来(见图 2.14)。

在能力评估方面,目前业界采用较多的是 Elo 分的方式。但是 Elo 分很容易受评估次数、评估池的大小、不同模型类型的分布影响,并且对于有循环胜负的问题，Elo 分的表征能力非常弱。依据学术界的相关研究，采取了 Nash Equilibrium 的评估方式。具体地，先让模型池中的模型两两对战 N 局，记录对战的胜率，得到完整的胜率矩阵。利用胜率矩阵可以计算 Nash Equilibrium，从而衡量模型对战不同类型模型时能力的均衡表现。

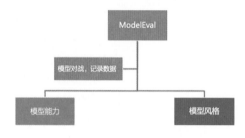

图 2.14　模型的双维评估

在风格评估方面，风格的不同表现可以被认为是模型倾向使用的技能招式、走位值、命中率的不同。具体来讲就是，先让模型池中的模型两两对战 N 局，记录对战时模型的各技能使用次数、命中率、掉血量、走位值等指标，并分别计算每一个指标在所有模型上的均值，将这些均值组合在一起，成为均值向量，这样一个均值向量就可以较好地度量某个模型在打法上的倾向和风格上的差异，这种均值向量被称为风格多样性向量。

通过如图 2.14 所示的组件，就可以在训练时通过不同的设定来产生不同的风格，并且通过模型评估来度量模型能力和风格的差异，为下一代训练的设定提供数据支持。模型池负责管理维护模型的更新，为整个模型池中的模型的能力增长和风格多样性提供来源和保证。

在知晓联盟战争的架构（见图 2.15）之后，就可以利用联盟战争来进行具体的实验迭代了。

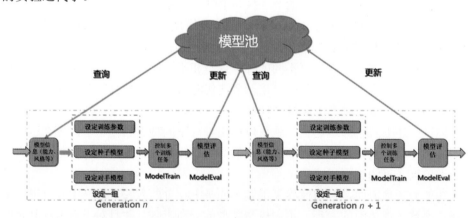

图 2.15　联盟战争的架构

例如，可以设定下面这样一种配置。

- 在奖励方面，首先使用多组参数的权重组成奖励，每一个参数权重设定多个候选项，如某个技能命中后获得不同的奖励。然后可以从各个参数权重中随机选择一个来最终组成一套奖励配置。在迭代过程中，可以将最好的一个或几个奖励配置保留继续迭代。
- 在种子模型方面，每一代训练完成后进行评估、聚类，从每一个簇类中选择一个 Nash 分最高的模型分别作为一个种子模型。为了避免训练规模过大，可以设定最多选择几个种子模型。
- 在对手模型方面，同样利用聚类，从每一个簇类中选择一个或几个 Nash 分较高的模型，将其混合作为对手模型。
- 在模型池方面，出于规模和效率的考虑，可以增加淘汰机制，不让模型池内的模型数量一直增长，设定最大数量及每一个簇类中模型的最大数量。

按照这样的设定，我们在《火影忍者手游》上进行了实验，当训练进行到第 6 代时，总共产生了 159 个模型，这些模型聚成了 10 类。这 10 类模型的各种技能的使用情况展示如下（见图 2.16、图 2.17 和图 2.18）。

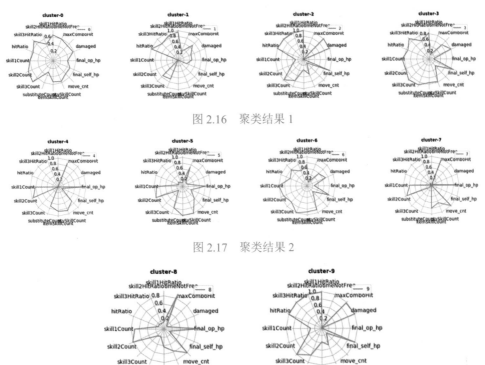

图 2.16　聚类结果 1

图 2.17　聚类结果 2

图 2.18　聚类结果 3

可以看出，当训练到第 6 代时，得到的这些模型的风格具有明显差异，如簇类 2 更喜欢使用技能 3，技能 1 和技能 2 使用得较少，簇类 3 则 3 种技能都喜欢使用。具体地，模型的风格演进如图 2.19 所示。可以看出，在训练过程中，每一代的模型的风格都会出现明显的变化，并且同一代中不同实验训练出的模型具有不同的风格差异。

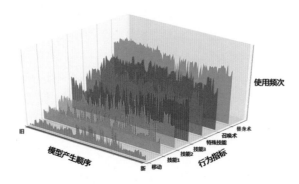

图 2.19　模型的风格演进

类似地，对 6 代训练中的各个模型的 Nash 分的变化情况汇总观察，得出模型的能力演进如图 2.20 所示。

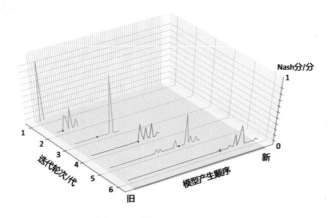

图 2.20　模型的能力演进

2.3.4　小结

一对一的格斗类游戏看似简单，但是游戏 AI 的制作非常重要，因为包含对战性，在建模过程中必须考虑对手的建模。由于人类的行为丰富多变，因此对手的建模是大部分对战游戏难以解决的难点。在这一部分，我们将对手建模为强化学习环境中的一部分，并利用自对弈的框架完成对手的更新完善，通过引入联盟战争提升自对弈过程的多样性和稳定性，从而使得训练的 AI 在迭代过程中稳步提升能力。显然，这种模式可以自然、方便地扩展到其他的格斗类游戏上。

2.4　展望与总结

尽管我们已经成功地在一些游戏中应用了强化学习方法来生成高质量的 AI，但是这个方向依然需要探索，从实际应用的角度考虑，强化学习方法的效率与能力需要进一步提升。如何让机器自动生成的 AI 和人类的表现越来越接近，而不仅仅是能力上的接近，这是一个非常重要而困难的问题。

从整个游戏产业发展的角度来看，强化学习技术只有不断降低使用门槛，才能让更多的游戏从业人员轻松地在自己的游戏产品中应用，并创造更多的游戏可能性。可喜的是，这几个方面在近些年得到了学术界和游戏从业者的关注，相关研究如雨后春笋般出现，这给了我们充足的信心相信强化学习技术会在未来的游戏开发中占有非常重要的地位。

下面我们将分别从 AI 行为复杂化、AI 表现拟人化和 AI 制作产品化来展望一下强化学习游戏 AI 未来的图景。

2.4.1　AI 行为复杂化

随着计算机计算性能的大幅提升，不论是在 PC 领域、主机领域，还是在移动领域，游戏的品类与玩法都在日新月异地发展。前面的章节向大家介绍了机器学习技术在制作竞速类游戏和格斗类游戏 AI 中的应用，这两类游戏玩法相对简单，但是机器学习技术已经可以在更复杂的游戏品类中一展身手了，如OpenAI 在 2018年制作的 Openai Five，就让 AI 表现出了合作与对抗博弈的复杂行为[①]。

《Dota》是一个大型的多人在线竞技游戏，游戏分为两个阵营，每个阵营有 5 个能力各不相同的角色。在游戏中，玩家需要控制自己的角色，通过击杀小兵、野怪、建筑等获得金币、经验、能力加成等资源，最终在与对手的对抗和队友的合作中消灭对手的基地取得胜利。可以看到，《Dota》游戏中的元素非常多，既有合作又有博弈，是一个玩法非常丰富的游戏。对于以往的规则系统而言，这种类型的游戏 AI 非常难编写。但是 OpenAI 利用强化学习方法，自动地生成了非常高水平的 AI。

在 OpenAI 的研究中，工作人员从游戏中获取各种人类玩家同样可以获取的数据（见图 2.21），如角色的信息、队友的信息、可见对手的信息等，并通过深度

① CHRISTOPHER B, Brockman G, CHAN B, et al. Dota 2 with large scale deep reinforcement learning[OL]. arXiv preprint arXiv:1912.06680, 2019.

神经网络将这些信息编码为强化学习的感知部分。

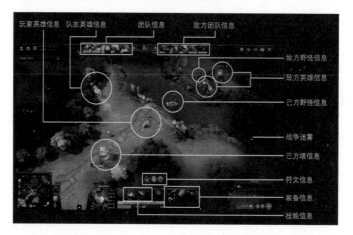

图 2.21　《Dota》中的观测空间

　　为了完成复杂的训练任务，工作人员设计了一个超大规模的分布式强化学习训练框架，如图 2.22 所示。这个框架有 Rollout Worker 的部件，会不断地利用当前的策略与游戏客户端进行通信，产生样本轨迹，并将这些轨迹传递到优化器的缓存空间中，优化器会从这个缓存空间中采样数据来对策略进行强化学习的优化，优化后的策略会交由 Rollout Worker 使用，以产生更优质的轨迹。

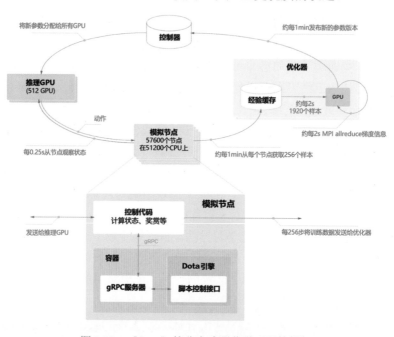

图 2.22　《Dota》的分布式强化学习训练框架

　　基于此框架利用模型之间的自我对弈，不断地训练模型去打败过去的模型，从而达到提升模型能力的目的。最终，模型经过约一年的训练战胜了《Dota》的世界冠军。《Dota》模型的能力变化如图 2.23 所示。

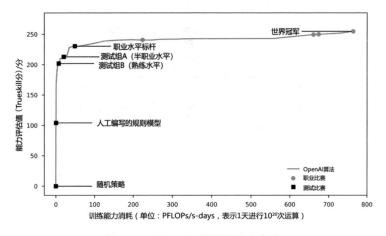

图 2.23　《Dota》模型的能力变化

　　这种高水平的复杂行为 AI 是以往基于状态机和行为树之类的方法难以企及的。目前这种方法对于计算资源的要求还比较高，在实际落地应用时对开发成本依然有着比较大的考验，但是我们有理由相信，随着技术的不断完善，强化学习的训练会越来越高效，在制作复杂行为 AI 上将会迸发出更强的活力。这对于适应越来越丰富的游戏品类和玩法有着重要的意义。

2.4.2　AI 表现拟人化

　　如果想在游戏中打造极致的 AI 服务体验，最重要的就是让玩家察觉不到这是一个 AI。计算机科学之父阿兰·图灵曾经提出过这样一种思想实验：如图 2.24 所示，假设有一个人和一台机器被隔开，现在有一个测试者通过一些装置对人和机器随意提问。如果机器能够让测试者做出超过 30% 的误判，那么这台机器就通过了测试。这就是著名的图灵测试。

　　对于制作高水平的游戏 AI 而言，实际上就是要在游戏这个小场景里，让 AI 通过图灵测试，即让玩家在大部分时候分不清他的对手或队友是机器还是真实的玩家。机器制作的角色往往是受游戏制作者控制的，游戏制作者可以通过它们来为玩家精心打造好的体验，这是所有游戏制作者希望达到的一种终极形态。

图 2.24　图灵测试

实际上，这种形态离我们并没有那么远。目前已经有很多工作一直在研究如何让机器根据人类的行为学习，从而又快又好地得到一个行为策略。这个研究方向通常被称为模仿学习（Imitation Learning），如图 2.25 所示。模仿学习可以把人类玩家的数据利用起来以提高模型的学习能力。这些数据是由轨迹组成的，如 $\{\tau_1, \tau_2, \cdots, \tau_m\}$，每个轨迹都包含人类处于不同状态时的决策 $\tau_i = <s_1^i, a_1^i, s_2^i, a_2^i, \cdots>$，在状态和动作之间建立机器学习预测模型[①]。模型训练的目标就是使模型生成的状态和动作轨迹的分布和输入的轨迹分布匹配。当模型的预测精度足够高时，模型就能够产生和人类类似的决策，从而达到拟人的目的。

图 2.25　模仿学习

当然，这里面还存在很多问题。一方面，人类的高质量数据获取并不容易。另一方面，采集的数据中可能有很多特殊的状态并没有被涵盖，导致机器在预测的时候不知所措。由于序列决策问题，这些错误会逐渐累积，因此 AI 的整体表现会变得怪异。

---

① JONATHAN H, ERMON S. Generative adversarial imitation learning[C]//In: Advances in Neural Information Processing Systems(NIPS), Barcelona, Spain, 2016: 4565-4573.

2.4.3　AI 制作产品化

　　游戏 AI 的打造与游戏本身的机制紧密相关。制作 AI 的目的是更好地服务游戏的产品内核，因此对于游戏 AI 的制作方向，游戏产品的主导者（游戏策划、制作人）往往有更深刻的理解，但是他们不一定具备编写 AI 的基本技能，更不要说深入理解机器学习来调优 AI 的表现。因此有必要将 AI 制作的流程进行产品化的打造，对于非技术类型的游戏制作者而言，不必要的技术细节应当进行透明化。

　　UC Berkeley 的人工智能实验室做了这样的一项研究[①]：如图 2.26 所示，首先让用户提供一些完成任务的样例数据，然后基于这些数据训练一个任务成功与否的判断分类器，将分类器的结果作为奖励，用以进行强化学习的训练，并在这个过程中搜集分类器的负样本。最后依据学习的结果，选择一些样本对用户进行询问。不断迭代这个过程就能够得到一个不错的 AI。这种技术称为主动学习技术。

　　可以看到，利用主动学习技术是有可能为非技术人员提供更为直接的设计游戏 AI 的途径的。对于能够明确定义目标的任务，只需要设定目标后，利用强化学习进行学习。如果不能准确描述出来，则可以使用示范的形式。在这个过程中，将强化学习的细节进行透明化，非技术人员只需要用一些简单的接口去定义想要的 AI，剩下的事情就交给机器自动完成了。

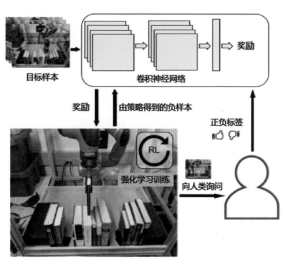

图 2.26　主动学习

① SINGH A, Yang L, LEVINE S, et al. End-to-end robotic reinforcement learning without reward engineering[J]. Robotics: Science and Systems, 2019, 13, 14-14.

2.4.4 总结

如何能够低成本地研发高质量 AI 一直是游戏开发中困扰开发者的难题，也是广大游戏从业者一直希望有所突破的方向。传统的游戏 AI 开发方法，受限于技术内核，需要依据策划对游戏深入的理解及编写复杂的游戏逻辑，不但开发周期长，而且规则逻辑、参数调整都非常麻烦，具有非常高昂的人力成本。另外，这类 AI 的行为模式往往单一且能力水平有限，难以满足广大玩家的需求。

本章介绍了强化学习方法在制作游戏 AI 方面的一些探索。利用强化学习方法，只需要部分的人工参与，就可以在竞速类、格斗类等游戏上建立快速的高质量游戏 AI 生成流程。这个流程不仅能够生产在竞技水平上与一流的人类玩家相匹配的 AI，还在能力分级、拟人行为等方面做了许多适应实际游戏开发需要的工作。

- 基于强化学习方法解决了业务冷启动问题。
- 通过对算法和分布式系统的优化，提升了模型的训练效率，一定程度上解决了机器学习模型训练时间成本高昂的问题。
- 在自对弈策略、奖励设计等方面形成了设计模板，可以快速实现不同风格玩法的 Bot。
- 通过奖励设计、动作优化、利用示例数据等手段解决强化学习方法的拟人化问题。
- 通过改变输入状态、动作优化等方式实现模型分级，以适配不同水平玩家的需求。
- 实现了包括离线训练、模型评估、模型管理、数据分析和发布的一套完整系统，并通过系统 API 实现自定义的自动化工作流。

通过这些探索，我们可以看到强化学习方法在游戏 AI 制作领域具有巨大的潜力，相信强化学习方法能够为游戏 AI 制作的工作模式带来新的变革，从而进一步改变整个游戏的形态。

多种机器学习方法在赛车
AI 中的综合应用

3.1　游戏 AI 简介

本章以研发高强度的竞速赛车 AI 为目标，介绍遗传算法、监督学习和强化学习在赛车 AI 中的研究和应用，并分析其优劣势。本章介绍赛车 AI 的常规制作方案，用简单的样例展示了赛道数学模型和赛车行驶控制，并引出 AI 参数调优问题。因为赛车 AI 的参数通常比较多且耦合，因此靠人工调参很难达到理想的效果。利用遗传算法进行程序自动化调参，则可以解决人工调参的问题，得到能力不错的赛车 AI。

近几年机器学习技术发展迅速，在游戏领域取得了不错的效果。例如，腾讯的《王者荣耀》、《穿越火线手游》和《QQ 飞车手游》等游戏都应用了深度学习技术以实现高强度的 AI。《王者荣耀》的游戏 AI "绝悟" 是一个策略协作 AI，在 5V5 模式中战胜过职业联队；游戏内上线的 "绝悟" AI 挑战模式，提供多个难度的 AI 给玩家挑战，可以满足玩家与职业选手挑战的需求。《穿越火线手游》通过 "AI 剧情模式"，让玩家跟随剧情，挑战实力堪比职业选手的智能 AI 对手，一步步地提升玩家能力。《QQ 飞车手游》同样在剧情模式、车神挑战等玩法中使用高强度赛车 AI，给玩家设置有梯度的挑战目标，提升玩家游戏体验。

游戏 AI 主要使用的是监督学习和强化学习两种机器学习方案。监督学习是指通过样本学习建立一个模型，并依此模型推测新的实例。强化学习是指基于环境的反馈而行动，训练一个模型以得到最大化的预期利益。本章以训练赛车 AI 模型为例，介绍监督学习和强化学习的基础知识及落地过程中可能面临的挑战，并对它们的应用进行简要分析，以便缺少相关知识的游戏从业人员了解这两项技术。

3.2 赛车 AI 的常规方案

赛车游戏作为竞速类游戏领域的主要品类，即使经过多年的玩法创新和演化，赛车 AI 在游戏中仍起着非常重要的作用。本节主要介绍赛车 AI 的常用类型及简单的赛车 AI 控制模型。

3.2.1 赛车 AI 的类型

赛车 AI 在各游戏中有不同的应用场景，如与玩家竞速的赛车 AI、跟踪和抓捕玩家的警察车 AI、城市路网随意游走的 NPC 车辆 AI 等。各类型的 AI，行为目标不一样，实现方式也有差异。在《GT Sport》赛车游戏中，与玩家同场竞速的赛车 AI，目标是以最快速度跑到终点，玩家需要感知赛道元素计算最佳行驶路径，根据赛道的情况来操控赛车。在游戏《极品飞车：热力追踪》中，警察车 AI 抓捕玩家，需要考虑团队合作，提前规划路线封堵玩家。在游戏《侠盗猎车手 5》中，城市中到处是随意游走的 NPC 车辆 AI，这些 NPC 车辆 AI 需要遵守城市交通规则，如过红绿灯、避让行人等。

3.2.2 赛道表示与行驶

实现一个赛车 AI，第一步就是感知环境。大部分赛车游戏单局都是在固定赛道进行的，因此我们希望用简单的数学模型来表示赛道，降低问题的复杂度。常用的方法是以赛道为中心生成一条导航线，按固定间距沿着导航线采样生成路点，并在路点上记录赛道切线方向、曲率和宽度等信息。根据路点和赛车当前信息，就可以计算出赛车和赛道的关系，赛车 AI 据此进行行为决策。

为了更好地预测赛道的变化提前转向，往往会引入信差辅助转向控制[①]。信差就是基于赛车所处位置，根据速度沿着导航线往前一段距离采样的一个基准点。赛车根据车头与基准点方向的夹角进行转向。举个简单的例子，如图 3.1 所示，赛车需要过一个直角弯，车头方向与基准点方向的夹角为 α，AI 程序根据 α 的大小决策是否转向或漂移，以下为简单的伪代码。

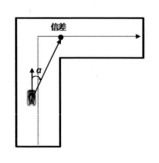

图 3.1 简单的赛车 AI 控制模型

---

① RABIN S. Game AI Pro: Collected Wisdom of Game AI Professionals[M]. CRC Press, US, 2013.

```
float steerAngle = 5.0f; //AI 参数：转向角度阈值
float driftAngle = 15.0f; //AI 参数：漂移角度阈值

float alpha; //角度 α
if (alpha > steerAngle)
{
    DoSteering(); //赛车转向
}
else if (alpha > driftAngle)
{
    DoDrifting(); //赛车漂移
}
else
{
    GoStraight(); //赛车直行
}
```

在上述模型中，steerAngle 和 driftAngle 是赛车 AI 的参数，影响着赛车 AI 的能力表现。当然，实际游戏项目中的赛车 AI 控制模型不会这么简单，因为赛车控制需要考虑的因素很多，如当前赛车速度、离墙距离、赛道曲率等。因此赛车 AI 需要建立复杂的模型，并引入更多的 AI 参数来控制赛车。

3.3　遗传算法优化赛车 AI 参数

在赛车 AI 开发过程中，会引入参数来控制赛车。但是这些参数较多且耦合，靠人工调参很难达到理想的效果。下面介绍如何利用遗传法进行程序自动化调参，逐步迭代出较为不错的赛车 AI 参数。

3.3.1　智能优化算法介绍及应用场景

在赛车游戏中，赛道是形态各异的，因此赛车和赛道的建模需要足够的泛化才能适应不同的赛道。但是，泛化带来的问题是参数多且耦合，靠人工调参很难调出较强的 AI，无法满足高水平的玩家。

如图 3.2 所示，通过调整参数，AI 可以通过第一个近道，但过不了第二个近道。如果要让 AI 上窄桥等复杂近道，则需要多次调整参数。

智能优化算法的作用是在当前模型下，找到 AI 跑得最好的一套参数。调参的过程是在参数空间中搜索最优解的过程。因为参数空间很大，不适合用遍历的搜索方式，所以可以采用启发式优化算法来解决[①]。表 3.1 对比了一些常用的优化算法。

---

① A. E. EIBEN J E S. Introduction to Evolutionary Computing[M]. Springer, US, 2015.

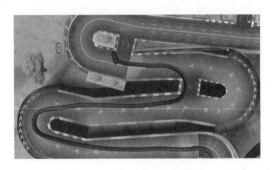

图 3.2　赛车 AI 调参问题

表 3.1　优化算法对比

优 化 算 法	特　　　点
爬山法	贪心搜索，寻找局部最优的算法
模拟退火法	源于固体物质退火过程
蚁群算法	模拟蚂蚁集体寻径行为
粒子群算法	模拟鸟群和鱼群群体行为
遗传算法	模仿自然界生物进化机制
差分进化算法	通过群体个体间的合作与竞争来优化搜索

3.3.2　遗传算法介绍

遗传算法是启发于生物进化的一种优化学习算法，其基本思想是物竞天择、适者生存。该算法通过种群的迭代更新，把种群中的优秀基因遗传下来。遗传算法流程图如图 3.3 所示。

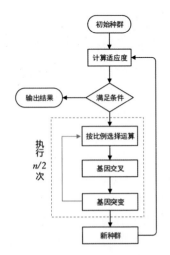

图 3.3　遗传算法流程图

对于赛车 AI 参数优化问题,可以根据遗传算法流程设计如图 3.4 所示的训练流程。

（1）随机初始化 n 套赛车参数作为初始种群。

（2）每套参数放到同一辆车上在赛道上跑,计算成绩（适应度）。

（3）如果有足够优秀的成绩,则输出对应的参数作为结果。

（4）从 n 套参数中,按成绩的比例权重随机选择 2 套参数作为母体。

（5）把选中的 2 套参数进行交叉和变异得到新的 2 套参数。

（6）把作为母体的 2 套参数放回原种群,新的 2 套参数放入新种群。

（7）重复步骤（4）～步骤（6）共 $n/2$ 次,共得到新的 n 套参数。

（8）用新的 n 套参数重复步骤（2）～步骤（7）,直到得到符合条件的参数。

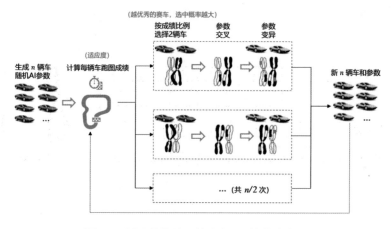

图 3.4　用遗传算法训练赛车 AI 的算法流程

3.3.3　遗传算法关键步骤

遗传算法的训练流程涉及基因编码、基因交叉、基因突变、适应度计算等关键步骤。从生物学角度是比较容易理解上述步骤的含义的,下面从计算机模拟的角度介绍如何实现遗传算法的关键步骤。

3.3.3.1　基因编码

为了能把参数按基因的方式遗传迭代,必须把复杂的赛车参数进行基因编码。常用的基因编码方式有值编码和二进制编码。如图 3.5 所示,值编码是指把参数按顺序排列,组成一个编码串。如图 3.6 所示,二进制编码是指把参数转成二进制数形成编码串。二进制编码比较通用,而且方便进行交叉和变异,因此使用较为广泛。

参数：	距离	角度	速度	氮气值	动力	角速度	布尔值		
基因序列：	120	30	200	1	1000	5	True	...	...

图 3.5　值编码

参数：	距离	角度	速度	氮气值	动力	角速度	布尔值		
数值：	120	30	200	1	1000	5	True	...	...
基因序列：	0111 1000	0001 1110	1100 1000	0001	0011 1110 1000	0000 0101	01	...	...

图 3.6　二进制编码

3.3.3.2　基因交叉

在生物演化中，子代的基因一部分来自父亲，另一部分来自母亲。基因交叉的过程就是模拟上述基因遗传的过程。常用的交叉方式有单点交叉和双点交叉。图 3.7 所示为参数双点交叉的示意图。

参数1	120	60	200	True	100	200	123	...
参数2	120	70	210	False	230	110	123	...
⇨ 新参数1	120	60	200	False	230	110	123	...
⇨ 新参数2	120	70	210	True	100	200	123	...

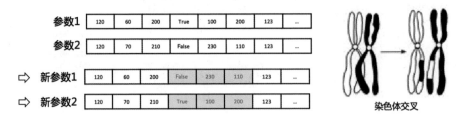

图 3.7　参数双点交叉的示意图

3.3.3.3　基因突变

基因突变是个体进化的灵魂。只有突变才可能突破原来基因范畴，获得进化。图 3.8 所示为参数突变的示意图，随机选中某个参数进行随机更改。

源参数	120	70	210	True	100	200	123	...
⇨ 新参数	120	70	210	True	100	200	150	...

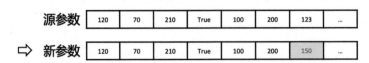

图 3.8　参数突变的示意图

3.3.3.4　适应度计算

适应度表示个体在当前环境下的竞争力，个体的适应度越强，个体拥有越优秀的基因。适应度计算是为了快速、准确、量化地计算出 AI 的能力。在上述赛车 AI 参数优化过程中，个体的适应度可以用赛车在固定时间内于赛道中行驶的距离来表示。

3.3.3.5　选择函数

在生物进化过程中，越优秀的个体能获得越多的性资源，其基因就更大概率地能遗传给后代。选择函数过程就是模拟上述自然选择过程。常用的选择函数是适应度比例选择，又称轮盘赌选择。图 3.9 列举了在有 5 个个体的情况下，适应度比例选择的计算过程。某个体被选中的概率 $P_{(k)}$，等于其适应度 $F_{(k)}$ 在种群所有个体的适应度总和中的占比。

$$P_{(k)} = \frac{F_{(k)}}{\sum_{i=0}^{m} F_{(i)}}$$

	距离（适应度）	概率
赛车 AI 1	3000	3000/17500 = 17%
赛车 AI 2	3200	3200/17500 = 18%
赛车 AI 3	3500	3500/17500 = 20%
赛车 AI 4	3800	3800/17500 = 22%
赛车 AI 5	4000	4000/17500 = 23%
总和	17500	100%

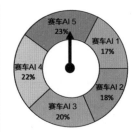

图 3.9　适应度比例选择的计算过程

3.3.4　遗传算法方案的简要分析

图 3.10 左侧所示为多辆赛车 AI 在赛道中行驶，并行计算 AI 参数的适应度示意图。图 3.10 右侧所示为经过多次迭代，不同 AI 参数的赛车跑出来的胎痕示意图。

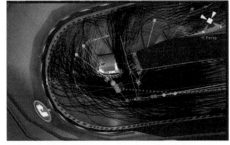

图 3.10　遗传算法训练过程

图 3.11 所示为在地图"11 城"中，每次迭代的最优个体行驶轨迹的演化过程。随着迭代演化，每代最优秀的赛车 AI，在 1 分钟内所跑的距离越来越远。一

开始，AI 不能通过 11 点钟方向的近道，而经过训练后就可以通过该近道。

图 3.11　每次迭代的最优个体行驶轨迹的演化过程

遗传算法的鲁棒性较强，可以处理很多优化问题。刚开始使用遗传算法时，可能面临训练不收敛或收敛速度较慢的问题，需要进行一些优化和调整。对于《QQ飞车手游》的赛车 AI 参数训练过程，因为进行了赛车之间没有碰撞的并行训练，所以没有考虑动态因子的影响。在实际比赛中，赛车 AI 较少发生碰撞，且碰撞后可以很快恢复到比较合理的路径上。遗传算法只是优化当前 AI 模型的参数，高阶技巧需要提前建模，否则不管如何训练，AI 也不可能自己学会使用这些技巧。高阶技巧使用策略一般比较复杂，引入一种复杂策略往往会影响原有简单策略的使用，导致 AI 整体能力下降。开发人员可能需要花大量的时间调试和处理 AI 表现异常的情况。因此，用遗传算法优化 AI 参数，AI 的能力上限取决于 AI 模型策略的编写。

3.4　监督学习训练赛车 AI

监督学习是一种常用的机器学习方法，可以通过建立人工神经网络模拟出样本的规律。下面先介绍人工神经网络，再以训练赛车 AI 模型为例，介绍监督学习的基础知识及落地过程中可能面临的挑战。

3.4.1　人工神经网络

人工神经网络是深度学习的基础，启发于对人类中枢神经系统的观察，是由多个神经元连接在一起组成的网络结构。人工神经网络的神经元和生物上的神经元类似，有多个输入值，经过计算后得到一个输出值。图 3.12 所示为一个神经元，其输入由 $n+1$ 个节点组成，每个节点的值分别是 $[1, x_1, x_2, \cdots, x_n]$。神经元的每个输入节点都有一个权重参数。图 3.12 中神经元的权重参数分别是 $[b, w_1, w_2, \cdots, w_n]$。

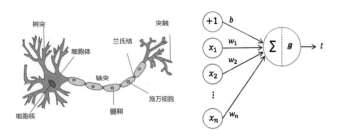

图 3.12　神经元

输出值 t 的计算需要两步（激活函数使用 sigmoid 函数）。

（1）加权求和。$z = 1 \times b + x_1 \times w_1 + x_2 \times w_2 + \cdots + x_n \times w_n$。

（2）激活函数。$t = g(z) = \dfrac{1}{1 + \mathrm{e}^{-z}}$。

如图 3.13 所示，多个神经元连接在一起，可以组成一个人工神经网络。复杂的人工神经网络可以模拟出输入数据之间复杂的函数关系。

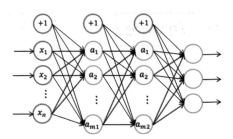

图 3.13　人工神经网络

3.4.2　监督学习介绍及应用场景

监督学习是机器学习的一种，通过提供的数据样本建立一个模型，并用此模型推测新的实例[①]。监督学习广泛应用在文字识别、语音识别、图片识别等方面。以图片识别为例，我们希望机器识别一张图片（图中是猫还是狗）。如图 3.14 所示，可以把识别过程理解成实现一个函数，函数输入一张图片，输出 0 或 1（假设 0 代表猫，1 代表狗）。这是一个复杂的函数，很难通过数学公式或程序来实

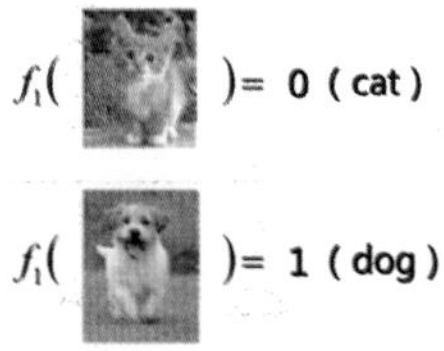

$f_1(\quad) = 0\ (\text{cat})$

$f_1(\quad) = 1\ (\text{dog})$

图 3.14　监督学习函数表示

---

① STUART RUSSELL P N. Artificial Intelligence: A Modern Approach(3rd)[M]. Prentice Hall, US, 2010.

现，因此需要用人工神经网络来模拟这个函数。

人工神经网络的初始参数是随机的，一开始输出结果的准确率很低。监督学习的训练，需要大量根据猫狗类型分类好的图片作为样本，利用标注样本训练人工神经网络，优化人工神经网络的参数，逐步提高准确率。监督学习是构建 AI 比较常用的方法，很多游戏 AI 利用监督学习方法达到了高端人类玩家的水平。

3.4.3　监督学习实现赛车 AI

如图 3.15 所示，在游戏中实现一个赛车 AI，可以转换成实现一个函数，输入当前赛车和赛道的特征（Feature），输出在该状态下应该按下什么按键（Keys）。这个函数可以作为赛车 AI 的控制器。但是这个函数较为复杂，因此使用人工神经网络来模拟这个函数。如果有足够多的样本对这个函数进行训练，理论上就可以实现赛车的控制。

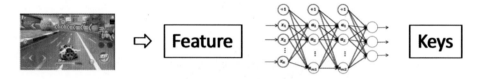

图 3.15　监督学习赛车控制模型

- 输入特征 Feature，应该提取当前赛车和赛道中，会影响 AI 决策的相关数据。这些数据越齐全，AI 的泛化能力越强。在赛车游戏中，可以采集赛车速度、赛道宽度、赛车和赛道的各种角度等相关参数。复杂的模型可能需要输入图像，可以利用卷积神经网络提取图像的特征信息。
- 输出按键 Keys，对应于游戏界面上各操作按钮的按下状态。开发者可以根据游戏的操控系统，给 AI 设计独立动作空间。

图 3.16　数据收集流程

监督学习需要通过大量游戏单局数据，分析不同游戏场景下人类玩家的操作，用来训练模型。因此能否获取大量样本，是选择监督学习方案的关键。如图 3.16 所示，在赛车游戏中可以利用玩家提供的大量单局录像文件提取样本。利用录像文件中玩家赛车位置、速度等状态信息，结合赛道提取样本的输入特征，该状态下玩家的按键状态即样本的输出信息。

3.4.4　监督学习方案的简要分析

监督学习方案是让 AI 学习人类玩家的操作的，因此 AI 的能力上限理论上无法超越样本中的玩家。同时样本的选取会极大地影响 AI 的能力表现。如果全都使用高端玩家录像的样本（失误少），则缺乏异常样本，训练出来的 AI 应对异常突发情况的能力比较弱。如果加入中低端玩家的样本，则会拉低整体 AI 的能力水平。此外，在大部分赛道中，只在某些弯道上使用高阶技巧，因此高阶技巧的样本在整个赛道中的占比少，在训练时容易被忽略。所以在实际项目中，需要对样本进行分类和筛选，并且根据游戏特性设计复杂的网络结构，而不是简单地使用一个全连接网络。例如，先把操控左右和漂移的按键抽象成一个独立的模型，把复位刹车操作抽象成另外的模型，再把两个模型结合起来，从而控制赛车。

除此之外，监督学习方案必须要使用样本来训练模型。一些还没上线的游戏，由于缺少游戏样本，因此无法使用这个方案。

3.5　强化学习训练赛车 AI

强化学习方法基于环境的反馈来决策行动，通过训练一个模型来得到最大化的预期利益。下面以训练赛车 AI 为例，介绍如何利用强化学习方法，让赛车 AI 在赛道中不断尝试各种操作逐步提升能力。

3.5.1　强化学习的介绍及应用场景

强化学习[①]是让 AI 根据环境的反馈自主学习提高的方法，与监督学习基于样本找规律的方法不同。强化学习广泛应用在围棋、游戏、机器人等领域。2016 年，战胜顶尖职业棋手李世石的围棋 AI Alpha Go 就是利用强化学习实现的。强化学习的思路是让 AI 不断地进行尝试，对行为结果给予奖惩反馈，AI 根据反馈进行优化。使用强化学习，需要从待解决的问题中提取出状态（State）、动作（Action）和动作回报（Reward）。

- 状态：当前要解决问题的状态。例如，围棋棋盘的盘面状态，即黑白棋子的分布情况。
- 动作：当前状态下可以做的行为。例如，在下围棋过程中，当前能下的某一步棋子。

---

① SUTTON R S, BARTO A G. Reinforcement learning: An introduction[M]. MIT press, US, 2018.

- 动作回报：在某个状态下做某个行为得到的回报。例如，在下围棋时下了这步棋后赢了比赛，则 Reward=100；输了比赛，则 Reward=-100。

图 3.17 所示为强化学习原理。首先初始化 AI，AI 从环境中获得初始状态 S_0，并根据 S_0 做出动作 A_0。动作 A_0 会导致环境状态的变更；然后根据状态变更的好坏给出动作回报 R_0；最后 AI 根据 $\{S_0, A_0, R_0\}$ 调整参数。环境状态变更后，环境变成新的状态 S_1，根据新的状态又可以得到 A_1 和 R_1，如此循环下去。以围棋 AI[①]Alpha Go 为例，Alpha Go 就是用深度神经网络模拟的策略函数，输入棋盘布局，输出下一步落子位置的。强化学习的训练过程就是，获得当前棋盘信息，AI 计算出下一步落子位置，如果这步赢了就获得一个正的 Reward，输了就获得一个负的 Reward；如果还不确定输赢，则根据局势给个评分 Reward。因为刚刚那步棋，盘面已经有了变化，于是得到新的状态，根据新的状态计算新的动作，得到新的 Reward，如此循环下去。

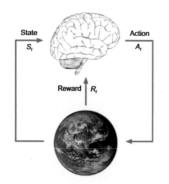
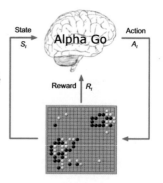

图 3.17　强化学习原理

3.5.2　强化学习实现赛车 AI

腾讯互动娱乐事业群游戏 AI 研究中心与《QQ 飞车手游》项目组合作研发的深度强化学习赛车 AI，根据竞速类游戏的特点进行 MDP 建模，采用了深度强化学习技术进行训练，得到的赛车 AI 在某些赛道可以达到玩家 Top 1%（车神）水平。使用强化学习实现赛车 AI，首先需要对游戏进行 MDP 建模，即设计游戏的状态（State）、动作（Action）、动作回报（Reward），如下。

- 状态：能表示当前游戏状态的信息，可以是游戏画面，或者是赛道信息、速度、角度、氮气等。

---

① SILVER D, HUANG A, MADDISON C J, et al. Mastering the Game of Go with Deep Neural Networks and Tree Search[J]. Nature, 2016, 529, 484-484.

- 动作：游戏的控制行为，可以直接使用能输入的按键，如左转、右转、漂移等。
- 动作回报：控制的好坏，如正反馈加分，碰撞或逆行等负反馈扣分。

最终希望得到一个 AI 或策略函数（Policy），输入状态，输出动作。如图 3.18 所示，策略函数可以通过深度神经网络进行模拟。

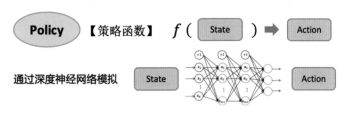

图 3.18　策略函数

如图 3.19 所示，强化学习训练过程就是初始化策略函数（Policy），在游戏起步时得到初始状态 S_0，策略函数根据 S_0 计算出动作 A_0，用 A_0 控制赛车。游戏更新一帧，则根据这一帧赛车的行驶情况计算动作回报 R_0。因为游戏更新，游戏状态变成新的状态 S_1，利用 S_1 计算出 A_1，运行游戏得到 R_1。如此，可以得到游戏运行过程中的大量样本数据 $\{S_0, A_0, R_0\}$、$\{S_1, A_1, R_1\}$……。一边运行得到新样本数据，一边利用这些数据优化更新策略函数，从而得到更好的策略效果。

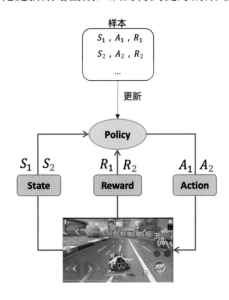

图 3.19　强化学习训练过程

3.5.3　强化学习方案简要分析

强化学习过程看起来简单，但是实际落地在项目时，会有很多需要处理的问题。例如，一个动作的价值需要一段时间才能体现出来，Reward 只是当前动作结束后的反馈结果，不能代表动作的长远价值，那么动作的长远价值如何体现？这里面就涉及 Bellman 方程和 Reward 回传的问题。因为赛车游戏只看完成赛道的时间，不关心中间过程，只有冲线后才能得到 Reward，所以 Reward 回传的路径很长，需要大量的训练时间，才能回传到初始状态。此外，AI 只追求最终结果，不关心具体操作情况，所以最终训练出来的 AI 可能操作频率非常高，超出人类操作的极限。还有可能出现一些操作或失误不像人类的情况。这些问题都需要花费时间进行优化，游戏才能达到较好的上线效果。虽然强化学习技术的挑战较大，但是它可以突破传统游戏 AI 方法的限制，探索出超越人类顶尖玩家的 AI，同时发掘更多新奇的玩法体系。通过大量的探索训练，我们可以发现游戏漏洞或平衡性问题，可以辅助验证新赛车、新角色的数值合理性。

3.6　总结

本章首先介绍了常规赛车 AI 的赛道表示和行驶控制方法，引出了该模型下的调参问题，并提出了遗传算法进行调参的解决方案；然后分别介绍了监督学习和强化学习的基础概念和原理，并对这两个方案面临的问题与挑战进行了简单分析。监督学习和强化学习都是机器学习的方法，训练出来的神经网络模型对于大部分研发团队来说是一个黑盒，无法对里面进行精细化控制，较难满足各种应用场景。此外，游戏逻辑变更或新增额外功能，都可能导致训练出来的模型失效，需要重新建模训练。因此，建议在游戏项目初期选用传统方法搭建基础的游戏 AI，在核心玩法稳定的情况下再尝试机器学习的方法。但在核心玩法复杂的竞技游戏中，用传统方法开发高水平的 AI 是件非常困难的事情，所以机器学习仍是一种非常不错的解决方案。强化学习是学术界在游戏 AI 研究方面热门的方向之一，随着技术的提升和推广，会在越来越多的游戏中落地，提高行业水平。这些超高水平的游戏 AI 研发技术可以给游戏体验和玩法探索带来更多的可能性。

数字人级别的语音驱动面部动画生成

4.1 语音驱动数字人面部动画项目介绍

本章论述了一种基于机器学习方法的语音驱动数字人处理框架和相关算法。与传统的基于规则或数据驱动的 Lip Sync（Lip Synchronization，唇形同步）解决方案不同，该方案分析了高保真数字人面部绑定系统的制作管线和数据特点，并从机器学习的角度对该绑定进行抽象，定义了一个语音-控制器的端到端学习框架。基于这个框架，提出了一种基于深度学习的语音驱动面部动画模型。传统的梅尔频率倒谱系数（Mel-Frequency Cepstral Coefficients，MFCC）特征缺乏对于驱动场景（任意说话者、合成语音、不同语言）多样性的有效处理。同时提出利用海量多语言语料库和深度语音识别技术，将 Phonetic Posteriorgrams（PPG）特征作为语音驱动面部动画模型的有效特征，取得了比传统方法更好的驱动结果。进一步地，采集和整理了一个大规模多情绪语音-动画数据集，并提出了一种基于深度学习的多情绪语音驱动数字人方法，数字人在被语音驱动的同时，可以做出高兴、难过和愤怒的表情。基于这种技术，探索了语音驱动数字人的两个有效应用——面向人工智能的与 Chatbot 技术管线相结合的可交互高保真数字人和面向游戏开发的语音驱动动画工具。

4.2 问题背景与研究现状

本节主要包含两部分：第一部分为数字人尤其是实时驱动的数字人发展背景，第二部分为语音驱动面部动画算法综述。

4.2.1 问题背景

2018 年 3 月，由 Epic Games 和腾讯公司联合研发的实时高保真数字人 Siren 亮相 GDC（Game Developers Conference，游戏开发者大会），并立刻凭借其前所未有的逼真实时渲染效果，引起了游戏、电影甚至人工智能等各个领域的关注和讨论，成为会议的焦点之一。这标志着实时高保真数字人技术达到了一个新的高度，人们看到了跨越"恐怖谷"的可能及实时数字人技术的更为广阔的应用可能。

2009 年，詹姆斯·卡梅隆指导的科幻电影《阿凡达》（Avatar）上映，出色的视觉效果不仅让全世界惊叹，更让全世界开始了解、关注动作捕捉技术，Avatar 甚至有了新的含义。传统的动作捕捉技术通过视觉或惯性传感器捕捉演员的表情和动作，将捕捉到的数据映射到角色模型上，生成角色动画，再经过动画师清理精修，形成最终产品质量的动画。Siren 更是采用了高精度的实时动作捕捉技术，实现了虚拟角色的 Live 表演。然而，传统动作捕捉技术虽然对影视、游戏、虚拟角色等行业有着重要意义，但是精度较高的动作捕捉设备普遍笨重，需要复杂的校准和特制的空间，需要演员来驱动，从而大大限制应用范围，尤其是在一些需要交互的场合。

随着语音处理、自然语言理解等众多领域的技术快速发展，越来越多的基于语音交互的产品和娱乐方式出现在日常生活当中。为此，我们提出以下设想：是否可以用语音来驱动高保真数字人呢？如果可以成功，一方面，语音驱动相比动作捕捉更加轻量，要求和限制也更少，可以增加数字人的应用范围；另一方面，逼真的数字人形象可以让用户在使用各种产品时拥有更加生动的交互体验。

4.2.2 相关算法

语音驱动面部动画技术（也被称为 Lip Sync、Talking Head 等）大致可以分为 3 类：基于 Procedural（程序化）或规则的方法、基于数据驱动的方法和近年来快速发展的基于深度学习的方法。

基于 Procedural 或规则的方法通常首先将输入语音划分为语音片段，每个片段都被转化为音素序列，然后根据提前定义好的规则或查找表将这些音素映射为 Viseme（视位）。Viseme 是可视化音素的简称，指的是音素所对应的嘴部形状。这类方法快速简单，但往往缺少一些丰富的动画细节。

基于数据驱动的方法需要构建一个大规模动画库，根据某种度量来选择脸部动画片段并进行光滑组合，从而得到最终的动画数据。

近年来，随着深度学习技术在计算机视觉、语音和自然语言处理等多个学术领域和技术领域不断取得进展，越来越多的人开始探索和尝试利用深度学习技术来解决以往传统方法不容易解决的问题，而语音驱动这样的一个多模态问题就是其中一类问题。

来自西北工业大学和微软亚洲研究院研究者的论文[1]考虑到语音驱动人脸动画（动画参数）本质上是一个 Seq2Seq（Sequence to Sequence，序列到序列）的问题，提出了一种基于 RNN（Recurrent Neural Network，循环神经网络）的语音驱动人脸动画的方案。通过记录多人讲话的语音与视频数据，将这些数据转化为对应的声学特征与视觉特征从而构造训练数据集。具体地，首先通过语音识别得到音素标签作为声学特征，通过 AAM（Active Appearance Model，主动外观模型）提取视频中人脸的下半张脸区域的特征参数作为视觉特征。然后利用一个 BLSTM（Bidirectional Long Short-Term Memory，双向长短期记忆）模型来学习音素序列到 AAM 参数的映射关系。在生成阶段，给定一段语音，先通过语音识别提取音素序列，再通过训练得到的模型预测 AAM 参数，从而得到人脸动画序列。

东安格利亚大学和加州理工学院联合发表的论文[2]和上述论文的解决思路基本一致，都是基于深度神经网络学习音素到面部 AAM 参数的映射关系。但为了更好地解决语音驱动中存在的 Coarticulation（协同效应），根据语言学理论，该论文在声学特征提取阶段进行了改进：①改用滑动窗口的方式来提取声学特征，从而自适应地考虑音素所在的上下文环境，提高了参数预测准确率；②增加了音素在上下文中持续的帧数；③音素属性类别；④音素转移位置。

以上两种方法所驱动的仍然是基于图像的人脸表示，并不是真正的 3D 人脸模型表示，因此不适用于驱动数字人。

2017 年，英伟达研究院发表的论文[3]提出了一种端到端（End to End）方式的语音驱动 3D 人脸方法。首先借助 4D 人脸扫描设备进行人脸几何扫描，构造一个语音-人脸顶点位置训练数据集。然后训练一个神经网络根据语音直接预测人脸 3D 模型的顶点位置偏移，从而直接得到人脸动画。虽然这一方法可以实现语音驱动面部的功能，但是存在一定的限制：神经网络作为驱动模型直接预测人脸模型的顶点位置，当模型精度比较高时，输出的维度达到几千甚至上万。这么多参数无论是对数字人的表情控制还是结果理解，都有一定难度。尤其给动画师修改数

① FAN B, WANG L, SOONG F K, et al. Photo-real talking head with deep bidirectional LSTM[C]// 2015 IEEE International Conference on Acoustics, Speech and Signal Processing(ICASSP), IEEE, 2015: 4884-4888.

② TAYLOR S, KIM T, YUE Y, et al. A deep learning approach for generalized speech animation[J]. ACM Transactions on Graphics (TOG), 2017, 36(4): 1-11.

③ KARRAS T, AILA T, LAINE S, et al. Audio-driven facial animation by joint end-to-end learning of pose and emotion[J]. ACM Transactions on Graphics (TOG), 2017, 36(4): 1-12.

字人动画造成了比较大的困难。这就导致该方法无法很好地和现有数字人与游戏制作管线兼容。

与英伟达研究院发表的论文类似，德国马克斯·普朗克智能系统研究所发表的论文[1]同样采用了语音直接预测 3D 人脸模型位置的处理流程，因此也无法很好地接入游戏制作管线。

和本章方法原理最接近的论文是由马萨诸塞大学阿默斯特分校和多伦多大学研究者联合发表于 2018 年的论文[2]。他们首先在 2016 年提出了一个同时考虑 FACS（Facial Action Coding System，面部表情编码系统）和心理语言学的脸部绑定系统 JALI（JAw and LIp）[3]，然后基于此系统，训练了一个三阶段 LSTM（Long Short-Term Memory，长短期记忆）神经网络——音素识别、人脸关键点检测和视位识别，最终将输入语音映射为 JALI 系统的动画参数。具体地，第一阶段将音素分为 20 组；第二阶段通过检测与嘴唇和下巴相关的关键点来确定语音对应的动画风格和情感强度；第三阶段利用检测结果和语音预测最终的视位（20 类）。此外，利用一组强度值和 JALI 系统中的关键参数来进一步控制口型。

4.2.3 本章主要内容

本章主要内容集中在 4.3～4.6 节。4.3 节介绍语音驱动高保真数字人问题，首先分析如何将这一问题转化为传统的机器学习流程，然后介绍处理流程中的各个模块的实现。4.4 节论述一种基于深度学习语音识别的语音驱动数字人方法，首先分析基线方法的不足，然后介绍语音识别技术的引入，提取更加有效的声学特征，提升语音驱动面部动画的质量，同时拓宽了这一技术的应用范围。4.5 节介绍如何从单一中立表情的语音驱动扩展到多情绪语音驱动，主要包括多情绪语音-动画数据集的采集和驱动模型的改进。4.6 节介绍基于语音驱动数字人技术的两个应用：一种人工智能可视化方案和一种语音驱动角色动画的游戏开发工具。

---

① CUDEIRO D, BOLKART T, LAIDLAW C, et al. Capture, learning, and synthesis of 3d speaking styles[C]// 2019 IEEE/CVF Conference on Computer Version and Pattern Recognition(CVPR), 2019: 10101-10111.

② ZHOU Y, XU Z, LANDRETH C, et al. Visemenet: Audio-driven animator-centric speech animation[J]. ACM Transactions on Graphics (TOG), 2018, 37(4): 1-10.

③ EDWARDS P, LANDRETH C, FIUME E, et al. JALI: an animator-centric viseme model for expressive lip synchronization[J]. ACM Transactions on Graphics (TOG), 2016, 35(4): 1-11.

4.3　一个语音驱动高保真数字人的机器学习处理流程

本节内容结构如下：首先介绍本章提出的机器学习处理流程；然后介绍制作数字人动画的核心——人脸绑定系统；接着分别详细介绍采用的神经网络模型、训练数据的制作；最后进行实验结果的分析。

4.3.1　框架介绍

首先需要明确，我们要驱动的是一个实时渲染的高保真数字人，而不是脸部视频或一个脸部统计模型（如 AAM）。与相关算法章节中所提到的大部分算法不同的是，本章的驱动算法并不修改图像像素值或预测统计模型参数，而直接对接高保真数字人的制作管线与实时驱动方式。以下是设计的语音驱动高保真数字人的处理流程。

如图 4.1 所示，处理流程主要包括 3 步。

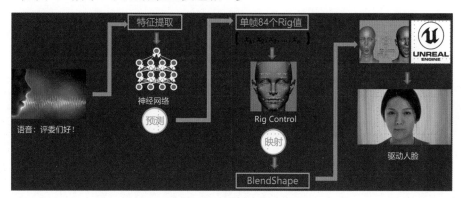

图 4.1　语音驱动高保真数字人整体流程图

（1）语音信号声学特征提取。

（2）声学特征转化为人脸绑定系统的控制器数值。

（3）控制器数值通过 LiveLink 进入数字人动画管线，改变数字人 3D 模型，表现出数字人的不同面部动画状态。

与已有方法的最大区别是，基于数字人的人脸绑定系统实现了语音数据和数字人的连接。只要驱动模型可以正确地将语音信号转化为对应的人脸绑定系统的控制器数值，就可以利用高保真数字人 Siren 的动画系统和实时渲染系统，让数字人做出正确的面部表情，从而实现正确的数字人语音驱动效果。

这样的设计成功地将语音驱动高保真数字人这一问题转化为一个语音信号映射为绑定控制器数值的问题。而解决此问题的有效方式就是借助机器学习模型。

具体地，将基于虚幻引擎 4 的实时渲染的数字人当作一个"黑盒"，对于"数字人驱动"这个任务，"黑盒"与外部的接口就是人脸绑定系统，或者说是人脸绑定系统中的所有控制器。

采用这种处理流程所带来的一个好处是可以与目前大部分游戏开发流程"无缝"衔接，方便接入流程，为基于该技术开发工具打下了良好的基础。关于这一点，在 4.6.2 节游戏开发动画工具中有更加详细的介绍。

下面分别介绍流程的各个组成部分。

4.3.2 人脸绑定介绍

绑定（Rigging）是一个动画领域的专业名词，是动画制作过程中的一个主要步骤，被广泛应用在电影和游戏等数字娱乐行业。专门从事绑定工作的技术美术师称为绑定师（Rigger）。

人脸绑定过程既包含数学逻辑的控制，又包含符合真实人脸的解剖结构和肌肉运动的物理规则。常用的技术有 FACS。

图 4.2 所示为人脸绑定系统示意图。从图 4.2 中可以看到一个人脸模型和一个面板。

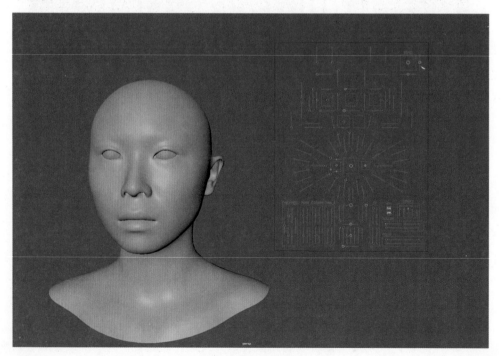

图 4.2　人脸绑定系统示意图

从动画管线的角度来看，人脸绑定的目的是更好地控制 3D 角色，动画师通过修改面板上的控制器，就可以使角色做出相应的表情。假设人脸绑定系统包含 C 个控制器，每个控制器由一个[-1,1]的浮点数表示，那么一帧表情就可以由一个 C 维向量表示。

图 4.3 所示为人脸绑定系统控制器修改表情示例，此时控制器 C_jaw 和 R_eye_blink 同时被激活（C_jaw 和 R_eye_blink 的数值为 1）。

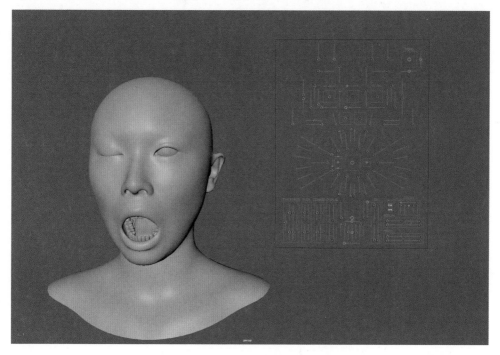

图 4.3　人脸绑定系统控制器修改表情示例

从机器学习的角度来分析，数字人的人脸绑定系统是对 3D 人脸模型的一种抽象。借助绑定师的专业技能和高质量绑定系统，我们实现了对 3D 人脸的精确控制。因此人脸绑定系统可以被认为是 3D 人脸运动（或称为动画）空间的一种特征表示，即一组控制器数值代表了一帧人脸动画，同时代表了 3D 人脸模型的一个状态。

进一步地，高精度尤其是数字人级别的 3D 人脸模型，往往有上万个顶点。假定模型有 N 个顶点，那么每一个 3D 人脸状态就等价于 $N \times 3$ 维向量。而准确改变这些顶点位置，从而生成准确的人脸动画，就等价于正确地、序列化地改变 $N \times 3$ 维向量，这显然是一个非常困难的问题。借助人脸绑定系统，将 $N \times 3$ 维数据减少到 C 维，这大大降低了问题的解空间，也就降低了问题难度。有了这种有效的特征表示，就可以将数字人的动画驱动等价表示为绑定控制器数值的预测。

本章成功地找到了语音驱动数字人面部动画这一问题的一种解决路径：求解语音到控制器数值的映射。只要正确求解出这一映射关系，对于给定的语音数据，就可以准确地预测每一帧控制器的数值，进而正确驱动数字人面部动画。机器学习，尤其是监督学习这一学习范式，正是解决这类问题的一个非常好的方法。

4.3.3 训练数据采集与制作

机器学习的成功前提是训练数据。对于很多问题，只有拥有高质量的数据才能训练出好的机器学习模型，从而有效解决问题。下面介绍所采用的训练数据采集和制作方案。根据 4.3.2 节的分析，语音驱动数字人面部动画这一问题被转化为一个典型的监督学习问题。那么训练数据必须包含语音数据和对应的、正确的绑定控制器数据。为了保证训练数据集的质量，必须使语音驱动动画尽量接近从演员本人面部捕捉的驱动动画。

为此，设计了如图 4.4 所示的数据采集流程。

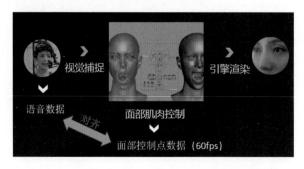

图 4.4 语音驱动数字人数据采集方案整体流程图

在搭建的面部捕捉场景中，数字人的参考演员本人佩戴头盔，朗读提前准备好的台本来驱动数字人，同时相关设备记录下演员面部视频及声音。这里要格外注意的是，必须严格保证视频和声音的完全同步，同时为了保证视频驱动的解算质量，最好控制每一段数据的时间。可以在采集开始和结束的时刻打板来对齐时间，或者借助时间尺码（Time Code）来对齐时间。在记录下演员的面部视频和声音数据后，需要借助视频捕捉流程中的解算步骤，利用提前制作好的解算器将视频解算为数字人绑定系统的控制器数据。其中要注意离散化的问题。高保真数字人的渲染帧率是 60fps，因此解算出来的动画数据帧率也是 60fps，即每秒的动画数据对应 $60 \times C$ 个浮点数。

4.3.4　基线方法与结果

本节首先介绍基线方法，包括语音和动画特征提取及采用的神经网络模型，然后对实验结果进行对比分析。

4.3.4.1　特征提取

虽然语音驱动面部动画是一个典型的端到端的机器学习问题，但特征提取仍然是不可缺少的步骤。有效的声学特征提取是任务成功的保证。

（1）语音特征提取。在初次尝试语音驱动时，选择了语音识别技术中常用的 MFCC（Mel-scaleFrequency Cepstral Coefficients，梅尔倒谱系数）特征。通常来讲，MFCC 特征包含了语音内容，而且鲁棒性较好（可以在一定程度上排除噪声和背景声的干扰）。具体地，在分帧处理中，设置窗口长度为 0.025s，帧移长度为 0.0056s。对于 48000 采样率的音频数据，即每秒数据是长度等于 48000 维的向量。对于每帧数据，除提取长度等于 13 维的 MFCC 特征外，为了进一步增加语音特征的有效性，提取了 MFCC-delta（MFCC 一阶差分系数）和 MFCC-delta-delta（MFCC 二阶差分系数）特征，这两个特征的长度也都是 13 维，因此对于每帧音频数据，提取的特征长度一共是 39 维。

（2）动画数据特征提取。对输出的动画数据并没有进行特殊处理，因为控制器数据本身已经是一种很好的有效特征。对于解算出来的控制器，筛选出实际数据中对数字人口型动画影响较大的控制器，过滤掉一些恒为 0 的控制器。最终得到 84 个有效控制器，即每一帧动画数据对应 84 维向量。

4.3.4.2　模型结构与训练

完成特征提取后，下一步是机器学习模型训练。这里采用了多层神经网络。语音驱动模型结构如表 4.1 所示。

表 4.1　语音驱动模型结构

层 类 型	卷积核尺寸	步 长	输 出 维 度	激 活 函 数
输入	–	–	51×39×1	–
卷积	5	2	24×18×16	ReLU
卷积	3	1	22×16×32	ReLU
卷积	3	1	20×14×64	ReLU
全连接	–	–	500	ReLU
全连接	–	–	250	ReLU
全连接	–	–	84	Tanh + Sigmoid

采用 L2 损失函数来衡量训练过程中神经网络的输出和训练数据集中控制器数值的误差。除此之外，还将一个控制点运动正则项加入损失函数。

$$M = \frac{1}{N}\sum_{i=1}^{N}(d\left[q^{i}(x)\right]-d\left[o^{i}(x)\right])$$

式中，N 是样本数量；q 表示训练数据集中的标签数据值；o 表示模型的输出；$d[\ ]$ 表示成对数据的有限差分算子。加入控制点运动正则项的目的是希望神经网络输出的结果在准确的同时可以尽可能平滑，从而使得动画效果更好。

4.3.4.3 结果分析

图 4.5 所示为基线方法对比结果。

该结果为演员本人声音的"受"字的口型驱动结果。具体地，图 4.5 中间人脸动画为标准参考结果，左侧为损失函数没有采用运动正则项的驱动结果，右侧为损失函数采用了运动正则项的结果。可以看出，在演员本人声音驱动的情况下，利用了 MFCC 特征的语音模型驱动结果与真值结果基本接近，但仍存在一定误差。

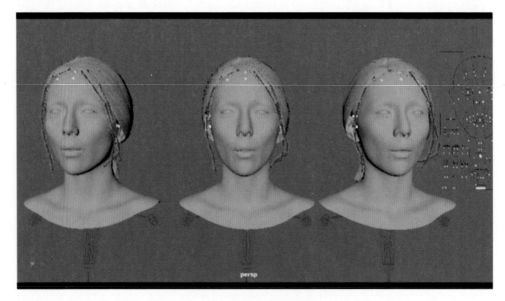

图 4.5　基线方法对比结果

从单帧的驱动效果来看，采用包含运动正则项和不包含运动正则项的神经网络的输出结果基本相似。如图 4.6 所示，其中蓝色为真值结果，绿色为加入运动正则项的结果，红色为未加入运动正则项的结果。明显看出，加入运动正则项后，控制器数值曲线更加平滑。

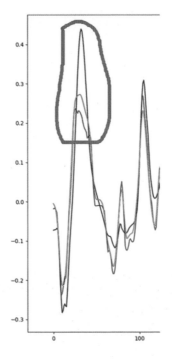

图 4.6　控制器结果比较

4.3.5　小结

本节介绍了对于语音驱动高保真数字人这一问题所采用的解决方案，包括整体处理流程及数据采集、特征提取、模型训练和实验结果分析；介绍了人脸绑定系统并分析了它对待解决问题的影响，以及如何将待解决问题转化为一个标准的机器学习问题。在当时（2017 年底），这是对人工智能技术和高保真实时数字人结合的一次技术探索，并取得了一定效果。

4.4　基于深度学习语音识别的语音驱动数字人方法

在 4.3 节的基础上，本节首先分析基线方法的不足，然后提出了一种改进方法——基于深度学习语音识别的语音驱动数字人方法。该方法在基线方法的基础上，通过利用大规模语音识别数据集和深度语音识别技术，提取了比 MFCC 特征更加准确和鲁棒的与说话者无关的语音特征，并基于该特征训练了一个更好的语音驱动面部动画模型，取得了更好的语音驱动效果，同时可以研发任意人、多语种的语音驱动数字人。

4.4.1 基线方法不足与改进思路

4.3 节提出了一种语音驱动数字人的技术方案，通过数据采集构造一个语音-动画数据集，提取 MFCC 语音特征和训练神经网络，得到了一个语音驱动面部动画模型。但是这个方案存在一个很大的不足：在当时的数据采集过程中，只采集了数字人的参考原型演员本人的语音。因此，提取的 MFCC 语音特征是来自于该演员的语音数据。根据测试结果，当输入的语音是演员本人的语音时，模型预测的控制器结果所驱动的数字人口型动画符合实际说话时的动画；但是当输入的语音不是演员本人的语音或输入的语音为 TTS（Text-To-Speech，文本合成语音）时，由于提取的 MFCC 特征向量与训练数据集中的特征向量不匹配，因此神经网络预测的结果不符合预期。

图 4.7 所示为合成语音"目"的驱动结果对比。

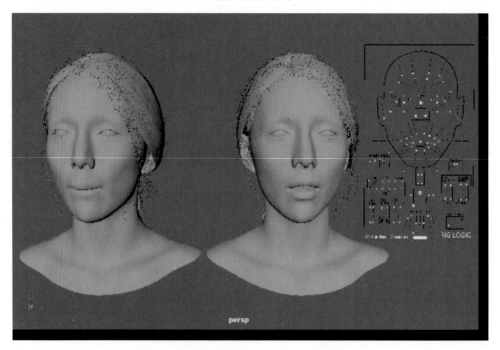

图 4.7　合成语音"目"的驱动结果对比

在图 4.7 中，左侧为真实声音的驱动结果；右侧为合成语音的驱动结果。可以明显看出，合成语音的驱动结果并不准确。

导致这个问题的根本原因主要有两个：一是采用的语音训练数据只来自一个人，神经网络模型没有"见过"更多人的不同语义数据；二是提取的 MFCC 特征虽然可以在一定程度上反映语音内容，并对噪声和背景声具有一定的鲁棒性，但是它仍然受音频数据本身的很多因素影响，同时并没有完全反映语音内容，因此之前训练出来的语音驱动模型并不是非常鲁棒。这就导致训练出来的语音驱动模型的应用场景很受限制。

　　一个好的语音驱动数字人面部动画模型和算法应该具有以下特点：任意人，无论是男女老少的语音，还是合成语音，都可以有效、准确地驱动数字人；不仅是中文、英文、日文、法文等都可以有效、准确地驱动数字人。

　　因此，必然要求用来进行语音驱动的声学特征只与语音内容有关，而与说话者身份、性别、地域及年龄等因素无关。经过讨论与调研，我们尝试了两种提升基线的方法。这两种方法的核心在于使用深度学习技术对训练数据集中的语音数据进行语音识别，提取更加有效的声学特征，而这些声学特征相比于传统的 MFCC 特征，能够更好地表示语音内容，较少受说话者身份、音色等其他因素的影响。两种方法的主要区别在于提取的声学特征不同。

4.4.2　基于音素的语音驱动方法

　　第一种改进方法是用语音识别的结果来替代原有的 MFCC 特征。既然 MFCC 特征无法完全表达语音内容，并且容易受语音数据的一些特性影响，那么什么最能反映语音内容、又不容易受其他语音特征的影响呢？最容易想到的就是语音识别的结果。

　　语音识别（Speech Recognition）技术，也被称为 ASR（Automatic Speech Recognition，自动语音识别），指的是计算机自动将人类的语音内容转化为相应的文字的技术。

　　具体来说，语音识别技术可以将输入语音解码为和语音信号及其声学特征匹配的词串。这些词串代表了算法在最大概率上所认为的语音内容。

　　这里还要介绍一个概念：音素（Phoneme）。音素是语言的最小语音单元，是构成音节的最小单位或最小语音片段，音素是具体存在的物理现象。一个词由一个或多个音素组成。

　　由于作者并不是语音和语言学专业领域的研究人员，因此只能对这些概念简单加以介绍。

　　总之，借助语音识别技术，我们修改了 4.3 节中的训练数据集制作流程，增加了音素提取环节，制作了新的训练数据集。

　　如图 4.8 所示，先将训练数据集中的语音数据转化为音素序列。这些音素序列是提前定义好的一个集合，包括音素"sil"（空白音），共 60 种音素。图 4.9 所示为音素列表。当得到不同时刻的音素标签后，对结果进行 One-Hot 编码，即每种音素转化为一个 60 维的向量，再根据识别结果中的音素持续时长，将语音识别结果转化为序列的离散特征向量。

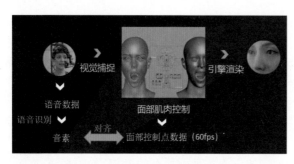

图 4.8　音素驱动数字人面部动画的数据采集制作流程示意图　　　图 4.9　音素列表

接着借鉴东安格利亚大学和加州理工学院联合发表的论文中的特征提取方法，采用滑动窗口的方法提取音素特征。

经过以上处理，就可以得到一个音素–动画的训练数据集。

4.4.2.1　模型训练

首先，去除卷积层，只采用多层全连接层来学习输入和输出的映射关系。同时为了模型的泛化性和训练的稳定性，采用 Dropout 方式，其中 Dropout 率设为 0.5。

音素驱动模型结构如表 4.2 所示。

表 4.2　音素驱动模型结构

层　类　型	卷积核尺寸	步　　长	输　出　维　度	激　活　函　数
输入	–	–	−1×4800×60	–
全连接	–	–	500	Tanh
全连接	–	–	250	Tanh
全连接	–	–	500	Tanh
Dropout	–	–	500	–
全连接	–	–	5484	Tanh + Sigmoid

4.4.3　与说话者无关的语音特征

在第一种改进方法中，对利用语音识别技术提取的音素进行 One-Hot 编码，将语音内容转化为序列化的 0-1 离散特征。将新的特征替换为原有的 MFCC 特征，取得了更好的语音驱动效果。

但通过对比分析发现，与 Ground Truth 相比，基于音素序列特征的语音驱动动画效果，在动画曲线的一些峰值处，仍然达不到参考值，会出现高于最大值或低于最小值的情况。这说明这种模型预测的动画控制器数值所驱动的数字人动画对于一些发音并不准确，缺少一些动画细节。

于是我们继续分析所采用的声学特征的特点和不足。目前提取的声学特征是先利用深度语音识别模型提取音素标签序列，再将音素标签序列进行 One-Hot 编码得到的。但是进一步分析，由于语音识别是一个分类过程，通过语音识别的神经网络将语音信号映射成提前定义好的音素标签。但是了解机器学习理论的同学知道，无论是哪种机器学习模型，在解决分类问题时，为了得到最终的分类标签，往往会在最后一个步骤中进行离散化，而离散化会损失一些原本语音信号所包含的对语音驱动动画很重要的有效信息，如音素的分布及音素正确的持续信息。

因此，为了进一步提高语音驱动面部动画的质量，我们借鉴了清华大学与腾讯公司研究者联合发表的论文[①]，采用了一种更加有效的声学特征——PPG（Phonetic posteriorgrams）。PPG 表示每一个 Time Step（时间步长）中音素单元所在的后验概率的时序向量。因此 PPG 可以有效地表示音素分布和持续信息。

具体地，借助与说话者无关的自动语音识别模型来提取 PPG 特征。这一模型是在一个海量说话者的语音数据集上训练得到的。因此提取出来的特征能够在最大程度上平衡说话者的差异。

为了实现多语言的语音驱动数字人，借助多语言语音识别数据集，通过音素提取把多语言信息融入 PPG 特征中。具体地，分别提取每种语言的 PPG 特征后，进行统一的 PPG 特征提取，得到一个全局 PPG 向量，作为语音驱动的最终声学特征。

4.4.3.1　模型训练

当得到多语言 PPG 特征后，训练一个转换网络，将 PPG 特征映射为动画控制器参数。由于 Coarticulation 效应，语音会受到相邻语音单元的影响。为此，采

---

① HUANG H R, WU Z Y, KANG S Y, et al. Speaker Independent and Multilingual/Mixlingual Speech-Driven Talking Head Generation Using Phonetic Posteriorgrams[OL]. huang2020speaker, arXiv preprint arXiv: 2006. 11610, 2020.

用 BLSTM 模型来对声学特征的上下文环境进行建模。

具体的网络结构包括 3 层 128 个单元的 BLSTM 层和 2 层长度为 96 的全连接层。

图 4.10 所示为基于 PPG 特征的任意人、多语言语音驱动模型训练方案流程图。该流程图主要包括 3 部分，分别是 PPG 提取器训练阶段、语音驱动动画模型训练阶段和面部动画生成阶段。基于标准语音识别语料进行和说话者无关的 PPG 特征模型训练，在得到该模型（PPG 提取器）后，利用采集和制作的动画语音数据集，基于该模型和 BLSTM 模型训练语音驱动动画模型。以上是训练阶段。在测试或生成阶段，给定任意一段输入语音，提取 PPG 特征后，输入训练好的语音驱动动画模型，就可以得到对应的人脸动画参数。

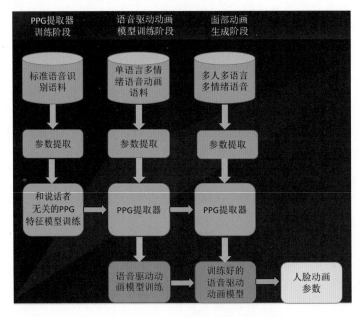

图 4.10　基于 PPG 特征的任意人、多语言语音驱动模型训练方案流程图

4.4.4　结果与分析

本节对上述训练方法进行结果分析，包括误差数值分析和数字人语音驱动结果分析。

4.4.4.1　误差数值分析

图 4.11 所示为使用 PPG 特征与 MFCC 特征方法的重构误差对比。可以看出，当输入语音质量较高（信噪比数值较大）时，基于 PPG 特征的模型预测出的动画

参数误差要小于基于 MFCC 特征的模型。此外，当噪声程度逐渐增加时（SNR 数值逐渐减小至小于 0），基于 PPG 特征的模型的误差仍然小于基于 MFCC 特征的模型，并且增加速度比较小，说明该特征对于噪声更加鲁棒。

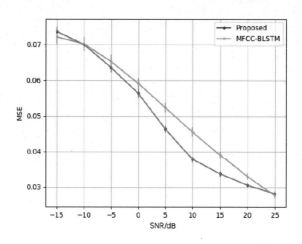

图 4.11　使用 PPG 特征与 MFCC 特征方法的重构误差对比

4.4.4.2　数字人语音驱动结果分析

图 4.12 所示为语音"我"的数字人语音驱动结果示意图。

图 4.13 所示为语音"晶"的数字人语音驱动结果示意图。

图 4.12　语音"我"的数字人语音
驱动结果示意图

图 4.13　语音"晶"的数字人语音
驱动结果示意图

4.5　多情绪语音驱动数字人

当完成了 4.3 节和 4.4 节中提出的中立表情的语音驱动高保真数字人之后，进一步提出假设，是否可以借助语音让数字人做出不同的面部表情呢？

本节提出了如图 4.14 所示的整体方案，方案的两部分主体仍然是多情绪数据采集和模型训练。

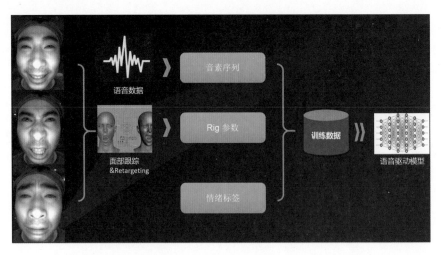

图 4.14　多情绪语音驱动数字人方案示意图（图中人物为动作捕捉演员孙笑愚）

4.5.1　多情绪语音–动画数据集设计与采集

　　和前面解决数字人口型驱动问题的思路一致，首先进行训练数据的采集和制作。

　　如图 4.15 所示，在动作捕捉场地内，动作捕捉演员按照制作的台本和规定的情绪去表演内容，同时相关设备记录下演员的面部表演视频和声音，以及对应的情绪标签。具体地，一共采集了 4 类情绪视频和语音数据，分别是中立、高兴、悲伤和愤怒。获取到这些原始数据后，对于每种情绪的表演视频，分别单独制作了解算器，用来计算不同情绪的动画控制器数据。数据的其他处理过程与 4.3 节和 4.4 节的方法流程一致。这样就得到了一个多情绪语音–动画数据集。

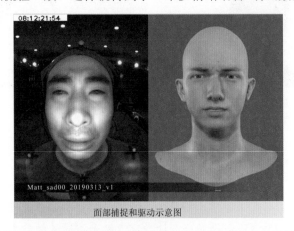

图 4.15　多情绪语音–动画数据集采集流程示意图（图中人物为动作捕捉演员孙笑愚）

　　当制作完多情绪语音–动画数据集后，需要训练语音驱动模型。

4.5.2　模型训练

多情绪语音驱动模型基本沿用了基于 PPG 特征的任意人、多语言驱动模型的架构，只是在输入端增加了一个输入源——情绪标签。采用一个 4D 向量来表示情绪标签，对于某一种情绪，在对应位置上置"1"，而其余位置上置"0"。其余仍然沿用相同的模型架构。

4.5.3　结果与分析

下面分别是在不同情绪标签下，语音驱动数字人 Matt 的结果（注：图片结果来自虚幻引擎 4 的渲染结果截屏）。

图 4.16 所示为"高兴"标签下的驱动结果。

图 4.17 所示为"难过"标签下的驱动结果。

图 4.16　"高兴"标签下的驱动结果　　　图 4.17　"难过"标签下的驱动结果

图 4.18 所示为"生气"标签下的驱动结果。

图 4.18　"生气"标签下的驱动结果

4.6　应用

本节介绍语音驱动数字人面部动画技术在实际生产中的两个应用方向：与聊天机器人结合的一种人工智能应用可视化的方法和提高游戏动画制作效率的游戏开发动画工具。

4.6.1　一种人工智能应用可视化的方法

2011 年 10 月，苹果公司发布搭载了智能语音助手软件 Siri 的 iPhone 4S 手机，语音助手开始进入大众视野。自此以后，国内外各大互联网公司纷纷开始进行语音助手的研发工作，并逐渐推出各自的产品。除 Siri 外，还有美国微软公司的 Cortana 小娜、亚马逊公司的 Alexa、谷歌公司的谷歌助手、脸书公司的 M 等。与此同时，国内公司借助其在中文语音识别和自然语言理解技术上的优势，推出了技术成熟的语音助手产品。例如，腾讯公司的听听 AI 音箱、百度公司的小度智能音箱、搜狗公司的语音助手及科大讯飞公司的灵犀语音助手等。这些语音助手产品借助语音识别、自然语言理解和语音合成等人工智能技术为用户提供各种高效便捷的服务。随着计算机视觉、计算机图形学技术的快速发展和计算机硬件性能的大幅提升，依赖技术和硬件可以更快速地生成分辨率更好、形象更加生动的视觉形象。这就使得可视化技术与聊天机器人的结合成为可能。

从 2018 年至今，搜狗公司与新华社联手推出了多位虚拟新闻主持人，并亮相"两会"、世界人工智能大会等各种重要场合。该产品依赖自然语言处理和语音合成等人工智能技术，将新闻稿转化为虚拟主播的声音；同时，利用文字和声音等多模态信息合成对应的主播人脸口型动画，与主播图像结合，实时进行新闻播报，在大大提高新闻播报效率的同时，为观众带来了与真人不同的全新体验。2019 年，百度公司与浦发银行联合推出了一位虚拟员工。这位虚拟员工基于人工智能、感知技术、数据驱动等技术，为金融服务构造了一个具有智能感知、自然交互和精准分析决策能力的数字人，开启了金融服务新模式。与此同时，阿里巴巴公司也推出了可以聊天的虚拟客服员工"俪知"，该虚拟机器人拥有语音识别、自然语言理解和语音合成的功能，依靠人工智能技术来驱动表情，为虚拟客服领域带来了新的技术与体验。

基于上述语音驱动数字人技术，又提出了一种比较通用的人工智能应用可视化的方案，并成功地将人工智能和实时渲染两种技术结合在一起，研发出高保真可交互虚拟人，具体方案如图 4.19 所示。

由图 4.19 可知，该方案包括服务器端和客户端两部分。服务器端包含了语音识别、自然语言处理、语音合成等一系列人工智能处理模块。借助这些技术，服务器端在接收到客户端上传的语音数据之后，将回答内容对应的合成语音返回客户端。客户端部署了语音驱动面部的功能模块，在接收到合成语音之后，先预测对应的数字人动画参数，再将这些参数传递给引擎，引擎进行实时高保真渲染，得到做出相应表情的数字人。至此，借助语音驱动数字人面部动画技术，实现了语音和引擎的实时连接，从而实现了人工智能技术和虚拟人的结合。这样的结合，一方面，在某种程度上赋予了虚拟人生命；另一方面，为人工智能应用提供了高保真、可定制的形象，提升了产品体验。

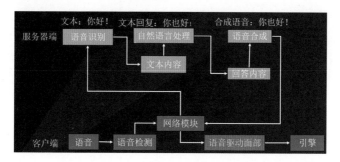

图 4.19　高保真可交互虚拟人方案整体流程图

基于高保真可交互虚拟人方案和团队自研的数字人 Matt，设计了一种基于语音驱动的多情绪、可交互高保真数字人——MattAI，MattAI 在 2019 年 SIGGRAPH Asia 大会的 Real Time Live 环节进行了现场演示。MattAI 成功展示了任意人、多情绪和多语言的语音驱动数字人，并引起现场观众的热烈讨论。图 4.20 所示为可交互高保真数字人现场演示示例。

图 4.20　可交互高保真数字人现场演示示例

4.6.2　游戏开发动画工具

语音驱动数字人技术可以被开发作为游戏开发中的动画生产工具。近年来，玩家对游戏内容和品质的要求越来越高，游戏内容和体量也越来越大。其中，以《刺客信条：奥德赛》和《塞尔达传说：旷野之息》为代表的高质量开放世界类型的游戏越来越受到玩家的青睐。随之而来，为了满足游戏体量和内容的制作需求，对游戏开发效率的要求也越来越高。

对于大部分游戏尤其是开放世界类型的游戏，角色是必不可少的游戏内容。

其中，角色动画是非常重要的组成部分。高质量的角色动画，不仅代表着游戏开发团队的技术与艺术水平，还可以让玩家更好地沉浸到游戏当中，提升游戏体验。然而高质量的角色动画制作，需要非常有经验的模型师与动画师花费很多时间去精心制作。这对于角色动画需求量很大的游戏制作团队来说是无法接受的，会在很大程度上限制游戏开发进度。相应地，很多游戏制作团队开始借助与机器学习技术研发相关的制作工具，在满足游戏需求的同时，尽量提高开发效率。语音驱动面部动画工具就是其中一类。

首先来看目前已知的一些游戏项目中使用语音驱动面部动画工具的情况。在2019 年的 GDC 上，《刺客信条：奥德赛》开发团队介绍了他们如何利用语音驱动面部动画工具生成角色动画资产。该工具主要在两方面帮助开发团队：①根据提前定义好的情绪和语言标签，将语音直接转化为动画数据，这些动画数据不仅包括面部，还包括身体运行等其他角色运动参数；②针对不同语言版本的游戏内容语言时长不一致的情况，开发团队通过拉伸或压缩语音数据，自动生成不同语言对应的动画参数。

《最终幻想 7：重制版》制作团队在接受采访时，谈到他们开发了一个语音驱动工具，这个工具主要有两个作用：①给定语音和情绪标签，该工具生成动画参数和表情模板的混合参数，从而得到角色带表情的动画；②在面对游戏不同语言版本时，使用该工具直接生成不同语言对应的面部动画参数。

在 2020 年的 SIGGRAPH 大会上，一家来自加拿大的 JALI Research 公司分享了为《赛博朋克：2077》游戏项目开发的语音驱动工具。该公司在已有两篇学术论文的基础上，针对游戏开发的需求，引入了人工规则和美术师经验。除可以驱动角色的口型动画外，还可以同时进行眨眼及眼球和脖子运动的驱动，并支持通过手动设置标签来控制驱动生成动画的强度。除此之外，该工具支持大约 10 种语言的语音驱动。

可以看到，越来越多的游戏开发团队选择利用语音驱动工具制作角色动画资产，从而提高开发效率和节省开发成本。

作者所在的团队也对利用语音驱动高保真数字人面部动画技术来帮助游戏开发进行了探索和尝试。从 4.4 节语音驱动技术方案的分析当中可以看到，提出的语音驱动模型接收语音输入后，模型直接预测人脸角色绑定系统的控制器数值。虽然以上流程针对的是高保真数字人的动画与渲染管线，但从游戏开发角度来看，这个基于 Blendshape 的绑定系统是可以无缝接入游戏开发管线的，即语音驱动模型预测的控制器数值除可以直接进入虚幻引擎中进行实时驱动外，也可以和 Maya 环境下的人脸绑定对接，这样美术师就可以直接在语音驱动的基础上修改、制作动画数据，或者直接使用模型生成的结果，而丝毫不影响游戏开发流程和后续进入引擎的相关操作。因此语音驱动面部动画工具可以在很大程度上提高游戏角色动画的制作效率。

本章提出了如图 4.21 所示的语音驱动角色面部动画工具流程。

图 4.21　语音驱动角色面部动画工具流程

同时开发了一个面向 Maya 软件的语音驱动角色面部动画工具，如图 4.22 所示。

图 4.22　语音驱动角色面部动画工具图形界面

该工具使用过程如下。

（1）单击 Select audio 按钮（选择语音文件）。

（2）单击 Upload 按钮。

（3）选择播放帧率的按钮。

（4）单击 Set anim 按钮。

借助该工具，我们可以直接得到与语音时长一致、符合语音内容的人脸动画。

4.7　总结

本章主要介绍了对于语音驱动高保真数字人的技术探索，提出了一种比较通用的机器学习解决方案，分析并验证了不同声学特征对语音驱动动画的质量影响。基于深度学习得到了两个有效模型：任意人、多语言的语音驱动模型和多情绪语音驱动模型。此外，基于语音驱动数字人面部动画这一技术，提出了两个场景的应用：一是将人工智能产品和实时渲染技术结合的可交互数字人，二是面向游戏开发的动画制作工具。

随着相关技术的不断发展，越来越多的语音驱动面部动画技术在不同领域得以应用，尤其是在人工智能和游戏、虚拟偶像等领域。我们相信这样一种多模态结合技术会有更大的技术与应用潜力。

部分 II

计算机图形

实时面光源渲染

5.1 现状介绍

随着基于物理的渲染在实时渲染领域广泛应用，面光源变得越来越重要。面光源与经典的方向光、点光源等光源的区别在于其解为一个积分式，对 Microfacet BRDF（Bidirectional Reflectance Distribution Function，双向反射分布函数）无解析解，一些具有代表性的求解方向如下。

- Most Representative Point[1]，近似面光源为一个点，从而将面光源退化为点光源进行求解。
- Linearly Transform Cosine（LTC）[2]，通过线性变换，将一个不存在解析解的函数近似为另一个可以求解析解的函数。
- Analytic Spherical Harmonic Coefficients for Polygonal Area Lights[3]，将 BRDF 与面光源投影到球谐函数（Spherical Harmonics）后，进行求解。

LTC 由于精确性、较好的性能、支持多种类型的光源成为游戏等实时渲染应用程序的首选方案。

然而要将 LTC 在移动平台的生产项目中使用仍然存在不少挑战。例如，水平面裁切问题，三角形与平面求交从而得到新的多边形，在 Shader 里实现这样的函数会造成大量的代码分支及寄存器占用。另外，在移动平台上，需要让尽可能多

---

① Engel, Wolfgang, ed. GPU Pro 5: advanced rendering techniques[M]. CRC Press, 2014.

② HEITZ E, DUPUY J, HILL S, et al. Real-Time Polygonal-Light Shading with Linearly Transformed Cosines[J/OL]. ACM Trans. Graph, 2016, 35(4)[2019-07-08].

③ WANG J, RAMAMOORTHI R. Analytic Spherical Harmonic Coefficients for Polygonal Area Lights[J/OL]. ACM Trans. Graph, 2018, 37(4)[2019-06-25].

的计算在 FP16 精度下进行，所以在实现上需要特别关注浮点数的计算精度。本章将对一系列下在实践中遇到的问题展开讨论。

5.2　理论介绍

由于文章篇幅限制，本章简单介绍 LTC 理论部分，重点放在几何意义上，借助大量图表，帮助读者建立直观理解。

5.2.1　LTC 简介

通过对球面函数 $D_o(\omega_o)$ 应用一个 3×3 的变换矩阵 $\boldsymbol{M}$ 将会得到一个新的球面函数 $D(\omega)$，满足下列性质：

$$D(\omega) = D_o(\omega_o)\frac{\partial \omega_o}{\partial \omega}$$

$$\int_P D(\omega)\mathrm{d}\omega = \int_{P_o} D_o(\omega_o)\mathrm{d}\omega_o$$

其中：

$$\omega_o = \frac{\boldsymbol{M}^{-1}\omega}{\parallel \boldsymbol{M}^{-1}\omega \parallel}$$

$$\frac{\partial \omega_o}{\partial \omega} = \frac{\left| \boldsymbol{M}^{-1} \right|}{\parallel \boldsymbol{M}^{-1}\omega \parallel^3}$$

上述结论在求解面光源积分中的应用如下。

存在一个球面函数 $D_o(\omega_o)$ 对多边形求积分存在解析解，找到一个变换矩阵 $\boldsymbol{M}$ 将 $D_o(\omega_o)$ 变换成 $D(\omega) \approx f_r(V,\omega)$，那么就可以通过这个逆变换 $\boldsymbol{M}^{-1}$，将多边形 P 变换为 P_o，通过求解 $\int_{P_o} D_o(\omega_o)\mathrm{d}\omega_o$ 来达到近似求解 $\int_P f_r(V,\omega)\mathrm{d}\omega$ 的目的。其中，V 为视向量（View Vector），f_r 为 BRDF 函数。

$D_o(\omega_o)$ 可以为任意的球面函数，只需要保证这个函数对多边形可积分，可重要性采样即可。比较流行的选择有 Spherical Harmonics 及 Clamped Cosine（后续章节出现的 Cosine 等价于 Clamped Cosine），出于性能考虑我们使用 Cosine 函数。

球面 Cosine 函数对多边形积分为：

$$\frac{1}{\pi}\int_P \cos\omega\mathrm{d}\omega$$

存在解析解：

$$E(p_1,\cdots,p_n)=\frac{1}{2\pi}\sum_{i=1}^{n}\arccos<p_i,p_j><\frac{p_i\times p_j}{\parallel p_i\times p_j\parallel},\begin{bmatrix}0\\0\\1\end{bmatrix}>$$

式中，$j=i+1$；p_i 为多边形的第 i 个顶点。

论文中并没有给出上式的证明，感兴趣的读者可以查看文章[1]与文章[2]，两篇文章分别对这一结果使用不同的方法进行了推导。由于这部分内容不是本章重点，不再深入阐述，跳过不会对后续阅读造成障碍。

5.2.2 使用 LTC 对 Microfacet BRDF 进行拟合

Real-Time Polygonal-Light Shading With Linearly Transformed Cosines[3]表示可以对半球面函数 $D_o(\omega_o)=\cos\omega_o$ 进行下列形式的 M 矩阵的变换，以此来达到对 Microfacet BRDF 的拟合。

$$M=\begin{bmatrix}m_{00} & 0 & m_{02}\\0 & m_{11} & 0\\m_{20} & 0 & m_{22}\end{bmatrix}$$

目标是优化下面的函数，使得 $D(\omega)$ 与 $f_r(V,\omega)$ 的误差尽量小。

$$\int_\Omega (D(\omega)-f_r(V,\omega))^2\,d\omega=\int_\Omega\left(D_o\left(\frac{M^{-1}\omega}{\parallel M^{-1}\omega\parallel}\right)\frac{|M^{-1}|}{\parallel M^{-1}\omega\parallel^3}-f_r(V,\omega)\right)^2 d\omega$$

在开始解决具体的问题之前，先来了解一下这 5 个变量的几何意义。

通过观察图 5.1 与图 5.2，我们发现 m_{00} 为关于 x 轴缩放，m_{11} 为关于 y 轴缩放，m_{22} 为关于 z 轴缩放，m_{02} 为在 zx 平面上旋转，m_{20} 为在 zx 平面上偏移。

[1] ERIC H. Geometric Derivation of the Irradiance of Polygonal Lights[D]. Unity Technologies, 2017.

[2] IWANICKI M. Deriving the Analytical Formula for A Diffuse Response from A Polygonal Light Source[Z]. [日期不详].

[3] HEITZ E, DUPUY J, HILL S, et al. Real-Time Polygonal-Light Shading with Linearly Transformed Cosines[J/OL]. ACM Trans. Graph, 2016, 35(4)[2019-07-08].

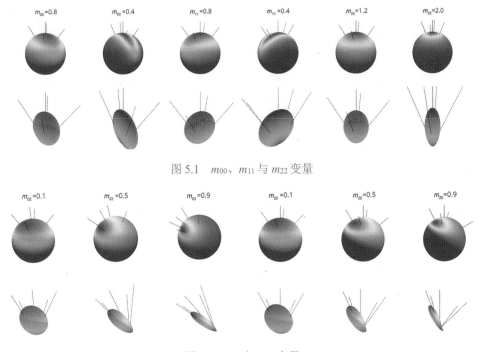

图 5.1　m_{00}、m_{11} 与 m_{22} 变量

图 5.2　m_{02} 与 m_{20} 变量

然而即使有了这 5 个变量的直观理解，想要直接求解这个 5 维的优化问题仍然很困难，需要降低问题的复杂性。

首先将问题简化，使用 Phong BRDF 代替游戏中常用的 GGX BRDF，在 Phong 的情况下，可以将 Cosine 函数通过缩放与旋转矩阵来达到对 Phong 的近似，其中旋转矩阵的 z 轴为反射向量。另外，由于 Phong 模型相对反射向量是对称的，所以缩放矩阵的 m_{00} 与 m_{11} 相等，问题简化为单变量的优化问题，就很容易解决了。

图 5.3 所示为视线方向与法线的夹角成 30°且物体表面的粗糙度为 0.6 时的缩放与旋转过程。通过使用上面描述的目标函数作为损失函数，用 scipy.optimize.minimize 来求解这个优化问题。

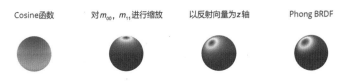

图 5.3　LTC 对 Phong 拟合的缩放与旋转过程

有了前面的经验，考虑将 Phong 替换成 GGX。GGX 相比 Phong 在 BRDF 的形状上有两个区别。

（1）GGX 投影在球面上的形状是一个椭球，可以通过对 m_{00} 及 m_{11} 应用不同的缩放系数来近似。

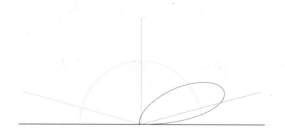

图 5.4　Off Specular Peak 现象

（2）如图 5.4 所示，GGX 反射的主要方向与反射向量存在一定的偏移，这种现象在文章[1]中被称为 Off-Specular Peak，其给出了在 Image Based Lighting 的应用下，对这一现象的近似。在 LTC 的情况下，这一现象与我们对 m_{02} 变量的直观理解一致，可以通过修改 m_{02} 来对这一现象进行近似。

在拟合的过程中，为了提供一个更好的初始值，使用一个前置步骤来计算 BRDF 的主要方向并使用这个主要方向作为 LTC 旋转矩阵的 z 轴。

```
def ggx_dominant_direction(wo, linear_roughness):
    num_samples = 2048

    theta = np.linspace(-np.pi/2, np.pi/2, num_samples)
    wi = spherical_dir(theta, phi)

    values = ggx_brdf(linear_roughness, wo, wi)
    ind = np.argmax(values, axis=None)
    return np.array([wi.x[ind], wi.y[ind] * 0, wi.z[ind]])
```

所以对于 GGX 的 LTC 近似问题，依然可以使用与 Phong 相同的思路进行求解，其中旋转矩阵的 z 轴为 GGX BRDF 的主要方向，缩放矩阵需要使用 m_{00} 与 m_{11} 进行缩放，同时使用 m_{02} 进行 zx 平面上的旋转，图 5.5 展示了这一过程。同样使用 scipy.optimize.minimize，不过这次从 1 维的优化问题扩展到了 3 维，然而这样依然比直接求解 5 维的优化简单许多。另外，对于优化问题的初始值，上次优化的结果会作为下一个迭代的输入，以此来保证结果的连续性。

Cosine函数　对 m_{00}，m_{11} 进行缩放　对 m_{02} 进行偏移　以BRDF主要方向为 z 轴　GGX BRDF

图 5.5　LTC 对 GGX 拟合

① Sébastien L, DE Rousiers C. Moving frostbite to physically based rendering[C]. In SIGGRAPH 2014 Conference, Vancouver, 2014.

通过上面的求解得到了缩放矩阵的 m_{00}、m_{11} 与 m_{02}，然而在游戏运行时并没有办法准确计算出 GGX BRDF 的主要方向，无法通过这 3 个变量还原出 M 矩阵，而且在运行时需要使用的是 M^{-1}，所以我们选择直接保存 M^{-1} 矩阵，这样就需要存储 5 个变量，需要两次贴图查表操作，如果将变量控制在 4 个以内，就只需要一次查表操作。回顾 LTC 中关于 D 的解析式：

$$D(\omega) = D_o(\omega_o)\frac{\partial \omega_o}{\partial \omega} = D_o\left(\frac{M^{-1}\omega}{\|M^{-1}\omega\|}\right)\frac{|M^{-1}|}{\|M^{-1}\omega\|^3}$$

分析上面的解析式可以得到，用 $\lambda I M^{-1}$ 替换 M^{-1} 后，解析式依然成立。其中，λ 为常量，I 为单位矩阵。

$$
\begin{aligned}
D(\omega) &= D_o\left(\frac{\lambda I M^{-1}\omega}{\|\lambda I M^{-1}\omega\|}\right)\frac{|\lambda I M^{-1}|}{\|\lambda I M^{-1}\omega\|^3}\\[2mm]
&= D_o\left(\frac{M^{-1}\omega}{\|M^{-1}\omega\|}\right)\frac{|\lambda I||M^{-1}|}{\lambda^3\|M^{-1}\omega\|^3}\\[2mm]
&= D_o\left(\frac{M^{-1}\omega}{\|M^{-1}\omega\|}\right)\frac{\lambda^3|M^{-1}|}{\lambda^3\|M^{-1}\omega\|^3}
\end{aligned}
$$

所以可以将 M^{-1} 矩阵除以 m_{00}、m_{11}、m_{22} 任意一个来达到将数据压缩成 4 个的目的，同样的操作对 M 矩阵也成立，这里不再赘述。通过对各个数据的分析发现，将 M^{-1} 通过 m_{11} 进行归一化，将得到最好的结果，如图 5.6 和图 5.7 所示。

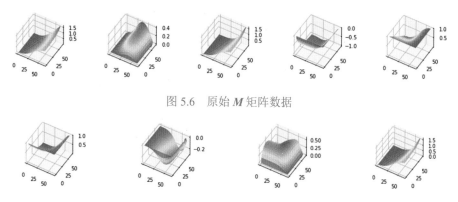

图 5.6　原始 M 矩阵数据

图 5.7　M^{-1} 通过 m_{11} 进行归一化

5.2.3　简单实现

下面为 Shader 的实现代码，其中各量的含义如下。

N：法线向量。

V：视向量。

P：当前计算着色点的位置。

points：光源的顶点位置。

NoV：N 与 V 的点乘。

linearRoughness：材料的粗糙度。

twoSided：光源是否为双面。

```
float evaluateQuadLight(float3 N, float3 V, float3 P, float3 points[4],
                    float NoV, float linearRoughness, bool twoSided)
{
    float3x3 invM = getLtcMatrix(NoV, linearRoughness);

    /* 构建本地坐标系，其中物体法线向量 N 为 z 轴，视向量 V 处于 xz 平面 */
    float3x3 basis;
    basis[0] = normalize(V - N * dot(N, V));
    basis[1] = normalize(cross(N, basis[0]));
    basis[2] = N;

    invM = mul(transpose(basis), invM);

    /* 将区域光的各顶点变换到本地坐标系下 */
    float3 L[5];
    L[0] = mul(points[0] - P, invM);
    L[1] = mul(points[1] - P, invM);
    L[2] = mul(points[2] - P, invM);
    L[3] = mul(points[3] - P, invM);
    L[4] = 0;

    /* 对投影到球面上的顶点进行上半球的水平面裁切（Horizon Clipping），可能产生新的
多边形 */
    int n = clipQuadToHorizon(L);

    if(n == 0)
        return 0.0;

    // 投影到球面上
    L[0] = normalize(L[0]);
    L[1] = normalize(L[1]);
    L[2] = normalize(L[2]);
    L[3] = normalize(L[3]);
    L[4] = normalize(L[4]);

    /* 使用 Lambert 公式进行积分计算 */
    float sum = integrateEdge(L[0], L[1])
            + integrateEdge(L[1], L[2])
            + integrateEdge(L[2], L[3]);
```

```
if(n >= 4)
    sum += integrateEdge(L[3], L[4]);
if(n == 5)
    sum += integrateEdge(L[4], L[0]);

sum *= 1.0 / (2 * UNITY_PI);

float sum = 0;

sum = twoSided ? abs(sum) : max(sum, 0.0);

return sum;
}
```

5.3　实践优化

5.2 节给出了一个简单的实现，然而还有更多的问题需要解决，首先 clipQuadToHorizon 函数里有大量的代码分支，这对 GPU 的运行机制非常不友好；其次 integrateEdge 函数将会碰到数值计算精度的问题；最后需要把菲涅尔项考虑到整个计算过程中。

5.3.1　水平面裁切

之前提到的多边形在 Cosine 函数的积分是在上半球球面上求积的，所以需要将多边形裁切到上半球，Shader 实现多边形的裁切会造成大量的代码分支，以下为代码示例。

```
int clipQuadToHorizon(inout float3 L[5])
{
  /* Detect clipping config */
  int config = 0;
  ...

  if(config == 0) {
    // clip all
  } else if(config == 1) { // V1 clip V2 V3 V4
     ...
  }
  ...
  } else if(config == 15) { // V1 V2 V3 V4
     ...
  }

  if(n == 3)
```

```
    L[3] = L[0];
if(n == 4)
    L[4] = L[0];

return n;
}
```

考虑将积分的求解拆分成两个部分，即 $I = I' \times \text{ClippingFactor}$，其中，$I'$ 为不考虑水平面裁切时的积分结果，$\text{ClippingFactor} = \dfrac{I}{I'}$。然而即使如此，依然没有没有办法求解 I' 或 ClippingFactor。

这时候就需要引入一些近似，文章[1]提议使用球作为几何代理，使得 $I'_{\text{sphere}} \approx I'$，但是正如刚刚提到的，无法计算出 I'，所以同样无法推导出 I'_{sphere}。

这里引入另一个近似，如果将 Cosine 球面函数与多边形几何体积分解析式

$$\sum_{i=1}^{n} \cdots < \frac{p_i \times p_j}{\| p_i \times p_j \|}, \begin{bmatrix} 0 \\ 0 \\ 1 \end{bmatrix} >$$ 中的点乘移除，那么将会得到一个向量，记作 $\boldsymbol{I}$，这个向

量与另一个单位向量 $\boldsymbol{T}$ 的点乘可以理解为对以 $\boldsymbol{T}$ 为 z 轴的 Cosine 球面函数的积分。$\boldsymbol{I}$ 的长度为上述形式在 $\boldsymbol{T} = \text{normalize}(\boldsymbol{I})$ 的情况下的结果，得到 $I'_{\text{sphere}} = \text{length}(\boldsymbol{I})$，参考文章[2]的推导，得到球的张角为

$$\text{angular\_extent} = \arcsin\sqrt{\text{length}(\boldsymbol{I})}$$

文章[3]给出了这样一个球，其对 I_{sphere} 的解析式为

$$I_{\text{sphere}}(\omega, \sigma) = \frac{1}{\pi} \begin{cases} \pi\cos\omega\sin^2\sigma & \omega \in \left[0, \dfrac{\pi}{2} - \sigma\right] \\[2mm] \pi\cos\omega\sin^2\sigma + G(\omega,\sigma,\gamma) - H(\omega,\sigma,\gamma) & \omega \in \left[\dfrac{\pi}{2} - \sigma, \dfrac{\pi}{2}\right] \\[2mm] G(\omega,\sigma,\gamma) + H(\omega,\sigma,\gamma) & \omega \in \left[\dfrac{\pi}{2}, \dfrac{\pi}{2} + \sigma\right] \\[2mm] 0 & \omega \in \left[\dfrac{\pi}{2} + \sigma, \pi\right] \end{cases}$$

---

[1] HILL S, HEITZ E. Real-Time Area Lighting:A Journey from Research to Production[C]. In ACM SIGGRAPH Courses, 2016.

[2] INIGO QUILEZ. Sphere Ambient Occlusion[Z/OL](2006)[2021-02-25].

[3] SNYDER, JOHN M. Area light sources for real-time graphics[R]. Microsoft Research, Redmond, WA, USA, Tech. Rep. MSR-TR-96-11 (1996).

其中：

$$\gamma = \sin^{-1}\left(\frac{\cos\sigma}{\sin\omega}\right)$$

$$G(\omega,\sigma,\gamma) = -2\sin\omega\cos\sigma\cos\gamma + \frac{\pi}{2} - \gamma + \sin\gamma\cos\gamma$$

$$H(\omega,\sigma,\gamma) = \cos\omega\cos\gamma\sqrt{\sin^2\sigma - \cos^2\gamma} + \sin^2\sigma\sin^{-1}\left(\frac{\cos\gamma}{\sin\sigma}\right)$$

上述计算仍然过于复杂，所以将这个结果保存为贴图，运行时求得 σ 与 ω 后，对这两个参数查表来求解。

由于使用球来近似平面，无法直接解决平面的朝向问题，所以需要额外的代码来处理，将当前位置代入平面方程就可以得到当前位置处于平面的正面还是反面，通过对 **F** 向量取反即可处理双面光源。修改后的 Shader 代码如下。

```
float evaluateQuadLight(float3 N, float3 V, float3 P, float3 points[4],
                float4 planeEquation, float NoV, float
linearRoughness, bool twoSided)
{
    ....

    /* 将区域光的各顶点变换到本地坐标系下，并投影到球面上 */
    float3 L[4];
    L[0] = normalize(mul(points[0] - P, invM));
    L[1] = normalize(mul(points[1] - P, invM));
    L[2] = normalize(mul(points[2] - P, invM));
    L[3] = normalize(mul(points[3] - P, invM));

    /* 不考虑 Horizon Clipping, 直接求解 Form Factor 的向量形式 */
    float3 F = 0;
    F += integrateEdgeVectorForm(L[0], L[1]);
    F += integrateEdgeVectorForm(L[1], L[2]);
    F += integrateEdgeVectorForm(L[2], L[3]);
    F += integrateEdgeVectorForm(L[3], L[0]);
    F *= M_INV_TWO_PI;

    /* 判断当前着色点是否在面光源的背面 */
    bool frontface = (dot(planeEquation.xyz, P) + planeEquation.w) > 0;
    if (!twoSided && !frontface)
    {
        return 0;
    }
    else
    {
        F *= frontface ? 1.0 : -1.0;
    }

    /* 根据 Form Factor 的向量形式，选择球为几何代理时的参数 */
```

```
float squaredSinSigma = length(F);
float sinSigma = sqrt(squaredSinSigma);

float3 normFormFactor = normalize(F);
float cosOmega = normFormFactor.z;

/* 根据球的几何参数，通过查找上面提到的 2D LUT，求解最终结果 */
float sum = getSphereFormFactor(sinSigma, cosOmega);

return sum;
}
```

5.3.2　16 位浮点数的数值精度

让我们回顾多边形对 Cosine 积分的向量形式，这次将重点放在其中一条边的积分上。

$$\frac{\arccos <p_i, p_j>}{\| p_i \times p_j \|} p_i \times p_j$$

对于给定的两个点 p_i 与 p_j，可以通过 cos 与 cross 这两个函数对上面的表达式求解。

```
float3 integrateEdgeVectorForm(float3 p_i, float3 p_j)
{
    float cosTheta = dot(p_i, p_j)
    float sinTheta = sqrt(1 - cosTheta*cosTheta)
    float theta = acos(cosTheta)
    return cross(p_i, p_j) * theta / sinTheta;
}
```

上面这段代码中包含了一个 arccos 函数，以及 $\frac{\theta}{\sin\theta}$，这些都值得注意。首先 arccos 函数的开销较大，其次 $\sin\theta$ 可能接近 0 从而引起 inf/nan，最后需要尽量提高 FP16 运算在整个计算过程中的占比。

重新以 $t = \cos\theta$ 参数化 $\frac{\theta}{\sin\theta}$ 将得到 $\frac{\arccos t}{\sqrt{1-t^2}}$，其中 $\arccos t$ 是关于点 $\left(0, \frac{\pi}{2}\right)$ 的对称函数，$\frac{1}{\sqrt{1-t^2}}$ 为偶函数，所以定义域为[-1,0]的值可以通过定义域为[0,1]的结果计算得出，可以把注意力集中在[0,1]的范围内。观察图 5.8 得到 $\frac{\arccos t}{\sqrt{1-t^2}}$ 函数在[0,1]区间内较平滑，低阶的 Rational Function（有理函数）或 Polynomial（多项式）拟合即可满足要求。

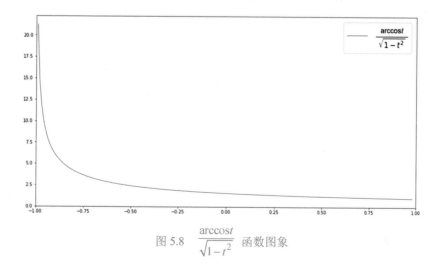

图 5.8　$\dfrac{\arccos t}{\sqrt{1-t^2}}$ 函数图象

如图 5.9 所示，使用多项式 $0.33735186x^2 - 0.89665001x + \dfrac{\pi}{2}$，相对错误率小于 1%，整个多项式计算可以在 16 位浮点数下进行，满足移动平台的精度要求。

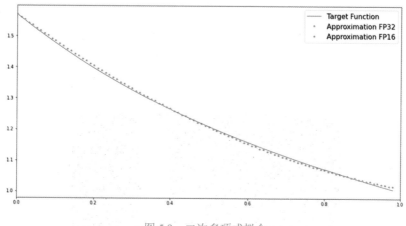

图 5.9　二次多项式拟合

5.3.3　菲涅尔（Fresnel）

在前面的实现中，并没有考虑 BRDF 中的 F 项，即菲涅尔项。下面介绍一个将菲涅尔项一起考虑的近似解。

在球面的积分恒等于 1，是 LTC 的一个性质，但是因为 BRDF 中的遮挡项（Masking-Shadowing Function），BRDF 在半球面的积分小于 1，所以需要存储一个单独的归一化系数：

$$\int_{\Omega} D(\omega_h)G(\omega_i,\omega_o)\cos\theta_i \mathrm{d}\omega_i$$

将菲涅尔项代入这个归一化系数得到将菲涅尔项一起考虑的近似解。

$$\int_{\Omega} F(\omega_i,\omega_h)D(\omega_h)G(\omega_i,\omega_o)\cos\theta_i \mathrm{d}\omega_i$$

这个积分项与文章[①]中使用的 Split Sum Approximation 中的 BRDF 预积分项一致，从而可以使用相同的预积分表，并且这一项与光源无关，Shading 过程只需要一次查表操作。

```
half3 specularLd = 0;
specularLd += imageBasedLighting(N, V, linearRoughness);
specularLd += evaluateQuadLight(N, V, position, quadVertices,
planeEquation, NoV, linearRoughness, twoSided);

half2 dfg = preintegratedDFG(NoV, linearRoughness);
specular += specularLd * (specularColor * dfg.x + dfg.y);
```

5.4 总结

本章作为对文章[②]的补充，将文章[③]中由于篇幅而精简掉的理论部分进行了完善，帮助读者有更直观的理解。针对移动平台的性能要求，在性能与精度上进行了一些取舍，查表实现水平面裁切与使用多项式拟合后，最终生成的指令数减少了接近 50%，最终画面展示效果如图 5.10 所示。

图 5.10　最终画面展示效果

---

① BRIAN K, Epic Games. Real shading in unreal engine 4[J]. Proc. Physically Based Shading Theory Practice 4, no. 3 (2013).

② HEITZ E, DUPUY J, HILL S, et al. Real-Time Polygonal-Light Shading with Linearly Transformed Cosines[J/OL]. ACM Trans. Graph, 2016, 35(4)[2019-07-08].

③ Engel, Wolfgang, ed. GPU Pro 5: advanced rendering techniques[M]. CRC Press, 2014.

可定制的快速自动化全局
光照和可见性烘焙器

6.1 光照烘焙简介

在游戏实时渲染中，全局光照和可见性是不可或缺的组成部分，但是由于实时计算全局光照和可见性需要消耗大量的计算资源，因此在移动端游戏领域中基本采用的都是预先烘焙的方案。Unity 现有的烘焙方案在计算时间、可定制性上都有较大的不足。本章研究提供了一个可定制的快速烘焙方案，底层提供基于 Voxel（体素）的快速构建和光线追踪，上层根据需求提供若干烘焙实现。该方案的优点表现在以下 4 个方面：一是基于 Compute Shader 的 GPU-Driven 系统，对硬件几乎没有要求，不需要修改引擎，可快速移植到不同项目；二是底层和上层的算法、数据都易于扩展和优化，可快速迭代满足不同项目的需求；三是该方案几乎是全自动的，能根据场景自动计算采样点的分布取得最佳的烘焙结果，不需要美术师手动进行 Probe 等的摆放；四是该方案和业界的基于三角形追踪的烘焙器方案相比具有烘焙速度更快的优势，而这对于游戏美术制作的快速迭代具有至关重要的作用，如《王者荣耀》的对战地图可以在几秒之内预览烘焙效果，大大提升了项目美术迭代的效率。

本章首先描述如何进行快速 Voxelization（体素化），如何基于 Voxel 进行快速的光线追踪，然后阐述如何使用 Voxel 光线追踪高效计算 Volume Lightmap（体积光照贴图），接着详细描述如何计算 Visibility（可见性），以及给出 Visibility 在渲染中的几个应用，最后给出可能的优化方向。

6.2 基于 Voxel 的快速光线追踪的实现

本节首先介绍 Voxel 是什么，然后阐述如何进行 Voxelization，最后详细介绍基于 Voxel 的快速光线追踪算法。

6.2.1 Voxel 是什么

为了理解 Voxel 是什么，可以拿 Pixel 来进行对比。Voxel 可以看作 Pixel 在 3D 空间中的概念延伸，即 Voxel 可以理解为 3D 空间的 Pixel。Pixel 的坐标用 (x, y) 表示，而 Voxel 的坐标需要用 (x, y, z) 来表示。同样地，Pixel 占有一定的面积，而 Voxel 占有一定的体积。一图胜千言，图 6.1 和图 6.2 是对《王者荣耀》5V5 场景局部区域进行 Voxelization 之后的对比图，按照 Voxelization 后的分辨率从低到高来进行排序，根据需求不同，可以选择使用不同分辨率的 Voxelization。

图 6.1 《王者荣耀》5V5 低、中分辨率 Voxelization

图 6.2 《王者荣耀》5V5 高、超高分辨率 Voxelization

需要说明的是，本文只需要进行 Surface Voxelization（表面体素化）而不需要进行 Solid Voxelization（体积体素化）。前者只需要对表面数据生成 Voxel，而后者需要对物体内部也生成 Voxel，可想而知，后者占用的存储空间比前者要大得多。本文所进行的光线追踪不需要内部 Voxel 数据，因此只需要实现 Surface Voxelization 即可，下面介绍如何快速进行 Surface Voxelization。

6.2.2　Voxel 的快速生成

Voxel 处于 3D 空间中，3D 空间中的数据结构有 Octree、KD-Tree、R-Tree、Perfect Hash、GVDB。这些数据结构各自拥有不同的优缺点，有的节省内存、有的追踪更快。本文选取 Octree 作为存储 Voxel 的数据结构，因为它是各项比较平衡的数据结构。Octree 的生成一般有自顶向下和自底向上两种方式，这里先介绍简单的自顶向下的算法，6.2.3 节会使用一个更为快速的生成算法来优化生成时间。

6.2.2.1　Surface Voxels（表面体素）的生成

只需要在标准管线里进行一定的改造，即可完成 Voxelization，步骤如下。首先确定 Voxelization 的分辨率，如 1024voxel×1024voxel×1024voxel，然后将摄像机的 Viewport 设置为 1024pixel×1024pixel。因为数据不需要写到 Framebuffer 中，所以所有的 Framebuffer 操作都应该禁掉，如 Depth Test、Depth Write、Color Write。

根据论文[1]里面的研究，当进行 Voxelization 时，对于每一个三角形，要尽可能地提升生成的 Fragment 的数量，这样才不会漏掉 Voxel。这很好理解，考虑一个极端的情况，有一个三角形正好和摄像机的方向平行，那么光栅化之后生成的 Fragment 数量就为 0，那么这个三角形就不会生成任何一个 Voxel，这当然是不对的。但是每个三角形的方向不一样，所以这里采用一个简单高效的方法，对于每一个三角形，在 Geometry Shader 中从 3 个主轴方向里选取一个方向，该方向可以最大化当前三角形的投影面积，即能最大化生成的 Fragment 数量。在 Geometry Shader 中，每个三角形的顶点坐标、法线信息都是已知的，所以是办得到的。具体来说，对于一个法线方向为 n 的三角形，选取主轴 v 来进行投影，v 满足 $|n \cdot v|$ 是 3 个主轴里最大的。当 v 选好之后就可以在 Geometry Shader 中对三角形进行投影了。

当进行三角形光栅化时，必须采用 Conservative Rasterization（保守光栅化）。对于普通的光栅化，只有每个 Pixel 的中心点被三角形覆盖时才会生成对应的 Fragment，Conservative Rasterization 可以保证更大的覆盖率，Pixel 只要和三角形有一点重合就会生成对应的 Fragment。

在三角形光栅化时，每个三角形会生成一系列的 Fragment，并且能获得 Fragment 对应的世界空间坐标 (x, y, z)，如图 6.3 所示，(x, y, z) 对应的小立方体即该 Fragment 对应的 Voxel。在存储 Voxel 数据时，有若干选择，如 color、normal，甚至各种 PBR 渲染所需要的粗糙度、金属度等参数。在本文的应用中，只需要存

① SCHWARZ M, SEIDEL H-P. Fast parallel surface and solid voxelization on GPUs[J]. ACM transactions on graphics (TOG), 2010, 29(6): 1-10.

储 color 和 normal 即可。需要注意的是，在将 Pixel Shader 生成的 Fragment 转换成 Voxel 并放入 Voxel 列表中时，大量的线程会同时访问该列表，所以需要用到原子操作函数和 Atomic Counter，它们支持高效率的整型数的原子增减操作。每个线程首先将 Atomic Counter 加 1，然后把 Voxel 数据保存在列表的对应位置上，这样大量的线程就能高效地同时操作 Voxel 列表了。

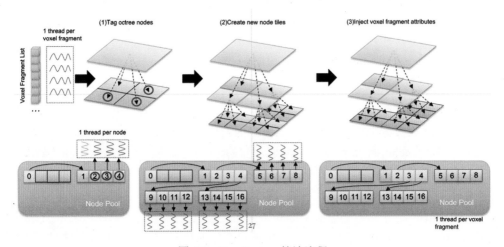

图 6.3　Voxelization 算法流程

6.2.2.2　Sparse Voxel Octree 的生成

有了 Voxel 列表之后，就可以生成 Voxel Octree 了。Octree 是一种层级树状结构，每一个节点拥有 8 个子节点，每一层节点的子节点的长宽高都是该层节点的1/2 大小。算法按照自顶向下的顺序每次生成一层节点，第一层只有 1 个节点，依次往下分裂，当某个节点内部包含一个 Voxel 时，就把该节点拆分成 8 个子节点，对它的子节点采用一样的操作，逐步生成一棵 Octree。到了最底下的层级的时候，Voxel 的数据就写入子节点中。生成顺序是逐层的，即先生成第一层的所有节点，再生成第二层的所有节点，以此类推，直到生成最后的所有叶子节点。

虽然逻辑上使用了 Octree，但实际上这棵树的数据是连续存放在内存里的，每一个节点的数据主要包括 color、normal 和坐标，不过为了节省显存，对它们进行了一定的压缩。

```
struct SparseVoxelFragmentAttributesStruct
{
    uint color;
    uint normal;
    uint2 quantPos;
};
```

根据后续的烘焙结果分析，其实有无 normal 的关系不大，所以最后的结构可以进一步简化为

```
struct SparseVoxelFragmentAttributesStruct
{
    uint color;
    uint2 quantPos;
};
```

完整的的 Octree 生成一共包含 3 个步骤。下面详细描述每个步骤。对于每层节点的生成，前 2 个步骤都是需要运行的，第 3 个步骤在生成最后的叶子节点时才需要运行。

节点的数据用一个 uint 就可以表示了，对于中间的节点来说，nodeData 里面保存的是它的 8 个子节点所在位置的相对位置，由于 8 个子节点是连续分配的，所以 nodeData 里只需要保存第 1 个子节点的相对位置，其他 7 个子节点位置加偏移即可。

```
struct SparseVoxelNodeStruct
{
    uint nodeData;
};
```

对于叶子节点来说，nodeData 里保存的是 color 数据，其中最高位保存的是该节点是否有效，后 7 位保存的是 Alpha，最后 24 位保存的是 rgb 数据。另外，虽然 albedo 数据在 0～1 的范围里，但是有些美术需求需要调整 albedo 数据范围，所以需要对 color 数据进行一定的压缩。

```
float3 CompressColor(float3 color)
{
    color = Tonemapping(color);
    color = LinearToGammaSpace(color);

    return color;
}

uint EncodeTranslucentRGBAuint(float4 val)
{
    val.rgb = CompressColor(val.rgb);
    val = saturate(val);
    val.rgb *= 255.0f;
    val.a *= 127.0f;

    return (uint(val.a) & 0x0000007F) << 24U |
           (uint(val.r) & 0x000000FF) << 16U |
           (uint(val.g) & 0x000000FF) < 8U  |
```

```
        (uint(val.b) & 0x000000FF);
}
```

假设已经处理到了第 N 层，第一步，需要确定当前层级的哪些节点需要进行拆分。Voxel 列表里的每一个 Voxel 都生成一个线程，每个线程独立地自顶向下从根节点开始按照空间位置找到第 N 层对应的节点，并对这个节点进行标记，表明它需要被拆分，要注意这一步并不真正对这个节点进行拆分，因为 Voxel 数量巨大，如果同时进行节点拆分，线程之间就需要同步，耗时会非常长。如果只进行标记的话，大量线程的并行度就很好。标记其实很简单，只要把子节点的最高位置 1 即可。

第二步，对第 N 层的每个节点生成一个线程，如果该节点在第一步中已经被标记为拆分，那么就先申请新的 2×2×2 个节点，再将父子关系连接好。这里需要注意的是，因为同时有大量线程在申请节点，所以需要用一个 Atomic Counter 来增加总的 Voxel 节点个数，以便大量的线程可以并行操作 Voxel Pool。

最后一步，注入 Voxel 的数据到叶子节点中。要注意的是，不同的 Voxel 可能对应同一个叶子节点，那么到底该保存哪一个 Voxel 的数据到叶子节点中呢？简单可行的方式是选取 Alpha 最大的 Voxel，当 Alpha 一样时，随机选取一个 Voxel。另一个方式是取所有 Voxel 的平均值，但是有两个问题：如下面的代码段所示，一个问题是需要占用原来存储 Alpha 的位置来存储一个 Voxel 的计数值从而计算平均值，但这样无法保留 Alpha。当然也可以既保留 Alpha 又计算平均值，方法是对于每个叶子节点，再申请一个 uint 专门用来存储计数值，不过作者在后面的烘焙测试中发现是否存储平均值对烘焙影响不大，所以此处选择存储 Alpha 最大的 Voxel 数据的方案；另一个问题是会降低 Octree 生成的速度。另外，每个 Voxel 数据注入的线程都不一样，这会产生大量的竞争问题，所以需要使用原子操作。

```
//destination 的类型是 Unordered Access View，用来存放数据；value 是 color 的 Alpha
void InterlockedAvgFloat4(RWStructuredBuffer<uint> destination, int idx,
float4 value)
{
    uint prevStoredVal = 0; //用来保存之前的值
    uint originalStoredVal; //临时变量

    value.xyz = saturate(value.xyz); //保证 color 在 0~1 之间
    uint writeVal = EncodeTranslucentRGBAuint(float4(value.xyz, 1.0));
//对 color 进行压缩编码

    [allow_uav_condition]
    while (true) //一直循环执行直到新的平均值写入成功
    {
```

```
    //InterlockedCompareExchange 是原子操作函数，当 destination[idx] 等于
prevStoredVal 值时，就会将 writeVal 写入 destination[idx]，originalStoredVal
会返回原本 destination[idx] 的值
    InterlockedCompareExchange(destination[idx], prevStoredVal,
writeVal, originalStoredVal);
    if (prevStoredVal == originalStoredVal) //写入成功则退出
        break;

    prevStoredVal = originalStoredVal;

    float4 oldVal = DecodeTranslucentRGBAuint(prevStoredVal);
    float4 newVal = float4((oldVal.xyz * oldVal.w) + value.xyz,
oldVal.w + 1.0); //oldVal.xyz 保存的是平均值，oldVal.w 保存的是计数值，这里加上
新的值重新求和
    newVal.xyz /= newVal.w; //新的和重新除以新的计数值得到新的平均值

    newVal.xyz = saturate(newVal.xyz); //依然要保证在 0~1 之间
    newVal.w = min(newVal.w, 255.0); //计数值不能超过 255
    writeVal = EncodeTranslucentRGBAuint(newVal); //对新的值重新编码
    }
}
```

6.2.3　更快的 Voxel Octree 生成

6.2.2 节的 Octree 生成算法的最大缺点是按照顺序一层一层地自顶向下创建整棵树，每一层的创建都必须等待它的所有上层创建完毕之后才能开始，而且越靠近根节点的层所拥有的节点数越少，这样就会造成算力的极大浪费。例如，在创建第 2 层节点时，只能使用 8 个线程，但是现代 GPU 需要成千上万个线程才能满载运行，那当前算法对 GPU 算力的利用率就非常低，并且随着 GPU 的进一步提升，该算法的算力利用率会越来越低。

这里采用论文[①]中构建 LBVH 的思想，同时构建整棵树的所有节点，充分利用 GPU 的所有核心。限于篇幅，本文只粗略介绍算法的核心部分，感兴趣的读者可以参考原始论文，算法的大致步骤如下。

（1）为每一个 Fragment 计算 Morton Code。

（2）使用 Radix Sort 对所有第（1）步得到的 Morton Code 进行排序。

（3）找到所有相同的 Morton Code，即落在了同一个叶子节点中的 Morton Code，只需要简单对比相邻的 Morton Code 就可以找出来。

---

① KARRAS T. Maximizing parallelism in the construction of BVHs, octrees, and k-d trees[C]//Proceedings of the Fourth ACM SIGGRAPH/Eurographics conference on High-Performance Graphics, 2012: 33-37.

（4）使用 Parallel Compaction 算法移除多余的相同 Morton Code。

（5）生成 Binary Radix Tree。

（6）使用 Parallel Prefix Sum 算法分配所有 Octree 节点。

（7）对每一个节点找到它的 parent，并建立关联。

以上每一步在 GPU 上都可以并行。对于第（2）步，如果使用的是 Cuda，则可以直接使用 Thrust 库的 Sort 函数；如果使用的是 Compute（本文即如此），则可以参考论文[1]，该论文详细阐述了如何高并发地快速对大量数据进行 Radix Sort。

该算法的核心在于第（5）～（7）步不需要逐层建立 Octree，每一个节点对应一个线程，所有节点可以并发计算，大大提高了对 GPU 核心的利用率。

6.2.4　Voxel 的快速光线追踪

有了 Octree 之后，就可以进行射线和 Voxel 的相交测试了，主要算法和射线与 BVH 的相交测试类似，从根节点开始逐层进行节点和射线的相交测试，并用堆栈记录整条路径中的所有节点，逐渐寻找可能相交的子节点直到叶子节点。当某条路径继续往下不可能相交时，就回退到该条路径中的上层分叉点建立新的路径进行相交测试。

在描述具体算法前，先对射线进行基本的定义：

$$p_t(t) = p + td$$

当射线与 yz 平面相交时可以求得：

$$t_x(x) = \left(\frac{1}{d_x}\right)x + \left(\frac{-p_x}{d_x}\right)$$

射线与 xz 和 xy 平面相交可以类似地计算得到。

下面会详细阐述整个算法，该算法参考了论文[2]中的实现方法，该实现方法进行了很多的优化，下面先对算法进行大致说明。

算法按照深度优先的顺序遍历 Octree 里的 Voxel，在每一次循环时根据当前状态，有 3 种不同的操作来选择下一个需要处理的 Voxel。

- PUSH：接着处理射线第一个进入的子节点 Voxel。
- ADVANCE：接着处理当前 Voxel 的兄弟 Voxel。
- POP：找到射线出射的最高层祖先节点的兄弟节点 Voxel。

---

[1] HARADA T, HOWES L. Introduction to GPU radix sort-Heterogeneous Computing with OpenCL[M]. San Mateo, CA. Morgan Kaufman, 2011.

[2] LAINE S, KARRAS T. Efficient sparse voxel octrees[J]. IEEE Transactions on Visualization and Computer Graphics, 2010, 17(8): 1048-1059.

图 6.4 所示为射线遍历 Octree 的例子。首先从 Voxel 2 开始，Voxel 2 是根节点 Voxel 1 的子节点。运行两次 PUSH 操作进入 Voxel 3，然后进入叶子节点 Voxel 4。执行两次 ADVANCE 操作后，进入兄弟节点 Voxel 5 和 Voxel 6，接着算法发现射线从它们两个的共同 parent Voxel 3 出射，于是执行 POP 操作进入 Voxel 7。算法最终在访问完叶子节点 Voxel 22 后结束，因为此时射线已经离开了根节点。

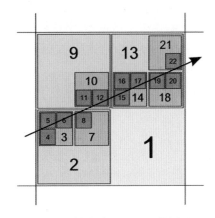

下面列出了伪代码，包括一个初始化步骤及一个大的循环，处理各个 Voxel 和射线之间的相交测试。

图 6.4　射线遍历 Octree 的例子

第 1～7 行初始化一系列的状态变量。射线当前的有效区域的上下限分别保存在 t_{min} 和 t_{max} 中，并且初始化为射线和根节点相交的区域值。h 是 t_{max} 的一个阈值，用来防止对堆栈的不必要写入。parent 指向当前考察的 Octree Voxel 节点，idx 表示正在考察的 parent 的子节点序号，通过比较 t_{min} 及由 Octree 中心点计算出来的 t_x、t_y、t_z 之间的关系可以得到 idx 的初始值，pos 和 scale 分别表示当前 Voxel 对应的 Cube 位置和大小。

第 8～34 行的循环一直持续到要么找到和射线相交的节点，要么发现射线离开了 Octree 的范围。循环每次尝试在区间 (t_{min}, t_{max}) 内对射线和当前 Voxel 进行相交测试。如果相交，则在第 13～20 行选取对应的子节点进行下一轮的相交测试；如果当前节点没有和射线相交，则执行第 23～25 行的 ADVANCE 操作，之后可能在第 27～32 行执行 POP 操作。

第 9 行通过当前 Voxel 节点对应的立方体大小计算出射线区域大小 tc，tc 后续会被 INTERSECT 和 ADVANCE 操作用到。第 10 行决定是否继续处理当前 Voxel 节点。如果 (t_{min}, t_{max}) 区间为空，则当前 Voxel 不可能和射线相交，直接跳转到 ADVANCE 操作即可；否则当前 Voxel 可能和射线相交，需要进一步考察才能判断。

第 11 行通过计算当前 Voxel 和射线的有效区域 (t_{min}, t_{max}) 的相交得到区域 tv，它精确地表示了射线和当前 Voxel 相交的区域。第 12 行检查 tv 区域是否为空，如果不为空，则执行 PUSH 操作；否则跳过当前 Voxel 并执行 ADVANCE 操作。

如果当前 Voxel 是叶子节点，则在第 13 行终止整个 Octree 的遍历。第 14 行把 parent 和 t_{max} 压栈，是否压栈需要分情况来考虑。

- 通常 h 代表了射线离开 parent 时对应的 t。当 $tc_{max} = h$ 时表示射线会同时离开当前 Voxel 及它的 parent，这种情况下不需要保存 parent 到堆栈上，因为它不会再被访问了。

- 如果 parent 已经被保存到了堆栈上，就将 h 置为 0。因为 tc_{max} 不小于 0，这个操作意味着同样的 parent 不会被重复压栈。

当自顶向下遍历 Octree 时，第 15～19 行将 parent 替换为当前的 Voxel，并且相应地设置 idx、pos、scale 的值去匹配射线进入的第一个子节点。第 20 行重新进入下一次循环去处理子节点。

第 23～25 行执行 ADVANCE 操作。当前 Voxel 的位置首先保存在一个临时变量里。将 pos 和 idx 设置为沿着射线行进所碰到的下一个相同大小的 Voxel 对应的值。同时更新射线的有效区域的下限值 t_{min} 为射线进入新的 Voxel 的 t。第 26 行检查子节点的 index bit 的翻转是否和射线行进的方向一致，即射线是否仍处于同一个 parent 节点里面。如果是，则进入下一次循环；否则执行 POP 操作。

第 27～31 行执行 POP 操作。如果新的 scale 超过了 s_{max}，则第 28 行可以得出射线已经射出了整棵 Octree，于是返回 miss。第 32 行将 h 置为 0，以防止 parent 被再次压栈检查。

```
 1:  (t_min, t_max ) ← (0,1)
 2:  t' ← project cube(root,ray)
 3:  t ← intersect(t,t' )
 4:  h ← t'_max
 5:  parent ← root
 6:  idx ← select child(root,ray,t_min )
 7:  (pos,scale) ← child cube(root,idx)
 8:  while not terminated do
 9:      tc ← project cube(pos,scale,ray)
10:      if voxel exists and t_min ≤ t_max then
11:          tv ← intersect(tc,t)
12:          if tv_min ≤ tv_max then
13:              if voxel is a leaf then return tv_min
14:              if tc_max < h then stack[scale] ← (parent,t_max )
15:              h ← tc_max
16:              parent ← find child descriptor(parent,idx)
17:              idx ← select child(pos,scale,ray,tv_min )
18:              t ← tv
19:              (pos,scale) ← child cube(pos,scale,idx)
20:              continue
21:          end if
22:      end if
23:      oldpos ← pos
24:      (pos,idx) ← step along ray(pos,scale,ray)
25:      t_min ← tc_max
26:      if idx update disagrees with ray then
27:          scale ← highest differing bit(pos,oldpos)
28:          if scale ≥ s_max then return miss
```

```
29:        (parent,t_max )←stack[scale]
30:        pos←round position(pos,scale)
31:        idx←extract child slot index(pos,scale)
32:        h←0
33:    end if
34: end while
```

上面的伪代码和算法描述比较粗略，更多的细节和优化可以参考原始论文中的描述。

为了支持半透明的追踪，在叶子 Voxel 中加入 Alpha 数据。如果当前子节点是叶子节点，就根据叶子节点数据算出 color，当 color 的 Alpha 超过 translucentNoise 时，可以随机判定是否和该叶子节点相交，其中 translucentNoise 是一个 Blue Noise。这里对 Alpha 进行处理的算法类似论文[1]中的 Stochastic Transparency，是一种随机算法，能比较高效地处理半透明物体的追踪。其中，NextGoldenRandom（translucentNoise）对 translucentNoise 使用 Golden Ratio 生成随机数，因为输入的 translucentNoise 是一个 2 维的 Blue Noise，但是需要的是 3 维的随机数，所以使用 Golden Ratio 来低代价地生成 3 维的随机数。

```
float NextGoldenRandom(float translucentNoise)
{
    return saturate(translucentNoise + 1.6180339887);
}
```

实现了射线和 Voxel 的相交测试之后，路径追踪就能实现了，实现内容读者可以参考 Physically Based Rendering[2]，这里就不再赘述了，只大概阐述下过程。类似论文[3]，作者采用的是单向的路径追踪，光源目前支持点光、平行光、聚光灯、高效的环境光，对 Mesh Light 的高效支持还在开发中。

6.3　Volume Lightmap 的烘焙实现

有了基于 Voxel 的快速射线追踪算法，就可以实现 Volume Lightmap 的烘焙了。Volume Lightmap 存储 Irradiance 数据，本身比较低频，所以 Volume Lightmap 可以做到分辨率比较小，一般来说 1m 的精度就够了。但是 Volume Lightmap 不会

① ENDERTON E, SINTORN E, SHIRLEY P, et al. Stochastic transparency[J]. IEEE transactions on visualization and computer graphics, 2010, 17(8): 1036-1047.
② PHARR M, JAKOB W, HUMPHREYS G. Physically based rendering: From theory to implementation[M]. Morgan Kaufmann, San Mateo, CA, 2016.
③ HILLAIRE S, ROUSIERS C de, APERS D. Real-Time Raytracing for Interactive Global Illumination Workflows in Frostbite[C]//Game Developers Conference, 2017.

存储阴影，所以阴影需要实时计算。和普通的 Lightmap 相比，Volume Lightmap 的优点如下。

- 模型不需要 Lightmap UV，节省顶点数据量。
- 数据量和模型展开面积无关，只和模型占用空间大小有关，数据量低于 Lightmap。
- 支持法线贴图，可以展现精细的细节效果。Volume Lightmap 里面的每一个 Cell 都可以看作一个单独的 Probe，Volume Lightmap 的烘焙可以看作针对每一个 Probe 进行 Irradiance 烘焙。下面我们先介绍如何计算单个 Probe 的 Irradiance，再阐述如何高效地计算所有 Probe 的 Irradiance。

6.3.1　单个 Probe 的 Irradiance 计算

对于某个空间位置来说，Irradiance 是一个球面函数，计算 Probe 的 Irradiance 就是计算 Probe 中心点所在的 Irradiance 球面数据。对于方向 ω_i 来说，该方向的 Irradiance 计算如下。其中，D 是某个需要计算 Irradiance 的方向，ω_i 是某个射线发射的方向。

$$\text{Irradiance}(D) = \int \text{TraceRadiance}(\omega_i) \max(0, \omega_i \cdot D) d_{\omega_i}$$

由蒙特卡罗方法可以写为下式，其中，N 是射线的数量。

$$\text{Irradiance}(D) = \frac{4\pi}{N} \sum_{i=1}^{N} \text{TraceRadiance}(\omega_i) \max(0, \omega_i \cdot D)$$

可以看出，对于单个 Probe 某方向的 Irradiance 计算，需要发射大量射线进行路径追踪，在烘焙时当然不可能对每一个位置的每一个方向都进行路径追踪，所以需要利用好每一次射线追踪的结果。

6.3.2　Volume Lightmap 的编码

对于 Irradiance 数据的编码，选择有很多，如 Spherical Harmonics、Spherical Gaussain、Ambient Cube、Ambient Dice 等。这里选择 Ambient Cube，因为它所需要的的数据量是最小的，其他编码方式虽然更逼近原始数据，不过数据量要求更大、带宽要求更高，如 3 阶的 Spherical Harmonics 对于 RGB 的每一个通道都要求 9 个 float 值。

Ambient Cube 的编码方式决定了在计算时只需要考虑 6 个方向即可，发射的每一条光线追踪出来的 Radiance 都可以用来计算这 6 个方向的值。

6.3.3　Dense Volume Lightmap 的所有 Probe 的 Irradiance 计算

所有 Probe 的计算都需要高效的高并发计算。本节考虑均匀分布的 Dense Volume Lightmap 的 Probe 的 Irradiance 计算，也就是所有 Probe 之间的间隔都一样。

如图 6.5 所示，每个 Probe Dispatch 对应一个 Thread Group，每个 Thread Group 中的每个 Thread 负责一个方向的路径追踪来搜集 Radiance。

图 6.5　Probe 对应的射线分布

因为使用计算机来计算 Irradiance，所以高效的算法需要有以下考虑。

- 因为 CPU 和 GPU 异构，所以要尽量减少 CPU 和 GPU 之间的通信次数和传输数据量，尽量用 GPU 来调度。
- GPU Global Memory 访问太慢，需要减少 Global Memory 访问的次数，多利用 Shared Memory，每次最好访问连续的一段 Memory。
- 尽量减少线程的分支数。
- 使用 Packet Traversal 方式，一个 Warp 里的射线共享一个 Tracing Stack，减少 Memory 的访问次数。
- 射线按照 Morton-Order 分发给每个 Warp，每个 Warp 处理的射线尽量在方向上比较接近，每个 Warp 的射线最好有比较一致的访问 Memory 的方式。
- 减少 Shared Memory 和寄存器的使用数量，因为使用得越多，能并发运行的 Block 和 Warp 数量越少。
- GPU 的硬件 Work Scheduler 是为负载均衡的线程模型设计的，但是射线追踪的线程负载并不均衡，Work Scheduler 的效率较低，因此采用论文[1]中的 Persistent Thread 并发处理模型，绕过硬件 Scheduler，将所有的射线都放到队列里面，由 Warp 中的线程自己取来用。
- 在收集多个射线追踪出来的 Radiance 并计算 Irradaince 时，需要采用高效的 Parallel Reduction 算法，详见论文[2]。

① AILA T, LAINE S. Understanding the efficiency of ray traversal on GPUs[C]//Proceedings of the conference on high performance graphics, 2009: 145-149.

② YOUNG E. Direct Compute Optimizations and Best Practices[C]//GPU Technology Conference, 2010.

6.3.4 Sparse Volume Lightmp 的计算

6.3.3 节处理了均匀分布的 Volume Lightmap 的计算，本节介绍 Sparse Volume Lightmap 的计算，它的核心其实是 Probe 的分布，这里要讨论下什么是好的 Probe 分布。一般来说，如果要最大化一个 Probe 的数据有效性，那么 Probe 的位置最好符合下面 3 个条件。

- Probe 中心点和物体的 Voxel 不能有交叠，否则算出来的 Irradiance 都是黑的，因为发射的射线都被挡住了。
- Probe 中心点不能距离物体的 Voxel 太近，否则算出来的 Irradiance 有效信息太少，因为它只能"看到"很少的区域。
- Probe 中心点不能距离物体的 Voxel 太远，否则储存的 Irradiance 信息用处不大，因为它能"看到"的区域虽然很大，但是分配给这些信息的存储太少。

从上述条件可知，每个 Probe 与物体表面或 Voxel 的距离信息很关键，这些距离信息可以用 Signed Disntance Field（SDF）方法来计算。

首先根据场景大小如 Probe 之间的间隔大小计算出 Dense Volume Lightmap 的分辨率大小，申请一张同样分辨率大小的 3D 纹理，在 Voxelization 阶段，该纹理记录的数据是计数值。对于每一个 Voxel，如果它落在某个 Dense Volume Lightmap 的某个 Cell 里面，就将该 Cell 对应的计数值加 1，当 Voxelizaition 结束之后，对于每一个 Cell，如果它对应的计数值超过了一个阈值，则把该 Cell 标记为被物体占满。然后使用论文[①]中的 Jump Flooding 算法算出每个 Cell（也就是 Probe）距离最近的物体之间的距离。

2D Jump Flooding 算法例子如图 6.6 所示。这里简单描述下 Jump Flooding 算法如何快速计算 SDF，以 2D 贴图为例，假设贴图大小是 $n \times n$，运行算法之前，对于标记为被物体占满的 Cell c，初始化 c 对应的贴图数据为 $<c_x, c_y>$，也就是说离 c 最近的 Cell 就是它自己。接着运行 $\lg n$ 次 Flooding 过程，在每次的 Flooding 过程中，每个 Cell 都将自己记录的最近距离节点信息传递给其他最多的 8 个节点，这 8 个节点的坐标是 $<c_x + i, c_y + j>$，其中 $i, j \in \{-l, 0, l\}$，l 是 $\lg n$ 次迭代的步长，取值 $n/2, n/4, \cdots, 1$。在运行了 $\lg n$ 次 Flooding 之后，每个 Cell 就记录了离它最近的被物体占满的 Cell 的坐标。更多的计算细节可以参考原始论文，整个算法可以用计算机计算，效率很高。

---

① RONG G, TAN T-S. Variants of jump flooding algorithm for computing discrete Voronoi diagrams[C]//4th International Symposium on Voronoi Diagrams in Science and Engineering (ISVD 2007). IEEE, 2007: 176-181.

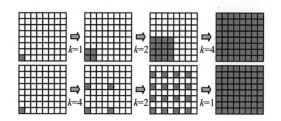

图 6.6　2D Jump Flooding 算法例子

每个 Cell 知道离自己最近的被物体占满的 Cell 坐标之后，就能算出最近距离。由前面的分析知道，只需要对距离包含在某个范围内的 Cell 计算 Irradiance，这个范围可以由用户设定。这些有效的 Cell 计算完后可以用 Octree 或 KD-Tree 记录下来，在 Runtime 时，Shading Point 法线方向的 Irradiance 就可以先自顶向下遍历找到周围 Cell 对应的 Probe，再根据这些 Probe 的 Irradiance 插值计算得到。

需要注意的是，Sparse Volume Lightmap 虽然大大减少了存储空间，但是计算量大大提高了。

在图 6.7 中，小球体就是稀疏分布的 Probe 采样点。

图 6.7　Sparse Probe 分布例子

6.3.5　Volume Lightmap 的存储

对于《王者荣耀》5V5 对战场景来说，使用 3D 纹理压缩 Dense Volume Lightmap 是最好的方案，原因如下。

- 5V5 对战场景是个规规矩矩的方形，并且高度有限，能和 3D 贴图较好地对应。
- 5V5 对战场景需要很高的渲染效率，稀疏的 Volume Lightmap 虽然能大大减少存储空间，但是需要消耗较多的 Alu 指令开销计算和 Shader 分支，并且跳转较多，Cache 利用率较低。
- 用 3D 贴图存储 Irradiance 可以使用 ASTC 压缩格式大大降低存储代价。

- 5V5 对战场景的相机处于俯视角度，能看到的纵深较小、范围较小，采用 3D 贴图存储方式，Cache 利用率会比较高。

对于《王者荣耀》用的 GLES 和 Metal，作者分别采用了不同的压缩方案。对于 GLES，如果支持 GL_KHR_texture_compression_astc_hdr 扩展，则使用 3D ASTC HDR 压缩方案，根据品质要求可以选择 3pixel×3pixel×3pixel 或 4pixel×4pixel×4pixel 的 Block Size 的 ASTC 压缩。对于 Metal，由于不支持 3D ASTC HDR，所以只能使用 LDR 的 ASTC 格式，并且使用 Slice-Based 3D 贴图，HDR 的 Irradiance 采用类似 Unreal Lightmap 的编码方式编码得到 LDR 数据，一个 Slice 一个 Slice 地压缩后，组装成 3D 贴图。对于既不支持 3D 贴图又不支持 Slice-Based 3D 贴图的平台，可以把 3D 贴图展开成 2D 贴图，在 Shader 中模拟 3D 贴图的采样，不过需要付出一定的额外性能开销。

6.3.6 Volume Lightmap 的使用

因为 Volume Lightmap 的数据采用了 Ambient Cube 编码，所以其解码是比较简单的，首先根据 normal 选择 3 个方向，然后采样对应的数据即可。

```
float3 SampleVolumeLightMap3D(float3 posWorld, float3 normalWorld)
{
    float3 nSquared = normalWorld * normalWorld;
    float3 isPositive = normalWorld > 0 ? 0 : 1;

    float3 uv = GetVolumeLightMapUv(posWorld);
    float3 irradiance = nSquared.x * SampleTex3D(isPositive.x, uv) +
                        nSquared.y * SampleTex3D(isPositive.y + 2, uv) +
                        nSquared.z * SampleTex3D(isPositive.z + 4, uv);

    return irradiance;
}
```

6.4 Visibility 的烘焙、存储与使用

在前几节中，我们烘焙出了用 Volume Lightmap 存储的 Irradiance，不过这还不够，我们还需要 Visibility 信息。Visibility 就是周围物体对某一点的遮挡信息，因为光照是从四面八方而来的，所以 Visibility 数据呈现球面分布，即球面 Visibility 信息。什么是球面 Visibility 信息？球面 Visibility 信息可以可视化出来，模型腋下一个点 X 均匀发射出很多射线（一共 720 条射线），如果某条射线 R 没有被任何三角面挡住，则 X 点在 R 方向是可见的，否则不可见。图 6.8 和图 6.9 分别从不

同角度、不同距离画出了 X 点的可见射线，若某条射线 R 被挡住了，则标为红色，否则标为黑色。

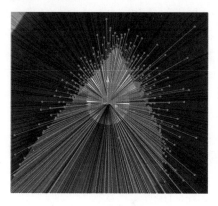

图 6.8　X 点的可见射线 1　　　　　　　　图 6.9　X 点的可见射线 2

　　本节要解决的问题就是如何在渲染时知道模型身上任何一点的球面 Visibility 信息。由图 6.8 和图 6.9 可以知道，任何一点的 Visibility 信息数据量是很大的，共发射了 720 条射线，每条射线即使用一个 bool 值来表达，也是 90 byte=22.5 个 32 bit float 的数据量。更严重的是，这些数据的使用，将它们编码传递给 Shader 并在 Shader 里解码，是很复杂的。本节要解决的核心问题就是离线计算、编码 Visibility 信息，在线解码任何一点的球面 Visibility 信息，同时保证编码占用的存储空间尽量少，解码耗费的计算量尽量小。Visibility 补全了渲染的信息，迈向了更为正确的 Global Illumination。看一下 Global Illumination 的 Rendering Equation，公式中的 V 就是 Visibility，本节要做的就是预计算 V（Ω 代表半球，ω 是半球的任意单位向量，$L_i(\omega)$ 可以看作 ω 方向的入射光强度，$L_o(\omega)$ 是算出来的 o 方向的出射光强度）。

$$L_o(\omega) = \int_{\Omega} L_i(\omega) V(\omega) \cos(\omega, n) \mathrm{d}\omega$$

6.4.1　Visibility 数据的生成

　　Visibility 本质上是一个球面数据，为了尽可能准确地获得数据，这里采用光线追踪来计算，大致步骤如下。

　　（1）对物体及周围场景进行 Voxelization。

　　（2）在整个 Mesh 表面均匀生成采样点。

　　（3）对于每个采样点，发射呈球面分布的射线进行光线追踪，并记录下相交数据（是否相交及相交距离）。

（4）对相交数据进行处理并存储。

需要说明的是，步骤（1）在进行 Voxelization 的时候需要高精度的 Voxel，因为后续的光线追踪需要比较精确的碰撞。作者采用的是 0.1～1mm 大小的 Voxel。

步骤（3）在进行光线追踪的时候和前面计算 Volume Lightmap 没有本质区别，最大的区别就是 Voxel 精度高得多。另外，需要对射线初始位置进行一定的偏移，因为即使 Voxel 精度再高，也会有一定的误差，不如 BVH 来得精确。

步骤（4）是必须的，前面的步骤得到了大量的数据，需要降频存储才能高效利用。下面对步骤（4）进行详细的说明。

6.4.2　Visibility 数据降频

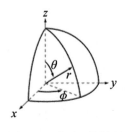

图 6.10　球面函数例子

球面函数例子如图 6.10 所示。从数学上来描述，数据降频就是要计算任何一点的一个球面函数：Visibility = $f(\theta,\phi)$，这里采用球面坐标来描述函数。

宏观来说，Visibility 其实是一个无限频率的数据，因为它可以不连续：在某个方向，R 没有被挡住，但是该方向旁边的方向，R 被挡住了。这种情况比比皆是。所以要对 Visibility 降频必然要损失效果，本节要做的就是保留大致的区域信息。实时渲染使用的一般是 Spherical Harmonic、Spherical Gaussian、Besier Surface 等。这里选用 Spherical Harmonic，因为 Spherical Gaussian 并不是严格意义的球面基函数，并且拟合困难（为了减少拟合难度，目前的游戏基本都固定了几个方向来进行 Nonlinear Fitting，解法不够优雅）；Besier Surface 解码烦琐。虽然 Spherical Harmonic（下文简称 SH）也有问题，如会拟合出负值，会有 Ringing 现象（数值振荡），计算需要 Global Support（每个点的值都需要计算所有项），不过它最大的优点在于它是一个严格的球面基函数，而且频率区分很好，投影简单。用 SH 来表达 Visibility 信息已经在论文[①]中描述过，SH 只能表达低频的信息，这里选择 Band-4 的 SH，因为 Band-3 的 SH 过于低频，丢失的信息太多。依然考虑腋下的位置点，首先用 Ray Tracing 按照球面均匀发射射线得到 Visibility 数据，然后把数据投影到 Band-4 的 SH 空间中，得到16 个 SH 参数，接着把 16 个 SH 参数传给 Shader，并在 Shader 中重构出低频的 Visibility 信息，如图 6.11 和图 6.12 所示，可以看出该点左右分别被手臂和躯干挡

① SLOAN P-P, KAUTZ J, SNYDER J. Precomputed radiance transfer for real-time rendering in dynamic, low-frequency lighting environments[C]//Proceedings of the 29th annual conference on Computer graphics and interactive techniques, 2002.

住，所以画出来的 Visibility 左右和上边都是黑的。

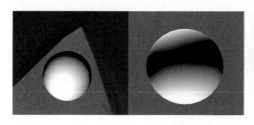 

图 6.11　Visibility SH 投影例子 1　　　　图 6.12　Visibility SH 投影例子 2

当然可以计算更多的例子出来，从实验来看，Visibility 用 Band-4 的 SH 来编码解码基本能满足要求。但 SH 的问题还是比较明显的，那就是每个点需要存储16 个 float 值，并且在 Shader 里需要计算 Band-4 的 SH，计算开销比较大。接下来描述如何继续压缩所需的存储数据和减小还原的计算代价。SH 方法能压缩到16 个 float 值，Ambient Dice 方法能压缩到 12 个 float 值，但是数据量依然太大，想要继续降低存储代价的话，就要考虑更为 Lossy 的压缩方式了。最好能把数据压缩到每个点 4 个 float 值。论文[①]在 SH 方法的基础上进行了进一步压缩，首先把 Ray Tracing 的 Visibility 数据投影到 Band-4 的 SH，然后将其压缩为一个 Cone，Cone 内部的 Visibility 不为 0，Cone 外部的 Visibility 为 0。为什么可以用 Cone呢？因为需要计算的是 Mesh 表面任意点 X 的 Visibility 数据，X 的背面都是 0，如果画出来半球的 SH Visibility 会发现大部分半球的 Visibility 都很像一个 Cone。用 Cone 表达 Visibility 的话，用 4 个 float 值就够了，因为 Cone 的方向用 2 个 float值即可，Cone 的 Angle 用 1 个 float 值，Cone 的 Scale 也用 1 个 float 值。在 SH投影中已经压缩到了 Band-4 SH 空间，剩下的就是要用一个 Cone 去拟合一个 Band-4 SH。采用 Least Square 拟合算法，需要拟合的参数过多，既有 Cone 的中心轴，又有 Cone 的 Angle 和 Scale，即使使用简单的 Least Square 算法，这个拟合过程也是复杂的 Nonlinear Optimization，而且具有很多局部最优解和鞍点等，很难短时间找到全局最优解。幸好 SH 有个非常好的性质，就是投影到 SH 空间之后，SH 的最优解方向已经算出来了，即 $\mathrm{OptimalDir} = \left(-\mathrm{SH}[3], \mathrm{SH}[2], -\mathrm{SH}[1]\right)$（参见论文[②]）。如图 6.13 所示，绿色射线就是计算出来的 SH 的最优解方向，红色射线和蓝色射线是根据这个最优解方向重新生成的 x 轴和 z 轴，可以看出 SH 的最优解方向只需要 SH 的线性系数部分就够了。可以用 OptimalDir 作为 Cone 的中心轴，这样拟

① IWANICKI M, SLOAN P-P. Precomputed lighting in Call of Duty: Infinite Warfare[C]// SIGGRAPH 2017 Course: Advances in Real-Time Rendering in Games, 2017.

② SLOAN P-P. Stupid spherical harmonics (sh) tricks[C]//Game developers conference, 2008.

合的时候 Cone 的中心轴就可以当作常量了，只需要拟合 Angle 和 Scale，大大降低了拟合难度。其实 SH 的最优解方向（Cone 的中心轴方向）可以看作 Bent Normal。

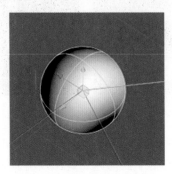

图 6.13　SH 最优解方向可视化

　　Cone 的中心轴可以直接用 SH 的最优解方向，剩下需要拟合的数据就只有 Angle 和 Scale 了。这里不能直接用 Cone 的公式来和 SH 拟合，因为前者在时域空间，后者在频率空间，拟合是很困难的，需要将 Cone 投影到 Band-4 SH 空间来拟合。假设 Cone 的 Angle 是 α，Scale 是 S，现在要在新的坐标系中拟合，这个坐标系的正 z 轴和 Cone 的中心轴重合（如果不做这个旋转，则 Cone 投影到 SH 空间的系数很难算），那么 Cone 投影到 Band-4 SH 空间可以写作下式，其中 $c_i(\alpha)$ 是 Cone 投影后的各项 SH 值。需要注意的是，从这里开始，之后所使用的坐标轴是右手系的，因为 SH 的计算使用的是右手系坐标系。

$$V_{\text{Cone}}(S, \alpha, \omega) = S \sum_{i=0}^{15} c_i(\alpha) Y_i(\omega)$$

式中，ω 是方向向量。每一个 $c_i(\alpha)$ 都可以通过 Symbolic Integration 工具（参见论文[①]）计算出来，这里在投影 Cone 的时候要假设 Cone 内部的值都为 1（之后会说明为什么要假设内部值都是 1，而不假设离 Cone 中心轴越远的值会线性下降到 0）。投影之前的 Cone 的公式可以写作：

$$V_{\text{Cone}}(x) = S \quad (0 \leqslant x \leqslant \alpha)$$

　　那么投影之后的系数计算为：

$$c_0(\alpha) = \int\limits_0^{2\pi}\int\limits_0^{\alpha} 1 \times \frac{1}{2\sqrt{\pi}} \sin\theta \mathrm{d}\theta \mathrm{d}\phi = -\sqrt{\pi}(-1 + \cos\alpha)$$

① MEURER A, SMITH C P, PAPROCKI M. SymPy: symbolic computing in Python[J]. PeerJ Computer Science, 2017, 3: e103.

$$c_2(\alpha) = \int\limits_0^{2\pi}\int\limits_0^{\alpha} 1 \times \frac{\sqrt{3}}{2\sqrt{\pi}}\cos\theta\sin\theta\,\mathrm{d}\theta\mathrm{d}\phi = \frac{1}{2}\sqrt{3}\pi\sin^2\alpha$$

$$c_6(\alpha) = \int\limits_0^{2\pi}\int\limits_0^{\alpha} 1 \times \frac{\sqrt{5}}{4\sqrt{\pi}}\left(3\cos^2\theta - 1\right)\sin\theta\,\mathrm{d}\theta\mathrm{d}\phi = \frac{1}{2}\sqrt{5}\pi\sin^2\alpha\cos\alpha$$

类似地，可以算出：

$$c_{12}(\alpha) = \frac{1}{16}\sqrt{7}\pi\sin^2\alpha\left(5\cos(2\alpha + 3)\right)$$

$$c_{1,3,4,5,7,8,9,10,11,13,14,15}(\alpha) = 0$$

45° Cone 投影前后如图 6.14 所示，左侧是 45° 的投影前的 Cone，右侧是投影后还原的 Cone，右侧下半球的白色条带就是 SH 固有的 Ringing 缺点，不过位于下半球，没有关系。

图 6.14　45° Cone 投影前后

图 6.15 给出了 10°、30°、45°、60° 的 Scale 为 1 的 Cone 投影到 SH 空间重建出来的结果，所以用 Cone 拟合可以直观看作用不同 Angle 的 Cone 投影后的结果比对原始 SH 数据，从而选择一个球面所有方向的数据和 SH 数据最相像的 Angle。

图 6.15　10°、30°、45°、60° Cone 投影结果

上述函数的导数很容易求出，这里就省略了，表示为 $\dfrac{\mathrm{d}c_i(\alpha)}{\mathrm{d}\alpha}$。为了拟合，之前计算出来的 Visibility 的 SH 值也要转到 Cone 所在的坐标系，该坐标系的正 z 轴即 $(-\text{SH}[3], \text{SH}[2], -\text{SH}[1])$。这就需要用到 SH 的 Rotation 矩阵，SH 的 Rotation 矩阵虽然是稀疏矩阵，不过并不好计算，一般都是通过低 Band 的 SH Rotation 矩阵递归计算出来的。工程上可以通过之前计算出来的 SH 参数重建 Visibility，然后

重新投影到新的坐标系来绕开计算 Rotation 矩阵。计算出新坐标系下的 SH 参数之后，SH 空间的 Visibility 可以表示为：

$$V_{\mathrm{SH}}(\omega) = \sum_{i=0}^{15} v_i Y_i(\omega)$$

接下来要用 Least Square 来最小化 $V_{\mathrm{Cone}}(S,\alpha,\omega)$ 和 $V_{\mathrm{SH}}(\omega)$ 之间的差值。数学上就是最小化 E：

$$E = \int_{\Omega} \left(V_{\mathrm{Cone}}(S,\alpha,\omega) - V_{\mathrm{SH}}(\omega) \right)^2 \mathrm{d}\omega = \int_{\Omega} \left(S \sum_{i=0}^{15} c_i(\alpha) Y_i(\omega) - \sum_{i=0}^{15} v_i Y_i(\omega) \right)^2 \mathrm{d}\omega$$

对 α 和 S 分别求导：

$$\frac{\mathrm{d}E}{\mathrm{d}\alpha} = \int_{\Omega} 2 \left(S \sum_{i=0}^{15} c_i(\alpha) Y_i(\omega) - \sum_{i=0}^{15} v_i Y_i(\omega) \right) S \sum_{i=0}^{15} \frac{\mathrm{d}c_i(\alpha)}{\mathrm{d}\alpha} Y_i(\omega) \mathrm{d}\omega$$

$$\frac{\mathrm{d}E}{\mathrm{d}S} = \int_{\Omega} 2 \left(S \sum_{i=0}^{15} c_i(\alpha) Y_i(\omega) - \sum_{i=0}^{15} v_i Y_i(\omega) \right) \sum_{i=0}^{15} c_i(\alpha) Y_i(\omega) \mathrm{d}\omega$$

由 SH 的 Orthonomality：

$$\int_{\Omega} Y_i(\omega)^2 \mathrm{d}\omega = 1$$

$$\int_{\Omega} Y_i(\omega) Y_j(\omega) \mathrm{d}\omega = 0$$

可以推出：

$$\frac{\mathrm{d}E}{\mathrm{d}\alpha} = 2S^2 \sum_{i=0}^{15} c_i(\alpha) \frac{\mathrm{d}c_i(\alpha)}{\mathrm{d}\alpha} - 2S \sum_{i=0}^{15} v_i \frac{\mathrm{d}c_i(\alpha)}{\mathrm{d}\alpha}$$

$$\frac{\mathrm{d}E}{\mathrm{d}S} = 2S \sum_{i=0}^{15} c_i(\alpha)^2 - 2 \sum_{i=0}^{15} c_i(\alpha) v_i(\alpha)$$

把它们都设为 0，可以求得极值点条件等式为：

$$\sum_{i=0}^{15} v_i \frac{\mathrm{d}c_i(\alpha)}{\mathrm{d}\alpha} - \frac{\sum_{i=0}^{15} v_i(\alpha) c_i(\alpha)}{\sum_{i=0}^{15} c_i(\alpha)^2} \sum_{i=0}^{15} c_i \frac{\mathrm{d}c_i(\alpha)}{\mathrm{d}\alpha} = 0 \tag{1}$$

$$S = \frac{\sum_{i=0}^{15} v_i(\alpha) c_i(\alpha)}{\sum_{i=0}^{15} c_i(\alpha)^2} \tag{2}$$

只要求得了 α，由式（2）就可以马上算出 S 的最优解。式（1）看起来很复杂，其实只是一个一维的 Nonlinear Equation，最简单的解法是 Bisection 算法（参见论文[1]），先找到一个区间 $[x_1, x_2]$，使得式（1）在 x_1 和 x_2 处取不同的正负号，再二分缩小这个区间，保证式（1）在区间两端点处一直取不同的正负号，因为式（1）是连续的，因此必然跨过零点，这样就可以得到任意精度的解了。图 6.16 所示为 SH 拟合到 Cone 的例子。

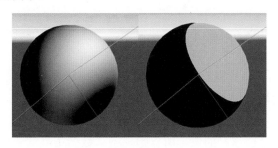

图 6.16　SH 拟合到 Cone 的例子

这里说下为什么投影前 Cone 采用的是 $V_{\text{Cone}}(x) = S$（$0 \leqslant x \leqslant \alpha$）而不是 $V_{\text{Cone}}(x) = \left(-\dfrac{S}{\alpha} x + S \right)$（$0 \leqslant x \leqslant \alpha$），后者直观来说就是 Cone 中心轴位置 Visibility 为 1，随着角度变大，Visibility 线性下降，当和中心轴角度为 α 时降为 0。我们尝试重新投影到 SH 空间，如 $c_2(\alpha)$：

$$c_2(\alpha) = \int_0^{2\pi} \int_0^{\alpha} \left(-\frac{1}{\alpha}\theta + 1 \right) \times \frac{\sqrt{3}}{2\sqrt{\pi}} \cos\theta \sin\theta \, \mathrm{d}\theta \, \mathrm{d}\phi$$

$$= -\frac{\sqrt{3}\pi \left(\sin 2\alpha - 2\alpha\cos 2\alpha + 4\alpha\cos\alpha^2 - 4\alpha \right)}{8\alpha}$$

对比之前的 $c_2(\alpha)$，可以看出复杂很多，更高频的项会更复杂，拟合起来更困难。在拟合的时候最重要的是 Cone 的形状，即 Angle 的计算，所以在拟合的时候假设 Cone 内部都是 $S \times 1$ 是可行的，算出来后，Shader 在用 Cone 数据还原 Visibility 的时候可以进行衰减（不过要注意能量守恒）。

6.4.3　Visibility 数据的存储

有了任何一点的 Visibility 的计算算法，剩下的就是如何存储的问题。一共有 3 种存储选择，如下。

- 为每个顶点计算 Visibility，并存储在顶点数据里。

---

① PRESS W H, WILLIAM H, TEUKOLSKY S A, et al. Numerical recipes 3rd edition: The art of scientific computing[M]. Cambridge university press, UK, 2007.

- 在 Mesh 表面计算像素级数据，并存储在贴图里。
- 按照 Voxel 计算，存储在 Volume Texture 里。

为了尽量减少带宽压力，我们选择存储在顶点数据里，这里用 Cone 编码进行实验。本节尝试了直接针对每一个顶点计算 Visibility 数据，并存放在顶点数据里，如图 6.17 所示，画出了插值出的每个像素的 Cone.Scale×Cone.Angle/π，越黑的地方，Cone 的 Scale 和 Angle 越小。结果发现，数据不连续的地方很多，表现出来就是画面比较脏。这是一个比较经典的问题，Mesh 的面数越低，问题越明显，本质上这是因为 Vertex 的数据是对像素级数据的采样，低于了 Nyquist 极限。从工程上来说，这是因为三角面内的 Visibility 数据都是通过 Barycentric Coordiante 插值 3 个顶点的 Visibility 数据得到的，而顶点的 Visibility 的计算是局部的，并没有考虑到自己的数据会被拿来插值，所以出现错误数据是不可避免的。

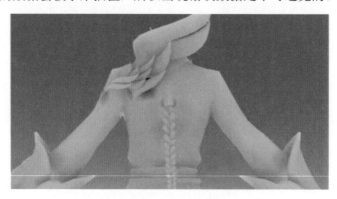

图 6.17　插值结果

论文[①]描述了解决方案，它研究了如何将像素级任意 Signal 存入 Vertex 数据使得三角面插值还原的数据与原始像素 Signal 数据之间的差距最小。这是个最优化问题，论文采用的是 Least Square 算法。假设 Mesh 的顶点集合是 $v_i,\cdots,v_N$，硬件插值用数学表达出来就是下面的公式，其中 $v_i v_j v_k$ 是 Mesh 上的任意三角形；x_i,x_j,x_k 是对应顶点 v_i,v_j,v_k 上的值，可以是任意维度的向量；$B_i(p),B_j(p),B_k(p)$ 是插值函数，叫作 Linear Hat Function，如图 6.18 和图 6.19 所示。其实很简单，例如，对于 $B_i(p)$ 来说，它的值只有在三角形 $v_i v_j v_k$ 内部才非 0，并且 $B_i(v_i)=1$，$B_i(v_j)=0$，$B_i(v_k)=0$，$B_i(p)$ 在三角形内部是线性下降的。p 是三角形 $v_i v_j v_k$ 内部任意一点。注意，对于一个有 N 个顶点的 Mesh 来说，一

① KAVAN L, BARGTEIL A W, SLOAN P-P. Least squares vertex baking[C]//Computer Graphics Forum. Wiley Online Library, 2011: 1319-1326.

共存在 N 个对应的 B_i 函数。所以下面的公式中 Σ 的上限是 N。对三角形 $\boldsymbol{v}_i \boldsymbol{v}_j \boldsymbol{v}_k$ 来说，除 $B_i(\boldsymbol{p}), B_i(\boldsymbol{p}), B_k(\boldsymbol{p})$ 外，其他函数的值都是 0。为什么采用这种表达式呢？因为这种全局表达的式子可以利用矩阵运算的能力规约为矩阵问题。

$$g(\boldsymbol{p}) = \sum_{i=1}^{N} B_i(\boldsymbol{p}) \boldsymbol{x}_i$$

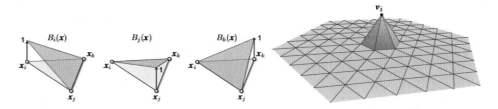

图 6.18　Linear Hat Function Basis　　　图 6.19　Mesh 面上 Linear Hat Function
的形状

有了上面的理解，现在要解决的问题用数学表达出来就是：给定一个定义于 Mesh 表面 S 的函数 $f(\boldsymbol{p})$，其中 $\boldsymbol{p}$ 是 S 中的任意一点，$\boldsymbol{x} = (\boldsymbol{x}_1, \cdots, \boldsymbol{x}_N)^{\mathrm{T}}$ 使得根据 $g(\boldsymbol{p})$ 插值出来的所有值的和 $f(\boldsymbol{p})$ 差距最小。怎么定义差距呢？这里使用 Linear Least Square 算法中的平方差距离，也就是要最小化平方差距离。

$$E(\boldsymbol{x}) = \int_S \big(f(\boldsymbol{p}) - g(\boldsymbol{p})\big)^2 \, \mathrm{d}\boldsymbol{p}$$

需要注意的是，$f(\boldsymbol{p})$ 是已知的，如对于烘焙颜色贴图到顶点上来说，$f(\boldsymbol{p})$ 就是 $\boldsymbol{p}$ 点的颜色值；对于烘焙 AO 项来说，$f(\boldsymbol{p})$ 就是离线光线追踪算出来的 $\boldsymbol{p}$ 点的 AO 值。

代入 $g(\boldsymbol{p})$ 得：

$$E(\boldsymbol{x}) = \int_S \left(f(\boldsymbol{p}) - \sum_{i=1}^{N} B_i(\boldsymbol{p}) \boldsymbol{x}_i\right)^2 \, \mathrm{d}\boldsymbol{p}$$

$$E(\boldsymbol{x}) = \int_S \sum_{i=1}^{N} B_i(\boldsymbol{p}) \boldsymbol{x}_i \sum_{j=1}^{N} B_j(\boldsymbol{p}) \boldsymbol{x}_j \mathrm{d}\boldsymbol{p} - \int_S f(\boldsymbol{p}) \sum_{i=1}^{N} B_i(\boldsymbol{p}) \boldsymbol{x}_i \mathrm{d}\boldsymbol{p} + \int_S f(\boldsymbol{p})^2 \, \mathrm{d}\boldsymbol{p}$$

$$E(\boldsymbol{x}) = \sum_{i=1}^{N} \sum_{j=1}^{N} \boldsymbol{x}_i \boldsymbol{x}_j \int_S B_i(\boldsymbol{p}) B_j(\boldsymbol{p}) \mathrm{d}\boldsymbol{p} - \sum_{i=1}^{N} \boldsymbol{x}_i \int_S f(\boldsymbol{p}) B_i(\boldsymbol{p}) \mathrm{d}\boldsymbol{p} + \int_S f(\boldsymbol{p})^2 \, \mathrm{d}\boldsymbol{p} \quad （1）$$

可以看出，式（1）中第一项是关于 $\boldsymbol{x}$ 的二次项，第二项是关于 $\boldsymbol{x}$ 的一次项，第三项是常数，用矩阵形式写出来就是：

$$E(\boldsymbol{x}) = \boldsymbol{x}^{\mathrm{T}} \boldsymbol{A} \boldsymbol{x} - 2 \boldsymbol{x}^{\mathrm{T}} \boldsymbol{b} + c \quad （2）$$

其中：

$$A_{i,j} = \int_S B_i(\boldsymbol{p}) B_j(\boldsymbol{p}) \mathrm{d}\boldsymbol{p}$$

$$\boldsymbol{b}_i = \int_S B_i(\boldsymbol{p}) f(\boldsymbol{p}) \mathrm{d}\boldsymbol{p}$$

$$c = \int_S f(\boldsymbol{p})^2 \, \mathrm{d}\boldsymbol{p}$$

式（2）看起来很复杂，但其实就是一个二次函数，可以证明矩阵 A 是一个稀疏对称正定矩阵，所以这个二次函数是一个单调递增函数，并且当它的 Gradient 等于 0 时取得最小值，也就是当所有 $\dfrac{\partial E(\boldsymbol{x})}{\partial x_i}$ 都取 0 时得到最优解，所有 $\dfrac{\partial E(\boldsymbol{x})}{\partial x_i} = 0$ 的式子合并在一起即：

$$\boldsymbol{Ax} = \boldsymbol{b}$$

因为对于 $v_1, \cdots, v_N$ 来说，$B_i(\boldsymbol{p}), B_j(\boldsymbol{p}), B_k(\boldsymbol{p})$ 都是线性的，而且当 $l \,!= i, j, k$，$B_l(\boldsymbol{p})$ 都是 0，所以可以对每个三角形分开求积分再求和。其中，$A_{i,j}$ 和 $f(\boldsymbol{p})$ 无关，可以手算或用积分工具算出，可以求得 $A_{i,i}$ 就是包含 v_i 的所有三角形面积和的 1/6，如图 6.20 中围绕 v_i 的一圈三角形。$A_{i,j}$（$i \,!= j$）就是包含边 $v_i v_j$ 的三角形面积和的 1/12，如图 6.20 中的三角形 1 和三角形 2。

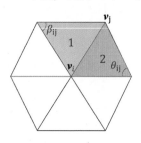

图 6.20　积分图示

对于 $\boldsymbol{b}_i$ 和 c 来说，因为都包含 $f(\boldsymbol{p})$，所以需要用蒙特卡罗方法对每个三角形进行 $f(\boldsymbol{p})$ 采样，进而求得积分：

$$\boldsymbol{b}_i \approx \frac{\mu_i}{|X_i|} \sum_{j=1}^{N} B_j(\boldsymbol{p}_j) f(\boldsymbol{p}_j)$$

式中，μ_i 是包含 v_i 的所有三角形面积和；X_i 是这些三角形内的采样点集；$|X_i|$ 是采样点数量。c 可以用同样的方法算出。

众所周知，用 Least Square 来进行 Regression 会造成 Overfitting，需要加入 Regularization 项。形式就是：

$$(A + \alpha R)x = b$$

R 矩阵就是 Regularization 项。R 矩阵的选取不是那么容易的，不能影响到算出来的 x 的绝对值大小，如果用最简单的矩阵，即 A 自己，这样会造成 x 的绝对值变小，考虑极端情况，当参数 α 很大时，x 趋向于 0，明显不对。想一下我们的需求，一是要让插值出来的值尽量逼近原始值，二是要比较"平滑"。怎么表达"平滑"这个需求呢？考虑两个相邻的三角形，它们公用两个顶点，当硬件插值时，这两个三角形有两个值是公用的，为了使得这两个三角形在交接的地方不出现明显的硬边和不连续的现象，要求这两个三角形的 $g(p)$ 函数的变化率尽量一致，也就是 $g(p)$ 的 Gradient，即 $\nabla g(p)$ 要尽量一致。之前的 Error Function 就应该是：

$$E(x) = \int_S \left(f(p) - g(p)\right)^2 \mathrm{d}p + \alpha \int_{t,u} \left\| \nabla g(p)_{|t} - \nabla g(p)_{|u} \right\|^2 \mathrm{d}p$$

式中，t,u 表示两个相邻的三角形。第二项表明相邻的三角形的 Gradient 差值越大，Error 越大，在逼近原始值的同时要尽量减小全局 Gradient 差值大小。

现在的问题就是怎么求 $\nabla g(p)$，考察某个三角形 t，先展开 v_i, v_j, v_k：

$$\nabla g(p) = x_i \nabla B_i(p) + x_j \nabla B_j(p) + x_k \nabla B_k(p)$$

因为 B_i, B_k, B_k 都是线性函数，所以 $\nabla B_i, \nabla B_j, \nabla B_k$ 都是常量 Vector。现考察 B_i，如图 6.21 所示，通过形状来看能猜到 ∇B_i 应该和 $v_j v_k$ 垂直并指向三角形内部，因为这是数值上升最快的方向。

严格推导如下。如图 6.22 所示，因为 $B_i(p)$ 是相对于 v_i 的重心值，所以：

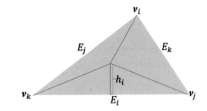

图 6.21　Gradient 图示　　　　　图 6.22　重心值推导图示

$$B_i(p) = \frac{\mathrm{area}(v_j, v_k, p)}{\mathrm{area}(v_i, v_j, v_k)} = \frac{\| E_i \| h_i}{2a_t}$$

式中，a_t 是三角形 t 的面积。这个公式中的变量只有 h_i，所以 $B_i(p)$ 是 h_i 的函数：

$$\nabla B_i(p) = \frac{\mathrm{d}}{\mathrm{d}h_i}\left(\frac{\| E_i \| h_i}{2a_t} \right) u_i = \frac{\| E_i \|}{2a_t} u_i$$

式中，u_i 是 $\nabla B_i(p)$ 的方向。所以：

$$\nabla g\left(\boldsymbol{p}\right)=\frac{\|E_i\|}{2a_t}\boldsymbol{u}_ix_i+\frac{\|E_j\|}{2a_t}\boldsymbol{u}_jx_j+\frac{\|E_k\|}{2a_t}\boldsymbol{u}_kx_k$$

为了将积分表示成矩阵形式，这里把 $\nabla g\left(\boldsymbol{p}\right)$ 写成矩阵形式，由上式可知 $\nabla g\left(\boldsymbol{p}\right)$ 是 x_i,x_j,x_k 的线性函数，所以可以写成：

$$\nabla g\left(\boldsymbol{p}\right)=\begin{bmatrix}m_{11}&\cdots&m_{1N}\\m_{21}&\cdots&m_{2N}\\m_{31}&\cdots&m_{3N}\end{bmatrix}\times\begin{bmatrix}x_1\\x_2\\\vdots\\x_{N-1}\\x_{N-2}\end{bmatrix}$$

其中，第一个矩阵的大小是 $3\times N$，并且是个非常稀疏的矩阵，只有和 x_i,x_j,x_k 相关的值才非 0。简化为：

$$\nabla g\left(\boldsymbol{p}\right)=\boldsymbol{Fx}$$

现在可以计算 Regularization 了：

$$\alpha\int_{t,u}\left\|\nabla g\left(\boldsymbol{p}\right)_{|t}-\nabla g\left(\boldsymbol{p}\right)_{|u}\right\|^2\mathrm{d}\boldsymbol{p}=\alpha\sum_{t,u}\left(a_t+a_u\right)\left\|\nabla g\left(\boldsymbol{p}\right)_{|t}-\nabla g\left(\boldsymbol{p}\right)_{|u}\right\|^2$$

$$=\alpha\sum_{t,u}\left(a_t+a_u\right)\left\|\boldsymbol{F}_t\boldsymbol{x}-\boldsymbol{F}_u\boldsymbol{x}\right\|^2=\alpha\sum_{t,u}\left(a_t+a_u\right)\boldsymbol{x}^\mathrm{T}\left(\boldsymbol{F}_t-\boldsymbol{F}_u\right)^\mathrm{T}\left(\boldsymbol{F}_t-\boldsymbol{F}_u\right)\boldsymbol{x}$$

所以 Regularization 矩阵就是：

$$\boldsymbol{R}=\left(\boldsymbol{F}_t-\boldsymbol{F}_u\right)^\mathrm{T}\left(\boldsymbol{F}_t-\boldsymbol{F}_u\right)$$

实现时并不需要真正计算每个很大的稀疏矩阵 $\boldsymbol{F}$，因为每个 $\boldsymbol{F}$ 只和两个相邻的三角形有关，可以只计算一个很小的 4×4 矩阵，然后填入矩阵 $\boldsymbol{R}$。

看一个 Diffuse 贴图烘焙到顶点上的例子，如图 6.23 所示，左侧是原始效果，中间是顶点 Point Sample Diffuse 贴图的结果，右侧是使用 $\alpha=0.01$ 拟合出来的结果。和 Point Sample 的结果对比，可以看出，肩甲和脸部的错误已经被修正了，同时大大减弱了不连续的 Mach Banding 现象。

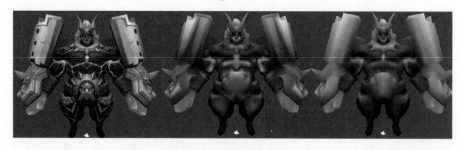

图 6.23　顶点烘焙例子

6.4.4　Visibility 数据的使用

本节通过 3 个例子介绍 Visibility 在渲染中起到的一些作用。由 6.4.3 节可知，Visibility 数据是存放在每个顶点里面的，形式为（Cone Angle, Cone Axis, Cone Scale），分别表示锥的开口角度、中心轴方向及缩放值，中心轴方向就是该点未被遮挡的方向。虽然锥是比较粗糙的遮挡数据，但是因为游戏计算时的性能问题，不可能存放更加精确的遮挡信息（如 Spherical Harmonic 编码的遮挡信息）。每个 Pixel 拿到的是插值过后的 Visibility 数据，从而能判断出大致的可见性信息，知道光照从何处而来。

6.4.4.1　Ambient Occlusion 计算

这里采用 Uniform-Weighted Ambient Occlusion 的定义：

$$AO = \frac{1}{2\pi} \int_{\Omega} V(\omega_i) d\omega_i$$

Cone 内部的 Visibility 为 1，代表没有遮挡；Cone 外部的 Visibility 均为 0。另外，假设 Cone 的 Angle 为 a，Cone 的 scale 为 s，代入上面的积分可得：

$$AO = \frac{1}{2\pi} \int_{0}^{2\pi} \int_{0}^{a} (s \times \sin\theta) d\theta d\phi = s(1 - \cos a)$$

图 6.24 所示为《王者荣耀》红方基地仅显示 AO 项的示意图。

图 6.24　《王者荣耀》红方基地仅显示 AO 项的示意图

6.4.4.2　Specular Occlusion 计算

在 PBR 中，IBL 存储了环境高光信息，Specular Occlusion（SO）就是对 IBL 的遮挡信息。那为什么不直接使用 Ambient Occlusion（AO）作为 SO 呢？因为 AO 只是一个降维的数值，没有方向性，它的计算依赖于假设——物体是 Diffuse 的，而高光是有方向的，光源或视角变化，遮挡信息就会变化，相应地，SO 就会变化，而 AO 不会变化。

来看怎么计算 Ground Truth SO。按照论文[①]中的描述，f_r 是 BRDF；$V(w_i)$ 表示这条入射光线是否被遮挡，被遮挡为 0，否则为 1；Ω 是整个球面。

$$SO = \int_\Omega V(\omega_i) f_r(\omega_i, \omega_o) \cos\theta_i \mathrm{d}\omega_i$$

考察这个积分可知，当 Visibility 用 Cone 来表达，并且 BRDF 用 Phong 或 Microfacet BRDF 来表达时，这个积分其实可以预计算成一张 LUT 表，输入是 View Dir 的方向、Cone Angle、Cone Axis 和 Reflection Dir 的夹角。

这就是该论文采用的方式，LUT 表最后可以存成一张 3D 纹理图，Runtime 时通过 View Dir 及 Cone Angle 和 Reflection Dir 的夹角，就可以从这张图中取出预计算出的遮挡数据了。

从上面的 GTSO 描述可以看出，虽然 SO 计算得比较精确，但是 Runtime 时需要采样一张 3D 纹理图，这对手机端来说是不小的开销。那怎么省下这张图呢？必须要抛弃一部分精度。

如图 6.25 所示，仔细看 BRDF 的形状，其实和一个 Cone 的形状很类似，如果 BRDF 可以用 Cone 来表示，那么就可以在 Runtime 时求 Visibility 的 Cone 和 BRDF 的 Cone 相交的 Solid Angle，再除以 BRDF 的 Solid Angle，就能算出 SO 了。

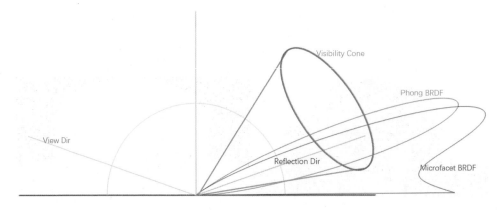

图 6.25　Visibility Cone 和 BRDF 可视化

怎么求 BRDF 拟合出来的 Cone Angle 呢？这个 Angle 大小其实和该点的粗糙度有关，粗糙度越大，Angle 越大。对于 GGX，论文[②]给出了一个简单的拟合公式。

① JIMÉNEZ J, WU X, PESCE A. Practical real-time strategies for accurate indirect occlusion[C]// SIGGRAPH 2016 Courses: Physically Based Shading in Theory and Practice, 2016.

② EL GARAWANY R. Deferred lighting in uncharted 4[C]// SIGGRAPH 2016 Courses: Advances in Real-Time Rendering in Games, 2016.

那怎么求 Cone 和 Cone 相交的 Solid Angle 呢？精确计算 Cone 与 Cone 相交的 Solid Angle 用论文[①]中的算法虽然办得到，但是计算量过大，使用了大量三角函数，为了进一步减小开销，可以舍弃一部分的精度，求一个拟合的 Cone 和 Cone 相交的 Solid Angle 的算法。这里主要采用了论文[②]里面的算法，虽然是拟合解，但是拟合得很好，损失是很小的，最大的 Error 来自前面用 Cone 拟合 BRDF 而不来自这里，具体的相交代码在原始论文里比较详细，读者可以参考。

图 6.26 对有无 Specular Occlusion 进行了对比，左侧没有 Specular Occlusion，右侧有 Specular Occulusion。为了对比更清晰，这里把整个人都设置为了"金属"。可以看出，加入 Specular Occlusion 后，解决了大部分的漏光问题，模型更为真实了。

图 6.26　Specular Occulusion 图示

6.4.4.3　Irradiance 计算

前面介绍了采样 Volume Lightmap 的方法，即 SampleVolumeLightMap3D 函数，之前使用 Normal 去采样，有了 Visibility Cone Axis 之后，可以使用 Axis 去采样，这样得出的 Irradiance 更为准确，因为考虑了可视性信息。

6.5　总结

基于体素化的烘焙器拥有超过 BVH 的光线追踪效率，可以更为快速地烘焙出 Volume Lightmap 和 Visibility，并且由于不依赖硬件，因此非常易于扩展和引入前沿算法进行优化，易于接入不同的项目。不过，除这些优点外，还需要进行以下的优化才能更好地应用于更多的项目。

- 对于开放大世界来说，Voxelization 的内存占用空间会很大，基于 Voxelization 的烘焙器采用的是内存换计算的策略：BVH 只需要记录顶点

---

① MAZONKA O. Solid angle of conical surfaces, polyhedral cones, and intersecting spherical caps[OL]. arXiv preprint arXiv:1205.1396, 2012.

② OAT C, SANDER P V. Ambient aperture lighting[C]//Proceedings of the 2007 Symposium on interactive 3D Graphics and Games, 2007: 61-64.

和拓扑信息，Voxelization 烘焙器还要记录每一个三角面内部的 Voxel 信息。内存数据量和场景大小成立方关系，超大场景的 Voxel 数据整体放进内存是不现实的，这里有两个解决的策略，一是对 Voxel 数据进行压缩，既包括对数据内容的压缩[1]，又包括对数据结构的压缩[2]；二是类似虚拟内存，对 Voxel 数据进行磁盘-内存间置换[3]。

- 针对超大场景，用 3D Texture 存储 Volume Lightmap 来采样 GI 同样有占用空间太大的问题，可以存储稀疏分布的 Irradiance Probe，在 Runtime 时增加 Alu 计算进行插值，从而大大减少存储的数据量，使得数据量不和场景大小成立方关系。

- 不论是 Volume Lightmap 还是稀疏的 Irradiance Probe，都有漏光、漏黑的问题，作者沿着采样方向进行了一定的偏移来缓解该问题。目前 PC 端业界的做法是对每一个 Probe 还要存储球面深度信息，如论文[4]，这样就可以大大减小漏光、漏黑的的程度，但该方法的缺点是显而易见的，会引入大量的数据，并且在 Runtime 时 Alu 的开销会大大增加，所以该方法要在手机端使用还需要进一步的优化。

① DOLONIUS D, SINTORN E, KÄMPE V, et al. Compressing color data for voxelized surface geometry[J]. IEEE transactions on visualization and computer graphics, 2017, 25(2): 1270-1282.

② VILLANUEVA A J, MARTON F, GOBBETTI E. Symmetry-aware Sparse Voxel DAGs (SSVDAGs) for compression-domain tracing of high-resolution geometric scenes[J]. Journal of Computer Graphics Techniques, 2017, 6(2): 1-30.

③ BAERT J, LAGAE A, DUTRÉ P. Out-of-core construction of sparse voxel octrees[C]//Proceedings of the 5th high-performance graphics conference, 2013: 27-32.

④ MAJERCIK Z, GUERTIN J-P, NOWROUZEZAHRAI D, et al. Dynamic diffuse global illumination with ray-traced irradiance fields[C]// Journal of Computer Graphics Techniques, 2019.

物质点法在动画特效中的应用

7.1 物质点法简介

近些年，高质量的动画与电影中（尤其是好莱坞）开始使用一种被称为物质点法（Material Point Method[1]，MPM）的新的物理模拟技术。这种技术特别适合用来描述有大的形状变化和大的拓扑结构变化的物理过程，并且可以用统一的算法来求解不同材料的物理运动。MPM 可以模拟的材料非常广泛，包括水[2]、雪[3]、沙子[4]、石油、泥浆[5]、金属[6]、头发、布料等。

物理特效将人们在生活中感觉到的风的吹动、树叶的摇摆，以及物体爆炸时所产生的碎片飞溅等物理过程表现到游戏、影片或其他作品中。采用物理特效可以给人们带来更真实的游戏感受，使影片看起来更加真实和震撼，让人们有身临其境的感觉。

① SULSKY D, CHEN Z, SCHREYER H L. A particle method for history-dependent materials[J]. Computer Methods in Applied Mechanics and Engineering, 1994, 118(1-2): 179-196.

② TAMPUBOLON A P, GAST T, KLÁR G, et al. Multi-species simulation of porous sand and water mixtures[J]. ACM Transactions on Graphics (TOG), 2017, 36(4): 1-11.

③ STOMAKHIN A, SCHROEDER C, CHAI L, et al. A material point method for snow simulation[J]. ACM Transactions on Graphics (TOG), 2013, 32(4): 1-10.

④ KLÁR G, GAST T, PRADHANA A, et al. Drucker-prager elastoplasticity for sand animation[J]. ACM Transactions on Graphics (TOG), 2016, 35(4): 1-12.

⑤ FEI Y, BATTY C, GRINSPUN E, et al. A multi-scale model for coupling strands with shear-dependent liquid[J]. ACM Transactions on Graphics (TOG), 2019, 38(6): 1-20.

⑥ WOLPER J, FANG Y, LI M, et al. CD-MPM: Continuum damage material point methods for dynamic fracture animation[J]. ACM Transactions on Graphics (TOG), 2019, 38(4): 1-15.

对于物理特效的模拟，MPM 采用质点来离散材料所在的区域，用背景网格计算空间导数和求解动量方程，避免了网格畸变和对流项处理。它兼具拉格朗日算法和欧拉算法的优势，非常适合模拟涉及材料特大变形和断裂破碎的问题。其中，粒子指的是空间中不再继续分割的一小块物质，包括雪粒子、沙子粒子、石油粒子、水粒子等，更广泛地，一小段头发、一小块布料，也统称为粒子。粒子的属性包括粒子的速度、动量、质量等信息。粒子的位置信息包括粒子在模拟空间的 3D 坐标、所在的格子，以及所在的格子块等。

对于游戏制作来说，如大量的美术资源留存在特定的游戏引擎中，导出到其他平台是很复杂、易错且耗时的事情，因此用于游戏制作的物理模拟技术最好能兼容游戏引擎。

本章设计了一整套基于新 GPU 架构[①]的物理模拟框架，如图 7.1 所示，并将其命名为 Physion（取自 Physics 和 Vision）。Physion 提供了快速、高质量、多材料的物理模拟技术，除能和传统的影视特效软件（如 Houdini）结合外，还可以与当前常用的游戏引擎（如 Unreal Engine，虚幻引擎）无缝融合。Physion 使得游戏创作者可以在游戏引擎中直接制作物理特效。

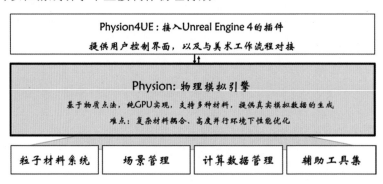

图 7.1　Physion 框架

具体来说，Physion 工作流程可以分为以下 10 个步骤。

（1）计算时间步长、准备模拟数据（通过代码、游戏引擎）。

（2）建立稀疏的网格数据结构，并计算粒子和网格的映射关系。

（3）将粒子的速度、质量等插值存储到格子上。

（4）对每个粒子，根据其材料特性，使用不同的物理模型计算应力，并将其插值到格子上。

（5）更新格子上记录的速度。

---

① GAO M, WANG X, WU K, et al. GPU optimization of material point methods[J]. ACM Transactions on Graphics (TOG), 2018, 37(6): 1-12.

（6）对不同的边界条件，在格子上计算碰撞后的速度。

（7）将格子上的速度插值回粒子以更新粒子速度及其形变梯度。

（8）更新粒子的塑性状态。

（9）更新粒子位置，进入下一个时间步的模拟。

（10）若该步为某帧的最后一个时间步，则将位置数据保存下来或传到引擎中显示出来。

其中，MPM 属于第（1）～（9）步。在第（1）步中，对不同的材料，可以预估其振动速度，以此来自动计算时间步长。另外，本章提供了一套用户交互界面和相应的数据结构，用户可以直接在游戏引擎中准备模拟所需的数据。在第（2）步中，利用空间哈希来建立一个稀疏的网格存储结构，进而在其上对粒子进行排序，并提出了一个方案来尽量减小重建粒子和网格映射关系的频率。在第（3）、（4）和（7）步中，将传统的固定长度的规约操作修改为自适应长度的规约操作，以此解决相邻 CUDA 线程写冲突的问题，可以大幅提高计算效率。在第（4）和（8）步中，统一了不同材料所需的数据结构，这样整套方案可以同时处理水、石油、泥浆、砂砾、雪等。最后，Physion 提供了一套可以在游戏引擎中实时预览、存储的技术。

7.2　工业界现有的物质点法模拟库

目前，工业界一般在单机多线程 CPU（Central Processing Unit，中央处理器）或分布式多机 CPU 上实现 MPM 算法。Physion 是工业界中第一款完全基于 GPU（Graphics Processing Unit，图形处理器）的 MPM 模拟库，运算速度平均可以达到单机多线程 CPU 方案的 100 倍左右；而分布式多机 CPU 方案需要大量的硬件支持才可能匹配 Physion 单块 GPU 能达到的计算效率。另外，工业界中已有的库并不支持在游戏引擎中直接进行交互。以下是对竞争对手产品的简要概述，主要介绍与物理模拟和 Physion 相关的产品与功能。

- Maya（AutoDesk）：Maya 是由 AutoDesk 公司推出的一款商业 3D 计算机图形学软件。Maya 2020 本体支持刚体模拟、软体模拟、纯粒子特效及流体模拟。Maya 2020 在其 Bifrost 扩展中支持使用 MPM 的物理模拟功能，可模拟材料包括雪、沙子、液体、布料、壳及纤维。除此以外，Bifrost 扩展支持除 MPM 外的纯粒子模拟、火焰、爆炸效果模拟等。

- Houdini（SideFX）：Houdini 是由 SideFX 公司推出的商用 3D 特效软件。在 Houdini 18 中，物理模拟功能主要包括刚体模拟、有限元软体模拟、布料、液体、烟雾、火焰与爆炸模拟。Houdini 18 提供对布料、烟雾、火焰与爆炸模拟的 GPU 支持。

- Matterhorn（Disney）：Matterhorn 是 Disney 动画工作室内部使用的一款用于制作物理模拟特效的产品。其算法主要基于 MPM。目前已知 Matterhorn 的可模拟材料包括雪、泥浆、泡沫与沙子等。
- Odin（Weta Digital）：Odin 是电影特效公司 Weta Digital 内部使用的一款用于制作物理模拟特效的产品，是一款多机分布式计算的产品，提供对流体、爆炸等物理特效的模拟。

7.2.1 物质点法的 CPU 实现

作为对比，首先阐述 MPM 在 CPU 中的实现。

在 MPM 中，物体有两种表达方式，分别为粒子和网格。在每个时间步，各种信息（速度、力等）都会在这两种表达方式间转换，即粒子转网格和网格转粒子。一方面，这两个操作具有很高的并行度；另一方面，当粒子转网格时，同一个网格格点可能会同时接收到不同粒子的信息，形成写冲突。如何根据选用的计算架构来合理地利用高并行度，同时有效避免写冲突，成为衡量一个 MPM 实现方案优劣的标准。

现代 CPU 的多核架构一般有数个乃至数十个计算核，加上额外的 SIMD 指令集，可以同时对多个对象进行计算。为了尽可能地减小写冲突的频率，一般会将一个大网格分割成很多较小的块（简称小块，每个小块包含 4×4×4 个网格格子），并建立起每个小块和落在其上的粒子集的映射。这样每个 CPU 核可以独立地处理每个小块及相应的粒子，而写冲突只会发生在相邻小块边界上的格点上。可以通过分配一些额外的内存块来缓存小块格点上的信息，之后通过并行的原子加操作或顺序加操作，将缓存的信息累加到全局网格内存上。

7.2.2 现有技术的缺点和困难

Physion 主要支持 NVIDIA CUDA[①]（Compute Unified Device Architecture，统一计算架构）的显卡。但是我们可以很容易地将本章的算法推广到其他支持 GPU 通用计算的架构上，如 OpenCL、DirectCompute 等。当实现 MPM 算法的计算架构由 CPU 换成 GPU 时，因为并行计算能力的大幅提升，7.2.1 节中描述的方案不再适用。因为每个计算核处理一个小块及其相应粒子会使得大量的计算核处于空置状态，从而浪费了算力。

[①] SANDERS J, KANDROT E. CUDA by example: an introduction to general-purpose GPU programming[M]. Addison-Wesley Professional, Boston, MA, USA, 2010.

为了解决这个问题，并行的粒度需要提高。具体来说，在 CPU 中，每个 CPU 核只对应一个小块的粒子，该小块中可能会有数百乃至上千个粒子；而 CPU 核会顺序地处理这些粒子。在 GPU 中，一个 CUDA 线程块（不再是一个线程）对应一个小块的粒子，这样可以并行地处理这些粒子。如此一来，并行的粒度由小块直接提高到了粒子，极大地提升了计算的并行度。但与此同时，写冲突由相邻小块共享的格点会发生冲突，扩大到了每个格点都会发生冲突，这是 Physion 解决的主要的问题之一。

一般来说，GPU 内存远比 CPU 内存要小。在物理模拟发生的同时，用户的其他一些软件（如 UE）也会占用部分内存，因此如何尽可能地降低 Physion 对 GPU 内存的使用是一个不小的挑战。

对于不同的材料，甚至对于相同物理模型的不同物理参数，模拟的时间步长可以相差很大。时间步长过小会造成算力的浪费，时间步长过大可能导致数值稳定性问题，如模拟"爆炸"输出 NaN。此外，手动调节时间步长对用户来说是一个十分糟糕的体验。

7.3　物质点法在 GPU 上的高效实现

接下来提供一个 MPM 在 GPU 上的高效实现方法，这个实现方法可以让在 GPU 上运行的 MPM 性能达到传统 CPU 实现的上百倍。

7.3.1　粒子排序和粒子网格映射

在建立粒子和粒子小块的映射关系时，为了减少内存的使用，需要一个数据结构来稀疏地存储粒子小块，即只有粒子会落在上面的粒子小块才会被分配相应的内存。为了找到共享格子的粒子，并给同一个格子的粒子分配连续的线程，需要对粒子进行排序，以使得共享同一格子的粒子的计算始终由连续的线程进行。具体来说，需要将粒子按位置进行双层粒度的排序，第一层使得落在同一个格子中的粒子顺序排列，第二层使得同一个粒子小块中的相邻格子中的粒子会顺序排列。这样在 CUDA 线程块中处理粒子时，同一个格子中的粒子会被相邻的 CUDA 线程处理。

将粒子按位置排序，需要计算出粒子所在格子的索引 (i, j, k)，并将这个三维索引转化为一维索引以方便排序。首先，用粒子的位置坐标减去模拟空间中的最小坐标，除以格子大小后，取整，就可以得到粒子在格子中的三维索引。例如，某粒子在坐标为 $(3.2, 5.7, 8.3)$ 的位置，整个模拟空间的最小坐标为

$(-2,-3,-4)$，格子大小（也称为格子胞元宽度）为 2.0，那么整个计算过程就是 $\left[(3.2,5.7,8.3)-(-2,-3,-4)\right]/2.0=(5.2,8.7,12.3)/2.0=(2.6,4.35,6.15)$，取整，就可以得到物理特效粒子所在格子中的三维索引 $(2,4,6)$，所以该物理特效粒子在 x 轴第 2 号、y 轴第 4 号、z 轴第 6 号的格子里面。

然后，对粒子索引从三维到一维转换，这样粒子按一维索引排序得到的顺序会自动满足上述两层粒度的要求。例如，(i,j,k) 是 3 个 32 位的索引（也称为三维 32 位索引），每个索引可以分为高位和低位。每个索引只取 0～20 位为有效位，所以每个索引有效位的数量是 21（一维索引可以表示的最大的网格的大小，即可以模拟的最大范围的网格为 $2^{21}\times2^{21}\times2^{21}$）。可以将 (i,j,k) 的 0～1 位拼接（i 的低两位、j 的低两位、k 的低两位拼接）得到一维索引的低 6 位，用于索引格子块内部的格子胞元；2～20 位组成一维索引的高 57 位（i 的 21 有效位的高 19 位、j 的 21 有效位的高 19 位、k 的 21 有效位的高 19 位拼接）用于索引格子块。由于计算机存储时只能按照 32 位、64 位等来取整存储，所以必须取整到 64 位，即可以采用 64 位的一维索引，将其分成两部分，最高位不用，前面 57 位为高位，后面 6 位为低位，高位（第一子索引）对应格子块本身，低位（第二子索引）对应格子块中的一个格子。64 位的索引（或称一维索引）中的每一位都可以表示成 0 或 1×2^{m}。其中，m 可以是 0～63；m 大的是高位，m 小的则是低位。

将粒子的三维索引转换为一维索引后，为了提高排序效率，可以采用空间哈希将一维索引的高位和低位分别替换为从 0 开始的顺序递增的索引（第一顺序子索引和第二顺序子索引）。一般情况下，模拟需要几百到几千个格子块，但是它们占据了 57 位。如果直接用 57 位作为键值来排序，则需要遍历 57 位可以表示的范围来对比大小；如果将 57 位替换成实际需要的位数（如 1024 块对应为 10 位），那么遍历的范围就可以缩小非常多倍，从而提高排序效率。

由此，将粒子按位置双层粒度排序得以完成。采用这样新的索引来排序要比直接用初始的一维索引排序快数倍。

在涉及较高粒子密度的情况下，单个格子块中的粒子数可以轻松超过当前图形体系结构下 CUDA 块中允许的最大线程数。为了解决此问题，可以将每个格子块分配给一个或几个 CUDA 块，并生成相应的虚拟到物理的显存映射。这样就可以单独处理每个 CUDA 块，而无须考虑它们的几何关系。

在对粒子进行排序之后，可以根据排序结果确定每个粒子对应的处理线程，并建立粒子和格子之间的映射关系，从而可以将粒子的相关信息传递到粒子对应的格子节点上。对于所有粒子，根据排序结果每个粒子被分配一个线程来处理该粒子和邻近所有格子的计算，有 N 个粒子就分配 N 个处理线程，以使得同一个格子中的粒子会被相邻的 CUDA 线程处理。例如，通过对前后两个物理特效粒子的一维索引的高位（第一子索引）进行对比，可以知道这两个粒子是否处于同一个格子块中。若相同，则这两个物理特效粒子处于同一个格子块中；若不同，则可以标记第一个物理特效粒子，然后继续对比，直到所有的粒子对比完毕，这样就可以得到物理特效粒子和格子块之间的第二映射关系。对高位进行对比后，再对处于同一格子块中的前后两个粒子一维索引的低位（第二子索引）进行对比，可以知道这两个粒子是否处于同一个格子中。若相同，则这两个粒子处于同一个格子中；若不同，则可以标记第一个粒子，然后继续对比，直到所有的粒子对比完毕。例如，有 3 个粒子块，总共 7 个粒子，高位分别是 $XXYYYZZ$（X、Y、Z 分别是 3 个不同的粒子块索引值），那么可以记录下 0、2、5 的粒子索引，标记这 3 个粒子块的开始。

7.3.2　写冲突

当粒子转网格时，相邻的线程会将不同粒子的属性在同一瞬间写到同一个网格格点上，造成写冲突。一般来说，可以用原子加操作来解决这个问题，但是最多会有 32 个线程发生写冲突，原子加操作会将其转化为 32 个顺序的加法计算，极大地拖慢了计算速度。

Physion 将传统的固定长度的规约操作改为自适应长度的规约操作。在 GPU 中，GPU 的线程可以分为多块执行，每个处理器处理一块或多块线程（可以令 512 个线程为一块），每块内部的线程（512 个）会写到同一块内存中，但这些线程不同时执行，而分为 32 个线程一组来执行，所以同时会有 32 个线程发生写冲突。例如，对于第 0 个线程，可以顺序往下找到所有和第 0 个线程处于同一个格子中的线程，将它们标记出来，对它们进行一次并行规约操作[①]，从而用较少的迭代次数求得它们的和。类似地，可以将所有的 32 个线程按所处的格子分成不同的组，每个组都可以单独进行一次自己的规约计算，求得该组的和。最终将各组的和用原子操作加到对应的格点上（这一步的原子操作发生冲突的概率非常低）。这样就将最多 32 个顺序加法转换为了最多 5 次迭代。上述过程均采用 CUDA intrinsic 函数来进行加速，最终实现的效果可以比简单的原子加操作快 10 倍以上。

---

① HARRIS M. Optimizing parallel reduction in CUDA[J]. Nvidia Developer Technology, 2007, 2(4): 1-39.

7.3.3　自动计算时间步长

根据不同材料，模拟物理特效的每一帧可以分成 5～200 步时间步长来进行模拟，该模拟时间步长可以由材料的声速和模拟格子宽度确定。显式 MPM 模拟中的时间步长必须足够小，才能准确捕获传输跨越单个格子的膨胀压力波的变化。且只有在这样的情况下，离散后的方程对连续的偏微分方程的近似才足够精准，从而让模拟稳定。而每多计算一步，就会多产生一份耗时。因此，如何在保持稳定的情况下尽量少地切分一帧，用尽量大的时间步长来进行模拟，是很需要技巧的。传统方案将这个任务留给了用户，用户用一个时间步长来模拟之后，感觉模拟太慢或发现模拟不稳定，则重新选一个时间步长来模拟。这个过程非常耗时且费力。

因此，Physion 通过对材料的力学特性进行分析，自动计算时间步长，可以省去用户选择时间步长的过程。同时，自动计算的时间步长通常比用户按照固定量级（如 0.01s、0.001s、0.0001s 等）手动选取的时间步长更精准，可以大幅提高计算效率。

在显式物理模拟中，决定模拟稳定性的关键因素是物体弹性波的传输速度。当弹性波在一步求解中传输的距离超过了离散的一块物质的尺度时，模拟可能会不稳定。对于 MPM 而言，这里一块物质的尺度可以用格子的分辨率（格子胞元的宽度）来近似。而弹性波速度，即声音在当前材料中传输的速度。因此，最大时间步长的计算可以记为声速除以格子胞元宽度。根据弹性理论，声速可以由物体的应力对体积变化的导数开方来计算[1]。由此，可以整理出自动计算时间步长的流程：①计算每个粒子的应力对体积变化的导数，从而得到当前粒子的声速。由于每个物理模型应力的计算方式是不同的，因此有不同的声速计算方式；②对所有粒子的声速进行并行最大规约，得到最大声速，用格子胞元宽度除以声速，得到稳定的时间步长。为了减少显存吞吐量，在当前时间步计算应力时，就应该预先算好下一时间步需要的声速。

7.3.4　多材料的物理模型

为了模拟复杂的材料及不同材料之间的耦合，Physion 包含了多种物理模型，这些物理模型可以通过统一的接口进行调用，从而方便用户选取模型和调节参数。

---

① FANG Y, HU Y, HU S-M, et al. A temporally adaptive material point method with regional time stepping[C]//Computer Graphics Forum. Wiley Online Library, 2018: 195-204.

从功能上来说，Physion 中的物理模型可以分为两类：弹性物理模型和塑性物理模型。弹性物理模型描述物体瞬时形变带来的受力；塑性物理模型描述物体的受力随形变而变化的过程。

除水以外，弹性材料有 2 个参数，分别是拉梅第一参数和剪切模量。由于拉梅第一参数没有明确的物理意义，因此在使用的时候，通常用杨氏模量和泊松比来转换。杨氏模量可以描述硬度，泊松比描述了一个方向受力对其他方向的影响。

Physion 目前支持的弹性材料如下。

- Simo 等人于 1982 年提出的新胡克（Neo-Hookean）弹性材料[①]。这是一种比较常用的弹性材料，虽然提出的时候是用来模拟金属材料的，但是在 Physion 中，广泛用于制作水以外的大部分液体和固体。2 个参数是拉梅第一参数和剪切模量。
- 固定共转（Fixed-Corotated）弹性材料[②]。这是一种比较简单的线性弹性材料，本质是一种将形变中的旋转分量忽略掉（因此得名固定共转）并对其他分量施力的材料。优点是可以处理 MPM 粒子被过度压缩以致翻转的情况。2 个参数是拉梅第一参数和剪切模量。
- 弱可压弹性材料，源自热力学中的 Tait 方程，全部施力都是为了尽量维持物体体积不变（因此得名弱可压），用来模拟水的受压体积不变现象。2 个参数是体积模量（硬度）、不可压阶数。受力由体积模量乘以体积变化的不可压阶数次方来计算。

Physion 目前支持的塑性材料如下。

- 德鲁克–普拉格（Drucker-Prager）塑性材料[③]，其在应力空间的可行区域（不产生塑性形变的区域）是一个顶点在原点的锥形，主要用于模拟砂砾，需要和新胡克弹性材料搭配[④]。3 个参数分别是摩擦系数（从沙堆静止时能立住的角度算）、体积膨胀时的收缩率（范围为 0~1，通常取 1）、塑性体积

① SIMO J C. A framework for finite strain elastoplasticity based on maximum plastic dissipation and the multiplicative decomposition: Part I. Continuum formulation[J]. Computer Methods in Applied Mechanics and Engineering, 1988, 66(2): 199-219.

② STOMAKHIN A, HOWES R, SCHROEDER C, et al. Energetically consistent invertible elasticity[C]//Proceedings of the 11th ACM SIGGRAPH/Eurographics conference on Computer Animation, Eurographics Association, Goslar, Germany, 2012: 25-32.

③ DRUCKER D C, PRAGER W. Soil mechanics and plastic analysis or limit design[J]. Quarterly of applied mathematics, 1952, 10(2): 157-165.

④ YUE Y, SMITH B, CHEN P Y, et al. Hybrid grains: adaptive coupling of discrete and continuum simulations of granular media[J]. ACM Transactions on Graphics (TOG), 2018, 37(6): 1-19.

形变的对数值（初始值通常为 0，范围为 0.9～1.1）。

- 赫舍尔-布克利-冯-米塞斯（Herschel-Bulkley-Von-Mises）塑性材料[①]，其在应力空间的可行区域是一个中心在原点、半径会随时间变化（用于模拟黏性）的圆柱，用于模拟石油、泥浆、油漆、奶油、刮胡膏、玉米浆等非牛顿黏性液体，屈服应力较大时也可以模拟金属，需要和新胡克弹性材料搭配。3 个参数分别是屈服应力（受力小于这个值则表现为纯弹性，大于则表现出塑性，范围大于 0，金属可以很大）、黏性（金属取 0，范围大于 0）、流动行为指数（小于 1 则越搅越稀，如石油、泥浆、油漆、奶油、刮胡膏；大于 1 则越搅越黏，如玉米浆；金属取 1）。

- 非交换剑桥黏土（Non-Associative Cam-Clay）塑性材料，其在应力空间的可行区域是一个包含原点的椭球，用于模拟雪等固体的破碎效果，需要和新胡克弹性材料搭配。4 个参数分别是塑性体积形变的对数值（通常取 lg0.95～lg1.05）、摩擦系数（越大则雪堆越容易立住，通常取 0～2.5）、凝聚系数（0 则不凝聚，越大越容易聚成块状，范围为 0～2）、脆度（越大则被压紧时越硬，但也越脆，范围为 0～10）。

- 弱可压塑性材料，其在应力空间的可行区域是一条从原点出发的射线，用来模拟水自由扩散的效果（水虽然难以压缩，但是可自由分离），一个参数是塑性体积形变的对数值（初始值为 1）。

图 7.2 展示了 3 种塑性材料在应力空间中屈服表面的形状。在具体的实现中，为了快速计算应力和根据应力进行塑性投影（根据应力计算塑性流，并将应变投影回塑性材料的可行区域，即屈服表面包围的区域），可以对每个粒子的形变梯度进行奇异值分解，并直接对奇异值进行操作，从而完成应力计算和塑性投影。

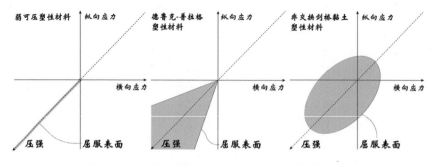

图 7.2　3 种塑性材料在应力空间中屈服表面的形状

---

① HERSCHEL W H, BULKLEY R. Konsistenzmessungen von gummi-benzollösungen[J]. Kolloid-Zeitschrift, 1926, 39(4): 291-300.

Physion 允许在粒子上直接施加各种力，从而可以在 MPM 的框架中引入非 MPM 的各种物理模型。例如，对于头发、布料等材料，Physion 引入相关的有限元材料，并使用相关的有限元方法［如对于头发，使用离散弹性棒（Discrete Elastic Rods）模型[1]］直接计算弹性力。

7.4　虚幻引擎中的物质点法插件

为了方便用户使用，可以将 Physion 以插件（称为 Physion4UE）的形式接入虚幻引擎。除此之外，还将制作粒子动画的完整流程（建模、模拟、渲染、保存结果）中的其他部分一起集成到了该插件，以此来最大限度地减少用户在不同软件之间的切换次数。例如，目前很多美工都会使用 Houdini 进行建模和模拟，再将结果保存为网格，从而输入虚幻引擎进行渲染。

7.4.1　场景建模

对于物理模拟，通常一个场景中存在两类物体：被模拟的可形变物体（在 MPM 中为粒子的集合）和用来约束可形变物体运动域的物体（一般称为边界条件）。建模的目的是设置好场景中的这两类物体的参数和初始状态。图 7.3 展示了 Physion4UE 插件中用户可以定义的物体。

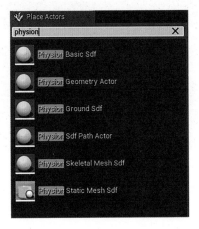

图 7.3　Physion4UE 插件中用户可以定义的物体

---

① BERGOU M, WARDETZKY M, ROBINSON S, et al. Discrete Elastic Rods[J]. ACM Transactions on Graphics (TOG), 2008, 27(3): 1-12.

7.4.1.1　可形变物体

在插件中，Physion Geometry 用于表示可形变物体，可以通过类似添加 UE Actor 的方式添加到场景中，再通过修改 Details 面板中的各类参数设置物体的属性。其中，比较重要的参数如下。

1．初始形状

为了方便用户复用资产，插件支持用户指定一个 Static Mesh（UE 中一种常用的 3D 物体资产格式）作为物体的形状。插件将调用底层的 Physion 库在这个 Static Mesh 内部随机采样出大量的粒子作为仿真时的粒子。同时，插件支持用户选择一些基本图元（如球、长方体、圆柱等）及它们之间的布尔运算结果作为物体的初始形状。图 7.4 展示了在 UE 面板中设置形状为球的操作界面。

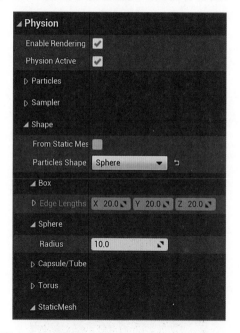

图 7.4　在 UE 面板中设置形状为球的操作界面

2．物理材质

物理材质决定物体在受力时如何产生形变，本章提供几种预设物理材质（包括纯弹性体、水、雪、原油、泥浆、奶油、颜料、沙子、头发、布料等），同时支持用户通过修改各个真实的物理参数来得到自定义物理材质（如雪既可以以粉状雪为主，也可以以块状雪为主，或者在两者之间）。图 7.5 展示了在 UE 面板中设置材料为水的操作界面。

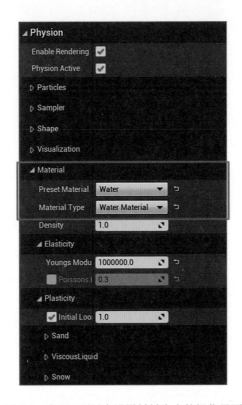

图 7.5　在 UE 面板中设置材料为水的操作界面

3．预览方式

由于仿真的物体本质上是一堆粒子，所以预览方式影响了将其渲染出来的展示形式。Physion4UE 支持两种预览方式：表面（Surface）预览方式和四面体（Tetrahedron）预览方式。前者根据每一帧模拟出来的粒子重建出一个表面三角形网格，再用正常的渲染三角形的方式去渲染它；后者在每一个粒子处生成一个四面体，四面体的朝向会随着粒子的旋转而更新，然后再渲染所有四面体。前者适合渲染水、弹塑性体等物体，后者适合渲染雪、沙子等物体。

7.4.1.2　边界条件

在插件中，边界条件可以通过多种不同的 Physion Sdf 来表示，包括：①Physion Basic Sdf，支持基本图元（如球、长方体、圆柱等）及它们之间的布尔运算结果作为边界条件；②Physion Ground Sdf，支持一个无限大的半平面作为边界条件，通常可用来作为地面；③Physion Static Mesh Sdf，支持用一个 Static Mesh 作为边界条件；④Physion Skeletal Mesh Sdf，支持用一个 Skeletal Mesh（UE 中一种常用的基于骨骼动画的 Mesh 的资产）作为边界条件。同时，这些 Sdf 都有各种参数可供用户调整，比较重要的参数如下。

- 物理参数：物理参数包括摩擦系数和粘连系数，后者用来控制粒子需要相对较小还是相对较大的速度以脱离边界条件。同时，可以通过插入关键帧的方式设定边界条件在不同时间的物理参数。
- 运动路径：可以指定一个 Physion Sdf Path 作为 Physion Sdf 的运动路径，从而控制边界条件在指定时间内的运动（主要是位置变化）。

同时，插件为 Physion Static Mesh Sdf 和 Physion Skeletal Mesh Sdf 提供了 Debug 功能，可以将生成的 Sdf 点云画出来，便于用户观察是否存在问题。

7.4.2　模拟及预览

在搭建好场景之后，往场景中添加一个 Physion Scenario，用来管理场景中的所有物体。单击 UE Editor 工具栏上的 Play 按钮即可开始模拟。前述 Physion Geometry 的预览方式可以在此时发挥作用。同时，用户可以为每个 Physion Geometry 赋予不同的渲染材质（UE 中称为 Material）来更好地观察模拟结果。在模拟的过程中，用户可以通过单击 UE Editor 工具栏上的 Stop 按钮停止预览，调整 Physion Geometry 和 Physion Sdf 的参数以使模拟结果更加符合预期。

7.4.3　模拟结果的保存及使用

在模拟结果符合预期之后，停止预览。此时通过单击插件提供的操作面板上的按钮（Save as PhysionParticles 和 Save as GeometryCache）可以将指定帧数的模拟结果保存到硬盘中。

Physion4UE 支持如下两种动画资产格式。

- Physion Particles：模拟结果会以粒子的形式保存下来，可以利用对 UE 的粒子系统 Niagara 的扩展（Niagara Physion Particles Renderer）读取到 Niagara Emitter（一个粒子发射器）中，将每一个粒子渲染成一个用户指定的粒子精灵，在粒子量足够大时，适合渲染雪这类常规方法难以渲染得比较好的材质。图 7.6 展示了以粒子精灵形式渲染雪的效果。
- GeometryCache：模拟结果会以 Cache 的形式保存下来，这是 UE 官方提供的基于三角形网格的一种动画资产格式。保存下来之后，可以在 UE 的游戏内或 Sequencer 等多个地方使用这段动画。图 7.7 展示了以三角形网格形式渲染水的效果。

图 7.6 以粒子精灵形式渲染雪的效果

图 7.7 以三角形网格形式渲染水的效果

7.5 实现效果

接下来展示上面所述框架的实现效果。

Physion 在计算性能方面远超传统基于 CPU 计算的 MPM 方法，图 7.8 展示了 4 个不同尺度的雪材料模拟结果，分别包含了 69k 个粒子、250k 个粒子、1M 个粒子和 4M 个粒子。纵轴表示模拟一帧所需的平均时间（s），横轴表示不同尺度，测试平台使用的 CPU 为 Intel i9-9900K 3.6GHz（使用 16 个线程）、GPU 为 NVIDIA GeForce RTX 2080Ti。可以看到，在不同尺度下，传统的 CPU MPM 计算方案耗时大约为 Physion 的 GPU 计算方案耗时的 100 倍。前文已经介绍了世界上其他的类似产品，其中大部分都采用基于 CPU 的计算方案，因此，Physion 的计算性能对比其他类似产品是领先很多的。

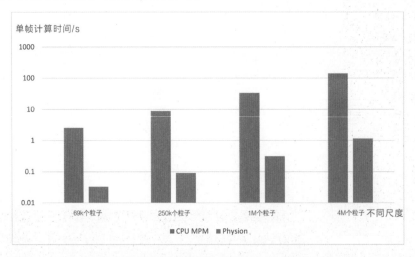

图 7.8　4 个不同尺度的雪材料模拟结果（时间轴已取对数）

图 7.9 展示了使用 Physion 模拟的雪、水和沙子、石油的效果，模拟结果通过 Physion4UE 插件调用 Physion 完成，并在虚幻引擎中实时渲染。可以看到，Physion 可以与复杂的人物动画进行交互，并在不同的材料上达成较为真实的效果。

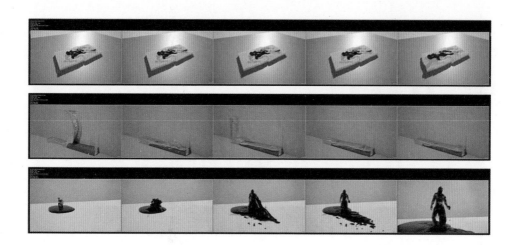

图 7.9　使用 Physion 模拟的雪、水和沙子、石油的效果

7.6　总结

Physion 是工业界中第一款完全基于 GPU 的物质点法模拟库，它同时也以插件的形式被集成到了虚幻引擎中以方便游戏制作者的使用。尽管从物理模拟方法本身来说，MPM 并不是唯一的选择，但是与同类方法相比，MPM 可以在计算资源大致相同的情况下达到更高的物理真实性。

高自由度捏脸的表情动画复用方案

8.1 面部捕捉表情重定向到玩家自定义的脸

用户使用捏脸系统可精细化自定义虚拟形象，进而满足用户的社交及个性化表达需求。因此，捏脸系统在游戏领域中的应用越来越广泛。然而，游戏动画师在标准面部模型上制作的精准的表情动画，应用到千万用户所捏出的特征脸上时，可能会出现表情穿帮的现象。

传统的制作方案往往会严格限制捏脸系统可变形的幅度，且由动画师人工精细设定捏脸控制器以保证在极端情况下不会出现严重穿帮的表情动画。这就导致捏脸能力受限，动画制作流程复杂。

本章所阐述的技术方案，包括如下 3 部分。

- 通过设计捏脸编辑器，编辑制作出捏脸控制器数据。当进行捏脸时，组件将玩家在游戏客户端中的捏脸操作转换为模型的骨骼动画表现，同时负责生成低模特征脸，供游戏场景内加载。
- 面部表情捕捉，为标准脸模型制作游戏表情动画。
- 表情系统的性能优化和 LOD 方案在游戏运行时对面部捕捉表情进行补偿修正，以解决表情重定向到玩家特征脸模型时的穿帮问题，以适配中低端手机设备。

捏脸编辑器帮助游戏美术师高效制作捏脸控制器，赋予玩家更高的自定义形象的能力。面部表情捕捉方案可以生产高质量的表情动画美术资产。表情补偿技术将细腻的表情融入玩家捏出的特征脸。最后，通过针对移动端的表情系统性能优化和 LOD 方案，更多的手机游戏玩家可以体验到这一切。

8.2　捏脸与表情系统概述

在互联网的线上虚拟世界的各类产品中，通过个性的符号、形象把真实世界的自己在线上虚拟世界中具象化，满足个性的自我表达，是一个朴素而悠久的用户需求。从早期的用户昵称、头像、2D 形象秀，逐步演进到 3D 虚拟玩偶形象。如今玩家基于预设的 3D 模型，进行精细的个人形象制作，俗称捏脸，已经广泛应用于各类线上游戏、玩偶应用，甚至植入社交电商应用。在史蒂文·斯皮尔伯格执导的科幻电影《头号玩家》中，游戏虚拟世界的角色形象不但外形逼真，而且表情丰富细腻。虚拟形象甚至可以承载玩家的性格、情感，现实世界和虚拟世界的界限变得模糊。捏脸系统与表情系统是整个虚拟形象系统中非常关键的部分。捏脸系统给了虚拟角色皮囊，表情系统给这个皮囊赋予了灵魂，玩家的情绪感受由此可以传递给互联网另一端的用户。

捏脸系统通常预设数个绑定了捏脸骨骼的中立标准脸模型，将捏脸骨骼参数绑定到捏脸控制器。玩家通过捏脸系统交互界面中的控制器滑杆进行捏脸骨骼参数调节，本质上是调节骨骼的 Transform 数据。本章所探讨的捏脸系统属于骨骼动画驱动系统，下面将详细讲解。

真实人脸的面部表情由复杂的面部肌肉群的运动产生，传统的美术设计师预设固定动画，制作成本高昂且难以表达真实的情绪、情感。本章采用基于 FACS 的面部动作编码系统，预设 51 个通道的 Blendshape 动画来模拟人脸局部基础表情，并通过面部捕捉系统，捕捉真实人脸表情，解算各个 Blendshape 的权重，通过按权重逐帧混合 51 个 Blendshape 的方式得到真实且精细的人脸表情，所以表情动画实际上反映的是一段 Blendshape 的权重。8.3 节将讲解面部表情原理，并阐述主流表情捕捉方案选型。

然而，如果将表情动画用在玩家捏脸后的特征脸上，让所有特征脸都有一样质量的动画，就需要有与特征脸对应的 51 个 Blendshape。这些 Blendshape 可以在用户端实时计算，亦可在服务器计算后作为玩家信息保存，但都有性能或网络问题，尤其是同屏玩家较多时体验更差。那如果在特征脸上直接使用标准模型的 Blendshape，动画效果会怎样呢？

如图 8.1 所示，左侧模型为标准模型，右侧模型基于标准模型对眼睛部位进行了捏脸。两个模型的左眼都应用了闭眼的 Blendshape 动画。该动画效果在标准模型上表现准确自然，Retargeting 到特征脸上后，眼睛无法闭合，非常惊悚。出现此问题的原因是，基于 Blendshape 的动画本质上是在存储顶点的偏移量，闭眼时上眼皮附近的顶点会按照一定的偏移量向下眼皮运动；然而，捏脸后的上下眼皮距离产生了明显变化，经过同样一个顶点偏移量叠加后，上下眼皮无法闭合。

通常，现有的捏脸系统为了避免捏脸后的表情动作出现不合理的穿帮现象，会通过控制器限制捏脸骨骼可变化的幅度，这对捏脸系统的自由度是一个显著的限制，可爱的大眼睛和迷人的小眼睛难以兼顾。还有些项目，在制作基础表情的时候，将标准模型上的眼睛闭合制作成上眼皮下拉，盖住一定面积的下眼皮。

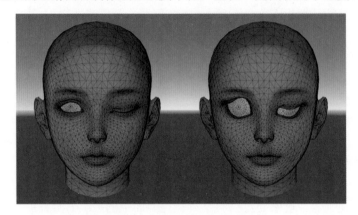

图 8.1　特征脸表情应用效果

图 8.2 来自某 RPG 游戏捏脸系统的眨眼动画中的两帧画面，该项目通过制作眼睛过度闭合的动画，虽然成功避免了眼睛无法闭合的问题，但是眼部动画变得略显怪异。当播放复杂动画的时候（如一只眼睛眨眼），效果会更难令人接受。当然，有些动作类游戏并不关注剧情和人物情绪表达，通过此种美术制作的手法避免严重穿帮也是一个有效手段。但是，有没有既能支持高自由度捏脸，又能准确还原动作捕捉表情动画的技术方案呢？本节一起探讨我们的一些思路和做法。本技术方案在腾讯互动娱乐光子工作室群旗下多个项目中已经落地应用。混合 51 个通道的 Blendshape 实现面部表情，在带来精准效果的同时，带来了显著的计算压力。以一个 3000 个顶点的面部模型为例，在极端情况下，每一帧需要高达 137 万次的浮点乘法计算，这对整体游戏性能表现带来了巨大挑战。8.4 节详解将面部表情捕捉得到的动画数据应用到玩家特征脸上时的表情补偿技术和表情动画性能优化及 LOD 方案。

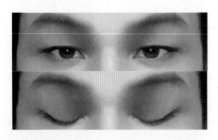

图 8.2　过度闭合眼睛动画

本章基于捏脸系统方案，按照工具链设计的流程来呈现完整的捏脸系统的设计开发思路，进而介绍表情系统原理及面部表情捕捉方案。有了特征脸，有了表情，接下来的问题是如何实现表情的补偿修正，以解决在特征脸上应用基于标准脸制作的面部捕捉表情时产生的穿帮问题，最后呈现在实际项目中的是性能优化和 LOD 方案。希望这些内容对热爱游戏设计、开发的读者有所帮助，受限于研发团队和作者能力，或许存在谬误和改进空间，敬请谅解。

8.3　捏脸系统设计与实现

捏脸系统的目的是向玩家提供虚拟形象定制化操作，业界常见的捏脸实现方案主要有以下 3 种。

- 骨骼 Transform 方案：常见的一种方式，通过修改骨骼 Transform 来达到捏脸的目的，特点是自由度高，极不可控。
- 预设方案：日本游戏常见的做法，使用预设面部模型+贴图修改+大量发型模型，特点是美术人力成本高、效果好、程序实现难度低，常用于各种多种族的游戏。
- Morpher 方案：多用于细节的修改，如眼皮、耳廓、胸型等。该方案用于整体捏脸的性价比不高，除非有类似跨种族这种基本无法使用骨骼完成的需求。

参考光子美术中心 TA 团队的方案，我们从用户自由度、效果最终可控性、效果表现、美术人力、技术美术开发难度、程序开发难度、添加扩展选项影响及基础模型返工影响八个维度对上面 3 种方案进行比较。

从表 8.1 可看出，骨骼 Transform 方案是综合考虑各维度后平衡性较好的方案，其缺点是可控性较低，表现为由于玩家对骨骼结构无感知，对骨骼改变的范围多大才相对美观也无法很好地把握，因此难以捏出满意的脸型。

表 8.1　捏脸方案对比

	骨骼 Transform 方案	预 设 方 案	Morpher 方案
用户自由度	高	中	中低
效果最终可控性	低	高	中高
效果表现	中	高	高
美术人力	低	高	高
技术美术开发难度	低	低	低
程序开发难度	低	低	低
添加扩展选项影响	高	低	低
基础模型返工影响	中	低	高

本章使用改进后的骨骼 Transform 方案实现捏脸功能，思路是以控制器为载体对原始骨骼进行组合，并对骨骼施加变化范围限制，以滑杆方式向玩家提供捏脸功能，达到既克服可控性低的缺点又保留自由度高的优点的目的。

控制器所需的元数据的制作过程是怎样的，捏脸编辑器又是怎么实现的呢？接下来通过基于骨骼驱动的捏脸方案、捏脸编辑器实现和捏脸运行时向读者进行介绍。

8.3.1 基于骨骼驱动的捏脸方案

分析捏脸动画制作过程，发现除骨骼布线、权重分配、绑定等模型制作相关工作外，滑杆（为便于理解，可以将滑杆等同于控制器）的制作因需要反复调试、验证，亦是一项非常消耗动画师时间的工作，因此需要提供所见即所得的捏脸编辑器来提升制作效率，缩短制作周期。在捏脸编辑器环境下制作完控制器并预览得到满意效果后，需要以一致效果在游戏客户端完成捏脸系统的接入，这需要游戏运行时的支持。捏脸方案框架如图 8.3 所示。

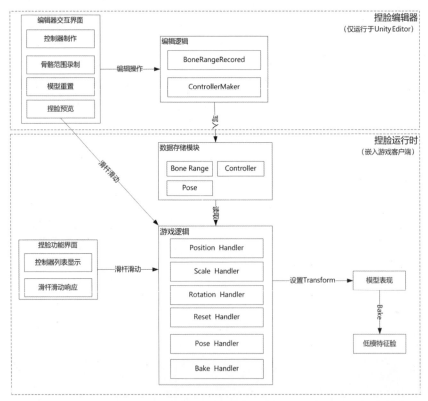

图 8.3　捏脸方案框架

从运行环境角度看，捏脸编辑器仅运行于 Unity Editor 环境，捏脸运行时运行于游戏客户端并向捏脸编辑器提供捏脸预览功能。

从功能模块角度看，捏脸编辑器包括控制器制作、骨骼范围录制、模型重置、捏脸预览等功能的编辑器交互界面及编辑逻辑；捏脸运行时由控制器列表显示、滑杆滑动响应的捏脸功能界面及游戏逻辑构成；数据存储模块用于记录捏脸编辑器的编辑结果并将其作为捏脸运行时所需各类数据的数据源。

在玩家完成捏脸后对结果进行保存时，捏脸运行时除记录各个控制器滑动位置用于还原脸型外，还将 Bake 出低模特征脸。在游戏场景对面部细节要求不高的情况下，可以加载低模特征脸，从而在显示品质和渲染效率之间取得平衡。

接下来通过 8.3.2 节捏脸编辑器实现和 8.3.3 节捏脸运行时介绍编辑功能界面和实现逻辑的细节。

8.3.2　捏脸编辑器实现

捏脸编辑器向制作人员提供控制器制作、骨骼范围录制等功能及辅助性 UI，其目的是生产骨骼范围、控制器列表数据，以及生成控制器负责向用户提供完成捏脸的滑杆。捏脸编辑器功能界面如图 8.4 所示。

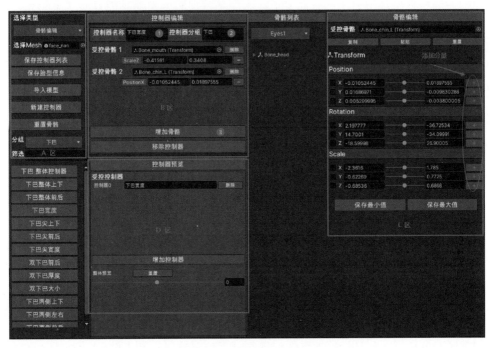

图 8.4　捏脸编辑器功能界面

下面以制作一个控制眉毛和嘴巴联动，名为下巴宽度的控制器为例，阐述如何通过捏脸编辑器完成控制器及骨骼范围数据的生产，这里对工具操作进行介绍是为了更清楚地阐述数据的生成过程，也为读者自行设计编辑器工具提供借鉴。接下来，首先介绍控制器数据构成关系，然后以数据关系（见图 8.5）为脉络结合捏脸编辑器的功能界面介绍 UI 操作及逻辑细节。

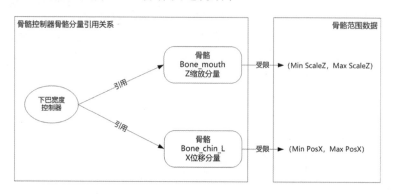

图 8.5 控制器数据示意图

捏脸编辑器输出的数据包括骨骼控制器描述数据和骨骼范围数据，其中骨骼控制器描述数据是指引用的骨骼分量。下面结合捏脸编辑器功能界面（见图 8.4）介绍下巴宽度控制器的制作过程。

（1）新建控制器：单击 A 区中的"新建控制器"命令，在 B 区中"控制器名称"一栏（标号 1 区域）录入控制器名字（下巴宽度），在"控制器分组"一栏（标号 2 区域）中录入所属分组（下巴），控制器创建完成后继续添加控制器引用的骨骼。

（2）添加骨骼和骨骼分量：单击 B 区标号为 3 的"增加骨骼"按钮进行骨骼添加，并在受控骨骼 X（X 代表受控骨骼序号，如图 8.4 中受控骨骼 1 和受控骨骼 2）中添加对应的骨骼，例子中为 Bone_mouth 和 Bone_chin_L。经此步骤，控制器引用的骨骼就确定了。那如何编辑骨骼哪些分量受控制器影响呢？双击 B 区对应受控骨骼（如 Bone_chin_L）后，C 区将显示对应骨骼的 Transform 数值列表，从列表中选择需要添加的分量（如 Bone_chin_L 中的 PositionX 分量）并添加到 B 区对应骨骼下，滑动控制器就可以驱动对应受控骨骼分量的数值变化了。

经过以上步骤，便生成了骨骼控制器骨骼分量引用关系数据，那么骨骼分量中受限范围数据是如何产生的呢？接下来以录制骨骼 Bone_chin_L 的 PositionX 最大值为例进行操作讲解（见图 8.6），图 8.6 中右侧为 Unity Editor Scene 区域，左侧骨骼面板是图 8.4 中的 C 区操作面板，这里截取该区域和 Unity Editor Scene 区域放在一起以便讲解。

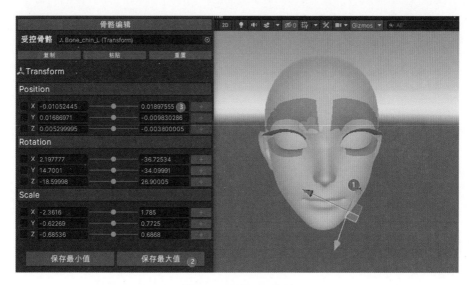

图 8.6　骨骼范围录制

如图 8.6 所示，首先在 Unity Editor Scene 区域中将对应骨骼拉到指定位置（标号为 1 的操作），然后单击"保存最大值"按钮（标号为 2），保存之后标号为 3 的区域将自动更新为标号 1 操作中的位置，代表该分量最大值录制完成。其他分量录制操作步骤类似。

至此，控制器数据生成的主要过程介绍完毕，以上操作的最终目的是生产控制器引用的骨骼分量描述数据及骨骼分量范围数据，最终产出的数据样例如下。

```
//骨骼分量描述数据
<Controller UUID="9a693672a4b24c1aaf3f023b68c847fd" Group="下巴">
  <Name>下巴宽度</Name>
  <BoneList>
      <BoneRef BoneName="Bone_muoth" apllyTarget="ScaleZ" />
      <BoneRef BoneName="Bone_chin_L" applyTarget="PositionX" />
  </BoneList>
</Controller>
//骨骼分量范围数据
<BoneRange BoneName="Bone_mouth">
  <RangeInfo>
        <PositionMinValue X="-0.00374114886" Y="0.003576368" Z="-
0.00379999471" />
        <PositionMaxValue X="0.00173887331" Y-"-0.004123628"
Z="0.0034000054" />
        <RotationMinValue X="-14.9999809" Y="14.9999762" Z="14.9999762" />
        <RotationMaxValue X="15.0000162" Y="-15.0000191" Z="-
15.0000191" />
        <ScaleMinValue X="-0.46280998" Y="-0.28779" Z="-0.41591" />
        <ScaleMaxValue X="0.223999977" Y="0.370169163" Z="0.340800047" />
```

```
    </RangeInfo>
</BoneRange>
<BoneRange BoneName="Bone_chin_L">
    <RangeInfo>
        <PositionMinValue X="-0.0105244517" Y="0.01686917145"
Z="0.00529999472" />
        <PositionMaxValue X="0.0189755484" Y="-0.009830286" Z="-
0.00380000472" />
        <RotationMinValue X="2.19777679" Y="14.7001038" Z="-18.5999756" />
        <RotationMaxValue X="-36.72534" Y="-34.0999146" Z="26.9000549" />
        <ScaleMinValue X="-2.3616004" Y="-0.622689962" Z="-0.68536" />
        <ScaleMaxValue X="1.78500021" Y="0.772500038" Z="0.6868" />
    </RangeInfo>
</BoneRange>
```

控制器数据制作完成后，为了方便制作人员预览制作效果，捏脸编辑器提供了预览功能，如图 8.7 所示。

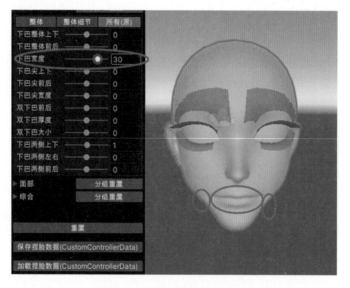

图 8.7　捏脸编辑器预览功能

将刚刚制作完毕的下巴宽度控制器的滑杆拉到最左边，在 Unity Editor Scene 界面相应地实时显示出来控制器的控制效果。以上描述的从制作控制器到预览这个流程可以反复进行，任意环节都可以独立反复修改和反复预览。

经过 8.3.2 节的制作流程和生产数据过程的介绍，我们明确了控制器的制作过程，下面从逻辑实现的角度介绍滑杆滑动后逻辑驱动骨骼变化、低模特征脸 Bake 等方面的细节。

8.3.3　捏脸运行时

玩家在各类拥有自定义形象功能的游戏中，通常可看到如图 8.8 所示的游戏捏脸界面，并通过该界面提供的功能完成角色面部形象的制作。

图 8.8　游戏捏脸界面

当用户滑动滑杆时，游戏客户端向捏脸运行时发送逻辑消息，以触发逻辑完成捏脸。

滑杆滑动计算逻辑流程如图 8.9 所示，滑动某个滑杆时将构造一个以 uuid 和滑动值为基础信息的消息发送给计算逻辑，计算逻辑从数据模块查询该控制器影响的骨骼分量，根据影响目标调用 Position Handler、Scale Handler 或 Rotation Handler 完成对应骨骼分量的 Transform 数值计算并进行设置，从而得到捏脸结果。

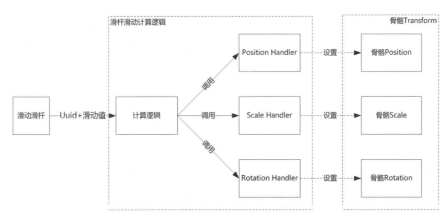

图 8.9　滑杆滑动计算逻辑流程

玩家完成捏脸后单击"完成创建"按钮，捏脸运行时记录滑杆的当前游标值，以便玩家再次进入游戏时进行脸型的还原，同时捏脸运行时将捏脸骨骼剔除后生成低模特征脸。本步骤还需要解决从高模到低模的映射问题，因为捏脸功能界面往往用的是高骨骼的高模，而最后需要输出低模。本方案采用的解决方法是引入辅助映射模型来进行高低模映射。

高低模映射过程如图 8.10 所示，A 代表捏脸界面的高骨骼高模，B 代表辅助映射模型，B 与 A 拥有相同的骨骼结构但模型面数更低。映射过程是指将 A 捏脸骨骼的 Transform 赋予 B 后，对 B 进行 Bake Mesh 得到低模网格 C。

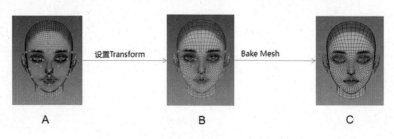

图 8.10　高低模映射过程

8.3.4　小结

高自由度的捏脸系统可以给每位玩家赋予不同的形象，从而使得游戏更具带入感。然而，仅有一张木讷、静态的特征脸是远远不够的，如何为玩家各具特色的面部形象赋予生动细腻的表情动画呢？接下来将阐述表情系统的基础原理及相关技术。

8.4　表情系统原理与表情捕捉技术

2019 年，《使命召唤：现代战争》重启，在全新人脸技术加持下，普莱斯队长的一个眼神，便勾起无数玩家的热血青春。2020 年，PC 版《死亡搁浅》凭借着 CG 电影级别的实时动画，让玩家即使"送快递"也乐在其中。新技术模糊了虚拟与真实的界限，将 3A 级表情动画拔高到新的层次。这些细腻惊艳的表情动画，是如何实现的呢？

8.4.1　表情系统原理

表情动画的核心是模拟肌肉动作。与肢体动画的骨骼不同，面部只有下颌骨能运动，表情的形成主要依赖面部肌肉收缩带动皮肤出现拉伸、褶皱。人类的面部有 43 块肌肉，它们形状、力度、动态各有不同，互相组合能出现不同的表情[①]。

在以往的方案中，常用骨骼驱动面部肌肉。但骨骼的表情效果僵硬，运动缺乏动感，难以做到逼真。原因主要在于，面部肌肉的运动不是线性的。例如，人在微笑时，嘴唇沿着椭圆形扩张，顺着牙槽向后滑动，脸颊沿着球面向外突出。但是骨骼只能模拟单方向线性移动，很难表达这些细腻的动态。

Paul Ekman 博士对表情动作颇有研究，提出了基础表情，即人类所能做出的最简单的表情，通过组合基础表情可以得到所有完整表情。根据这一研究，他总结出版了《面部编码系统》[②]，简称 FACS，其中列出了全部基础表情及组合得到的完整表情。核心基础表情如表 8.2 所示。

表 8.2　核心基础表情

AU	FACS Name	AU	FACS Name
0	Neutral face	15	Lip corner depressor
1	Inner brow raiser	16	Lower lip depressor
2	Outer brow raiser	17	Chin raiser
4	Brow lowerer	18	Lip pucker
5	Upper lid raiser	19	Tongue show
6	Cheek raiser	20	Lip stretcher
7	Lid tightener	21	Neck tightener
8	Lips toward each other	22	Lip funneler
9	Nose wrinkler	23	Lip tightener
10	Upper lip raiser	24	Lip pressor
11	Nasolabial deepener	25	Lips part
12	Lip corner puller	26	Jaw drop
13	Sharp lip puller	27	Mouth stretch
14	Dimpler	28	Lip suck

受 FACS 启发，影视、游戏行业开始应用 Blendshape 方案。Blendshape 方案基于 FACS，将单独的 AU 制作成模型后，根据 FACS 原理将其混合（Blend），便得到了细腻的动画。根据对精细程度的要求，在不同解决方案中，Blendshapes 的数量有所不同。苹果公司的 Blendshapes 制作标准中有基于 FACS 的 28 个核心 AU，将其中左右对称的部分 AU 拆分成 2 个单独的基础表情后，共规定了 51 个基础表情。Blendshape 动画的制作流程如下。

① KALRA P, MANGILI A, THALMANN N M, et al. Simulation of facial muscle actions based on rational free form deformations[J]. Wiley Online Library, 1992, 11(3): 59-69.

② EKMAN P. Facial action coding system[M]. Consultion Psychologists Press, Palo Alto, 1977.

（1）制作 51 个基础模型，对应标准中的 51 个基础表情。

（2）利用基础模型组合，得到静态的完整表情，如图 8.11 所示。

（3）每一帧对应一个静态表情，便得到了表情动画。

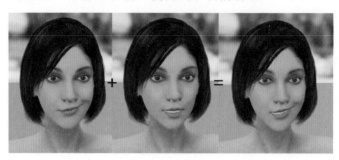

图 8.11　Blendshape 叠加

Blendshape 方案有许多优点，如手工制作基础模型，保证细节表现力；基于顶点插值，让表情过渡自然有动感；动画是组合序列，与模型无关，因此数据量小。Blendshape 方案的缺点是速度慢，因为要对每个顶点进行运算。目前成熟的解决办法是混合使用 Blendshape 与骨骼，同时并行使用加速算法，从而部分缓解速度问题。

目前，Blendshape 方案已经被影视行业接纳，几乎成为 3A 游戏的标配。近年来，《死亡搁浅》《鬼泣 5》《生化危机 3》《使命召唤 17》等游戏都采纳 Blendshape 方案，展示出了更加细致逼真的表情动画。在未来的游戏行业中，基于 FACS 的 Blendshape 方案会越来越普及，表情动画的整体水准会越来越高。

8.4.2　表情捕捉

经过 8.4.1 节的介绍，大家了解了表情系统原理及其在业界各种游戏中的应用。本节将向大家具体介绍业界现有的一些表情捕捉方案。业界现有的主流表情捕捉方案为 Cubic Motion、Dynamixyz、Tmojis、ARkit。根据表情捕捉方案的质量和易用性，我们对几种主流方案进行了分析、定位。

8.4.2.1　Cubic Motion

Cubic Motion 方案（见图 8.12）是英国的一家面部绑定捕捉技术服务商提供的方案，具备非常高精度的表情捕捉能力，代表了表情捕捉领域的高级水平，代表作为 Siren。

优点：表情精度非常高。

缺点：穿戴式，前期准备周期长，只卖服务，价格昂贵。

图 8.12　Cubic Motion 方案

8.4.2.2　Dynamixyz

Dynamixyz 方案（见图 8.13）是一家法国公司提供的表情捕捉商业化解决方案，也是目前大家所能拿到的相对成熟的商业化解决方案，被育碧、EA、腾讯、西山居等游戏厂商使用，代表作为《刺客信条：奥德赛》。

优点：表情精度高。

缺点：穿戴式，设备较昂贵，前期准备周期长。

图 8.13　Dynamixyz 方案

8.4.2.3　ARkit

ARKit 是苹果公司推出的一套增强现实开发组件，其中包含基于最新 iPhone 的 Animoji 表情驱动功能（见图 8.14），对于一些轻量级的表情捕捉应用具备快速开发优势。

优点：轻量级应用快速开发。

缺点：精度相对较低，可定制化程度低。

图 8.14　Animoji 表情驱动功能

8.4.2.4 Tmojis

Tmojis 是由腾讯互动娱乐事业群品质管理部自研的一套表情捕捉工具链，具备 3D 建模、实时表情捕捉、Blendshape 自动生成、Blendshape 动画自动转骨骼动画等能力，目前已在腾讯多个在研游戏制作中广泛应用。Tmojis 原理如图 8.15 所示。

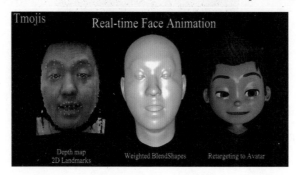

图 8.15　Tmojis 原理

Tmojis 具备的能力如图 8.16 所示。

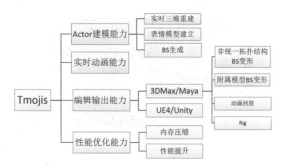

图 8.16　Tmojis 具备的能力

Tmojis 的关键表情生成过程如图 8.17 所示。

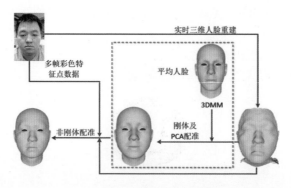

图 8.17　Tmojis 的关键表情生成过程

Tmojis 中核心的一点是建立当前用户的标准模型及 Blendshape 模型。在每个模型建立过程中，首先会采集多帧深度和彩色图像，重建出非统一拓扑结构的人脸模型。然后借助 3DMM 建立出一个和用户相似的标准拓扑人脸，最后通过非刚体配准算法建立出高精度的人脸。在图 8.17 中，虚线框中的处理流程只在生成标准人脸模型的时候使用。3DMM 是一个 3D 人脸数据库，包含几百个不同的标准人脸模型及纹理等信息[①]。

Tmojis 提供表情传递功能，即可以把模板模型的 Blendshape 快速传递给 Avatar，从而快速生成 Avatar 的 Blendshape 模型。表情传递过程如图 8.18 所示。

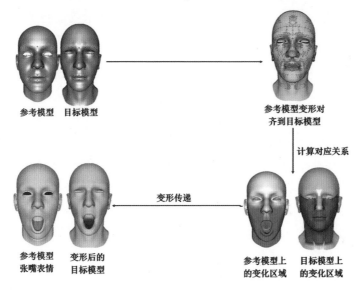

图 8.18　表情传递过程

优点：表情精度高，工具链完整，易用性强，成本低，表演者专业性要求低，高度可定制化，强大的后期编辑能力。

缺点：尚需一些前期准备工作。

由于 Cubic Motion 的易用性限制及 ARKit 的精度问题，目前腾讯内部项目组主要采用 Dynamixyz 与 Tmojis 结合的方式进行游戏表情捕捉。其中，表情细节要求高的 CG 动画一般使用 Dynamixyz 进行捕捉；而对于大量的剧情对话，游戏策划及美术人员使用 Tmojis 进行快速捕捉。

Tmojis 动作捕捉输出的是每帧动画的 Blendshape 系数，需要提前准备好游戏

① BLANZ V, VETTER T. A morphable model for the synthesis of 3D faces[C]//Proceedings of the 26th annual conference on Computer graphics and interactive techniques. ACM Siggraph, 2002:187-194.

模型的 Blendshape，Tmojis 内部集成了此项功能，可帮助美术师快速生成游戏模型的 Blendshape。在此基础上将动画给到游戏模型，即可获得相应的游戏动画。

游戏动画的实现方式并不是只有 Blendshape 一种，另一种常用的动画实现方式是骨骼动画，对于性能要求较严格的游戏，更多采用骨骼动画或两者结合的方式。Tmojis 提供了 Blendshape 动画自动转骨骼动画的功能，游戏项目可以根据实际需求选择合适的方案。

表情捕捉是制作高质量动画的关键一环，如果没有可用的高精度的 Blendshape 或骨骼蒙皮，最终的动画效果将大打折扣。另外，对于手游，性能是需要重点考虑的一环。8.5 节将对模型动画补偿技术及性能优化方案进行详细介绍。

8.5　表情动画补偿与性能优化方案

将基于标准模型制作的精美的表情动画应用到玩家特征脸上时会出现眼睛无法闭合或过度闭合的问题，有时甚至会非常惊悚。针对此问题，项目团队设计了运行时自动生成补偿动画的方案，对特定的 FACS 基础表情进行修正。该方案具有较小的性能开销代价，无须额外网络传输，获得了比较好的效果。同时，在中低端移动设备上播放 Blendshape 动画的性能压力很大，性能优化和 LOD 方案不可或缺。

8.5.1　表情动画补偿技术

在 FACS 的核心基础表情中，眼睛闭合的基础表情在应用到特征脸上时非常容易出问题。表情动画补偿技术的朴素想法是，基于游戏动画师在标准模型上制作的基础表情，表达每个局部表情的极限，并且用该表情极限状态关键顶点的相对位置关系表达表情特征。例如，眼皮向下闭合，当该基础表情权重为 100%的时候，眼睛的局部顶点在标准模型呈现的位置关系表达了眼睛处于完全闭合的状态，如图 8.1 中左侧模型所示。当眼睛闭合的时候，上眼皮顶点和下眼皮顶点的相对位置关系表达了该闭眼表情的特征。那么，提取出这些关键顶点在标准模型上的相对位置，在特征脸上应用表情时，通过一个补偿动画将表达表情特征的关键顶点的相对位置关系还原，同时平滑这些关键顶点相邻的其他顶点，即可得到动画师预期的表情效果。无论玩家捏出的是眯缝眼、丹凤眼还是水汪汪的超大眼睛，补偿动画与被补偿的基础表情都以被补偿表情的相同权重叠加，这既使得眼睛完美闭合，又保持了眼睛闭合后的玩家捏出的形状特征。

8.5.1.1　Blendshape 补偿

网格模型变形是计算机图形学中几何建模领域非常重要的一部分。基于 Laplacian 算子的约束是一种在模型变形过程中保证局部平滑的有效方法。本节将对 Laplacian 算子的原理进行介绍。

对于一个三角形网格模型的每个离散点 V_i，其局部的细节信息可以用离散 Laplacian 算子来描述，即 V_i 与 V_i 相连的所有离散点 V_j，$\forall j \in N(i)$ 的中心位置的向量 $l_i = \sum\limits_{j}^{N(i)} w_{ij} V_j - V_i$。如图 8.19 所示，Laplacian 算子的权重可以是均值权重或 cot 权重：$w_{ij} = \dfrac{1}{2}\left(\cot\alpha_j + \cot\beta_j\right)$，且 $\sum\limits_{j}^{N(i)} w_{ij} = 1$。其中，cot 权重更能反映离散采样点的局部分布细节，所以一般采用 cot 权重。α_j 和 β_j 是图 8.19 中的两个夹角。

在模型变形中一般采用以下形式进行约束：

$$E_{\text{Lap}} = \sum_{i=1}^{n} \| \sum_{j}^{N(i)} w_{ij} V_j - V_i \|^2$$

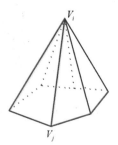
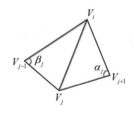

图 8.19　Laplacian 算子

以上就是离散 Laplacian 算子在图形变形中的计算方法及约束方式[1][2]。有了上述计算方法，接下来介绍如何对捏脸后穿帮的表情进行修正。在日常生活中，衣服破了，需要用针线进行缝补。其实穿帮表情的修正类似，图 8.20 详细描述了表情修正的过程，修正后的表情是由原始的眼睛 Blendshape（图 8.20 中的第三步）

① SORKINE O, COHEN-OR D, LIPMAN Y, et al. Laplacian surface editing[C]//Proceedings of the 2004 Eurographics, ACM SIGGRAPH symposium on Geometry processing. In Proceedings of SGP, 2004:179-188.

② DESBRUN M, MEYER M, SCHRÖDER P, et al. Implicit fairing of irregular meshes using diffusion and curvature flow[C]//Proceedings of the 26th annual conference on Computer graphics and interactive techniques. ACM Press, Addison-Wesley Publishing Co. 1999:317-324.

与对眼睛局部网格进行 Laplacian 网格变形后得到的新 Blendshape 一起参与计算得到的结果。之所以这样做，是因为同一个模型，会捏出各种各样的新模型，如果为这些模型都存储一份 Blendshape 数据，那么内存消耗会非常严重。在本章采用的修正计算方法中，同一个模型的新模型共用基础的 Blendshape 数据，只有修正的 Blendshape 才有单独的数据，这样可以节约内存，而根据标记的眼睛轮廓提取出眼睛的 Mesh 信息，是为了减少 Laplacian 计算。

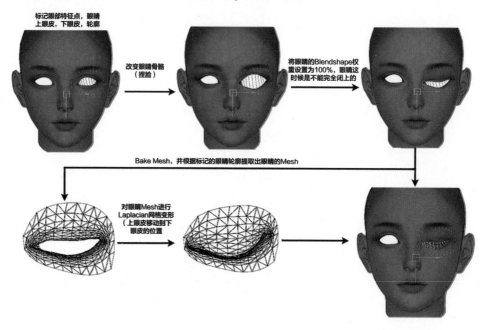

图 8.20　表情修正过程

8.5.2　表情动画性能优化

本节将介绍对表情动画（Blendshape）进行性能优化的方案。Blendshape 的计算很简单，计算公式为 $S_0 = S_0 + \sum_{i=1}^{n} W_i B_i$，面部表情通常由多个中立表情组合而成，Blendshape 越多，Blendshape 影响的顶点越多，计算量越大。对于实时性要求较高的游戏来说，计算开销就比较大了，因此优化方案的重点是减少计算量及采用并行计算。

目前，常用的游戏引擎基本上都有多线程计算能力。不过，类似 Unity 这样的引擎，虽然 Blendshape 的计算是多线程的，但是 UI 线程需要等待计算结果。当计算量很大的时候，就可能导致 UI 线程卡顿，而且 Unity 引擎没有针对

Blendshape 的计算进行专门的优化。基于上述引擎的缺点，本节将着重介绍优化方案的设计与实现。

8.5.2.1　多线程异步计算方案（基于 Unity 引擎）

多线程异步计算方案的目的是将 Blendshape 计算过程与引擎独立，即引擎不受 Blendshape 计算影响，同时针对移动平台进行特定优化。多线程异步计算方案采用 C++语言编写实现，为了提升性能，该方案设计了一套高效的 C#层到 C++层的数据读写方案，并且为了减少线程切换带来的消耗，将计算线程绑定到 CPU 特定的核上运行。多线程异步计算方案软件结构如图 8.21 所示。

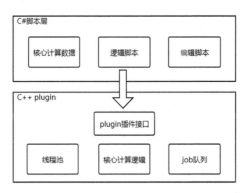

图 8.21　多线程异步计算方案软件结构

整体设计框架分为 C#层和 C++层，C#层主要负责 Blendshape 计算用到的核心数据的获取、数据管理、将数据传入 C++层进行计算等；C++层主要负责提供 API 给 C#层调用、线程池管理、核心逻辑计算。

1．数据结构设计

```
//动画数据
[System.Serializable]
public struct BlendshapeAnimation //动画数据
{
  public int clipLength;//clips 长度
  public BlendshapeClip[] clips; //具体的动画 clip
}

[System.Serializable]
public struct BlendshapeClip
{
  public byte[] name; //clip 名字
  public int nameLength; //clip 名字的长度
  public float length; //clip 的动画时长
  public int wrapMode;  //播放模式，循环或单次
```

```
      public int curveLength; //动画曲线的数量（通常等于基础表情数量）
      public BlendshapeCurve[] curves;
}

[System.Serializable]
public struct BlendshapeCurve
{
    public int targetIndex;    //Blendshape 的 index
    public int frameLength;    //关键帧长度
    public BlendshapeFrame[] frames; //关键帧
}

[System.Serializable]
public struct BlendshapeFrame
{
    public float time; //关键帧时长
    public float weight; //Blendshape 权重
}

//Blendshape 数据
[System.Serializable]
public struct BlendshapeSection
{
    public int startIndex; //连续顶点分段的起始 index
    public int num;          //连续顶点的数量
}

[System.Serializable]
public struct Blendshape
{
    public int channel;  //Blendshape channel
    public int vertexCount; //Blendshape 影响的顶点数量
    public int sectionNum;  //顶点分段数量
    public BlendshapeSection[] sections;
    public float[] vertices; //Blendshape 差值，根据模型的设置不同，可能包含
position、normal、tangent
}

[System.Serializable]
public struct BlendshapeData //BlendShap 数据
{
    public int BlendshapeCount; //Blendshape 数量
    public Blendshape[] shapes;
}

//模型数据
[System.Serializable]
public struct MeshVertexNormal
{
    public Vector3 vertex;
```

```
  public Vector3 normal;
}

[System.Serializable]
public struct BlendshapeMeshWithNormal
{
  public int vertexCount;
  public int stride;
  public bool hasNormal;
  public bool hasTangent;
  public MeshVertexNormal[] meshData;
  public BlendshapeMeshVertexNormal[] caculateMeshData;
}
```

在上述数据结构设计中，有一点需要注意，模型的定义只列举了一种情况（模型的顶点属性有 position 和 normal），实际上模型的数据可能只有 position，或者同时有 position、normal、tangent，所以 struct 的定义需要加上这两种情况。之所以这样做，是因为 Blendshape 计算完成后，调用了 Unity3D 引擎的 API 来设置模型的 Vertex。Unity 引擎更新顶点数据 API 如图 8.22 所示。

public void **SetVertexBufferData**(NativeArray<T> **data**, int **dataStart**, int **meshBufferStart**, int **count**, int **stream**, <u>Rendering.MeshUpdateFlags</u> **flags**);
public void **SetVertexBufferData**(T[] **data**, int **dataStart**, int **meshBufferStart**, int **count**, int **stream**, <u>Rendering.MeshUpdateFlags</u> **flags**);
public void **SetVertexBufferData**(List<T> **data**, int **dataStart**, int **meshBufferStart**, int **count**, int **stream**, <u>Rendering.MeshUpdateFlags</u> **flags**);

图 8.22　Unity 引擎更新顶点数据 API

其中，T 是 struct。上述 API 需要 Unity3D 2019.3 以上的版本。

2．计算流程

上面详细介绍了 Blendshape 计算所需要的核心数据，接下来详细介绍整体的计算流程，计算流程分成了两部分：第一部分为将数据从 C#层传递到 C++层进行 Blendshape 计算；第二部分为当计算完成时，应用计算结果。图 8.23 所示为计算流程的第一部分。

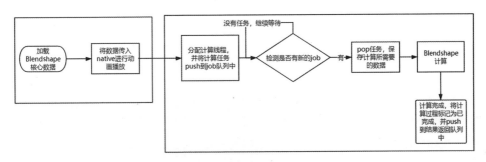

图 8.23　计算流程的第一部分

在本节的设计方案中，需要将 C#层的数据传递给 C++层进行计算，计算完成后，则需要把计算数据返回 C#层。通常 Unity3D 引擎的做法是采用 Marshal.StructureToPtr 和 Marshal.PtrToStruct 进行 C#层和 C++层之间的数据转换，这就带来了一定的转换开销。为了高效地传递数据，本节的实现方案将计算所用到的数据（包括计算结果数据）从 C#层传递到 C++层，C++层计算完成后，直接修改 C#层传递的计算结果数据，无须将计算结果传递给 C#层。要想将 C#层的数据传递到 C++层，首先需要通过 Unity3D 引擎提供的 UnsafeUtility.AddressOf()接口获取 struct 的地址，然后将这个地址传递到 C++层，不过有一点需要注意，如果 struct 里面定义的都是简单的数据类型（如 int、float 等），则可以直接使用传递过来的数据；如果 struct 里面包含了数组，则不能直接使用。假设 C#层的 struct 如下。

```
public struct test
{
  public int myTest;
  public int[] myTest1;
}
```

那么对应的 C++层的 struct 应该如下。

```
struct test
{
  public:
  int myTest;
  int* myTest1;
};
```

如果想访问 myTest1 数组的内容，在 C++层是不能直接用数组下标访问的，因为 C#层的数组包含了一个 head，所以想要正确访问 myTest1 数组的内容需要加上 head 的偏移，head 的偏移为 sizeof(void*)×4，实例代码如下。

```
int* pTemp = (int*)((char*)myTest1 + sizeof(void*)*4)
int temp = pTemp[0];
```

由于涉及多线程数据的安全，在任务队列的设计上，采用无锁循环队列实现，以保证高效的计算能力。

3. SIMD 优化

SIMD 即单指令流多数据流，也就是说一条指令可以处理多个数据。目前移动平台绝大部分的芯片采用的是 ARM 架构，因此本节所指的 SIMD 指令优化是基于 ARM 指令实现的。在介绍核心数据结构设计的时候，将 Blendshape 的数据按照顶点的连续性进行了分段，如图 8.24 所示。

图 8.24　连续性分段

　　接下来就可以根据顶点的连续数量，判断可以进行多少次 SIMD 指令运算。假设有 5 个连续的顶点，每个顶点需要计算 position 和 normal。那么可以进行 SIMD 指令运算的次数为 5×6/4=7 次，剩下的 2 次 float 运算需要单独进行，相关实现代码如下。

```
BlendshapeSection* section = pShapes[i].GetSection();
float32x4_t fWeights_4 = vmovq_n_f32(mWeights[i]);
for (int iScetion = 0; iScetion < pShapes[i].sectionNum; iScetion++)
{
    int index = iScetion << 1;
    int starIndex = section[index].startIndex;
    int continueNum = section[index].num;

    int nParallelNum = continueNum >> 2;
    float* target = pDstVertex + starIndex;
    float* pVerDelta = pBlendshapeVertices;
    //首先计算 4 的整数倍
    for (int npara = 0; npara < nParallelNum; npara++)
    {
        float32x4_t deltaV = vld1q_f32((float32_t *)pVerDelta);
        float32x4_t dstV = vld1q_f32((float32_t *)target);
        float32x4_t m = vmulq_f32(deltaV, fWeights_4);
        vst1q_f32(target, vaddq_f32(dstV, m));
        target += 4;
        pVerDelta += 4;
    }
    //如果还有未计算完的，则单独计算
    for (int nver = nParallelNum << 2; nver < continueNum; nver++)
    {
        *target += mWeights[i] * (*pVerDelta);
        pVerDelta++;
        target++;
    }
    pBlendshapeVertices += continueNum;
}
```

4．骨骼、Blendshape 混合优化方案

上述 SIMD 优化方案虽然能提升不少的计算性能，但是对于一些低端的机器来说，当进行大量的 Blendshape 计算时，仍然容易出现卡顿。针对低端的机器，接下来将介绍一种基于骨骼和 Blendshape 混合使用的方案，该方案能够降低 Blendshape 的计算开销，从而提升表情在低端机器上的表现。第一步，根据基础的 Blendshape，制作对应的骨骼动画。例如，基础的 Blendshape 有 51 个，那么在骨骼动画中，需要有 51 个关键帧，每个关键帧对应一个基础的 Blendshape 权重为 100%时的表情，如图 8.25 所示。

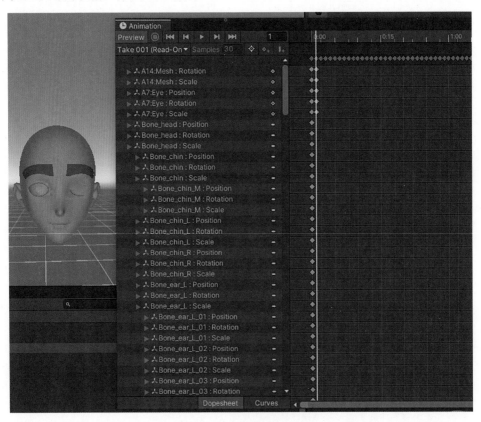

图 8.25　骨骼动画资源

注意：在骨骼动画中，第 i 个关键帧对应第 i 个基础的 Blendshape。第二步，根据需要替换的 Blendshape，提取骨骼的关键数据，关键数据包括关键帧影响骨骼的数量、影响骨骼在 SkinnedMeshRenderer bones 中的索引、影响骨骼的变化属性（位置属性或旋转属性或缩放属性），变化属性可能有多个。第三步，提取出骨骼的关键数据后，传入 native 进行计算。因为计算 Blendshape 的时候，已

经算出了对应的 weight，所以利用 weight 来计算骨骼属性的差值即可。相关实现代码如下。

```
for (int i = 0; i < pBoneAnimationData->length; i++) {
  for (int iBone = 0; iBone < pBoneAnimation->length; iBone++) {
    // 如果权重为 0，则不需要计算
    if (mWeights[nChannel] <= 0.0f) continue;

    if (pBone[iBone].flag & PositionChanged) {
      pMeshBoneCaculate[boneIndex].position.x +=
          pBone[iBone].positionChanged.x * mWeights[nChannel];
      pMeshBoneCaculate[boneIndex].position.y +=
          pBone[iBone].positionChanged.y * mWeights[nChannel];
      pMeshBoneCaculate[boneIndex].position.z +=
          pBone[iBone].positionChanged.z * mWeights[nChannel];
    }

    if (pBone[iBone].flag & RotationChanged) {
      pMeshBoneCaculate[boneIndex].rotation.x +=
          pBone[iBone].rotationChanged.x * mWeights[nChannel];
      pMeshBoneCaculate[boneIndex].rotation.y +=
          pBone[iBone].rotationChanged.y * mWeights[nChannel];
      pMeshBoneCaculate[boneIndex].rotation.z +=
          pBone[iBone].rotationChanged.z * mWeights[nChannel];
      pMeshBoneCaculate[boneIndex].rotation.w +=
          pBone[iBone].rotationChanged.w * mWeights[nChannel];
    }

    if (pBone[iBone].flag & ScaleChanged) {
      pMeshBoneCaculate[boneIndex].scale.x += pBone[iBone].scaleChanged.x
* mWeights[nChannel];
      pMeshBoneCaculate[boneIndex].scale.y += pBone[iBone].scaleChanged.y
* mWeights[nChannel];
      pMeshBoneCaculate[boneIndex].scale.z += pBone[iBone].scaleChanged.z
* mWeights[nChannel];
    }
  }
}
```

经过以上步骤，就可以利用骨骼来替换 Blendshape。基于上述计算方法，我们进行了相关数据的测试，使用的测试模型顶点有 3328 个，骨骼数量为 69 块，表情动画时长为 18s，测试方法为对表情动画进行 10000 次关键帧计算（对比 3 种计算方式：只计算 Blendshape，计算 Blendshape+骨骼，只计算骨骼），同时记录计算耗时。表 8.3 所示为 Windows PC 测试数据，表 8.4 所示为 Android 手机测试数据。

表 8.3　Windows PC 测试数据

系统:Win10 处理器:Intel i7-9700	51 个 BS	26 个 BS+25 块骨骼	51 块骨骼
BS 动画计算耗时/ms	4496	2253	0
骨骼动画计算耗时/ms	0	19	60
蒙皮相关矩阵预计算耗时/ms	6	13	13
蒙皮计算耗时/ms	339	325	343
总耗时/ms	4841	2610	416

表 8.4　Android 手机测试数据

Android:华为 Mate10 Pro 处理器:Kirin970	51 个 BS	26 个 BS+25 块骨骼	51 块骨骼
BS 动画计算耗时/ms	18328	9523	0
骨骼动画计算耗时/ms	0	297	639
蒙皮相关矩阵预计算耗时/ms	120	231	260
蒙皮计算耗时/ms	4423	4304	4215
总耗时/ms	22871	14355	5114

从测试数据中可以看出，越多将 Blendshape 替换成骨骼，计算性能提升越明显，所以针对低端机器，可以将一部分不影响表现或影响比较小的 Blendshape 动画采用骨骼动画来实现。

8.5.2.2　大规模 BS 数据压缩

上文介绍了多线程异步计算方案和骨骼、Blendshape 混合优化方案，接下来介绍一种针对大规模 Blendshapes 的有效压缩方案，该方案在 Blendshapes 个数达到几百上千乃至更多时更加有效。

首先，该方案将 Blendshapes 写成如图 8.26 左侧所示的矩阵形式（$M{\times}N$），M 表示 Blendshape 顶点个数×3，N 表示 Blendshape 的个数。

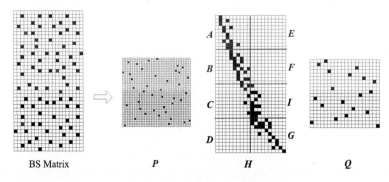

图 8.26　Blendshape 矩阵重排

通过对原始矩阵的行和列进行重排，可以得到图 8.26 右侧 3 个矩阵连乘的形式，此时更多的数据信息集中在矩阵 H 的对角线上。对矩阵 H 进行分块，只需要继续处理有数据的块。

在不断拆分的过程中，根据设定的损失率允许每个块存在以下形式：Dense 稠密矩阵、Sparse 矩阵、SVD 分解 PCA 降维后的矩阵。继续向下拆分。

分块递归流程如图 8.27 所示，矩阵分块情况如图 8.28 所示。

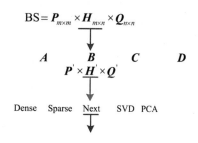

图 8.27　分块递归流程

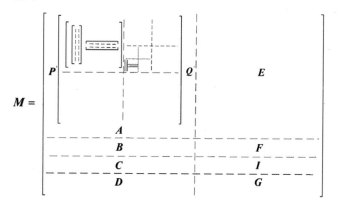

图 8.28　矩阵分块情况

表 8.5 所示为压缩率对比。其中，Mat 和 Alex 为自研游戏模型数据，共有 51 个 BS；Dumb 和 Dumber 为公开数据集，分别有 730 和 625 个 BS[①]。

表 8.5　压缩率对比

	Mat（51）	Alex（51）	Dumb（730）	Dumber（625）
UE4 方案压缩率	14.6%	12.7%	21.2%	23.1%
大规模 BS 数据压缩方案压缩率	29.1%	25.3%	13.9%	15.6%

Jaewoo Seo 等人的实验结果显示，Blendshapes 个数越多，压缩效果越好，所以大规模 BS 数据压缩方案主要适用于模型 Blendshape 个数多、细节要求高的模型，如 CG 动画等，对于只有几十个 Blendshape 的情况并不是最好的选择[②]。

---

①　SEO J, IRVING G, LEWIS J P, et al. Compression and direct manipulation of complex blendshape models[J]. ACM Transactions on Graphics (TOG), 2011, 30(6): 1-10.

②　ANDREEV D A. Blendshape compression system[Z]. Google Patents, 2018.

8.6 总结

制作游戏角色一直是游戏研发中的重点工作之一，面部系统又是表达角色情绪状态关键的一环。捏脸编辑器帮助游戏动画师对不同的基础模型（男、女、老、幼及不同种族等）高效地进行捏脸控制器编辑调试。面部捕捉技术的应用，极大降低了高度拟真、细腻表情的制作成本。本章设计的捏脸及表情系统采用表情补偿方案解决了表情重定向后的穿帮问题，游戏动画师可以设定更大的捏脸自由度，无须在捏脸幅度控制和表情动画之间反复适配。高自由度的捏脸系统不仅可以在游戏客户端带给玩家千人千面的个性化体验，还可以用于制作游戏 NPC。通常在MMORPG 游戏中，需要制作大量的 NPC，通过捏脸的方式制作，既可提升制作效率，又可减少游戏需要的 NPC 美术资源。

部分 III

动画和物理

多足机甲运动控制解决方案

9.1 机甲题材的游戏

"机甲是男人的浪漫！"很多男孩在童年时期抱有对机甲的憧憬，机甲题材的影视或游戏作品一直以来广受大家的喜爱。在过去的几年里，作者和一群志同道合的小伙伴们曾一起奋斗，尝试打造一款属于自己的机甲游戏。对比两足（Biped）人形角色，制作多足机甲的运动动画需要面对更多的问题。例如，不可忽视的滑步、多样造型的需求，以及高频的测试迭代。传统方法解决这些问题往往需要铺设大量的动画资源和繁杂的跳转逻辑，从而给项目带来巨大的工作量和复杂度，对于中小型团队，开发成本难以承担。我们经过在实际项目中探索和实践后，总结了一套以程序化动画为核心，结合动画序列、曲线控制及物理模拟等手段来增强表现力的解决方案。该方案不仅从根本上解决了滑步问题，还能为不同形态的机甲快速生产和迭代运动动画，使小团队在人力资源有限的情况下，依然能高效地打造高品质的机甲运动效果。本章记录了当时在多足机甲的运动表现上所遇到的问题及解决方案，希望能为有类似需求的其他游戏开发者提供一些帮助或启发。

9.1.1 需求及问题

首先介绍开发团队当时所希望达成的需求目标及所遇到的问题，从而帮助读者更好地理解这个解决方案诞生的缘由和过程。

9.1.1.1 庞大身躯

不同于《高达》中美型的人形机甲，本章所述的机甲风格走的是硬核路线，偏向于写实战争风的造型，其特点是身形巨大，极具重量感和压迫感，就像一座稳步推进、不可阻挡的移动堡垒。在为这样的机甲制作移动动画的过程中，团队遇到最大的问题就是滑步——机甲在行走过程中，脚步无法稳定地固定在地面上，像溜冰一样到处滑行。其实不少游戏都存在滑步现象，但通常人类角色步伐较小，步频较快，即使有滑步也不会表现得很明显。但在大型机甲身上滑步被显著放大，十分刺眼，严重影响了机甲的表现效果。

不考虑动画播放速度与移动速度不符的情况，滑步问题集中出现于角色起步、停步或转向的过程中，这种滑步的原因通常来自动画混合。动画混合的计算原理是对角色每一块需要混合的骨骼，分别获取在源动画 Pose_0 和目标动画 Pose_1 中的变换矩阵信息，用一个随着时间推移从 0 到 1 变化的权重 α，通过插值的方式混合得到一个新的变换矩阵。

$$\mathrm{Pose} = \{\mathrm{Bone}_0, \mathrm{Bone}_1, \mathrm{Bone}_2 \cdots \mathrm{Bone}_n\}$$
$$\mathrm{Pose}(\alpha) = \mathrm{Pose}_0 \cdot (1-\alpha) + \mathrm{Pose}_1 \cdot \alpha$$

例如，当角色从行走转变到站立姿态时，会在过渡期内同时播放行走和站立的动画序列，并根据过渡的进程将播放权重 α 慢慢从行走转移到站立，从而达到平滑过渡的效果。如果在两个动画序列中，角色着地的那条支撑腿的位置距离比较远，就会很明显地看到这条腿贴着地面滑行了一段距离，这种不会在现实世界中发生的违和现象，在游戏动画的开发中称为滑步。

9.1.1.2　形态各异

非人造型给了设计师很大的发挥空间，他们大开脑洞设计了各种造型迥异的机甲，有类似 4 条腿的乌龟造型，也有更多条腿的蜘蛛造型；即便是 2 条腿的造型，也大概率不同于人类，而更像马后腿的仿蹄形结构设计。图 9.1 展示了 3 种不同的腿部结构。

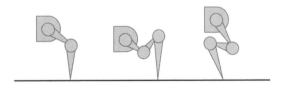

图 9.1　3 种不同的腿部结构

可以预见的是，游戏中各台机甲的骨架结构将完全不同，每一台机甲的动画都必须量身定制，这成为了项目动画工作量的主要所在。

9.1.1.3　制作管线

一方面，在游戏制作中，资源总是稀缺的，程序的职责之一就是用算法帮助美术师减轻工作负担。开发团队必须建立合理的机甲动画制作管线，并确保其不会成为项目量产阶段的瓶颈。

另一方面，开发团队会在机甲玩法上进行一些比较激进的探索和尝试。当一台新设计的机甲正式投入制作美术资源之前，开发人员会通过一些临时的简易模型及动画将机甲放入游戏进行玩法测试，在这个过程中，开发人员会频繁地修改机甲的运动参数以尝试获得更好的效果。为了快速响应这种测试迭代，用于测试机甲运动的动画需要能被快速地生产和修改，并尽可能少地占用动画师的工作时间。

9.1.2 方案探索

面对滑步的问题，传统的动画解决方案通常采用打补丁的方式。例如，从行走到站立的动画混合会产生滑步，就专门制作一个从行走转向站立的过渡动画序列来替代动画混合。但动画序列是固定的，而在游戏中玩家在操作机甲停步的那一刻，它的任何一条腿都有可能成为支撑腿，这种情况下就得锁定玩家的操作，等机甲的支撑腿与过渡动画的支撑腿匹配后再开始停步，如图 9.2 所示，这种方案会对玩家的操作造成严重的反馈延迟。

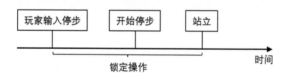

图 9.2　在播放过渡动画时锁定玩家操作

为了降低对玩家操作的影响，需要为每条腿的停步过渡制作一个动画序列。如果一台机甲被设计为有很多条腿的造型，就会直接放大此处的动画工作量。

除此之外，还需要考虑机甲在前进、后退、左右移动时有可能会采用不同的行走姿势，为了匹配这些姿势的停步，需要为它们分别制作过渡动画。进一步考虑的话，机甲还可能会有不同的移动速度，在行走和在奔跑中停步，也应该采用不同的过渡动画。如果对游戏品质有更高要求的话，可能还会对转向、上下坡等方面提出类似的需求。所有的这些，构成了过渡动画的不同维度，这些维度会以乘法的关系使过渡动画的需求量成倍增长。

显然这样的动画工作量是大多数动画师无法承受的，并且动画资源量的增长会导致动画状态机及动画树逻辑的复杂度增长，使其变得难以扩展或维护，这是开发团队不希望看到的。为了解决这一困境，团队决定采用程序化的方式来生成机甲的动画，这样可以完全规避动画混合带来的不良影响，从根本上解决滑步的问题，对玩家操作的响应速度也能极大提高。

Ahmad Abdul Karim 曾提出一套基于多足角色的程序化动画实现方案[①]，在不采用任何动画序列的情况下，完全通过程序计算对角色的运动动画进行模拟，这给了我们很大的启发，也是本章所描述方案的主要参考来源。但这种纯程序生成的动画难免有些机械化，很难达到动画师要求的艺术水平。为此，需要在程序化和预制动画序列之间找到一个平衡点，在尽可能不降低动画品质的前提下提升动画的制作效率。正如前面所分析的，大多数问题都集中于角色的脚步运动上，于是我们决定在预制动画序列的基础上，将脚步的动作交由程序计算，并通过 IK（Inverse Kinematics，逆向动力学）将两者结合。这样既避免了制作大量行走动画资源的需要，又能在最大程度上保留预制动画的表演效果，从而让动画师有充分的发挥空间。

下文将分 3 个小节对这一方案进行详细介绍。9.2 节将讲述如何通过程序化的方式来生成角色的运动动画；9.3 节将说明如何将程序动画与预制作的动画序列进行结合，并辅以曲线控制和简单的物理模拟来使运动动画的表现更为生动；9.4 节将讲解机甲在各种不同的地形上运动时，其脚步和身体进行的对应调整，以使呈现的效果更加真实可信。

9.2　程序化运动动画

既然打算通过程序来模拟行走运动的动画，就需要明白在运动的过程中到底发生了什么。简单来说，行走就是每条腿交替运动的不断循环。图 9.3 展示了人形角色步行循环的具体过程。

从图 9.3 中可以看到，腿的运动分为支撑阶段（Stance Phase）和摆动阶段（Swing Phase）。在支撑阶段，脚掌会贴合地面，借助与地面之间的静摩擦力来推动身体前进；在摆动阶段，脚掌会迈向身体将要前进的方向，寻找合适的落脚点为下一次支撑做准备。在一个循环中，每一条腿都会经历一次这两个阶段，并且为了保持身体的平衡，各条腿的支撑阶段会相互错开，这种各条腿之间的协作称为步态（Gait），而完成这个循环所需要的时间，就是步态周期。

下文将会详细说明脚步运动和步态是如何实现的。

---

① KARIM A A. Procedural locomotion of multi-legged characters in complex dynamic environments: real-time applications[D/OL]. HAL, 2012.

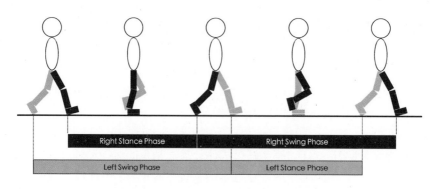

图 9.3　人形角色步行循环的具体过程

9.2.1　脚步运动

在现实生活中，人们在行走时是通过双脚蹬踩地面来推动身体的前进的。而在游戏世界中恰好相反，角色的移动通常是由专门的移动系统来直接控制的，为了让角色看起来在行走而非滑行，为角色加入了行走动画。通常动画师在制作行走动画时，都会基于角色在游戏中的移动速度来量身打造，这样才能让角色的行走表现有"脚踏实地"的感觉。脚步匹配移动，这是运动动画的基础目标。

现在要用程序化的方式来生成动画序列，首先要达成上述目标。由于脚在支撑阶段的位置是不会发生变化的，因此对脚步运动的计算主要集中在摆动阶段。摆动阶段本质上就是脚从抬脚点到落脚点的运动过程，只要能知道抬脚点和落脚点的位置，就可以通过插值的方式来不断更新脚在摆动过程中的位置变化。抬脚点是已知的，接下来的主要问题是如何预测落脚点的位置。

9.2.1.1　落脚点预测

角色的每一条腿在摆动过程中都有各自的落脚点，可以将任意一条腿作为目标来进行分析。图 9.4 展示了一条腿在一个步态周期中的运动过程。

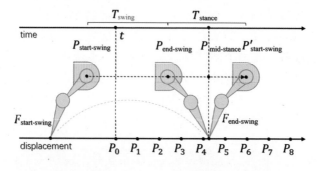

图 9.4　一条腿在一个步态周期中的运动过程

当角色处于稳定的步态中时，步态周期等于任意一条腿的支撑阶段和摆动阶段的时长之和，而支撑阶段和摆动阶段在整个步态周期中所占的时间比例是一个常量 k，可以由动画师根据需要自行配置。

$$T_{\text{stance}} = T \cdot k$$
$$T_{\text{swing}} = T \cdot (1 - k)$$

角色在一个步态循环的起点和终点所呈现的姿势应该是相同的，因此脚的位移等同于角色本身的位移，由于在支撑阶段脚的绝对位置并不发生改变，因此所有的位移都是在摆动阶所产生的。

$$S_{\text{stance}} = 0$$
$$S_{\text{swing}} = S_{\text{pawn}}$$

对于角色的位移，可以简单通过角色的移动速度进行估算，也可以利用游戏本身提供的移动系统（如虚幻引擎 4 中的 Movement Component）来进行更精确的预测。这里以移动预测的方法为例，以微小的时间步长（如 0.2s）将角色以当前的运动状态进行数次模拟移动，从而得到一条预测移动轨迹（图 9.4 中的 $P_0 \sim P_8$）。

$$\text{Traj} = \{P_0, P_1, P_2 \cdots P_n\}$$

假设角色目前处于摆动阶段开始后的第 t s，如果将剩余的摆动时长 $(T_{\text{swing}} - t)$ 传入预测移动轨迹进行采样，就可得到脚落地时角色所在的位置及朝向信息，只要能知道此时角色的脚和本体的相对位置，就可以推算出落脚点。遗憾的是，相对位置仍是未知的，但有一个类似的信息是可以得到的，那就是这条腿的步伐中点。所谓步伐中点，就是指起脚点和落脚点连线的中点，当以角色本体为参考系时，可以看到整个步态循环就是脚围绕步伐中点前后运动的循环。从动画层面看，步伐中点与本体的相对位置会直接影响角色行走时的姿态表现，可以将其作为一个配置参数 F_{local}，允许动画师直接进行调整。

脚处于步伐中点的时刻即支撑阶段的中间时刻，因此可以将采样的时间点往后推半个支撑阶段时长，得到此时的本体信息后就可以推算出脚的位置。由于整个支撑阶段脚的绝对位置都不会发生变化，因此这里得到的脚的位置就是想要预测的落脚点。

$$t' = T_{\text{swing}} + \frac{1}{2} T_{\text{stance}} - t$$
$$P_{\text{mid-stance}} = \text{Traj}(t')$$
$$F_{\text{end-swing}} = P_{\text{mid-stance}} + F_{\text{local}}$$

最后通过插值得到 t 时刻脚的位置。

$$F_t = F_{\text{start-swing}} + \frac{t}{T_{\text{swing}}}\left(F_{\text{end-swing}} - F_{\text{start-swing}}\right)$$

9.2.1.2　腿部运动

确定好脚的位置之后，就可以通过 IK 来带动腿部的运动。由于设计师会为机甲设计各种各样的腿部结构，常用于人类角色的 Two-Bone IK 并不适合，这里比较推荐 CCDIK（Cyclic Coordinate Descent Inverse Kinematics）[1]或 FABRIK（Forward and Backward Reaching Inverse Kinematics）[2]算法，它们都具备以下优点。

- 支持任意数量的关节，为腿部结构设计提供了较大的发挥空间。
- 支持关节旋转的角度约束，可以实现机甲特定的机械关节结构。
- 性能较好，可以满足游戏实时运算的需要。

关于两个算法的具体细节这里不展开说明，有兴趣的读者可以通过对应的参考文献进行了解。在我们的项目中，FABRIK 在仿蹄形的腿部结构上的表现优于 CCDIK。读者可以根据自己项目的实际需要来进行选择。如果读者使用虚幻引擎 4 进行开发，引擎本身提供了 CCDIK 和 FABRIK 的实现，不过其所对应的关节约束功能比较简陋，所幸算法原作者 Jeff Lander[3]和 Andreas Aristidou[4]在他们的后续文章中有针对这方面的补充，有更高要求的读者可以自行参考进行扩展。

9.2.2　步态管理

前面完成了每条腿的单独计算，现在要通过步态管理来将它们协同起来，让角色能合理地调用各条腿进行运动。图 9.5 展示了一台四足机甲的步态周期。

在图 9.5 中，将每条腿的步态循环看作一条环形的进度条，它们会各自在进度条上安排支撑和摆动阶段所占的段落，而整个步态的进度就像一根指针，以统一的角速度来推进各条腿的进度更新。

步态可以被描述为一组配置参数的集合，包括步态周期的总时长及每一条腿的起步时间点、摆动时长、步伐中点位置、最大摆动高度等，如图 9.6 所示。动画师可以直接调节这些参数来使角色的行动动画符合自己的预期。

① LANDER J. Oh my God, I Inverseted kine![J]. Game Developer, 1998(5): 9-14.
② ANDREAS A, JOAN L. FABRIK: A fast, iterative solver for the Inverse Kinematics problem[J]. Graphical Models, 2011, 73(5): 243-246.
③ LANDER J. Making Kine More Flexible[J]. Game Developer, 1998(6): 15-22.
④ ANDREAS A, Yiorgos C, JOAN L. Extending FABRIK with model constraints[J]. Computer Animation & Virtual Worlds, 2016, 27(1): 35-57.

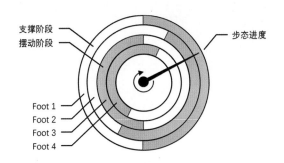

图 9.5　四足机甲的步态周期

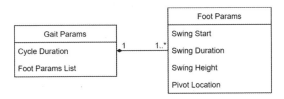

图 9.6　步态参数集合

9.2.2.1　步态混合

角色在不同的状态下通常会有不同的步态表现，也就有不同的步态参数集合。当角色发生状态切换时，如从漫步切换到奔跑，就需要在两个不同的步态之间进行切换。为了使切换过程平滑流畅，我们采取了类似动画混合的思路，将步态进行混合。虽然步态不能像动画 Pose 那样直接对每块骨骼的位置信息进行插值，但步态本质上是一套参数的集合，可以将两套步态参数作为两个端点，根据角色的移动速度进行插值，通过这些参数驱动程序动画，同样可以达到平滑过渡的效果。图 9.7 简单描述了步态混合过程。

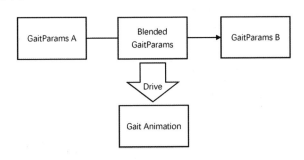

图 9.7　步态混合过程

除这种一维的混合外，还可以像动画一样提升混合的维度。例如，对于角色在不同方向上的移动——前进、平移、后退动作，游戏通常会采用不同的动画表现，动画师会制作 4 或 8 个方向的移动动画序列，通过动画混合空间进行 2D 动画混合。步态混合也可以遵循同样的原理，动画师为各个移动方向配置对应的步态参数集合，在游戏运行过程中，系统会根据角色的移动方向及速度，对步态进行 2D 的混合。

9.3　表现生动化

上文说明了如何采用纯程序化的方式生成角色的运动动画，通过这种方式可以得到基本正确的表现效果。但作为一个游戏而言，仅仅正确是远远不够的，一个角色的举手投足，都是表达这个角色个性特征的载体。正如一台机甲所带给玩家的感觉是笨重还是灵活，很大程度上可以通过它的行走动作来表现。因此在接下来的内容中，主要考虑的事情就是如何让角色的动画显得更加生动。

9.3.1　与动画序列结合

如果不考虑滑步的问题，预制作的动画序列无疑是最佳的表现手段，动画师可以通过 3ds Max 或 Maya 等动画制作工具，将他们的想法表达出来。因此在目前通过程序化的方式生成动画的基础上，如果能把动画序列结合进来，无疑可以显著提升最终的表现效果。

回顾一下程序化部分所控制的骨骼——计算脚掌的骨骼位置，将其作为末端通过 IK 来反算腿部的轴心骨骼链，除此之外的其他骨骼，程序并不关心，完全可以交由动画师来掌控。因此动画师仍然可以照常地为机甲制作行走动画，并在此基础上将需要交给程序控制的骨骼上的动画数据移除，这样得到的动画称为装饰动画。装饰动画的内容包括机甲行走时躯干的晃动，机体上液压杆、齿轮等零件的运作，以及其他任何动画师希望伴随机甲步伐共同播放的动画。

可以将装饰动画与程序计算的步态进行结合，具体方法是在装饰动画 Pose 的基础上，对于每条腿，以计算好的脚部位置为目标点，通过 IK 算法对这条腿的骨骼位置进行修正，最后输出结果。动画工作流程如图 9.8 所示。

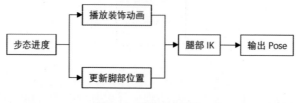

图 9.8　动画工作流程

装饰动画需要与步态循环保持同步，由于游戏中的步态可能动态地发生变化，因此需要实时地将装饰动画进行缩放，确保其长度与步态周期保持一致，并直接将步态进度作为装饰动画的播放进度。

9.3.2　曲线控制

动画序列无法对腿部的运动进行控制，程序化的插值过程得到的表现又比较呆板，有什么办法能让摆腿动作变得更生动呢？对于这个问题，《Overgrowth》游戏开发团队在 GDC（Game Developers Conference，游戏开发者大会）上曾做过一篇分享[①]，展示了各种利用曲线驱动动画来达成生动表现的案例。参考这一思路，我们改进了脚步插值的过程，对于插值的 α 系数引入了一条基于时间的曲线进行控制。例如，在水平方向上，可以用一条先加速再减速的曲线（见图 9.9 左侧）；而在垂直方向上，可以在落地前先增加一段重新抬升的曲线再迅速落下（见图 9.9 右侧）。这些运动节奏的变化综合起来会使整个摆腿动作显得更有力量感。

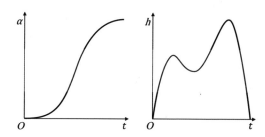

图 9.9　水平方向和垂直方向的控制曲线

曲线可以来自装饰动画的原始动画序列——在抽离掉腿部信息之前，对脚部骨骼的运动数据进行记录，生成对应的摆腿曲线；也可以让动画师直接手动编辑这条曲线，虚幻引擎 4 提供了曲线编辑器，动画师可以很方便地在上面进行操作。

9.3.3　惯性模拟

除尽可能地还原动画序列的效果外，还可以为角色添加一些体现惯性的物理模拟来进一步增加表现的真实感，如角色在启停或转向的过程中，身体上的一些部位会随着速度变化的方向产生惯性摆动。在制作这种效果的过程中，开发人员经常会觉得引擎自带的物理系统过于复杂，调参过程费时费力，甚至很难调出想

① ROSEN D. Animation BootCamp, An Indie Approach to Procedural Animation[C]. Game Developers Conference (GDC), 2014.

要达到的效果。本节将提供一种基于 3D 阻尼振动模型的惯性模拟方案，对比物理引擎而言，这种方案简单可控，更容易让动画师调节到理想的效果。下面进行详细说明。

对于某一块骨骼而言，在受到惯性影响时，会绕着父骨骼朝惯性方向转动，同时它会受到一个回归力把它拉回原本的朝向。这个过程可以看作一个带阻尼的振动模型，如图 9.10 所示。

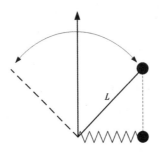

图 9.10　振动模型

在如图 9.10 所示的振动模型中，将正上方视为最终所要到达的稳定朝向，骨骼与父骨骼之间的距离固定为 L，骨骼在水平方向上的投影视为振子，骨骼围绕父骨骼摆动的过程就是它投影所对应的振子进行振动的过程。设定振子本身的质量为 m，系统的劲度系数为 k，阻尼系数为 c。假设振子当前的位置为 x，根据牛顿第二定律，得到此时的力平衡方程为：

$$m\ddot{x} + c\dot{x} + kx = 0 \qquad (1)$$

式中，$\dot{x}$ 代表振子的当前速度；$\ddot{x}$ 代表振子的加速度。定义参量 ω_0 为系统的固有频率，ζ 为阻尼比，满足方程：

$$\omega_0 = \sqrt{\frac{k}{m}} \quad \zeta = \frac{c}{2\sqrt{km}} \qquad (2)$$

代入式（1）得到：

$$\ddot{x} + 2\zeta\omega_0\dot{x} + \omega_0^2 x = 0$$

振子会来回摆动，且振幅越来越小，最后无限趋近于平衡。设定初始振幅为 $\overline{A}$，随着时间推移，振幅 $A(t)$ 满足方程：

$$A(t) = \overline{A}\mathrm{e}^{-\zeta\omega_0 t}$$

变化后得到：

$$t = -\frac{\ln\left(\dfrac{A(t)}{\overline{A}}\right)}{\zeta\omega_0}$$

设定 $\alpha = \dfrac{A(t)}{A}$ 表示振幅在 t 时刻相对于初始振幅的比例，当这个比例缩小到一定值时，振子进入稳定状态，而此刻的时间点记为 t_s：

$$t_s = -\frac{\ln(\alpha)}{\zeta\omega_0}$$

振子进入稳定状态所需的时间 t_s 及阻尼比 ζ 是能直观理解的参数，可以将它们作为配置参数来让动画师控制系统的表现效果。固有频率 ω_0 可以通过式（2）来求得。将 ζ 和 ω_0 代入式（1）后得到位置、速度与加速度之间的关系，以固定的时间步长 Δt 通过 Verlet 方法对振动过程进行积分，来更新振子的位置：

$$\dot{x}(t) = \frac{x(t) - x(t-\Delta t)}{\Delta t}$$
$$x(t+\Delta t) = 2x(t) - x(t-\Delta t) + \ddot{x}(t)\Delta t^2$$

到这里已经完成了振动模型的计算，接下来要将振动模型 3D 化，对于 3D 空间中的骨骼，将它在 x 轴与 y 轴上的投影都作为振子，各自沿其所在轴向进行振动，如图 9.11 所示。

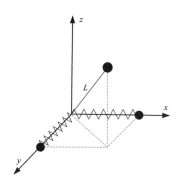

图 9.11　3D 振动模型

分别在 x 轴与 y 轴上完成振动计算，得到 $x(t+\Delta t)$ 与 $y(t+\Delta t)$，在 xy 平面上，它们构成的向量 $V_{xy} = \left[x(t+\Delta t), y(t+\Delta t), 0\right]$，其长度记为 $L_{xy} = |V_{xy}|$，由此可以得到骨骼所在的位置向量 V 为

$$V = \begin{cases} \left[x(t+\Delta t), y(t+\Delta t), \sqrt{L^2 - L_{xy}^2}\right] & L > L_{xy} \\ V_{xy} \cdot \dfrac{L}{L_{xy}} & L \leqslant L_{xy} \end{cases}$$

完成上述计算步骤后，便得到了一个 3D 的振动模型，将这一模型应用于角色骨架上，则每一对父子骨骼都可以视作一个以父骨骼为原点、以子骨骼为振子

的 3D 振动模型。在骨架中选择需要受惯性影响的骨骼树后，从根节点开始，逐级向叶子节点进行计算，这样作为振子的骨骼更新位置后成为下一级骨骼的振动原点，从而对下一级的振动计算产生连带影响，形成逐级递进的惯性效果，如图 9.12 所示。

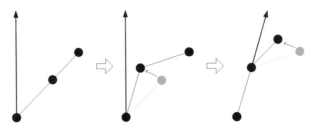

图 9.12　多层级振动模型

9.4　地形适应

前面所考虑的都是基于平地的运动表现，而游戏世界中有各种蜿蜒起伏的地形，接下来考虑地形对机甲动作的影响。

9.4.1　非平地的落脚点修正

首先来让落脚点正确地落在凹凸不平的地表上。

在图 9.13 中，脚从 F_{start} 出发，根据前文中的计算得到平地落脚点 F'_{end}。在 F'_{end} 的垂直方向上找到一个贴地点 G，与起点 F_{start} 进行连线。在平地上所选的落脚点应该是摆腿所能到达的最大距离处，因此要用最大距离在新的连线上截取一个点，并重新做一次贴地，得到新的落脚点 F_{end}。

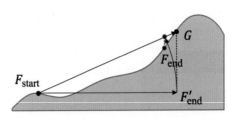

图 9.13　寻找落脚点

另外，需要根据地面的法线方向，对脚掌进行旋转。从图 9.14 中可以看到，由于脚掌是有一定厚度的，会连带拉动脚部骨骼 F 的位置偏移，因此在将落脚点位置作用于动画时，不能遗漏这一段偏移。

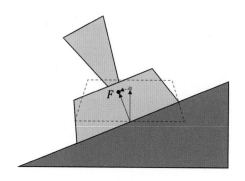

图 9.14　旋转脚掌

9.4.2　身体倾斜

对于腿比较多的宽大机甲，每条腿对躯干的支撑点（腿根部）之间有一定距离，需要考虑各条腿站在不同高度时所带动的身体倾斜。

图 9.15 展示了角色以倾斜姿态站立时的矢面视角，从角色本体所在的地面位置 O 出发，向脚部所在的位置 F 做连接，获得 OF 所在的平面后，从躯干支撑点 H 引一条垂线与平面相交得到交点 N，ON 即这条腿对躯干的支撑向量。

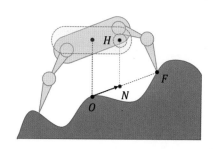

图 9.15　角色以倾斜姿态站立时的矢面视角

对角色的每一条腿都进行同样的计算，将得到的所有支撑向量分别进行前后和左右的分组，根据所有前腿和所有后腿的支撑向量计算躯干的旋转 Pitch，根据所有左腿和右腿的支撑向量计算躯干的旋转 Roll。

有时候会出现图 9.16 中的凸面地形，角色站在顶上的时候，为了保持脚能着地，会形成一个身体拱起的姿势，好像被看不见的东西顶起来一样。因此需要对躯干的高度进行修正，获取每只脚 F 当前与角色位置 O 的高度差进行平均化处理，就可以得到躯干高度的修正值，将此修正值作用于角色 Pelvis 骨骼，从而将躯干修正到合理高度。

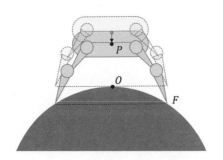

图 9.16　凸面地形上的拱形站姿

9.4.3　摆动轨迹偏移

身形庞大的机甲在行进时，会迈过那些比较低矮的障碍，为了避免摆腿路线中产生的模型穿插，需要对摆腿路线进行偏移。

《刺客信条：枭雄》对类似的问题给出了解决方案[①]，以摆腿距离为长度，以脚掌宽度为半径构造一个水平方向的胶囊体，将这个胶囊体从上往下进行一次碰撞检测，获得地面上所有的碰撞凸点。这里只需要考虑那些会阻挡摆腿路线的点，所有高度低于摆腿路线的凸点可以过滤掉，利用剩下的点生成一条样条曲线，并与原本的摆腿路线进行叠加，就可以得到一条新的路线，让机甲可以迈过这些障碍。图 9.17 简单展示了摆腿迈过低矮障碍的过程。

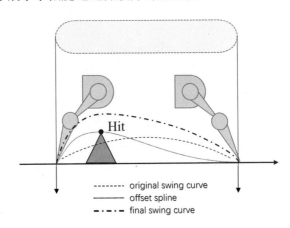

图 9.17　摆腿迈过低矮障碍的过程

---

① CLIFFORD ROCHE C T-C. Fitting the World: A biomechanical approach to foot ik[C]. Game Developers Conference (GDC), 2016.

9.5　总结

　　随着游戏行业的逐步发展，对游戏产品的质量要求越来越高，丰富细腻的动画表现正是其中不可忽视的一点。如何能在有限的人力下保证动画的表现，这套解决方案给出了一个可行的答案。在该方案的帮助下，项目的机甲制作管线在多个方面获得了显著提升。

- **表现效果**。该方案从根本上解决了动画混合所带来的滑步问题，在最大程度上保留了预制作动画序列的优质表现，在程序计算的过程中能方便地插入对地形的适应及一些简单的物理模拟，兼得动画序列与程序计算两者的优势。

- **生产效率**。该方案免去了大量过渡动画的制作需求，为动画师减轻了负担。同时该方案能直接适用于大部分的机甲结构设计，不需要为每台不同风格的机甲专门编写运动动画逻辑。

- **迭代速度**。动画师制作好初始动画后，策划人员可以通过简单的参数配置快速地对机甲的运动进行调整，迅速在游戏中进行玩法验证，不需要占用动画师的工作时间。

　　除机甲外，本章所介绍的大多思路也可以沿用于其他类型的角色动画。简单的动画序列切换和混合已经满足不了现代游戏的表现需要，程序化动画在各种大作级别的游戏中早已是常客。如何根据自身的项目需求寻找动画与程序的结合点与平衡点，希望本方案能带给读者一些灵感。

物理查询介绍及玩法应用

10.1 物理引擎和物理查询

物理引擎的应用是游戏开发的重要组成部分。本章主要介绍物理引擎中的物理查询功能，同时附带相关玩法的实现方法。通过阅读本章，读者可以了解物理查询的作用和基本分类，以及 3 种查询类别的算法和相关玩法实践。

10.2 穿墙问题

人是否可以穿墙？相信即使是一个没有接触过物理学的人，也可以给出一个朴素但正确的答案。但是在游戏世界中，这个答案却没那么简单。

在 3D 游戏中，除五彩缤纷的可见世界之外，往往还存在一个不可见的物理世界。可见世界的作用是向玩家呈现游戏内容的外观，物理世界的作用则是维持游戏中的物理规则。对于可见世界中的地形、建筑、角色，物理世界中往往都有一个物理对象与之绑定，物理对象依照规则运动并产生相互作用，同时更新可见对象的状态，让可见世界看起来更合理。

执掌物理规则的逻辑通常称为物理引擎，其功能大致可分为两个，分别是物理模拟和物理查询。物理模拟用来计算物理对象的运动和相互作用，物理查询用来预测物理对象的碰撞结果。本章重点探讨物理查询的部分，并介绍与之相关的玩法应用。

10.3 物理查询

物理查询又叫作碰撞查询，在介绍其作用之前，请读者先尝试回答一个简单的问题。

大象能否被装进冰箱？

请读者先忘掉"把大象装进冰箱只需要 3 步"的笑话，严肃地分析一下这个问题。

（1）我知道大象和冰箱的样子，也知道大致的尺寸。

（2）在脑海中模拟着把大象从头部塞进冰箱。似乎行不通，会被卡住。

（3）换其他方向也会被卡住。

（4）得出结论，大象不能被装进冰箱。

10.3.1　物理查询的作用

作者并非想要探究大脑的思考机制，而想说明一个观点——判断能否把大象装进冰箱，不用真的把大象往冰箱里塞，用大脑预测一下即可。在游戏的物理世界中是一样的，若想判断一些物体间的碰撞结果，不用真的执行一次耗时且不可回退的物理模拟，用物理查询的方式预测一下即可。物理查询不会对物理世界产生实质影响，同时性能开销更小。

在射击生存游戏《无限法则》中，不少玩法都使用了物理查询，其中抓钩功能对物理查询的应用比较全面，后文会分节介绍物理查询在抓钩中的应用，同时会介绍一些物理查询在经典玩法中的应用。

10.3.2　物理查询的种类

Nvidia PhysX 是 Nvidia 公司旗下的物理引擎，是世界顶尖的物理引擎之一。以 PhysX 物理引擎为例，物理查询被分为 3 种：射线投射查询、扫掠查询和重叠查询，下文将以该引擎的实现为准，分别介绍 3 种类型的物理查询。

10.4　射线投射查询

本节将介绍射线投射查询及相关玩法。

10.4.1　概述

如图 10.1 所示，从原点 A 发射一条射线到目标点 B，用这条射线与其他物理对象进行相交检查并获取相交信息，这种方式被称为射线投射查询。数学上的射线应该是无限长的，所以严格来说应该叫作向量投射查询更为合理。

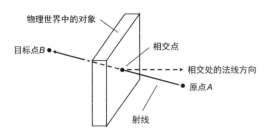

图 10.1　射线投射查询示意图

10.4.2　API 和数据结构

Nvidia PhysX 中的射线投射查询函数（raycast，PxScene 类的成员函数）声明如下。

```
virtual bool raycast(
      const PxVec3& origin,
      const PxVec3& unitDir,
      const PxReal distance,
      PxRaycastCallback& hitCall,
      PxHitFlags hitFlags = PxHitFlag (PxHitFlag::eDEFAULT),
      const PxQueryFilterData& filterData = PxQueryFilterData(),
      PxQueryFilterCallback* filterCall = NULL,
      const PxQueryCache* cache = NULL
) const = 0;
```

关键参数说明如下。

- origin：3D 坐标点，给出线段起点位置。
- unitDir：3D 单位矢量，给出线段的方向。
- distance：浮点实数，给出线段的长度。前 3 个参数共同描述了一条线段。
- hitCall：回调传出参数，将线段与其他物理对象的所有相交结果返回。结果中包含相交位置、相交处的法线方向、相交点的自定义信息等。

10.4.3　抓钩玩法——使用射线投射查询寻找抓钩点

抓钩是一种攀登工具，无论是攀登高楼，还是快速突进，抓钩都可以实现，在游戏中可以提高玩家的机动性。按照传统的游戏关卡设计思路，关卡策划人员需要在场景中预先摆放好抓钩点，并配置合适的参数。游戏在运行时，通过读取地图抓钩点参数数据去识别这些抓钩点。这种方法非常直观有效，一些早期的 3D 冒险游戏就采用了这种方法。但是，现在的游戏地图的尺寸在飞快地增加，在这种情况下，完全由策划人员去配置抓钩点，成为不可能完成的任务。《无限法则》

使用了一种不需要策划人员介入、完全基于物理查询的抓钩点识别方案。该方案涉及了三种物理查询类型，本节先介绍基于射线投射查询的抓钩点获取方法。

抓钩的瞄准方式如下。

与枪械的瞄准方式类似，抓钩用屏幕中心的光标来瞄准。如图 10.2 所示，当光标对准了某个障碍物，且该障碍物在一定距离之内时，准心上显示尖括号图标，提示玩家已经捕获到了可以施放抓钩的障碍物。

普通准心　　　　　　　　　　　　　检测到障碍物的准心

图 10.2　普通准心与检测到障碍物的准心

抓钩用屏幕中心位置捕获物理对象。

在现实中，枪械的瞄准方式利用了"三点一线"的原理，即视孔、准星、目标始终处在一条直线上。在游戏中，视孔和准心重合在屏幕平面上，该原理变成了"两点一线"，即准星和目标始终处在一条过准心且垂直于屏幕朝里的射线上。该原理对抓钩的瞄准同样适用，这与射线投射查询的特性十分匹配。如图 10.3 所示，屏幕准心在 3D 空间中的位置可以认为是玩家摄像机的位置，选取此点作为射线投射的原点。过准心且垂直于屏幕朝里的方向，在 3D 空间中就是玩家摄像机的朝向，选取此方向作为射线投射的方向。射线投射的长度可以由策划人员来配置，数值越大，抓钩可以捕获的目标越远。如果射线投射查询的结果中有交点，则表示准心捕获到了物理对象。

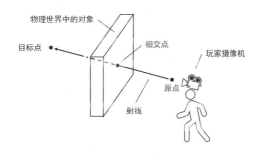

图 10.3　利用摄像机信息构建射线

值得注意的是，并非所有的物理对象都应该被捕获，这与玩法的合理性有关。例如，玻璃在物理世界中是存在物理碰撞对象的，它可以阻挡角色的通过，但当作可以固定抓钩的障碍物就不合适了。因此，当捕获到这类对象时，需要将它们排除。场景美术人员在创建场景物件时，通常会为其设置物理标签，如玻璃、木质、岩石等。这些物理标签可以用来标区分物体的一些材质属性。不少玩法逻辑都需要用到这个信息，如判定被子弹击中时播放的特效种类，以及判定玩家移动时播放的脚步声种类等。对于筛选抓钩目标而言，需要考虑两种情况，第一种是类似玻璃这种不坚固的物体，抓钩无法以之作为固定的目标，但可以将其破坏并击中后面的目标，对于这种对象，筛选的种类应当是忽略并继续；第二种是角色，在玩法上钩住角色会产生不少问题（也许会产生欢乐的效果，但在《无限法则》中是被禁止的），因此在筛选时需要忽略角色的碰撞体。同时，用抓钩穿过角色的身体并击中后面的目标是不合理的，所以筛选的种类应当是忽略并停止。Nvidia PhysX 物理引擎支持通过物理标签来对查询结果进行筛选，筛选标签的种类和筛选方式通过 filterData 和 filterCall 来控制。

将查询结果中第一个符合要求的交点作为抓钩点，并且保存其碰撞的法线方向等相关信息，在后续的步骤中会用到。

10.4.4　经典玩法——NPC 的视线

在某些游戏类型中，NPC 是否能看到玩家是一个关键的游戏要素，如 FPS 游戏中的敌对 NPC 在看到玩家后会发起攻击，潜入类游戏中的玩家被发现后会任务失败。判定 NPC 是否能看到玩家的本质，是判断 NPC 与玩家之间是否存在遮挡的障碍物。对于这类问题，我们可以用射线投射来解决。

如图 10.4 所示，首先在玩家角色身上设置若干个目标点，并且绑定到相关的角色骨骼上，这样目标点会根据角色动画更新位置。然后制定一个规则，如看到若干个目标点或看到一个关键目标点，则表示看到该角色。接着在执行 AI 逻辑时，取 NPC 的眼睛位置为射线投射原点，取玩家身体的某个目标点到原点的连线方向为射线投射方向，连线距离为投射距离，进行射线投射查询。若查询结果中存在交点，则说明 NPC 的眼睛与目标点之间存在遮挡，无法看到这个目标点。遍历所有目标点后，根据能看到的目标点数目即可判定 NPC 是否能看到玩家。对于玻璃和铁丝网不遮挡视线等特殊情况，可以设置其他筛选的规则，使得结果更加合理。

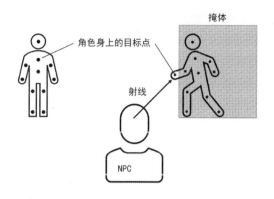

图 10.4　AI 视线

10.5　扫掠查询

本节将介绍扫掠查询及相关玩法。扫掠的本质是一种投射，与射线投射相比，扫掠投射的是 3D 几何体，而射线投射的是一个点。

10.5.1　概述

在物理世界中，将一个 3D 几何体从 A 点移动到 B 点，检查 3D 几何体移动过程中与其他对象的相交情况并返回结果，这种方式被称为扫掠查询。图 10.5 所示为球体的扫掠查询。

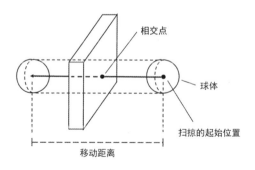

图 10.5　球体的扫掠查询

10.5.2　API 和数据结构

Nvidia PhysX 中的扫掠查询函数（sweep，PxScene 类的成员函数）声明如下。

```
virtual bool sweep(
```

```
    const PxGeometry& geometry,
    const PxTransform& pose,
    const PxVec3& unitDir,
    const PxReal distance,
    PxSweepCallback& hitCall,
    PxHitFlags hitFlags = PxHitFlags(PxHitFlag::eDEFAULT),
    const PxQueryFilterData& filterData = PxQueryFilterData(),
    PxQueryFilterCallback* filterCall = NULL,
    const PxQueryCache* cache = NULL,
    const PxReal inflation = 0.f
) const = 0;
```

关键参数说明如下。

- geometry：3D 几何体信息，如盒体、球体、胶囊体和凸几何体。
- pose：4D 矩阵，描述 3D 几何体的位置和旋转。
- unitDir：3D 单位矢量，给出 3D 几何体移动的方向。
- distance：浮点实数，给出 3D 几何体移动的距离。
- hitCall：回调传出参数，将 3D 几何体与其他物理对象的所有相交结果返回。结果中包含相交位置、相交处的法线方向、相交点的自定义信息等。

如果把扫掠的对象换成一个点，那么这种扫掠就和射线投射相差无几，也可以把射线投射看作一种特殊的扫掠。相较于射线投射，扫掠的特点是具有体积，这种特性使得扫掠比射线投射更容易与其他物理对象相交，在某些情况下，这是一个很有用的特性。

10.5.3 抓钩悬挂姿态

抓钩玩法大致如下。玩家瞄准抓钩点并发射抓钩，钩头飞行到目标点后会固定在障碍物上并开始收缩绳索，玩家角色被绳索拉拽移动到目标位置，最终被绳索悬挂于障碍物上。玩家只有在成功地进入悬挂姿态后，才可以进行后续的战斗动作，否则会在接近障碍物时跌落。所以，能成功地悬挂对于玩家来说很重要。

悬挂的方式有两种，分别是侧挂和倒挂。当钩住的目标是竖直或稍微倾斜的墙面时，进入侧挂模式；当钩住的目标是水平的表面时，则进入倒挂模式。判定使用哪种方式悬挂，需要用到前文提到的抓钩点的法线方向。如图 10.6 所示，当法线方向处于侧挂区域（较为水平）时，使用侧挂；当法线方向处于倒挂区域（基本竖直向下）时，使用倒挂。法线方向 n 是一个 3D 的单位向量，可以用其与单位向量 $k=(0, 0, 1)$ 的点积来判断。

- $n \cdot k \in (0.3, 1]$，不悬挂。
- $n \cdot k \in [-0.9, 0.3]$，侧挂。

- $n \cdot k \in [-1, -0.9)$，倒挂。

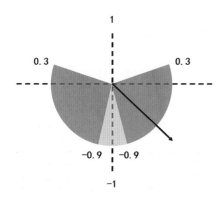

图 10.6　法线方向的数值区域

10.5.4　抓钩玩法——使用扫掠查询寻找踏脚位置

如图 10.7 所示，当处于倒挂姿态时，玩家完全由绳索承担质量，身体完全竖直。当处于侧挂姿态时，玩家需要用双脚蹬住障碍物，双脚与绳索共同承担质量，头顶的朝向与踏脚点所在表面的方向相关。由于侧挂姿态的特殊性，除需要获取抓钩点外，还需要找到玩家的踏脚点及其相关信息。

倒挂

侧挂

图 10.7　悬挂

与寻找抓钩点的思路类似，需要以物理查询的方法来获得一个交点，用这个交点作为玩家的踏脚点，这样才可以尽可能地使玩家的脚部模型与场景贴合。射线投射在一些简单场景下是可行的，但是在一些特殊的情况下会变得不适用，如以下几种场景。

图 10.8 所示为使用射线投射查询时两种特殊障碍物的侧视图。在图 10.8 左

侧，抓钩点下方有一个很深的凹陷。以抓钩点下方一个合适的距离发起射线投射查询，射线正好落在凹陷处，在凹陷处底部产生了一个交点，这个交点是无法作为踏脚点的，因为它距离抓钩点太远了。在图 10.8 右侧，抓钩点下方有两处凸起。以同样一个合适的距离发起射线投射查询，射线正好避开了两处凸起，在平行于抓钩点的位置产生了一个交点，这个交点看似很合适，但如果用它作为踏脚点，角色将会与障碍物发生穿插。

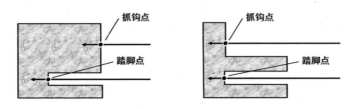

图 10.8　使用射线投射查询时两种特殊障碍物的侧视图

来看看使用扫掠的情况如何。

图 10.9 所示为使用球体扫掠查询时两种特殊障碍物的侧视图，对于图 10.9 左侧，在抓钩点下方合适的位置使用球体扫掠查询，由于球体有体积，因此当移动到凹陷处入口时便产生了一个交点，用这个交点作为踏脚点是合适的。对于图 10.9 右侧，在抓钩点下方合适的位置使用球体扫掠查询，由于球体有体积，因此在凸起处产生了一个交点。由于该交点距离抓钩过远，因此被排除。获取到踏脚位置之后，就可以确定玩家角色的准确悬挂位置了。虽然使用球体扫掠查询可以排除一些错误的位置，但是对于复杂的 3D 场景来说，这个踏脚点并非最终的结果，还需要根据多次检查和位置调整才可以确定。

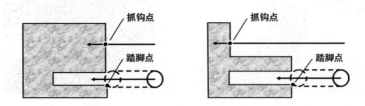

图 10.9　使用球体扫掠查询时两种特殊障碍物的侧视图

10.5.5　抓钩玩法——使用扫掠查询实现角色的移动

扫掠查询有一个常见的用途，便是用来辅助实现角色在物理世界中的移动。大部分 3D 动作游戏使用胶囊体作为玩家角色的物理代理对象。原因是胶囊体可以较好地包裹住人型角色模型，同时有较好的数学性质。

通常来说，角色的移动是分帧进行的，每个逻辑帧角色完成一次位移。由当前帧的耗时和当前角色速度可以计算出该帧的位移，把该帧位移加到角色上一帧的位置上，即得到了角色当前帧的新位置。这是基础的移动计算模型，只在理想的场景中可以成立，若考虑角色与场景的碰撞，则需要引入物理查询。由于角色的包围盒是胶囊体，移动形式是每帧一段直线位移，因此很适合用胶囊体扫掠来检测碰撞。扫掠几何体的角色胶囊体，扫掠位移为该帧将要发生的位移。如果没有发生碰撞，则将角色的位置更新为位移后的目标位置。如果像图 10.10 中这样，在位移中发生碰撞，则需要进行碰撞处理。

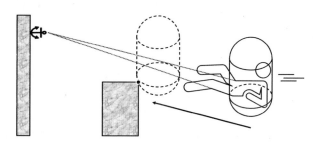

图 10.10　移动方向遇到障碍

在胶囊体扫掠过程中发生碰撞，意味着角色即将发生的位移会遇到障碍。移动过程可以分为遇到障碍前和发生碰撞后两个阶段，如图 10.11 所示。在第一个阶段，角色可以顺利地进行移动。在第二个阶段，角色有可能完全被卡住，也有可能"蹭"过去。针对第二个阶段，有一种比较有效的处理方案，叫作二次扫掠法。第一次扫掠产生这次碰撞的扫掠，用第一次扫掠的总位移减去从起点到碰撞点的位移，得到剩余扫掠位移。将剩余扫掠位移投影到与碰撞法线方向垂直的方向上，产生的投影位移称为滑行位移。第二次扫掠同样使用角色胶囊体作为扫掠几何体，使用滑行位移作为扫掠位移。如果第二次扫掠仍然发生碰撞，则说明角色真的被卡死了；如果第二次扫掠不发生碰撞，则角色可以滑行到第一次扫掠的终点位置。

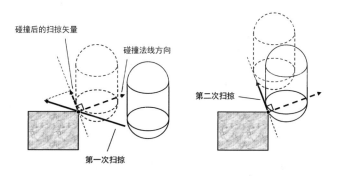

图 10.11　用二次扫掠法计算碰撞的结果

10.5.6　经典玩法——3D 建造类玩法中的摆放位置

现在不少游戏都引入了建造类的玩法，玩家可以在 3D 场景中建造自己的家园或据点。在建造过程中，玩家需要摆放家具或防御工事到想要的位置。游戏规则通常不允许被摆放的物品发生重叠，因此玩家需要控制好两件物品的距离。距离过近，系统会提示无法摆放；距离过远，会浪费空间。为了提高玩家摆放物品的便利性，建造系统通常会提供辅助摆放的功能。

在摆放时，玩家需要通过某种交互方式，告诉建造系统自己想要的摆放位置，这里介绍两种常见的交互方式：比较写实的搬运摆放和比较虚拟的隔空摆放。在搬运摆放方式下，玩家需要操作自己的角色移动到目标摆放位置前，并面对目标位置进行摆放操作。在摆放的过程中，物品通常会受重力影响而"掉落"到低处。对于搬运摆放方式，选取角色正前方某一个固定高度的点作为原点，用竖直向下方向作为扫掠方向，进行扫掠查询，如图 10.12 所示。在隔空摆放方式下，玩家通过屏幕上的准心来选取摆放位置。对于隔空摆放方式，选取玩家摄像机的位置作为原点，用向摄像机方向作为扫掠方向，如图 10.13 所示。两种方式都可以使用与被摆放物品外形接近的简单几何体作为扫掠几何体。选取扫掠结果中的第一次碰撞，用这次碰撞时几何体的锚点位置作为摆放的基准点。根据该基准点摆放物品，物品不会与周围其他物品发生穿插，同时会紧贴某一个物品或地面。

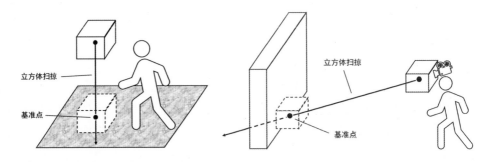

图 10.12　以角色正前方固定位置来构建扫掠　　　图 10.13　以摄像机信息来构建扫掠

除摆放位置外，玩家通常还需要调整物品的朝向，常见的交互方式是通过转动鼠标滚轮来改变某一个轴向上的旋转值。在上述扫掠过程中，将改变后的旋转值更新到 sweep 函数的 pose 参数中，即可调整物品在摆放位置的朝向。

相较于搬运摆放方式，隔空摆放方式天生存在不贴地的问题。这个问题解决起来并不复杂，选取基准点作为扫掠原点，以竖直向下作为扫掠方向，进行一次短距离的扫掠查询，将发生碰撞时几何体的锚点位置作为新的摆放基准点，这样就可以使物品尽量贴合地面了。向下扫掠的距离可以由策划人员配置，也可以作为设定项由玩家调整。距离越长,则"辅助"力度越强,同时玩家的操控性越不精准;距离越短,则反之。

10.6　重叠查询

本节将介绍重叠查询及相关玩法。与扫掠查询相比,重叠查询可以看作投射距离为零的特殊扫掠查询。

10.6.1　概述

在物理世界中,在某个位置指定一个 3D 几何体,用这个 3D 几何体与其他对象进行相交检查并返回检查结果,这种方式称为重叠查询,如图 10.14 所示。

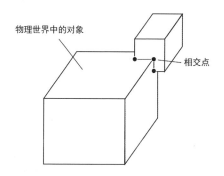

图 10.14　重叠查询示意图

10.6.2　API 和数据结构

Nvidia PhysX 中的重叠查询函数(overlap,PxScene 类的成员函数)声明如下。

```
virtual bool overlap(
    const PxGeometry& geometry,
    const PxTransform& pose,
    PxOverlapCallback& hitCall,
    const PxQueryFilterData& filterData = PxQueryFilterData(),
    PxQueryFilterCallback* filterCall = NULL
) const = 0;
```

关键参数说明如下。

- geometry:3D 几何体信息,如盒体、球体、胶囊体和凸几何体。
- pose:4D 矩阵,描述 3D 几何体的位置和旋转。

- hitCall：回调传出参数，将 3D 几何体与其他物理对象的所有相交结果返回。结果中包含相交位置、相交处的法线方向、相交点的自定义信息等。

10.6.3　抓钩玩法——使用重叠查询检查悬挂位置的合法性

在前面的步骤中，已经获取了抓钩点和踏脚点的位置，基于这两个位置信息，可以确定玩家的悬挂位置。为了进一步确保玩家悬挂时不会与场景发生穿插，还需要检查悬挂位置的合法性。玩家角色的包围盒是胶囊体，在目标悬挂位置使用胶囊体重叠查询，如果不与物理场景产生任何交点，则表示该悬挂位置是合法的。

对于不同的悬挂类型，胶囊体的尺寸和方向是不同的。对于倒挂的情况，胶囊体的方向必定是竖直向上的，胶囊体的中心位于抓钩点正下方半个胶囊体高度的位置。对于侧挂的情况，如图 10.15 所示，胶囊体的轴方向垂直于障碍物的法线方向，胶囊体的中心位于障碍物外侧，具体位置视角色模型和动画姿态而定。

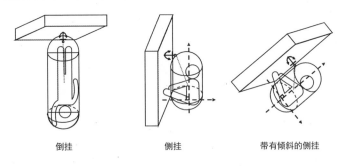

倒挂　　　　　　　　侧挂　　　　　　　　带有倾斜的侧挂

图 10.15　各种方向的胶囊体重叠查询

如果在合法性检查中发生了碰撞，则说明玩家在该位置无法悬挂，需要判定无法抓钩，提示玩家重新瞄准。如果玩家多次连续地被判定为无法抓钩，则会对抓钩产生失望的情绪。通过大量实验验证，在建筑物外墙、山崖等开阔的场景中，判定抓钩成功的概率较高。但是在室内、脚手架等碰撞体较多且形状不规整的场景中，判定抓钩成功的概率很低。若不提高抓钩的成功率，则该道具的实用性会大大降低。

1. 寻找新的踏脚点

在 10.5 节中，在抓钩点正下方的一个固定位置使用扫掠查询找到了一个踏脚点，称为默认踏脚点。当默认踏脚点位置不合法时，我们需要寻找新的合法的踏脚点。由于绳索并非在抓钩与角色间刚性连接，而是可以旋转和拉伸的，所以考虑在默认踏脚点周围寻找新的踏脚点。以默认踏脚点为基准，在其正左、正右、正下、左下、右下 5 个方位分别进行二次球体扫掠查询，扫掠的方向与距离与第一次相同，如图 10.16 所示。5 次扫掠最多有可能找到 5 个新的踏脚点，对这 5 个踏脚点进行合法性检查，只要有 1 个合法，则表示玩家角色可以在此悬挂，从而有效地提高了抓钩成功率。

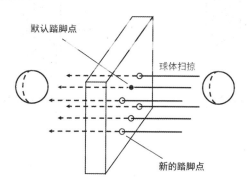

图 10.16　寻找新的踏脚点

2. 改变悬挂的姿态

寻找新的踏脚点可以有效地提高抓钩成功率，但是对于如图 10.17 所示的特殊室内场景，仍然存在抓钩失败的情况，需要进一步提高成功率。在前文中，悬挂的姿态是由抓钩点的法线方向决定的。这种判定方式在以下两种类似的场景中，会制约悬挂的空间。瞄准天花板的墙角发射抓钩，由于抓钩法线方向为竖直向下，判定为倒挂，在重叠查询时与侧墙发生碰撞，因此不合法。瞄准通风管道内壁发射抓钩，由于法线方向为水平向外，判定为侧挂，在重叠查询时与内壁发生碰撞，因此不合法（新找到的踏脚点同样会被判定为不合法）。

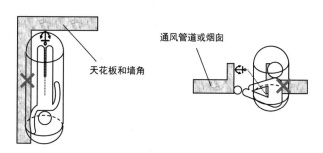

图 10.17　悬挂姿态失效

当前置的合法性检查都失败后，可以尝试人为地改变悬挂的类型。如图 10.18 所示，先将本来是倒挂的变成侧挂，将本来是侧挂的变成倒挂，再从寻找抓钩点开始重新执行一次相关逻辑，则有可能找到新的合理的悬挂位置，从而提高成功率。

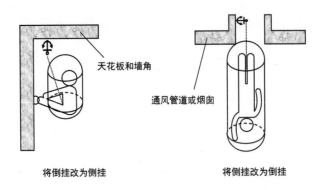

天花板和墙角

通风管道或烟囱

将倒挂改为侧挂　　　　　　　　将侧挂改为倒挂

图 10.18　改变悬挂的姿态

　　引入上述两种方法之后，室内场景的悬挂成功率已经很可观了。值得注意的是，采用的寻找新落脚点的几个方位并非是固定的，改变悬挂姿态的规则也不是固定的，需要根据不同的场景来进行适当的变化。只要规则设置合理，在各种场景中都可以获得不错的效果。

基于物理的角色翻越攀爬通用解决方案

11.1 应用场景介绍

通用障碍翻越攀爬解决方案的应用场景如下。

- 针对游戏开发流程的优化，以开发 RPG 或射击类游戏为例。传统方法在设计游戏初期的关卡时会优先考虑角色是否有迁徙能力，基于此来设计关卡地形地貌。这种方法限制了游戏美术人员的艺术设计和游戏策划人员的关卡设计。本章方案在关卡设计上不局限于翻越和攀爬逻辑的碰撞结构，适用于任何尺寸的游戏地图，在后续开发中也只有少量注意事项。

- 针对提升游戏的体验，以节奏紧张的射击类游戏为例。针对不同障碍的翻越和攀爬能力可以给玩家带来丰富多元的对战策略，增加游戏趣味。以开放世界的 BR（Battle Royale，大逃杀）游戏为例，在广袤的野外地形中分布着大大小小、布局不同的城镇村庄，玩家在地图中要进行大量的迁徙。小到台阶路障，大到墙壁窗沿，能否顺利迁徙对玩家游戏体验至关重要。同时，针对不同障碍类型，玩家角色动作表现的丰富度影响着游戏的品质。保证玩家在任何地形下采用不同速度、不同姿势都能流畅地翻越障碍是本套解决方案的实现目标。在节奏较为轻松的 RPG（Role-Playing Game，角色扮演游戏）中，流畅的地形翻越攀爬能力能给玩家在游戏世界中迁徙带来更好的体验，增加探索地图的乐趣。

为此我们开发了 CP（Collison Probe，碰撞探测）系统，该系统基于物理系统的场景查询（Scene Query）功能，适用于各种不同的物理系统接口。

本章介绍的算法在游戏《无限法则》中已经正式使用。开发中的难点主要来自对游戏中复杂情况的归纳和算法的复杂度控制。例如，城市障碍的种类包括墙壁、房屋、窗台、栅栏等所有在现实街区中能看到的各种物件，野外障碍除土丘、岩石外，根据地图的类型还会有各种偏风格化的障碍（如冰天雪地和沙漠戈壁会有各种不同风格的障碍物件）。这些障碍有着不同的体积、宽窄、厚度、表面斜率和形状。如何保证检测结果的正确性？玩家在移动时的最高速度是 6m/s。游戏帧率要能满足 120fps，检测结果必须在当帧返回。检测距离长，则计算量增大；检测距离短，则来不及检测，两种情况都会导致移动中产生卡顿，如何解决？

本章各节的主要内容如下：11.2 节介绍 CP 系统的相关物理基础知识；11.3 节介绍 CP 系统的设计思路，包括对各种条件和限制的归纳总结；11.4 节介绍 CP 系统的代码逻辑和实现思路；11.5 节介绍 CP 系统的复杂度控制设计及性能优化；11.6 节介绍 CP 系统在游戏中落地时遇到的问题和表现优化；11.7 节是本章的总结。

11.2　CP 系统的物理基础

本节介绍 CP 系统中的 3 个物理系统场景查询的基础算法：Raycast（射线检测）、Overlap（覆盖检测）和 Sweep（扫掠检测）。CP 系统的实现基于 Nvidia 的开源物理库 PhysX SDK 3.4，对玩家周围的碰撞感知采用的是场景查询方法，在行业中其他常用的物理系统库（如 Havok 和 Bullet）中都有类似版本的实现。本文以 PhysX 库为准。

11.2.1　射线检测

射线检测（Raycast）是指在物理场景中的某个位置朝某个方向发射一根定长的射线，检测是否会碰撞到某些物体并返回一些参数。图 11.1 所示为 Raycast 的查询和反馈。

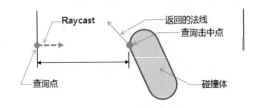

图 11.1　Raycast 的查询和反馈

Raycast 的输入参数和输出结果如下所示。

输入参数：

- 起点位置。
- 方向。
- 最长检测距离。

输出结果：

- 是否击中物体。
- 如果击中，击中点的位置。
- 如果击中，击中的距离。
- 如果击中，击中点的法线方向。

一次 Raycast 可以设置是否击中物体后继续检测，如果启用继续检测命令，则 Raycast 会将复数结果存在一个结构体中返回。下面这段代码演示了在 CP 系统中如何使用 Raycast 查询一个距离最近的物体的信息。

```
PhysRay ray;
ray.mRay.mOrigin = detectPt;
ray.mRay.mDir = -QSVec3f::GetBaseK();
ray.mDistance = RAY_DISTANCE;

PhysQueryResult res;
if(QSPhysXSceneQuery::RaycastClosest(*scene, ray, res,
RAY_TYPE_VAULTING) && res.mBlocked)
{
    //Do something
}
```

11.2.2　覆盖检测

覆盖检测（Overlap）可以判断物理场景中的所有 Geometry（几何体）对象中是否有某些与一个特定的 Geometry 对象产生重合，如图 11.2 所示。触发 Overlap 的类型必须是 Box（盒体）、Sphere（球体）、Capsule（胶囊体）或 Convex（凸几何体）中的一种。

图 11.2　Capsule 之间的重合示意图

Overlap 的输入参数和输出结果如下所示。

输入参数：

- 起点位置。
- 模型信息（例如，如果是 Sphere 的话，它的半径是多少）。

输出结果：

- 是否和某个物体重合。

使用 Overlap 的实例代码如下，如果有任何碰撞对象和一个半径为 30cm 的 Sphere 在角色头顶位置重合就返回。

```
qsvector<PhysOverlapResult> results;
const QSVec3f overlapPos = probe->mBasePos + QSVec3f(0, 0,
PLAYER_RADIUS+probe->mPlayerHeight);
if(QSPhysXSceneQuery::IsSphereOverlap(*scene, overlapPos, 30.0f,
results, true, RAY_TYPE_VAULT_OBSTACLE, probe->mPlayerFilterID))
{
    return;
}
```

11.2.3 扫掠检测

扫掠检测（Sweep）是在物理场景中追踪一个模型物体是否在某一方向上能够碰撞到另一个物体的查询操作，会返回碰撞点的一些信息，如图 11.3 所示。Sweep 支持 Box、Sphere、Capsule 或 Convex 模型中的任意一种。

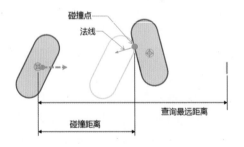

图 11.3　物体之间的 Sweep

Sweep 的输入参数和输出结果如下所示。

输入参数：

- Sweep 的模型。
- 起点位置。
- 方向。
- 最长检测距离。

输出结果（所有击中的物体的信息）：

- 击中点的位置。

- 击中的距离。
- 击中点的法线方向。

下面是使用 Sweep 的实例代码。使用一个 Sphere 对象在玩家角色位置前上方 mSweepStartPos 这个位置为起点，按照 sweepDir 这个方向，进行一次距离为 sweepDist 的 Sweep，并把 Sweep 到的碰撞对象信息记录下来。

```
probe->mSweepStartPos = probe->mBasePos + (probe->mPlayerDir *
SWEEPSPH_DISTANCE);
probe->mSweepStartPos.z += (SWEEPSPH_RADIUS +
EuVaultConfigTable::GetInstance()->mClimbVaultInfo.mWallGeometry.mMaxWal
lTopHeight);
QSPhysXSceneQuery::SphereSweep(*scene, SWEEPSPH_RADIUS,
probe->mSweepStartPos, sweepDir, sweepDist, filterData, result);


if (result.mBlocked)
{
    probe->mAllShapesDetected.push_back(result.mBlockData);
}
for (const auto& touch : result.mTouchData)
{
    if (touch.mTag != QSPhysXPublic::IS_SHADOW)
    {
        probe->mAllShapesDetected.push_back(touch);
    }
}
```

11.3　CP 系统的设计思路

本节介绍 CP 系统的设计思路，即如何从繁杂的世界场景中归纳抽象出必要检测步骤。

11.3.1　翻越和攀爬的共同条件

在物理世界中，玩家角色被视为一个 Capsule，参与世界的碰撞交互。下面列出了翻越和攀爬行为的共同触发限制条件。

- 不可与其他玩家产生互动，不可跨越其他玩家触发翻越和攀爬行为，如图 11.4 所示。
- 如果落脚点有其他玩家等动态对象，则不可触发翻越和攀爬行为，如图 11.5 所示。

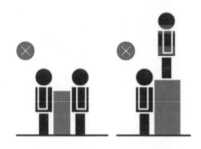

图 11.4　前置条件的判断情况　　　　　　图 11.5　落脚点的判断情况

- 玩家可以触发翻越和攀爬行为的朝向有一定的角度，如图 11.6 所示。
- 只有符合一定宽度条件的物体才可以触发翻越和攀爬行为，如图 11.7 所示。

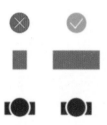

图 11.6　朝向角度的条件限制　　　　　　图 11.7　有效宽度的条件限制

- 符合条件的阻挡物不可触发翻越和攀爬行为，如图 11.8 所示。

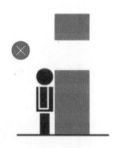

图 11.8　阻止翻越和攀爬的额外阻挡物示意图

11.3.2　翻越的特殊条件

对于能否翻越障碍，有些附加条件需要判断。例如，角色面前阻挡物的厚度（Depth）小于一定限制（见图 11.9）。

如图 11.10 所示，角色翻越障碍后的落脚点处不能有阻挡物，并且要有足够的空间。

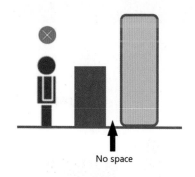

图 11.9　有效厚度的条件限制　　　　图 11.10　有效落脚点空间的条件限制

11.3.3　攀爬的特殊条件

对于能否攀爬障碍，有些附加条件需要判断。例如，角色面前阻挡物的厚度大于一定限制（见图 11.11）。

如图 11.12 所示，悬空的阻挡物可以攀爬，这种情况不能忽略。

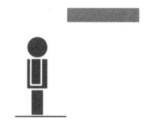

图 11.11　需要有足够的厚度才能攀爬　　　　图 11.12　悬空的阻挡物允许攀爬

11.4　CP 系统的具体实现

在列举了所有的碰撞交互限制条件之后，CP 系统工作的基本流程就可以分为 3 步：初筛阶段、接触点查询、筛选并找到合适的碰撞体。

需要额外说明的是，在《无限法则》游戏的坐标系中，z 轴朝上。角色参数主要有：角色身高为 180cm，角色碰撞 Capsule 的半径为 40cm，角色手臂伸长距离为 60cm。这些经验参数可以为检测参数设置提供参考。

CP 系统提供了一套完整的调试视图（Debug View），方便程序员在开发阶段调试及关卡策划人员在关卡中测试。调试视图可以直观地用不同颜色显示出当前的可攀爬碰撞体，还可以显示碰撞检测失败发生在哪一个步骤。调试视图能用图例清楚地说明是额外阻挡物还是角度过大等限制条件产生了问题。

11.4.1　初筛阶段

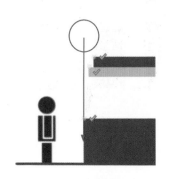

图 11.13　初筛阶段的 Sphere Sweep

在初筛阶段，首先在角色位置的前上方设置一个半径为 60cm 的 Sphere，如图 11.13 所示。Sphere 在角色正前方距离 60cm 的位置，60cm 正好是角色的手臂伸长距离。Sphere 进行自上而下的 Sweep。Sphere 的高度和游戏玩法逻辑相关，一般由能攀爬的最高高度加上 Sphere 半径来决定。Sweep 的范围是从最高可攀爬高度一直到最低可攀爬高度。代码如下所示，mBasePos 是玩家当前位置。

```
    const f32 sweepDist =
EuVaultConfigTable::GetInstance()->mClimbVaultInfo.mWallGeometry.mMaxWal
lTopHeight -
EuVaultConfigTable::GetInstance()->mClimbVaultInfo.mWallGeometry.mMinWal
lTopHeight;
    const QSVec3f sweepDir = -QSVec3f::GetBaseK();
    probe->mSweepStartPos = probe->mBasePos + (probe->mPlayerDir *
SWEEPSPH_DISTANCE);
    probe->mSweepStartPos.z += (SWEEPSPH_RADIUS +
EuVaultConfigTable::GetInstance()->mClimbVaultInfo.mWallGeometry.mMaxWal
lTopHeight);
    QSPhysXSceneQuery::SphereSweep(*scene, SWEEPSPH_RADIUS,
probe->mSweepStartPos, sweepDir, sweepDist, filterData, result);    .
```

初筛阶段存在一些技术细节问题值得讨论。

- 为什么要用 Sphere 来进行 Sweep，而不用 Box 或其他形状呢？因为 Sphere 的曲线表面更方便探测到碰撞体的边缘，如图 11.13 所示，如果用 Box，则碰撞点可能有多个，增加了不确定性和计算量。
- 为什么 Sweep 的方向是垂直向下而不是向前或其他方向呢？考虑到翻越和攀爬动作发生在角色前方有限距离内（臂展范围内），一次垂直的 Sweep 可以把角色面前所有的碰撞体都扫到。同时翻越和攀爬从动画角度来看，手部动作是自上而下的，所以手与碰撞体的接触点都在上方而不可能在中间和下方，这样在进行下一步接触点查询工作时就减少了很多不必要的计算量，是最合理的方法。

经过 Sweep 初筛，如果结果为空，则直接返回，表示没有可攀爬物；如果结果不为空，则已经选出了若干个候选的可攀爬物，准备进入下一阶段。

11.4.2 接触点查询

如果角色可以与碰撞体交互，那角色在攀爬或翻越时，手与碰撞体先接触的地方一定是碰撞体边缘。接触点查询这一阶段，就是为了查找候选碰撞体的边缘以确定接触点的。

接触点查询会遍历候选碰撞物体列表。首先进行一次代价最小的距离检测，剔除距离角色过近的物体。因为攀爬过近的碰撞体会导致动画播放时位移拖曳现象过于明显，这会影响用户的体验。然后在水平方向上进行一次角色到当前碰撞体接触点的 Sweep。这是因为碰撞体对于玩家的接触面很有可能是不规则的。一次垂直方向的 Sweep 结果非常不精确，需要再进行一次水平方向的 Sweep 来获得在某些条件下更精确的接触点位置和接触面法向量。

以一个可以成功攀爬的情况的调试视图为例。

如图 11.14 所示，角色前方一上一下两个红色的 Sphere 就是初筛 Sweep 的 Sphere 的开始位置和结束位置，中间小的 Sphere 就是 Sweep 查询的结果位置，它的上面有一个垂直向上的线段就是接触面的法向量。可攀爬的碰撞体会用白色线框显示出来。

图 11.14 成功找到攀爬的接触点的调试视图

两个接触点查询失败的情况如下。

如图 11.15 所示，由于角色前方的石头过低，属于可以直接走上去的高度，因

231

此没有合适的接触点而不能进行攀爬。调试视图对于不合格的候选碰撞体，会将其用蓝色线框显示出来。

图 11.15　接触点过低导致查询失败的情况

如图 11.16 所示，这是在接触点查询时发现可攀爬物距离玩家过近的情况，可以看到接触点查询 Sphere 上没有法向量线段。

图 11.16　接触点过近导致查询失败的情况

11.4.3　碰撞体距离测试

在获得了合适的接触点后，会对候选碰撞体进行从低到高的排序。如果两个碰撞体接触点相隔太近，考虑到存在相互阻挡的关系，就会把较低的碰撞体丢弃。

11.4.4　碰撞体通过性测试

通过性测试示意图如图 11.17 所示。

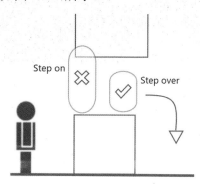

Step on　Step over

图 11.17　通过性测试示意图

遍历候选碰撞体列表进行通过性测试主要有以下 3 个目的。
- 判断当前物体是可以攀爬的，还是可以翻越的。
- 判断碰撞体上方的阻挡物是否可以打破（如玻璃、木板）。
- 剔除上述 2 个条件都不满足的物体。

在图 11.17 中，攀爬比翻越对空间的高度要求更高。这里需要考虑与游戏内容相关的逻辑约束。如果角色在站立状态或下蹲状态下都可以进行攀爬，那么攀爬成功之后角色应该保持攀爬前的姿势。所以通过性测试会接收角色状态的输入，进行相关条件的判断。如果通过测试，则会把当前角色需要的通过高度保存起来，在后面的阶段中使用。

对于可破坏阻挡物，也需要考虑游戏的具体逻辑，并且游戏逻辑与游戏物理系统的自身参数相关，根据物理参数决定是否启用过滤条件。

11.4.5　碰撞体深度测试

如图 11.18 中箭头指向的位置，箱子上有若干根射线。在深度测试中，我们会沿着角色朝向，以一定间隔的垂直 Raycast 查询候选可攀爬碰撞体的深度。如果通过测试，则此处的深度会保存下来，在后面的测试阶段中使用。

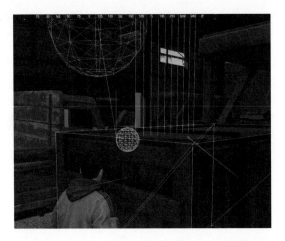

图 11.18 通过多次垂直 Raycast 来探测碰撞体深度

此外，如果在之前的测试阶段中判断角色只能翻越而不能攀爬，则会对翻越后的落脚点条件进行一些判断。例如，是否有阻挡，空间大小是否足够，落脚点高度是否足够等。如果通过测试，则会记录落脚点高度供后续测试阶段使用。

11.4.6 碰撞体侧边斜度测试

如果攀爬物的侧面有过大的突起，或者坡度过大，则在攀爬过程中播放动画会有身体和碰撞穿插的穿帮镜头。所以需要做判断并过滤掉这些情况。

如图 11.19 所示，在测试中会对碰撞体侧面，按照角色朝向水平进行若干次 Raycast，每一次碰撞点的法向量会和重新计算的接触点法向量点乘。所有 Raycast 结束后，大于一定角度的接触点会被过滤掉，从而排除这些不合理的接触点。

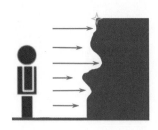

图 11.19 通过多次水平 Raycast 来计算碰撞体表面的斜度

下面是通过点乘（dotSum）来测试接触点角度是否合理的代码样例。

```
const f32 average = (sumCnt != 0 ? (dotSum / sumCnt) : 1.0f);
const f32 slopeLimit =
EuVaultConfigTable::GetInstance()->mVaultParam.SideFaceSlopeLimitAngle /
180.f*PI;
```

```
if( average < QSMath::GetCosinus(slopeLimit) )
{
    it->IsQualified = false;
}
```

11.4.7　碰撞体宽度测试

如图 11.20 所示，需要判断碰撞体的宽度是否适合攀爬或翻越。从上往下垂直对可攀爬物的上表面进行多次 Raycast，Raycast 的高度会根据之前记录的高度调整。Raycast 的发射顺序以角色到接触点的方向为中轴线，依次左右交替展开。Raycast 全部结束后，系统就可以获得可攀爬碰撞体的宽度。

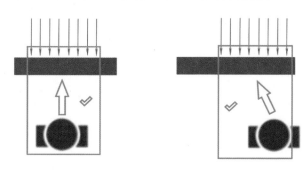

图 11.20　通过多次垂直 Raycast 的左右交替展开来探测碰撞体的宽度

左右交替展开的目的是提高游戏的交互体验。试想，碰撞体的宽度是足够的，但是在角色面向的靠左或靠右位置有一些碰撞体阻挡。如果不进行左右交替展开，角色就不能攀爬了，这样会带来两个缺点。

- 判断过于严苛，场景物件的设计摆放要极度精确，增加了极大的工作量。
- 对玩家的操作要求过高，想翻越就必须对得非常整齐。对于大多数玩家来说，这会带来体验上的不连贯。

综上，左右交替 Raycast 是为了利用二分法快速得知合适的宽度，以及查询攀爬点是偏左还是偏右的。如图 11.20 右侧所示，这样就可以通过设置阈值来调整接触点的位置，自由地控制攀爬翻越的成功率。

11.4.8　碰撞体上表面斜率测试

这一步会判断碰撞体上表面的斜率，分以下两种情况来讨论。

- 上表面向角色方向倾斜。这种情况会根据配置的角度阈值来判断角色是否能通过这轮测试。

- 上表面向角色反向倾斜，这种情况可以无视斜率直接通过。因为接触点在这种情况下是碰撞体的最高点，后面不会有阻挡了，所以可以直接通过。

11.5　CP 系统的性能优化和复杂度控制

为了进行一连串的碰撞测试，CP 系统采用了过滤器（Filter）的更新（Update）设计。系统内有一个合格列表来存放合格的候选碰撞体。每一帧设置了若干个 Filter Stage，只有通过了当前 Filter Stage 的测试，同时合格列表中不为空，系统才会运行下一个 Filter Stage。

下面的代码是一系列有序的 Filter 进行更新操作的示例。可以看到，一旦一个 Filter 的测试结果是没有通过，那么后续所有的碰撞测试都不会执行。

```
bool QSObstacleProbeFilter::ProcessFilter( QSPhysXScene* scene,
QSObstacleProbe* probe )
{
    for( int i = 0; i < PFS_STAGE_NUM; ++i )
    {
        mProbeFilterStage[i].mFilterFunc(probe, scene,
&mProbeFilterStage[i]);

        if( !mProbeFilterStage[i].mPass )
        {
            return false;
        }
    }

    return true;
```

在《无限法则》中，CP 系统由以下 8 个 Filter Stage 组成。

```
enum ProbeFilterStageEnum
{
    PFS_FIRST_SWEEP = 0,
    PFS_CONTACT_POINT_DETECT,
    PFS_DISTANCE,
    PFS_UPPER_BLOCK,
    PFS_SIDE_FACE,
    PFS_DEPTH_TEST,
    PFS_WIDTH_TEST,
    PFS_UPPER_FACE,
    PFS_STAGE_NUM,
};
```

Filter Stage 的顺序至关重要，在设计中可以通过以下两条原则依次进行判断。

- 是否是必要前置条件。例如，Stage B 需要用到碰撞体的深度信息是 Stage A 获取的，那倾向于 Stage B 不重复进行深度获取的操作，而使用 Stage A 的结果，则 Stage A 就是 Stage B 的前置 Stage。
- 运算复杂度。如果不是必要前置的 Stage，则 CP 系统会尽量将运算复杂度高的计算排在后面，从而保证最少的碰撞对象来执行最复杂的 Qualification Test。这里的运算复杂度是基于典型场景的查询计算量来估算的。

在如图 11.21 所示的测试场景中，有 8056 个房子，每个房子由 54 个 Convex 组成。

Raycast 100000次 朝向随机，位置固定，长度为 10000cm	Sweep 100000次 朝向随机，位置固定，长度为10000cm，Sphere半径为10cm
0.40s	0.69s

图 11.21　在 Convex 场景中对比 Raycast 和 Sweep 的性能

在如图 11.22 所示的测试场景中，有 8056 个房子，每个房子由 16 个 Box 组成。

Raycast 100000次 朝向随机，位置固定，长度为10000cm	Sweep 100000次 朝向随机，位置固定，长度为10000cm，Sphere半径为10cm
0.34s	0.62s

图 11.22　在 Box 场景中对比 Raycast 和 Sweep 的性能

从上述两个测试场景可以得到，无论是简单形状 Box 还是复杂形状 Convex，在计算量上 Raycast 都是远远小于 Sweep 的。有了这样的衡量标准，就比较容易测量所有检测的性能，从而指导 Filter Stage 的排序了。

良好的 Filter Stage 顺序设计对整体性能的影响很大。优化测试场景顺序后，不同 Filter Stage 顺序下的性能对比如表 11.1 所示。

表 11.1　不同 Filter Stage 顺序下的性能对比

	优　化　前	优　化　后	优　化　率
Min	0.34ms	0.23ms	32.3%
Max	0.46ms	0.31ms	32.6%

11.6　游戏的应用与优化

11.6.1　高速移动检测优化

在《无限法则》的应用场景中，角色可以进行冲刺跑步，因此可以高速移动。在角色高速移动的情况下，初筛使用距离角色一个臂长距离的 Sphere 进行垂直的 Sweep 会导致检测出的碰撞体与角色的距离较近，整套系统及动画系统的反应时间不够，于是出现碰撞体明明可以翻越或攀爬，却无法检测通过的情况。同时，会造成翻越动画播放过迟，动画中角色身体部分插入碰撞体而穿帮。

根据速度的高低简单地把 Sphere 放远一些不能解决上述问题。由于物理检测存在间隔时间，厚度较薄的碰撞体，如铁丝网等，可能就会错过检测。

把 Sphere 换成一个躺下来的 Capsule 也存在问题。假设可攀爬碰撞体的上表面斜率不大，或者说是小角度的，那么使用平躺的 Capsule 去 Sweep，在极端情况下会使初筛候选对象过多，造成卡顿。

使用更大的 Sphere 同样不可行。Sphere 的高度增加后，在某些情况下同样会增加过多初筛对象。

经过一系列的测试后，初筛选用倒三角五面体远离角色的那一段稍微倾斜向下来进行垂直的 Sweep，达到了理想的效果，如图 11.23 所示。

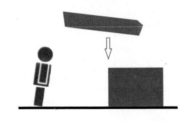

图 11.23　冲刺中的倒三角五面体的 Sweep 初筛

倒三角五面体会有稍微倾斜，以确保用最少数量的碰撞边缘来进行接触点测试。在非冲刺状态下，仍然使用 Sphere 来进行初筛，相比之下 Sphere 能更精确地获得较少的候选碰撞体。

11.6.2　不同姿态的适配

游戏的类型不同，角色能够呈现的姿态也不同。例如，在《无限法则》中，角色有站立、下蹲和匍匐 3 种姿态。但是能够进行翻越和攀爬的姿态只有前 2 种。不同姿态下角色的高度不同，触发时的通过高度也不同。可以触发翻越和攀爬的姿态，以及触发的高度等各种参数都可以用数据驱动的方式来配置。

11.6.3　与动画系统的结合

所有的测试通过后，测试中获得的关键参数会组合成为一个结构体参数返回给调用者，如角色前方可攀爬碰撞体的高度参数会作为对动画处理的依据。这部分和动画系统是完全解耦的。外部动画系统依据自己设计的复杂度和动画量来选择拆分多少种攀爬动画与之匹配，或者根据对翻越落脚点的高度判断来匹配不同的动画。

在《无限法则》游戏中，设计了一个 EuVaultingPolicy 类，用来接收 EuVaultConfigTable 定义的处理动画系统和 CP 系统的逻辑。由于本章内容主要介绍翻越攀爬的物理检测部分，动画部分主要由 CP 系统的输出参数来进行各种调优，因此这里不赘述动画部分的处理细节。

11.7　总结

本章介绍了一种通用的障碍检测算法，并且对游戏角色的翻越和攀爬行为进行了特化侦测，能够适应复杂碰撞，同时优化了算法性能，实测在《无限法则》单局 100 人的游戏中不会成为性能瓶颈。

在游戏关卡设计阶段，CP 系统的通用障碍检测算法将美术设计和角色迁徙玩法进行了一定程度的解耦，解除了游戏美术和关卡策划的设计限制。

CP 系统提升了玩家的游戏体验。CP 系统可以方便地实现地面和空中的立体迁徙方式，增加游戏趣味。根据不同的项目要求，CP 系统支持设计更丰富的角色迁徙动作，提升游戏品质。此外，CP 系统的良好性能表现可以保证玩家在任何地形、任何速度、任何姿势下都能流畅地长时间地进行地图迁徙和障碍翻越攀爬，获得良好的游戏体验。

这种障碍检测算法在《无限法则》的多张不同地貌风格的地图中表现良好，在后续的玩法开发中作为基础碰撞侦测手段，得到了进一步的扩展与改进。

部分 IV

客户端架构和技术

第12章

跨游戏引擎的 H5 渲染解决方案

12.1 嵌入游戏的 H5 渲染引擎介绍

腾讯游戏运营着大量在线游戏，每个在线游戏都需要在重要时间节点投放大量的运营活动，这类运营活动需要大量的开发人力支持，而且是一次性的。游戏的运营活动开发与游戏使用的引擎、版本号、平台有很大的相关性，有没有一种简单的开发方式能够适应所有的引擎、版本号和平台呢？

本章介绍一种方法，通过实现一套精简版本的 HTML5（HyperText Markup Language 5，超文本标记语言第 5 版，以下简称 HTML5 或 H5）渲染引擎来屏蔽不同游戏引擎、平台的底层差异，同时保留游戏引擎必要的交互体验，可以采用 H5 的开发方式来快速实现运营活动开发，最终做到开发和运营分离，运营部门自主开发运营活动而不依赖游戏发版节奏。

12.2 如何快速开发游戏周边系统及问题

在重要时间节点或节假日，游戏公司推出相关的运营活动几乎是在线游戏运营推广的常态。当一个项目有这个需求的时候，一般都由项目组开发人员负责，项目组需要为此配备一些人力专门完成对应的运营开发工作。当很多项目都有这个需求的时候，可以考虑把这部分的人力抽出来，组成一个专门的小组来完成相关工作，这样多个项目不需要每个项目组都配备对应的运营开发人员。此时，一款在线游戏有如图 12.1 所示的抽象组织结构。

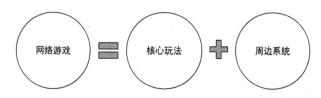

图 12.1　抽象组织结构

周边系统是一个大的概念，包含运营活动、非游戏玩法相关的系统等。通过这样的抽象，开发核心玩法的小组和开发周边系统的小组可以各司其职，前者可以集中精力完成游戏核心玩法的开发工作，后者可以专注系统抽象复用和沉淀迭代，从而整体缩短项目开发周期。

在实践中，上述的抽象组织结构可以直接使用 Unity、Unreal 引擎自带的开发工具完成对应的开发工作，各小组遵照统一的开发规范就可以很好地协同工作。

但是，当这样的组织结构需要考虑跨多个游戏、多个开发组甚至不同的公司的时候，就需要考虑以下 4 个问题。

（1）每个游戏使用不同引擎时，周边系统是否可以不考虑引擎差异。

（2）每个游戏都有自己的时间节点，周边系统的上线，特别是运营活动，是否可以不跟随游戏发版节奏。

（3）不同游戏、不同引擎、不同平台的开发方式是否可以保持一致。

（4）这套开发方式开发的系统能否和游戏引擎开发的系统在交互、操作、性能上保持一致。

如果以上问题的回答都是肯定的，那就需要提出一套独立于游戏引擎的 UI 开发方案，该方案可以独立部署、独立热更新，同时可以满足与游戏引擎 UI 完全一致的操作、交互体验需求——在不低于原有引擎 UI 方案运行效率的前提下。

一个直接的想法是在游戏内嵌入 WebView，使用 H5 的方式来开发运营活动甚至周边系统，在实践中，很长一段时间包括现在都在使用这样的方式，但这样的方式最大的问题是无法满足问题（4）的要求，即在交互、操作和性能上无法满足要求。对于一些简单运营活动，如领奖、抽奖等还可以胜任，但对于复杂的周边系统，如游戏内商城、任务、成就等系统，这样的 H5 页面在交互上无法与游戏内的 UI 保持一致；在功能上无法渲染 3D 模型到 H5 页面上用于试穿预览等情形；在性能上，WebView 的内存占用远高于引擎 UI 开发的相同系统。

H5 的开发方式很好地解决了前 3 个问题，同时足够简单，足够流行，成本足够低，这促使我们思考有没有可能在保留 H5 开发方式的同时解决问题（4）。

为了解决问题（4），需要提出一套标准和方便地在游戏引擎内实现这套标准的方法。

12.2.1　H5 ES 标准的提出

基于以上问题的分析，需要开发一套精简的 H5 方案，实现 UI 开发必要的能力，去掉实现困难又非必要常用的特性，并将这套方案融合进 Unity、Unreal 等引擎的原生渲染流程。

但是设计一套精简的 H5 标准需要足够的经验，才能充分覆盖必要的使用场景，腾讯内部的潘多拉系统，经多年沉淀，把游戏内需要的 UI 开发能力充分发掘和尝试，提炼了一套标准，基于此提出精简的 H5 开发标准，称为 H5 ES 标准（HTML5 Embeded System）。从名字可以看出，这套标准被寄望解决在所有嵌入式场景内使用 H5 标准及 UI 开发的问题，基于这套标准我们开发了一个参考实现 UI，（已经用于线上项目），称为 PixUI。

经过抽象，这套精简的 H5 标准应该具备如下能力。

- HTML、CSS、JS 代码解析能力。
- 核心标签支持，包括 Div、Script、Style、Img、Text。
- 核心 DOM API 支持、事件机制。
- 背景、边框，图片（包含 GIF 动图）、文本渲染。
- FlexBox 布局支持。
- CSS Animation、Transform。
- 视频播放、直播。
- WebSocket、XMLHttpRequest 能力，支持 Wss 和 Https。

实现了以上能力后，配合 H5 丰富的生态，以及兼容 Vue/React，就可以覆盖游戏周边系统开发的全部要素，考虑到文章篇幅长度，我们将重点放在渲染的抽象上。基本图元如图 12.2 所示。

图 12.2　基本图元

要搞明白如何渲染背景、边框、图片和文本，首先要搞清楚 H5 的渲染模型——Box 模型，如图 12.3 所示。

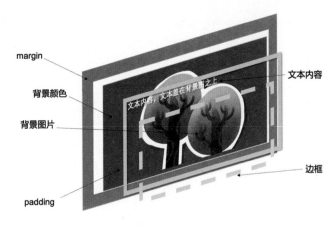

图 12.3　Box 模型

Box 模型（盒体模型）从渲染的角度来看，只需要宿主系统支持渲染背景颜色、背景图片、文本和边框即可，看起来虽然简单，但实际上还是有些复杂的。例如，背景颜色需要考虑纯色、渐变色、纹理填充等；背景图片需要考虑图片格式、动态图片甚至视频等；文本需要考虑文本样式、颜色等；边框需要考虑线条粗细、样式、九宫格、圆角等；整个盒体需要考虑内容裁剪、几何变换等。

12.3　架构

为了实现上面提到的基本图元操作，可以考虑把对应的操作抽象为一系列接口，宿主程序实现对应接口就可以完成对应的操作，但如何抽象接口是一个需要思考的事情，分析之后可得如下两种抽象模式。

- 完全自己渲染。
- 抽象为接口，要求宿主程序实现对应的接口。

下面分别来讨论。

12.3.1　完全自己渲染

如果完全自己渲染，则需要考虑不同平台和图形系统，做法和游戏引擎自身需要实现的跨平台抽象是一致的。一般做法是通过抽象底层图形 API，将不同的图形 API 抽象为 RHI（Render Hardware Interface，渲染硬件接口）。例如，在 Unreal Engine 4（简称 UE4）内，RHI 封装了包括 OpenGL、OpenGL ES、DirectX、Vulkan 等不同平台的不同图形 API。通过使用这样的抽象 API 来完成上层的 UI 渲染，把 UI 渲染到 RenderTarget 上后，在不同引擎中渲染这张 RenderTarget，就可以实现在不同引擎内跨引擎渲染一致的 UI。

一般性思考架构流程图如图 12.4 所示。

图 12.4　一般性思考架构流程图

这样的做法有几个问题，一一说明如下。

12.3.2　RHI 的封装

RHI 的封装在大多数游戏需要考虑跨平台的引擎实现中并不是一个大问题，主要考虑工作量和质量。但是作为一个 UI 系统，特别是嵌入游戏引擎里的 UI 系统，这就是一个不得不思考的问题，如何实现 RHI 系统？RHI 系统的实现需要多大的代码段（Code Size）？如何保证 RHI 封装不会与引擎的 RHI 系统冲突？

上面每一个问题展开分析都有很多问题需要考虑，我们试着简单回答一下。

在 GitHub 上有一个不错的库 bgfx，它实现了对所有图形 API 的封装，非常聚焦，和 RHI 系统几乎一致，没有过多的复杂设计，仅仅完成了必要的封装和抽象，有很多基于 bgfx 开发的游戏引擎。

bgfx 运行时大概有 2.2MB 的代码段，同时 bgfx 提供了 bimg 和 bx 两个库用于处理图形编解码和一些函数基础库，这些正好是做一个 UI 系统所必要的。

bgfx 的设计目标是独立开发一个游戏引擎，而不是被嵌入现有游戏引擎里，做一个独立的渲染引擎可以非常方便地使用这个库，PixUI 附带的桌面端模拟浏览器就是用这个方法自己渲染的，如图 12.5 所示。

但是 PixUI 最终还是要嵌入游戏引擎里工作的，这就需要修改 bgfx 的创建流程，让 bgfx 可以接收一个来自外部图形 API 运行时的指针（后面称为设备指针），而不是自己创建一个设备指针；还需要修改 Clear、Present 等流程，让 bgfx 可以在 RenderTarget 层次上工作，至此上面提到的问题都基本解决了。

虽然使用 bgfx 可以完成大部分 RHI 的工作，但还要考虑一个问题：在游戏引擎内是否仍然需要一个独立的 RHI 封装？有没有可能使用引擎开放的功能去构建一个抽象渲染层，而不用自己实现 RHI？

另外，用 bgfx 来桥接的话，会不会存在对引擎 RHI 的状态的侵入？例如，引擎自身的 RHI 通过逻辑而不是查询硬件状态记录了 RenderState，那么 bgfx 跳开了引擎的 RHI 进行渲染，会不会破坏引擎 RHI 的自身状态？这是需要考虑的问题。

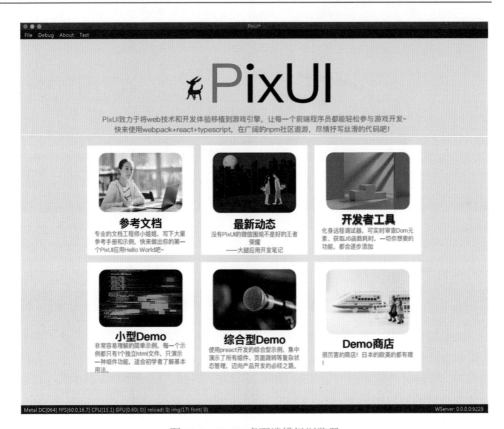

图 12.5 PixUI 桌面端模拟浏览器

12.3.3 额外的 RenderTarget 负担

将 UI 渲染到贴图是需要额外的 RenderTarget 内存开销的,这部分内存开销随需要渲染 UI 的尺寸不同而不同。如果一个 1024 像素×768 像素的手机屏幕渲染一个全屏的 UI,那么将需要大概 3MB 的内存。而目前主流手机一般的分辨率都在 2K 以上,那么这部分内存将可能超过 10MB,这无论如何都是无法接受的。

如果不使用 RenderTarget 会怎么样? 如果不使用 RenderTarget,可以考虑的方案是把 UI 直接渲染到 BackBuffer 上,一般在 Present 之前,就将 UI 覆盖在引擎所有画面之上,包括引擎自己的 UI,如图 12.6 所示。

无法控制 UI 与现有游戏引擎的 UI 的层级关系,也无法让它嵌入现有 UI 系统里协同工作,只能生硬地覆盖在上面(或下面),这在实际工作中是无法接受的。为此只能使用 RenderTarget,从而避免 UI 层级和 UI 协同问题,因为通过 RenderTarget 可以把 UI 渲染到任何现有 UI 层级上,甚至渲染到 3D 场景中。

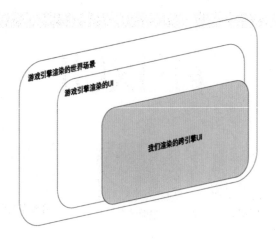

图 12.6　UI 覆盖在引擎之上

12.3.4　抽象为接口

如果将绘制能力抽象为少数但够用的接口，并由宿主程序来实现，就不需要去实现整套 RHI，这样能减小运行时的代码段；不需要 RenderTarget，减小运行时的内存；还能灵活地和现有引擎的 UI 系统交互，不会出现层级问题。那么该如何抽象为对应的接口呢？

这里有 3 种思路，如下。

- 抽象为 RHI，要求宿主实现 RHI。
- 抽象为对象接口，要求宿主创建图元对象。
- 抽象为图元绘制接口，要求宿主实现图元绘制能力。

抽象为 RHI 的代码如下。

```
class IRHI {
public:
    virtual VertextBuffer* createVertextBuffer(...) = 0;
    virtual Texture* createTexture(...) = 0;
    ...
};
```

基本想法就是要求宿主实现 RHI，基于这些 RHI 完成绘制，并将最终渲染指令流转到引擎的渲染管线。这个想法简单直接，非常易于集成，如果只考虑 Unreal 引擎，那么基本上使用这样的抽象形式就可以了。这种抽象形式的问题是在 Unity 引擎里不太容易控制，虽然 Unity 提供了 Low Level Plugin 系统，但是这套系统尚不完善，没有完成 RHI 封装，需要自己制作；而且 Low Level Plugin 系统渲染的结果很难控制，无法和 Unity 本身的 UI 系统很好地结合。在 Unity5 之后，Unity

引入一套 Command Buffer 系统，这套系统也可以完成自定义渲染，但问题和 Low Level Plugin 类似，包括完备程度、需要渲染到贴图等问题，这里不再展开介绍。

抽象为对象接口的代码如下。

```cpp
class IH5Host {
public:
    Text* createText(...);
    Image* createImage(...);
    Border* createBorder(...);
    ...
};
```

这样的抽象形式比较适合 Unity 系统，可以把基本图元转换为 Unity 系统里的 Text、Image 等对象。但这样抽象的问题是，需要 H5 系统和宿主存在一致的对象体系，包括对象的管理和生命周期控制，这部分代码两边是雷同冗余的，而且极易产生不一致的问题。

一种折中方案是根据 DOM 对象树建一棵渲染树，两边基于渲染树来渲染，如图 12.7 所示。

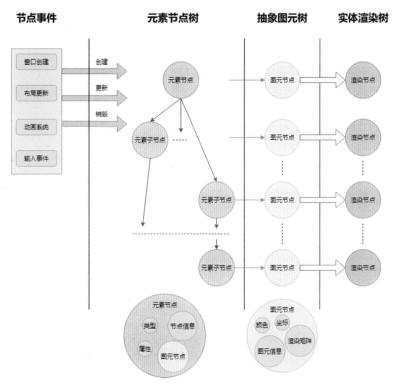

图 12.7　折中方案

抽象为图元绘制接口的代码如下。

```
class IH5Render {
public:
    void paintText(...);
    void paintImage(...);
    void paintBackGround(...);
    void paintBorder(...);
};
```

图元绘制接口与对象接口的差别是，图元绘制接口每帧都需要调用，无状态；而对象接口构造调用一次，析构调用一次，有状态，需要自行管理对象的生命周期。UE4 的 UI 绘制就采用了图元绘制接口，在 **FSlateDrawElement** 类中，抽象为图元绘制接口的代码如下。

```
class FSlateDrawElement
{
public:
    SLATECORE_API static void MakeBox(
        FSlateWindowElementList& ElementList,
        uint32 InLayer,
        const FPaintGeometry& PaintGeometry,
        const FSlateBrush* InBrush,
        ESlateDrawEffect InDrawEffects = ESlateDrawEffect::None,
        const FLinearColor& InTint = FLinearColor::White );

    SLATECORE_API static void MakeRotatedBox(
        FSlateWindowElementList& ElementList,
        uint32 InLayer,
        const FPaintGeometry& PaintGeometry,
        const FSlateBrush* InBrush,
        ESlateDrawEffect InDrawEffects = ESlateDrawEffect::None,
        float Angle = 0.0f,
        TOptional<FVector2D> InRotationPoint = TOptional<FVector2D>(),
        ERotationSpace RotationSpace = RelativeToElement,
        const FLinearColor& InTint = FLinearColor::White );

    SLATECORE_API static void MakeText(
        FSlateWindowElementList& ElementList,
        uint32 InLayer,
        const FPaintGeometry& PaintGeometry,
        const FString& InText,
        const int32 StartIndex,
        const int32 EndIndex,
        const FSlateFontInfo& InFontInfo,
        ESlateDrawEffect InDrawEffects = ESlateDrawEffect::None,
        const FLinearColor& InTint = FLinearColor::White );
```

```
    ...
};
```

不要被这个类的方法名字误导，看起来是一个对象接口，其实是需要每帧调用的图元绘制接口，UE4 中的控件都是基于这个类提供的方法来绘制 UI 元素的，同时会根据绘制的调用顺序来考虑合批操作（Batch），这样直接调用这个接口来绘制 H5 元素就自动具备了合批能力。

考虑到不同引擎的实现复杂度，包括在自研引擎这种没有很好的对象体系说明的引擎中容易集成，最终的做法是抽象为基本的图元绘制接口，不同引擎根据自己的特点实现这些图元绘制接口。在 UE4 中几乎可以无缝转换，在 Unity 中有点麻烦，后面会详细讲解。

我们把 H5 ES 页面的解析、加载、排版、渲染抽象等接口称为 UI 前端，把不同引擎实现的渲染接口称为渲染后端，如图 12.8 所示。

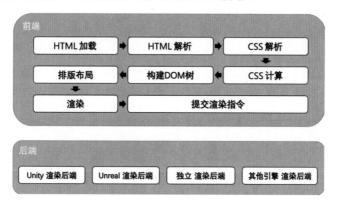

图 12.8　UI 覆盖在引擎之上

12.4　渲染后端实现

讨论完了架构，下面我们分别介绍如何在当前流行的两个商业引擎及自研引擎中具体实现相关功能。

12.4.1　UE4

UE4 引擎提供了 Plugin 机制，能够很好将扩展功能模块化地放入 Plugin 插件中，基于 Plugin 的模式可完美地实现 UE4 的渲染后端。作为 UE4 的扩展 UI 的组建需要遵循以下 3 个原则。

- 去引擎定制化功能，版本通用。

- 符合 UE4 的 UI 通用风格。
- 保持渲染效率和性能的一致性。

通过参考 UE4 的 Slate UI（Slate 是 UE4 自定义 UI 编程框架的名称）的实现方式，在满足以上 3 个原则的同时可以自定义封装一个 UMG（Unreal Motion Graphics UI Designer）的 UI 控件，用户可以在编辑蓝图的可视化时使用，并在蓝图中调用相关的接口功能。

1．UE4 的渲染实现

继承 UWidget（UE4 的 UMG UI 基类）和 SWidget（UE4 的 SlateUI 基类）这 2 个基类，并组合实现一个自定义的 Custom UI 组件；在 SWidget 的 OnPaint 中使用 Slate UI 的图元绘制接口绘制对应的元素信息；通过抽象实现基础的图元绘制，完成对应的后端渲染指令即可实现对应的页面绘制。这样的绘制方式是完全符合 UMG 的基本控件渲染流程和实现的。

UE4 渲染对应如图 12.9 所示。

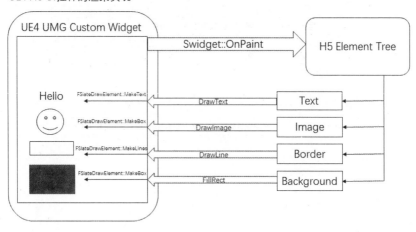

图 12.9　UE4 渲染对应

```
FSlateDrawElement::MakeText    //绘制文字

FSlateDrawElement::MakeLines   //绘制线条

FSlateDrawElement::MakeBox     //绘制矩形、绘制图片
```

2．UE4 的资源管理

核心资源通过句柄来进行关联，资源的生命周期通过引用计数来控制，目前用到的句柄分为以下 3 种。

- 绘制上下文：此外指临时上下文，由绘制方自行管理，H5 的内核绘制只进行上下文透传处理。
- 贴图资源：贴图绘制的资源对象。
- 字体资源：文字绘制的资源对象。

句柄资源的创建如下。

H5 的内核通过句柄对象（Handle Object）的引用计数来管理对应的句柄的生命周期。例如，若打开页面 A 或动态创建页面 A 的某个节点时使用了字体 font_1 和图片 image_1，就会通过资源管理器查找是否存在对应的资源 font_1 和 image_1，如果存在，则对资源对象的引用计数加 1；如果不存在，则调用对应的创建接口来通知引擎需要创建资源，引擎返回对应的句柄值后（可以是 ID 或指针地址，由引擎自行管理），对应的资源对象引用计数加 1。

绘制上下文是一个临时的句柄对象，内核不需要管理此句柄对象，其使用比较简单。在 UE4 中由 SWidget::OnPaint 发起绘制时，调用 H5 内核的页面绘制接口 H5::Paint(HANDLE device)就可以自行指定 device 对象，对应节点的绘制接口就会将此对象作为绘制参数传回，如 H5::DrawText(HANDLE device,…)。

句柄资源的使用如下。

贴图资源：在 UE4 中，UTexture2D 是用来管理贴图资源的对象。当 H5 内核驱动来创建贴图时，UE4 端会将 UTexture2D 的地址作为句柄值返回给 H5 内核，将此贴图对象加入一个内核管理列表，在实际绘制时通过 H5 的抽象绘制接口（DrawImage）将句柄信息关联到对应的 UTexture2D 对象，然后提供给 FSlateDrawElement::MakeBox 的渲染接口使用。

字体资源：字体资源的管理方式与贴图资源相同，两者都通过句柄关联方式来获取 UE4 中有效的 FSlateFontInfo 对象，然后提供给 FSlateDrawElement::MakeText 的渲染接口使用。

句柄资源的销毁如下。

如果页面关闭了或某个页面节点被删除时不在对应的资源中，那么对应的字体 font_1 和图片 image_1 句柄对象就会进行引用计数-1 操作；如果对应的资源引用计数为 0，说明没有任何页面节点使用此资源，就会销毁此句柄对象，并通知引擎这个句柄对象被销毁了，UE4 会根据 H5 内核传回来的句柄来查找对应的资源对象是否有效。如果有效，就释放响应的资源（如 UTexture2D 和 FSlateFontInfo 销毁）。

3. UE4 的特殊绘制

在 H5 的实际使用中，时常会用到如圆角头像、圆角边框等类的特殊属性，但由于 H5 中边框的圆角、宽度、颜色可以任意组合，因此边框样式复杂度陡增，而

UE4 的 FSlateDrawElement 提供的基础绘制接口是不能满足这样的需求的，这类特殊绘制只能通过 Shader（GPU 着色器）才能高效地实现，在 UE4 中 FSlateBrush 支持 Shader 画刷的方式，FSlateMaterialBrush 属于 FSlateBrush 派生类，可以通过 Shader 的方式来实现特殊绘制，在对应的 Material 文件中计算 Radius（边框圆角弧度）信息并实现圆角效果后，通过 Material 的输入参数来支持圆角的弧度参数、贴图信息、底色信息等绘制参数的修改，最终将对应的 Material 转换成 FSlateDrawElement::MakeBox 需要的 FSlateBrush 画刷，完成圆角效果。各种边框实例如图 12.10 所示。

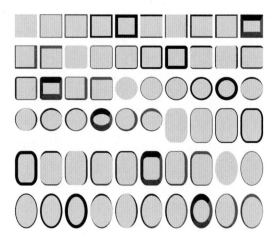

图 12.10　各种边框实例

在实现边框效果时，为了提高渲染效率，可将边框的实现分为以下 4 种。

- 同色矩形边框。
- 圆角同色矩形边框。
- 异色矩形边框。
- 圆角异色矩形边框。

边框效果的实现原理如下。

在介绍实现原理前，先简单地介绍一下 Shader 的坐标系知识。在 Shader 里存在一个 UV 坐标系，它是一个 2D 平面的坐标系，水平方向是 U，垂直方向是 V，U、V 坐标范围是 0.0~1.0，相当于数学公式里面的 X、Y，下面的实现公式会用 X、Y 来代表 UV 坐标系中的变量。

（1）同色矩形边框。

计算边框（Top、Left、Bottom、Right）区域，裁剪到对应的中心区域即可；也可以通过 FSlateDrawElement::MakeLines 方式绘制 4 条对应宽度的边框达到效果，如图 12.11、图 12.12 所示。

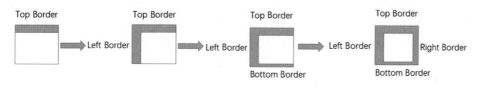

图 12.11　边框绘制

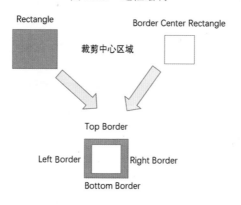

图 12.12　裁剪区域绘制

（2）圆角同色矩形边框。

分别计算各个角的圆角弧度，可能是正圆或椭圆。

数学正圆公式：

$$r^2 = X^2 + Y^2$$

式中，r 为圆的半径。

数学椭圆公式：

$$1 = \frac{X^2}{A^2} + \frac{Y^2}{B^2}$$

式中，A、B 分别为椭圆的场边半径和短边半径。如果 A 或 B 为 0，则对应的角按照直角边框的方式处理，计算需要裁剪的区域。

首先计算外角裁剪的圆角区域，裁剪到对应的外圆角，如图 12.13 所示。

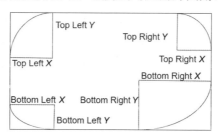

图 12.13　边框圆角计算

然后计算边框宽度对应的圆角内角区域，内角的半径是由对应角的 Radius 宽度减去对应边框 Border 宽度得到的，公式为

$$r' = \text{Radius}_w - \text{Border}_w$$

注：如果 r' 小于或等于 0，则这个角按照直角方式计算裁剪区域。接着按照外边框的圆角公式计算内圆角区域，如图 12.14 红色部分所示。

最后将外圆角区域裁剪去内圆角区域，就能得到对应的圆角边框了，如图 12.15 所示。

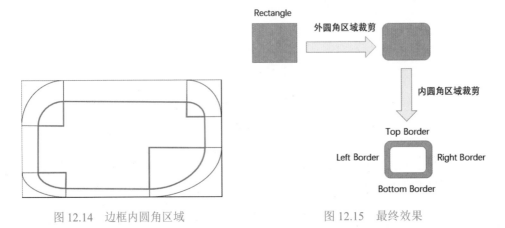

图 12.14　边框内圆角区域　　　　　图 12.15　最终效果

（3）异色矩形边框。

异色边框的颜色分布是先通过两个相邻边框的宽度来计算斜率，再通过斜率比例来确定边框的区域范围的。Top 和 Left 的斜率公式：

$$Y = \frac{\text{Top}}{\text{Left}} \times X$$

式中，Top、Left 分别为上边框和右边框的宽度。当 Left 为 0 时，公式为

$$X = 0$$

绘制流程如图 12.16 所示。

图 12.16　绘制流程

（4）圆角异色矩形边框。

圆角异色矩形边框综合了异色矩形边框和圆角边框，先计算异色区域占比和

填充对应颜色，再计算圆角裁剪区域，即可得到对应的圆角异色矩形边框效果。

边框渲染实现小结如下。

H5 中存在 Dotted、Dashed、Solid、Double、Groove、Ridge、Inset、Outset 边框样式，这类样式通过一般的渲染引擎提供的渲染函数是无法达到要求的，所以都是通过 Shader 编程的方式实现的；要实现这类样式需要有一定的 Shader 编程基础和数学知识，但只要了解了实现原理，实现起来还是比较简单的。

边框渲染其实还有一种思路，那就是构造边框对应的 Mesh，这样做的好处是可以减少像素着色的开销，只针对边框必要的像素进行填充，如图 12.17 所示。

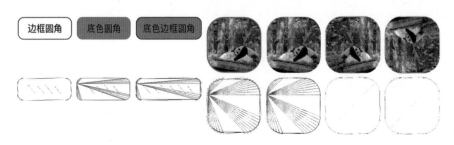

图 12.17　边框网格

在内部开发版本中，本来已经实现了一个基于构造边框 Mesh 的版本，但 H5 的边框渲染是很复杂的事情。使用边框构建的太极图如图 12.18 所示。

图 12.18　使用边框构建的太极图

如此复杂的边框，构造 Mesh 的开销和渲染效果相比可能得不偿失，因此最终仍以分支裁剪的 Shader 算法来实现边框渲染，未来的版本可能会根据边框的复杂度来动态判断是基于 Mesh 构造还是 Shader 算法渲染。边框越简单，边框覆盖区域越大，使用 Mesh 构造的方法越具有性能优势，反之使用 Shader 算法越简单直观。

4. UE4 版本差异引发的问题

UE4 有许多的子版本，截至目前最新的版本为 4.26.0 Preview2，在进行各版本兼容时遇到了一些版本兼容的问题。接口变更、参数变更、头文件位置变更等问题比较常见，这类问题可以通过 UE4 的版本宏（ENGINE_MAJOR_VERSION、ENGINE_MINOR_VERSION、ENGINE_PATCH_VERSION）来区分和分别解决；对于 Build.cs 文件问题，也有类似的版本宏（UE_4_26_OR_LATER，修改对应的数字可对应相应的引擎版本）可以使用；还有一些特殊的兼容问题。下面分享遇到的几个重点问题和解决方法。

问题（1）：FSlateBrush 的绘制参数保持问题。

UE4 4.21 及之前的版本在使用 FSlateBrush 画刷绘制时，FSlateDrawElement 并未保存画刷中的一些绘制参数（Margin、Tiling、Mirroring、UVRegion、DrawAs），只持有了 FSlateBrush 本身的指针地址，这样会带来 2 个问题。

- FSlateBrush 安全性不能保证，因为游戏线程和渲染线程是不同的线程。
- 相同的 FSlateBrush 不能使用在不同绘制参数的多次绘制上。例如，同一张贴图画刷 FSlateBrush 先绘制一张 UVRegion 从(0,0)到(1,1)的全图，再绘制一张 UVRegion 从(0.5,0.5)到(1,1)的半图，结果是绘制了 2 张半图。因为没有存储绘制参数，这个 FSlateBrush 在投递渲染指令到渲染队列时是以 FSlateBrush 指针的方式获取当前渲染指令的绘制参数的，所以同渲染队列里的相同的 FSlateBrush 指针的渲染参数是相同的。

解决方式：

问题（1）的解决方式有 2 种。

- 在 FSlateDrawElement 中保存渲染参数并在提交渲染指令时使用 FSlateDrawElement 保持的渲染参数，如果是使用此引擎并使用源码方式编译的，就可以使用这样的方式自行修改引擎源码；当然这个问题在 UE4 4.21 以后的版本中已经由官方修复了，修复方式是 FSlateDrawElement 会通过 DataPayload 拷贝 FSlateBrush 绘制参数，这样既保证了指针的安全性，又保证了每次渲染参数的准确性。
- 当同一个 FSlateBrush 进行不同的渲染参数绘制时，使用新的 FSlateBrush 进行绘制；基于版本通用的原则在版本兼容时使用此方法，这类新的

FSlateBrush 会创建一个引用队列来存储不同绘制参数的 FSlateBrush，并在绘制完成后检查 FSlateBrush 的引用情况，对于没有引用的 FSlateBrush 进行安全的延迟释放。

问题（2）：Slate UI 的合批问题。

UE4.24 之后的版本使用了新的合批算法，在进行文字合批时，遇到空格单字符的 FSlateDrawElement 不会计算字符的绘制顶点数和边数，而会把此 FSlateDrawElement 当成一个未合批的缓存节点，如果最后一个绘制元素是字符空格，则此合批缓存节点的顶点偏移值恰好是缓存顶点队列的大小的值。在进行缓存节点合批时没有判断需要合批的节点是否是有效的顶点数，这样在对缓存顶点进行合批操作时就出现了数组越界的现象，引发程序 Crash。

解决方式：

问题（2）的解决方式也有 2 种。

- 对于拥有源码引擎的开发者，只需要修改绘制顶点数为 0 的节点不进行合批操作即可，这种方式更为通用安全；目前最新版本 4.26.0 Preview2 中依然存在此问题，使用时需要注意。
- 从 Plugin 插件的角度来看，虽不能修改宿主引擎，但只需要保证在 H5 页面绘制过程中遇到空格单字符绘制时跳过绘制即可，因为空格单字符对于实际的视觉效果来说是不需要绘制的。

12.4.2　UE3

UE3 不像 UE4 一样提供 Plugin 机制，也不像 UE4 一样提供 UMG 这样系统级的 UI 管理模块，通常用 UE3 的开发者对自己的 UI 模块有自己的管理方式，因此为 UE3 设计的 UI 管理策略如下。

运行库动态加载：考虑最小限度的集成，UE3 的扩展模块采用的是动态加载运行库的方式，同时支持卸载功能，这样既方便使用者简单地集成到自己的游戏项目中，又可以减少扩展插件与项目代码的耦合关系。

UE3 画布（UCanvas）绘制：UE3 对 UI 的绘制是通过 Canvas 来实现的，这是 UE3 官方推荐的 Canvas HUD 使用方式，扩展模块采用的方式是使用者控制 Canvas 的创建和层级关系，然后交由扩展模块渲染即可。

UE3 组件与 API 对应如图 12.19 所示。

```
UCanvas::DrawText //绘制文字
UCanvas::DrawLine2D //绘制线条
UCanvas::DrawTile //绘制矩形、绘制图片
```

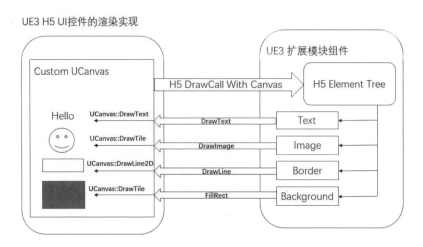

图 12.19　UE3 组件与 API 对应

事件响应器：UE3 的事件输入方式有些特殊，是通过一个 UInteraction 来接收响应的，而这个 UInteraction 在接收事件时需要加入对应的视口（GameViewport），并且要设置响应优先级，因为如果优先级高的 UInteraction 捕获事件后，优先级低的 UInteraction 就接收不到事件。基于这样的设计将 UInteraction 的优先级控制权交由使用者，使用者只需要调用优先级控制接口即可。

12.4.3　Unity

UE4 的绘制接口又可以称为 Immediate Mode 接口，Unity 的 UI 系统提供了 Immediate Mode 的接口 GUI 系统，但是由于效率原因，这个系统普遍用于编辑器，游戏环境使用 UGUI（Unity Graphics User Interface，Unity 图形用户界面）这样的基于对象创建的接口，这就需要考虑如何把一个对象创建的接口转换为 Immediate Mode 接口。同时 Unity 提供的是 C#语言，而 H5 引擎是 C++语言编写的，因此需要考虑 C#和 C++交互问题。

1．C++和 C#通信

PixUI 采用 C++开发，Unity3D 采用 C#作为开发语言，如果需要将 PixUI 继承到 Unity3D，则两者之间必然要进行交互。Unity3D 的底层的 C#虚拟机是 Mono，和微软的.Net Framework 有一些实现细节的不同，但大体是按照规范来实现的，在语言层面提供了相应的机制来完成两者间的交互，即 P/Invoke，如图 12.20 所示。

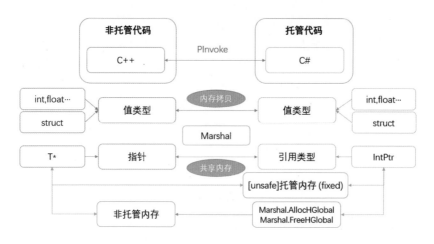

图 12.20　C#与 C++通信架构

当 C#调用 C++的方法时，需要从 C++的动态库中导出方法的符号后，在 C#里面通过 DllImport 指定需要导入的方法名称。方法的调用通常涉及调用约定及参数传递，C++声明方法和 C#导入方法时的调用约定需要保持一致，参数传递也需要相应地保持一致，简单说就是内存对齐，如 C++这边的参数是 int32，那么 C#这边就是 int；C++ 这边是 int64，C# 这边就是 long。内存大小一定是对齐的，基础数据类型都可以找到对应的，结构体 C# 这边可以通过指定 StructLayout 来确保内存结构是一致的，只有内存结构、内存大小是一致的，最后从 C# 这边获取的数据才是对的。

2．Unity3D 渲染

Unity3D 提供了 Low Level Plugin 机制来实现扩展渲染，不过这套机制在早期的 Unity 版本中并不完善，没有 RHI 封装，需要自己考虑 Unity 使用了什么图形接口，相当于要实现一套 RHI；而且没有很好的渲染顺序控制，一般用 Camera 来单独实现渲染顺序的控制，但这样不能很好地和 Unity 现有的 UI 机制结合，如无法在 UGUI 内部的层级中渲染 UI，但这个特性对我们来说是必需的，所以需要考虑如何实现。

3．Unity 中的 PixUI 渲染

在 Unity3D 中，PixUI 的渲染接口相对 RHI 要更上层，仅需要按照图 12.3 所示的 Box 模型去渲染基础图元，就可以完成如下 H5 元素的渲染。
- 背景。
- 边框。
- 图片。

- 文字。

因为选择使用 Immediate Mode 的接口实现来封装渲染指令，那么问题就来了，如果每一帧都将这个信息发送到 Unity3D 中，那么该如何利用 Unity3D 提供的机制来显示呢？ Unity3D 中渲染的一个基本的单位是模型+材质，每一帧都发送渲染指令，难道需要每一帧都创建出相应的模型+材质吗？或者换个思路，PixUI 的渲染指令能不能转成适应 Unity3D 的模式呢？渲染指令对应 Unity3D UI 对象体系如图 12.21 所示。

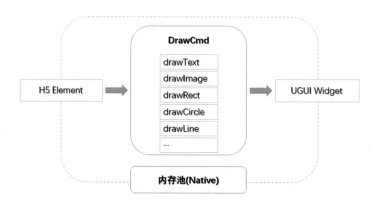

图 12.21　渲染指令对应 Unity3D UI 对象体系

4．接口转换

答案是肯定的，仍以文字渲染为例，Unity3D 提供了一个 UI 框架 UGUI，UGUI 提供了相应的文字渲染的组件 Text，Text 基本可以满足文字渲染的大部分的需求。当收到一个 PixUI 的渲染指令的时候，首先根据渲染指令的类型，创建出对应的 UGUI 组件，然后将渲染指令中的信息应用到组件上。同时，根据渲染指令中的有关这次渲染的形状及外观的信息（一个对象的形状和外观大部分时间是保持不变的），将形状和外观相关的参数哈希出一个唯一的数字，作为该组件的指纹信息，保存到映射表里，这样对于同样哈希值的对象，基本可以认为渲染的是同一个对象，也就达到组件复用的目的了，不需要重复创建。这里指令的指纹信息可以视作一个隐含的信息，没有直接提供，而是根据参数计算出来的。当然还需要解决一个冲突的问题，那就是根据形状和外观计算出来的哈希值，肯定会有相同的时候，如要绘制两行一样内容的文字，但是文字的位置不一样，那么它们的哈希值应该是一样的，因为位置并没有哈希在内，所以我们给每个创建出来的组件加入了状态值，用于标识这个组件当前是否已被渲染过，是否处于活动状态等，如图 12.22 所示。

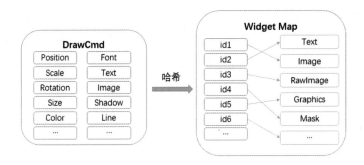

图 12.22　通过哈希快速映射渲染指令和对象

进入下一帧，当收到同样的渲染指令的时候，不需要再次创建组件，只需要先计算出渲染指令的指纹数字，再在映射表中查找。如果找到了，就使用找到的组件，并标记为正在渲染状态。当一帧渲染结束的时候，将未标记为正在渲染状态的组件统计回收，等待下次渲染指令的映射查找。同样类型的接口还有渲染图片，可使用 UGUI 中提供的 Image 组件支持图集现实，支持九宫格，支持多种边缘过滤类型；还有渲染矩形，可以使用 RawImage 组件，内部其实就是一个纯色的色块，默认情况下是一个矩形，由 4 个顶点、2 个三角形组成，支持调整顶点和材质属性。以上这些 UGUI 中提供的组件足以覆盖 PixUI 接口中提供的各种渲染参数。

5．绘制基本图形

除文字图片这类可以直接转换的接口外，还有一些接口，这些接口无法在 UGUI 中找到比较合适的组件，如渲染线段、虚线、边框等。这些接口的特点是参数丰富，渲染的对象基本都是矢量图形。在 UGUI 中渲染矢量图形，需要的是一块画布，这里统一用 UGUI 提供的一个类型来处理，叫作 MaskableGraphic，这个类型提供了修改组件的顶点信息的功能，还可以通过着色器进行更精确的像素级的控制。

6．控制信息

在 PixUI 抽象的接口中，并非所有的接口都是绘制呈现用的接口，还有一类接口作为控制信息一起传过来，包括剪辑区域、父子节点关系等。对应地，在 Unity3D 中，实现这些接口需要特殊处理，以达到预期的效果。例如，剪辑区域和遮罩类似，但设定一个剪辑区域后，接下来的所有的渲染指令的绘制都将限制在剪辑区域内，直到重新设定新的剪辑区域。在 Unity3D 中，可使用 Mask 组件来实现，Mask 组件通过操作模板缓冲来达到控制是否显示像素的能力，设定好 Mask 组件的区域信息就行，如给 Mask 组件添加一个 RawImage 组件，RawImage

组件本身并不会显示，而作为控制 Mask 子节点是否显示的控制器，不属于其控制范围的子节点将不被显示，Mask 组件还支持嵌套，可以简单地通过设置父子节点的方式，减少重新计算裁剪区域的工作。还有一个接口用于专门控制父子节点关系，这个接口的参数主要是变换信息，包括局部的变换信息和全局的变换信息。从渲染指令的角度来看，所有指令都是平行的，但是平行的节点并不利于优化。Unity3D 会动态地进行合批的优化，如果没有父子节点关系，那么 DOM 树中一些微小的变化都将导致大量的渲染指令的变化，而实际上，这些指令变化的只是全局变换的信息，局部变换的信息并没有修改。

最终 Unity 中的 H5 页面就是各种 UGUI 组件的集合，如图 12.23 所示。

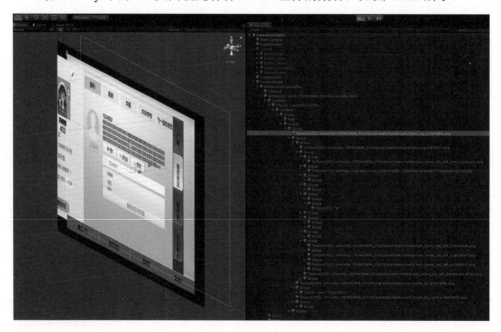

图 12.23　H5 页面

7. 性能优化

性能优化的主要思路有两点：一是减少无效运算；二是控制性能热点的平滑过渡，也就是说把运算平摊到更长的时间周期内，而不在短时间内进行大量的运算（导致卡顿）。针对这些思路，大概做法如下。

（1）预先创建若干组件，预先加载好需要的资源，防止创建 UI 界面时性能压力过大。

（2）通过哈希算法算出每个指令的哈希值，从而更快地找到映射的组件，在渲染指令里添加 ID 参数，这个 ID 是每个渲染指令对应的 H5 元素，如果 H5 元素没有发生变化，则 ID 将保持一致，只是渲染的属性可能发生变化，这样当渲染属性发生变化时，Unity 后端可以快速根据 ID 查找对应原件修改其渲染属性，避免复杂的哈希计算过程，最终的渲染接口抽象代码如下。

```cpp
class IH5Render {
public:
    void paintText(id,...);
    void paintImage(id,...);
    void paintBackGround(id,...);
    void paintBorder(id,...);
};
```

（3）将运算压力分摊到异步线程，如日志的写入可以放到后台线程，防止主线程压力过大。

（4）缓存计算结果，当一个很重的操作执行前，将执行的参数缓存起来，下一次如果操作参数没有变化，就不需要重新执行这个操作了，因为即使执行，得到的结果也是一样的。

此外，Unity3D 有动态合批的机制，动态合批的思路就是将不变化的东西都固定下来，减少提交的批次，也就是常说的减少 DrawCall 次数。Unity3D 有这个自动的机制，自然要利用起来，给 Unity3D 制造一个良好的合批的环境就是我们的优化方向。经过非常复杂的页面测试，在 Unity3D 环境下 H5 页面的渲染在 1ms 以内（手机端），在页面不变化的情况下，提交 PixUI 渲染指令几乎没有性能损耗。

12.4.4　自研引擎

最后，来考虑渲染在自研引擎中的实现。所谓自研引擎，指的是源码不公开，并且没有公开调用接口以官方形式支持插件开发的引擎。因此无法为嵌入形式做出"积极"适配（如上面提到的为融入 Unity 和 UE4 而做的努力），只能将自己的产出尽可能包装成简单易用且安全隔离的接口，由使用方主动来调用，并定时取回渲染结果。

1．Present/Swap 钩子

Present/Swap 钩子是高效简单的一种植入式渲染机制，通过函数拦截等技术手段，可以在宿主完成一帧渲染、即将上屏之前（也就是调用 Present/Swap 等函数前），执行额外的绘制指令，从而显示 H5 UI。

它的优点：
- 宿主无感知，整个过程由插件自主完成。
- 几乎没有额外显存消耗，即画即显示。

但是也有缺点：产出物没有中间形态，直接上屏，永远覆盖在最上层，无法融入宿主原有 UI。

这种技术常见于 PC 上一些对战平台向第三方老游戏中植入自己的 UI 的情况，对于今天日益复杂的嵌入式营销活动开发来说，则显得不够灵活，因为很可能有多个彼此独立的活动界面同时显示，宿主不但要关心感知其存在，还要控制其层级。因此一般仍选择更为通用的 RenderTarget 模式。

2. 使用 RenderTarget

RenderTarget 本质上是一块离屏的渲染输出区域，这块区域用来存放渲染结果。既然是区域就要占用空间，空间可以在内存里也可以在显存里。在 2D 游戏时代，渲染引擎一般使用 CPU 进行光栅化，渲染结果输出到内存里。进入 3D 游戏时代后，渲染交由 GPU 执行，存放结果的渲染目标自然就迁移到了显存里。

虽然 H5 ES 在大部分情况下以 2D UI 表现为主，但为了支持 CSS 3 中的 Transform 等 3D 变换效果，要使用基于 GPU 渲染的方式来执行页面绘制，这就不可避免地要额外占用显存。因此这种模式并非嵌入型 H5 首选，而是一种退化的保底实现方案。

有了 RenderTarget 作为媒介，宿主就可以自由地操作多个嵌入式窗口实例，并对其输出结果灵活组装，以实现各种复杂的融合效果。

例如，活动 A 的窗口作为原生 Tabview 的一个子控件，活动 B 的窗口打开后浮在 Tabview 上层，如图 12.24 所示。

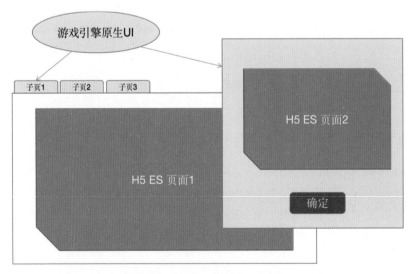

图 12.24　嵌套的 H5 页面层级关系

3. 使用系统 RHI 及再包装

在自研引擎中或在独立运行模式下，没有现成的 RHI 可供使用。因此只能调用操作系统层面的渲染 API，移动平台上有通用的 OpenGLES，但是要想达到最佳性能，仍需要用各平台特有的原生接口实现，如 Apple 上的 Metal 和 Android 上的 Vulkan。同理，桌面平台虽然也有通用的 OpenGL，但在 Windows 上显然 DirectX 系列性能更高。

这些平台 API 从调用模式、数据组织到 Shader 编写都有很大差异，要整理一套抽象接口，恰到好处地将它们封装起来，很不容易。因此我们直接使用了引言中提到的 bgfx，但是正如前文所述，bgfx 的设计目标是作为独立程序运行，并没有为嵌入式情景特别考虑，主要体现在：

- 设计了一套 Main 函数启动流程，扮演了 App 框架的角色，让业务逻辑实现 AppI，这对嵌入式功能模块是不适用的，因此需要改造初始化流程。

- 在 Android 上使用了 NativeActivity，这对插件是不友好的。即使对于独立运行的程序来说，NativeActiviy 也非首选，因为这些程序希望渲染 API 能工作在 GLSurfaceView 层级，而非独占屏幕的 Activity。

- bgfx 默认会启用多线程模式，除系统级的主线程外，它还会启用一个 "逻辑线程" 和一个 "渲染线程"，以确保任何逻辑和渲染操作都不会阻塞主线程。这本来是很好的设计，但是在 IOS 上除了主线程有 8MB 的栈空间，其他线程都只有 512KB 栈空间，这对于需要执行脚本代码的虚拟机来说是不够的，因此必须让逻辑跑在真正的主线程里。

经过适配改造的 bgfx 已经可以作为嵌入式的跨平台渲染后端，但它仍然只是一个 Low Level 的渲染 API 包装器（工作在顶点索引层级），为了实现上文提到的 IH5Render 抽象接口，需要以它为基础，补充一些高级绘制功能，如下。

- 圆角的支持，包括边框、背景图（色）。圆角是常见的修饰，从性质上看大体分两类，一类是边框这样的自身圆角，一类是背景图这样的被遮罩成圆角。一般游戏通常使用 Fragment Shader 来实现遮罩，但是对边框这类自身圆角显得无能为力，除非绘制两次：在中间用一个小一点的圆角矩形来"挖空"，即使这样也不好处理四个角弧度不一样的情况。考虑到 CSS Border 是常用的一个效果，干脆直接计算出对应弧度的顶点序列，生成的几何体就自带圆角，这样的做法同时支持了以上两种情形。从运行效率来说，一般界面在构造完后会处于稳定状态，所以这样的计算是一次性的，而如果通过 Shader 混合来实现，则每帧都有运算开销。但是基于几何的方式也有自己的弱点，即对于九宫格背景图带圆角就难以实现，因为九宫格的 4 个角大小与圆角弧度可能不一样，要考虑这种条件下的顶点构造，尤其是 UV

坐标的计算就过于烦琐。权衡之后，仍然选择使用基于几何的圆角，因为九宫格加圆角的需求一方面少见，另一方面可以用别的方法绕过——既然都专门制作九宫格图片了，那不如干脆把圆角修在图片里。

- 嵌套裁剪的支持，一般用于多层滚动控件，如一个竖向滚动 DIV 里套了一个横向滚动 DIV。裁剪是制作 UI 的一个必备老特性了，对于普通 2D 界面来说，嵌套裁剪不复杂，就是矩形套矩形，相交的结果还是矩形。但是对于有着 CSS Transform 效果的 H5 Element 来说，如果父元素带有旋转，那子元素继承的裁剪区域就不再是屏幕空间对齐的矩形了。因此需要把裁剪区域当作场景图节点来处理，可继承从根节点传下来的矩阵变换，最终的裁剪区域看成一个矩形加上其全局变换矩阵。把这两个属性作为 Uniform 设置到 Shader 里，每个像素上色之前，先转换到该裁剪区域空间里检查是否超出范围，若超出范围则略过，以达到裁剪效果。还要用一个栈来保存每一层裁剪矩阵，在当前节点渲染完后，将裁剪矩阵恢复到上一层的状态。

- 字体管理，尤其是中文字体支持。中文渲染是一个渲染老问题。文字渲染的本质是贴图，只不过图像来自字库中的字模。中文渲染的复杂之处在于字符数量过大，不能提前统一生成包含所有字符的图片。因此只能建立缓存管理机制，将当前要用的字模即时转化成灰度图并放入大图中的空闲位置，在后续运行过程中若遇到相同字符则通过映射找到该位置重用，当大图已满时则通过类似 LRU 机制淘汰部分字符。以上是一般引擎中渲染文字的常规做法，但是在 HTML 中有一种叫作 Webfont 的机制，允许用户通过 URL 指定一个在线字库文件，当加载 HTML 页面时自动下载、即时使用。基于此特性诞生了一些流行的图标字库，如 Font-awesome，它们通过 CSS 伪元素的方式在文字前添加图标符号，其原理与渲染普通文字并无差别，只是那些字符在该字库中的字模就是一个图标。

4．性能优化

复杂的 UI 有很多琐碎的零部件，如果不进行合并优化，则会导致很高的 DrawCall，由于 UI 元素通常是一个矩形，也就是 4 个顶点，6 条索引，一次 DrawCall 只渲染这么一点东西很不划算。Unity 和 UE4 游戏引擎已经对这种情况进行了优化，即自动合并了"同类"元素。在自己实现的渲染后端里可以学习借鉴，并且可以做得更深入，因为在游戏引擎中主要考虑适配对方的抽象模型，而在这种模式下可以直接调用最底层的渲染 API，发挥余地更大。

例如，游戏引擎通常支持一种叫作 TextureAtlas（图集）的技术，如果多个元素使用的纹理处于同一图集中，则它们的 DrawCall 可以合并，只需要简单地合并顶点缓冲，并调整索引偏移即可。但是这种优化需要开发者预先打包好图集，如果运行时同屏的元素不规律，刚好不在一张图集中，则不能合并。另外，由于文字使用自己的图集，与边框、背景等元素肯定不在一张图集中，因此图文混排时合并程度不理想。

针对这种情况，使用一种更激进的合并策略，即不进行预先打包，而在运行时动态合并纹理，其本质和字模动态缓存一样，只是把处理的对象范围从文字扩大到所有元素——毕竟文字图像与普通图像并无差别。唯一需要考虑的是，字模管理中同一字体（相同字号、粗细）的每一个字模的图像都是一样大的，在添加和淘汰时查找空位的效率很高，空间利用率达到 100%；而纳入一般的图片元素时，各种图像大小不一，空位的管理变得复杂起来，特别是在图像差异很大的时候，空间利用率会降低，甚至可能因为碎片化无法为大图像找到位置而不得不触发淘汰机制，这将导致显存更新——相较于不使用图集、不合并 DrawCall，这是一种在驱动空载和带宽占用上的权衡取舍。但是对于 UI 渲染这一特殊场景，后者是更优的，因为 UI 元素的数量很大，而图像资源不会太多，并且合并是运行时按需进行的，有时候一张图集就能容纳一屏的所有元素；淘汰通常发生在面板切换时，仅仅需要更新部分区域，这不会比渲染视频更伤害性能——后者几乎每帧都在整幅刷新。

对于自研引擎开发者来说，如果对退化实现不满意而希望获得更好的集成性能，可以仿照上面 UE 引擎的方案进行定制化修改，目前已有这样的合作案例。

12.5　渲染之外

H5 UI 的核心是排版和渲染，但在渲染之外还有必不可少的部分，毕竟 UI 不是静态的摆设，而要响应输入动起来，而输入的来源一是用户操作，二是网络数据。负责处理输入的是脚本，实现 H5 Element 对象到脚本的绑定为将现代化 Web 开发流程移植到游戏界面提供了技术可行性。

12.5.1　网络库

标准 H5 中有两大网络设施，一是 XmlHttpRequest，二是 WebSocket，前者解决单次调用问题，后者解决服务器推送问题。这两者的本质都是 HTTP（WebSocket 是在 HTTP 之上升级的），需要一个封装良好、可充分定制细节的 HTTP 实现层。做这个事情并不困难，社区已经有大量的开源库，如 libcurl/libweboscket。但是作为一个嵌入式引擎，需要为代码体积考虑，怎么减少重复、不必要的第三方库引入，就成了我们关注的主要问题。

12.5.2　脚本库和现代化 Web 开发流程

作为一个 HTML 实现，支持 Javascript 是应该的，PixUI 使用 Quickjs 支持 JS 语言。但是在现代的 Web 开发领域，Typescript 已经逐步取代 Javascript 成为大规模工程化的更优之选，同时 Web 开发模式本身经历了几次更新升级，从最早提出的 Web2.0，手写 HTML 的 Jquery 时代，到后来的 Angular，再到今天的 React/Vue，一个流行的概念前端工程化越来越突显其在开发效率、错误检查、发布优化方面的优越性。然而，游戏界面开发似乎仍处在数年前过程式开发的老阶段，相比 React 这种声明式开发，效率差距难以数计。在实现 H5 UI 的同时，我们不只满足于为本已框架类库林立的游戏 UI 重新发明一套轮子，而希望能将 H5 的土壤——Web 领域的一些优秀工具和理念，移植到游戏开发里，例如：

- 声明式的界面、路由（界面跳转）和网络协议。
- 保存即刷新的开发体验。
- 面向浏览器开发，在游戏模拟器里验证。

12.6　总结

本章介绍了为 H5 UI 设计的抽象 IH5Render 接口、在两个流行商业引擎及自研引擎中的实现方式，现在来对比一下 3 种实现方式的异同。

- 在商业引擎中，我们着重关注如何找到引擎自带的元素来表现 H5 UI 需要的基本绘制单元，如边框、底图、文字等。商业引擎一般功能完善，几乎都能找到对应的点，虽然有些不是一一映射，而是一个 H5 UI 元素对应一组引擎内元素的。在自研模式中，相当于重做了一遍商业引擎里这些基础元素的实现，未能有效利用引擎自身的功能，但这是无奈之举，也是实现黑盒式接入以提升适用性的一个保底回退措施。
- 即使同为商业引擎，在 Unity 和 UE4 中的实现仍有区别。UE4 提供的接口更偏底层，如 FSlateDrawElement 这样的基础图元更接近绘制指令这种 Immediate Mode 意味，与 IH5Render 的输出对应关系更直观；而 Unity 提供的接口更偏中层，基本上是通过生成场景图节点加功能组件的方式来承接 IH5Render 输出的，有点"先收集指令，再对比上一帧差异，从而修改已有场景图"的意味。这与目前 React 和 Vue 的 Diff 算法有异曲同工之妙。

由此可见，IH5Render 的抽象设计是合理的，在 3 种不同的情景模式下都能很好地适应。

我们最终以不到 5MB 的代码段空间实现了上述 H5 ES 标准的全部能力，包含 Code Size 空页面后，内存占用 6MB，同一份 H5 代码可以在浏览器、游戏引擎内渲染一致，极大降低了游戏内周边系统的开发难度和协作开发复杂度，使 H5 开发者可以无缝迁移到游戏环境开发。目前，使用 React 开发的微信名片，已经在腾讯部分游戏落地，如图 12.25 所示。

图 12.25　微信名片

大世界的场景复杂度管理方案

大世界首当其冲的 3 个问题是规模、复杂度/性能、渲染，分别对应内容生产、内容承载和内容呈现。本章聚焦如何解决内容承载问题，即场景复杂度管理。在大世界场景里，通常有大面积地形、大规模植被、大量琐碎静态物件等，在相同的硬件平台下，复杂度管理方案很大程度上决定了大世界场景里填充内容的数量和质量。本章描述的大世界场景复杂度管理方案，基于控制理论中的负反馈控制系统，分为以下 3 个部分：

- 输入部分。包含复杂度降维、复杂度度量、对象评分计算。在引擎和玩法层面，根据游戏定制计算因子和权重，统一计算复杂度和评分，传递给控制器模块。
- 控制器/被控对象部分。包含 Visibility（可见性）检测系统、LOD（Level Of Detail，细节层级）系统、Scalability（可伸缩性）系统等。该部分根据输入和反馈信号，利用多种不同的复杂度控制算法综合调节系统当前负荷。
- 输出/反馈部分。用于实现 Adaptive Performance（自适应性能）系统。根据系统负荷能力、系统当前负荷和系统指定负荷，传递反馈信号到控制器模块。

整个系统，最终可以达成如下目标。

- 运行时根据平台设定，智能控制场景内容的加载卸载、显示隐藏、LOD 控制等。
- 根据平台负荷能力和当前负荷，更有效地控制运行负荷，获取平滑的 FPS（Frame Per Second，帧率）。

13.1 游戏里的大世界

随着硬件平台和游戏技术的不断进步，呈现到玩家手上的游戏品质快速提升，尤其是随着手游市场的崛起，近年来出现了一批品质拔尖的作品。即便这样，依然无法满足玩家对于 3A 游戏的期待。3A 游戏大部分以大世界的形式来表现游戏内容。虽然硬件平台的能力在飞速提升，但是很难满足大世界场景复杂度的爆发式增长需求。所以如何控制和调节场景复杂度，在很大程度上决定了场景里填充内容的数量和质量。图 13.1 所示为一个典型的大世界场景，可以清楚地看到，其显著的特征有视野宽、视距远、地图大、植被多、风格特征变化快，这些特征导致绘制内容的种类较多，资源的使用比传统小场景游戏更为复杂。

图 13.1　大世界场景

为简化本方案的算法模型，同时考虑篇幅限制等，文中并不会涉及渲染管线、光照、后处理等一些高级渲染话题，因为这些技术的使用，大多都可以根据硬件平台能力和玩家喜好，通过渲染选项进行静态配置。所以文中关于复杂度和控制算法的讨论，都是基于简化后的基础模型特性进行阐述和讨论的。

场景复杂度，从广义上讲，是由场景对象的数量和内容细节决定的。具体来讲，每个对象的内容通常包括网格（Mesh）、纹理、材质等核心要素。

控制场景复杂度，最终的目标是让游戏在保证一定画质的前提下，能够平滑地运行，并尽量保持低功耗。要达到这样的目标，就要从场景对象消耗的 CPU、GPU、内存、带宽方面入手，即控制显示哪些对象、对象的加载与卸载、显示与隐藏、对象的质量（LOD）等。通常，场景管理方案会使用 Visibility 检测算法、LOD 策略等来简单决定场景物件的显示和显示质量，但没有一个很好的衡量标准动态实时地检测和反馈这些算法的有效性和准确性，更没有把这些复杂度控制方法整合到一个统一的系统里面，并通过系统的实际运行数据来准确或相对准确地决定场景管理方案使用何种控制手段及如何控制场景复杂度。

以上就是本章提出大世界的场景复杂度控制方案的出发点。

需要注意的是，本方案在整体思路上可用于多种平台，但是在某些具体技术点的讨论上会倾向于移动平台。相对于其他平台，移动平台有特殊性，特别是带宽和功耗发热问题。移动平台普遍采用 SOC（System On Chip，系统单芯片）架构，特点是芯片面积小、散热能力有限、容易引起发热降频等问题。由于 CPU 和 GPU 共用系统内存，因此带宽小，传输数据慢，带宽消耗成为功耗的主要来源之一。图 13.2 所示为高通公司针对移动平台游戏的一份功耗测试数据。

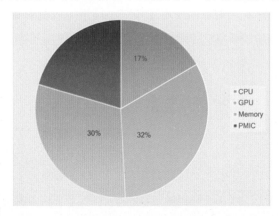

图 13.2　功耗测试数据

13.1.1　渲染框架

从游戏运行层面看，硬件平台的核心资源包括 CPU、GPU、内存、带宽（这里特指 SOC 架构的移动平台的共享显存）。现代硬件平台和图形 API 的总趋势是并行渲染。例如，相对于传统图形 API，Vulkan 的一个显著特点是对多线程友好。Vulkan 多线程渲染框架图如图 13.3 所示。

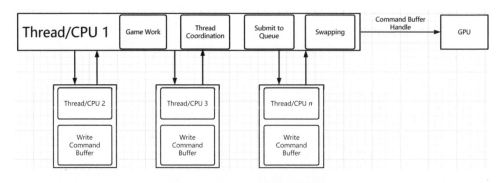

图 13.3　Vulkan 多线程渲染框架图

虚幻引擎 4 是一个跨平台 3D 引擎，封装了数种流行图形 API，并能运行在不同的硬件平台上；同时，充分采用了并行的优势，实现了一套多线程渲染框架，如图 13.4 所示。

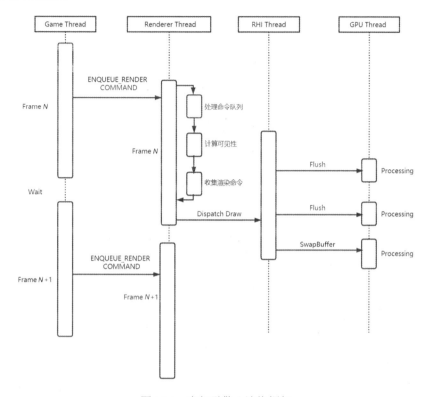

图 13.4　虚幻引擎 4 渲染框架

虚幻引擎 4 的框架大致可分为以下 4 个线程。

- Game Thread，负责游戏逻辑，提交 CPU 渲染数据。
- Renderer Thread，负责排序、剔除、生成渲染命令。
- RHI（Rendering Hardware Interface，渲染层硬件接口）Thread，负责生成 GPU 渲染数据，提交渲染命令。
- GPU Thread，负责执行渲染命令。

根据这 4 个线程的功能，它们构成了虚幻引擎 4 的手游客户端的主要性能点：CPU 逻辑、CPU 渲染、CPU 提交渲染命令、GPU 渲染。除此之外，内存和带宽也是两个重要的性能点。本方案便立足于优化这些性能点。

13.1.2　系统框架

在自动控制理论中，有 2 种常用的控制系统模型：正反馈控制系统和负反馈控制系统。在正反馈控制系统中，反馈信号与输入信号同向，可以增强输出与输入的偏差；在负反馈控制系统中，反馈信号与输入信号反向，可以抑制输出与输入的偏差。在实际应用中，负反馈控制系统通常用于搭建稳定闭环的自动控制系统。一个典型的负反馈控制系统如图 13.5 所示。

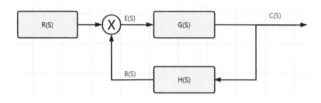

图 13.5　典型的负反馈控制系统

其中，R(S)为输入信号，C(S)为输出信号，B(S)为反馈信号，E(S)为误差信号，G(S)为前向通道传递函数，H(S)为反馈通道传递函数。结合本方案的目标，即在任意平台任意场景下，根据系统的输入和期望输出，自动调节输入内容，达到稳定的 FPS 输出，本章设计出如图 13.6 所示的基于负反馈模型的场景复杂度控制系统。

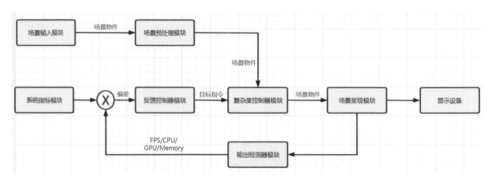

图 13.6　场景复杂度控制系统

整个系统分为输入部分、输出部分和反馈控制部分。

输入部分：

- 场景输入模块，主要负责场景对象的加载和序列化，生成 CPU 渲染数据等。
- 系统指标模块，主要负责根据硬件平台和玩家的设置，预先指定游戏运行时的系统指标，包括 FPS、CPU、GPU、内存、带宽、电量消耗等数据。

输出部分：

- 场景呈现模块，主要是指渲染模块。
- 输出检测器模块，主要负责检测游戏运行时的系统指标，包括 FPS、CPU、GPU、内存、带宽、电量消耗等数据。

反馈控制部分：

- 场景预处理模块，主要负责场景对象的预处理，用于场景复杂度降维，把全场景复杂度降至当前视野复杂度，主要是指 Visibility 检测算法。
- 反馈控制器模块，主要根据反馈的系统指标数据和期望的系统指标数据之间的差异，按照一定的策略发送控制指令到复杂度控制模块。
- 复杂度控制器模块，主要根据接收到的控制指令进行相应操作，如加载卸载对象、显示隐藏对象、调节 LOD 等。

对于上文讨论的现代引擎普遍采用的多线程渲染框架结构，本方案的复杂度控制系统可以很好地与之适配。首先，工作在 Game Thread 的场景输入模块负责加载场景对象，并生成渲染数据提交给 Renderer Thread。然后，隶属于 Renderer Thread 的场景预处理模块负责执行数据的可视性检测功能。接着，场景呈现模块负责渲染命令的生成、提交、执行多个职能，分别工作在 Renderer Thread、RHI Thread 和 GPU Thread 中。输出检测器模块跨度最广，负责各个线程及线程中某些子过程的数据检测，并把数据反馈给全局对象反馈控制器模块。反馈控制器模块和复杂度控制器模块及系统指标模块，可以根据实际情况工作于 Game Thread 或独立的线程，最终把控制指令通过命令的形式由任务系统发送给其他线程，其他线程从任务队列中不断获取命令并执行。

13.2　输入部分

场景的复杂度是场景中所有对象复杂度的总和。根据之前对硬件平台的核心资源分析，本章把消耗核心资源的因素统一称作复杂度要素。为了简化模型和算法原型，本章关注的场景对象的复杂度，主要由网格（Mesh）、纹理、材质等核心要素决定。在确定物件的物理复杂度之后，需要根据物件的距离（Distance）、屏幕占比（Screen Size）、视觉重要性（根据需要人为定义，如重要性、关注度等）等因素和预先设计的因子权重系数，计算出对象的评分（Ticket），这个数据将用于复杂度控制算法中。

13.2.1　对象复杂度评估

基于简化后的模型，本方案对于复杂度的评估主要包含网格（Mesh）、纹理、材质 3 个要素。其中：

网格主要影响加载时长、内存占用、带宽消耗及 GPU 的 ALU 计算量。

纹理主要影响带宽。

材质主要影响 GPU 消耗。

与这 3 个要素对应的复杂度，本章设定为 Draw Call（绘制调用）、内存、带宽、材质复杂度。对于多级 LOD 网格，本方案会赋予每级 LOD 独立的网格、纹理和材质，针对每级 LOD 计算一个复杂度。计算公式如下：

$$c = \sum \sigma_i c_i$$
$$c_i = g(x)$$

式中，c 为总的复杂度；c_i 为某个复杂度因子算出的复杂度；$g(x)$ 为某个复杂度因子的评估函数；σ_i 为某个复杂度因子的权重系数，不同因子的权重系数可以根据硬件平台进行定制。

本方案把不同因子的复杂度整合为一个总的数值，是为了方便计算后面的对象评分；另外需要把每个复杂度单独存储，用于实际复杂度控制。对象复杂度的基础数据在烘焙特定平台资源的时候可以得到，如果需要精确地控制，则需要运行时动态更新具体数据，因为 HLOD（静态合批）和屏幕占比的变化等会影响这些数据。

13.2.2 对象评分计算

通常，场景管理方案会在 GamePlay 层面根据场景对象的视觉重要性（如类别、重要性等）调整对象的 LOD、显示隐藏，在 Engine 层面会根据对象的物理属性（如距离、屏幕占比）再次调节对象的 LOD、显示隐藏。这种做法因为数据和控制时机的割裂，常常造成很奇怪的 Bug，或者调节效果不理想。所以，本方案首先根据预先设定的因子和因子权重，统一计算对象评分；然后存储在一个管理对象评分的全局对象 Ticket Manager 中，并按大小排序；最后用于复杂度控制器中，智能调节对象 LOD、显示隐藏、加载卸载等。对象评分示意图如图 13.7 所示。

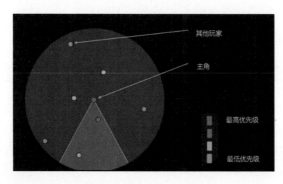

图 13.7　对象评分示意图

本方案的对象评分计算公式如下：

$$T = \sum \omega_i t_i$$
$$t_i = f(x)$$

式中，T 为对象总的评分；t_i 为某个因子算出的评分；$f(x)$ 为某个因子的评估函数；ω_i 为某个因子的权重系数。

在计算复杂度的评估函数中，本方案引入了 ScreenSize 变量，因为这个变量对材质复杂度的影响比较大。之所以采用权重系数，是为了隔离每一项因子进行独立的权重计算（更方面抽象出评估函数 $f(x)$），并将公式中的每一项因子权重 t_i 进行归一化，再通过 ω_i 调节每一项因子所占的权重来确定该因子的重要程度。这样的权重系数设计，更方便策划人员和程序人员调试系统的数值和功能。

13.2.3　大世界构成与 Bucket 分配

一个典型的大世界场景通常由地形、植被、建筑、物件、角色、特效等元素构成。根据硬件平台的能力，本方案会制定出不同的预算配置，即 Bucket（预算）的概念，它指的是为整个场景制定一个总的复杂度预算后，为不同类别的场景对象划分对应的预算比例，如图 13.8 所示。

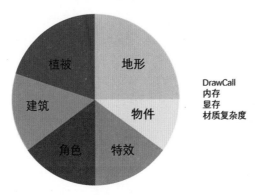

图 13.8　大世界构成示意图

为了在游戏运行期更好地控制每种类别对象实际消耗的复杂度，本方案为每种类别的对象单独制定一个 LOD Bucket，即根据对象评分（Ticket），为不同重要等级的对象预先分配一个 LOD 段。例如，性能较差的移动平台，除了自身控制的角色的 Bucket 比较高，剩下的角色的 Bucket 都比较低。图 13.9 所示为 Bucket 分配示意图。

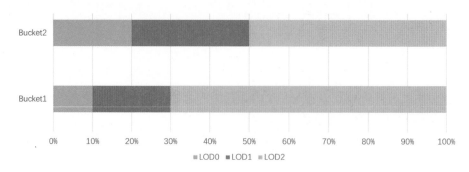

图 13.9　Bucket 分配示意图

无论是类别 Bucket，还是 LOD Bucket，分配策略都需要根据不同的硬件平台能力和实际场景需要进行合理定制。例如，在野外漫游场景中，会为地形和植被分配较多 Bucket；而在多人战斗场景中，会为角色和特效分配较多 Bucket。

13.2.4　特殊场景对象的处理

本节针对特殊的大世界场景对象进行单独和重点阐述。众所周知，对于大世界场景，比较典型的场景对象有大面积地形、大规模植被等。这两类对象具有屏幕占比高、实例数量多的特点，是场景复杂度的重要来源。如何处理这两类对象，直接关系到整个场景复杂度的数量级。根据这两类对象的特点，优化手段可以从降低对象管理消耗、Draw Call 消耗、材质复杂度消耗等方面入手，在降低原始复杂度的同时，保证较好的渲染效果。

13.2.4.1　地形

虚幻引擎 4 的地形系统采用的是 Geo-Mipmap[①]，它的优点是 LOD 生成简单，顶点缓冲区、索引缓冲区可以共用等。虚幻引擎 4 的地形系统的渲染单位是 Component，并且地表渲染用的是多层 Layer 根据 WeightMap Texture（权重贴图）进行混合的方案，为了减少材质复杂度和采样数，虚幻引擎 4 为每个 Component 生成一个独立的 Material Instance（材质实例）。这些实现和优化导致了相应的缺点，如 Component 无法合批渲染，大地形的 Draw Call 很高。LOD 的区分只和屏幕占比有关，无法区分不同地形区域对地形网格的细节需求，如山丘和平地有可能使用相同的 LOD，要么因为高 LOD 造成细节丢失，要么因为低 LOD 造成顶点浪费等。

---

① WIDMARK M. Fast Terrain Rendering Using Geometrical MipMapping[Z]. 2012.

1．地形低模代理方案

在使用虚幻引擎 4 地形系统来构造大世界的同时，本方案在近处使用地形系统来表现细节，在远处使用地形低模代理来表现轮廓。这样既可以表现大世界，又可以降低复杂度，如 Draw Call、材质复杂度等。

虚幻引擎 4 原生低模代理的生成只能指定整个 Sublevel（子关卡）的网格百分比或某个特定 LOD，然而 Sublevel 通常包含多个 Component，每个 Component 代表的地貌需要不同的 LOD 等级。这样的资源生成方式，不但会影响美术对于地形的迭代速度，也无法保证视觉效果。因此，本方案使用基于误差的分割策略[1]，如图 13.10 所示。这样既能保证平地使用较少的顶点数，又能保证细节较多的地方（如山丘等）保持较好的效果。

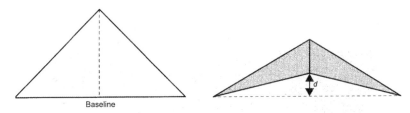

图 13.10　基于误差的分割策略

公式如下：

$$[\mathrm{Split} = \frac{ES}{D} > L]$$

$$[E = \text{error metric}]$$

$$[S = \text{error scale}]$$

$$[D = \text{distance to viewer}]$$

$$[L = \text{ratio limit}]$$

2．地形渲染的合批方案

虽然地形低模代理方案在一定程度上缓解了 Draw Call 过高的问题，但会增加网格和纹理的使用量，本质上是一种空间换时间的方法。所以根据不同硬件平台的特性，需要在地形和低模代理之间取一个合适的边界。场景管理方案也需要考虑地形系统自身的合批方案，从而降低地形系统自身的 Draw Call 消耗。根据上面对虚幻引擎 4 地形系统的分析，可以使用 VT（Vitrual Texture，虚拟纹理）[2]，把地形渲染时需要的纹理统一通过 VT 来存储，这样相同 LOD 的地形 Component

---

① SNOOK G. Real Time 3D Terrain Engines Using C++ And Dx9[Z]. 2003.

② CHEN K. Adaptive Virtual Texture Rendering in Far Cry 4[Z]. 2015.

可以合批渲染。VT 是比较成熟的渲染技术，这里不过多阐述，需要注意的是要进行压缩格式的处理，如 ASTC，否则带宽消耗会不可观。

13.2.4.2 植被

虚幻引擎 4 的植被方案采用的是 HISM（Hierarchical Instanced Static Mesh Component，分层实例化静态模型组件），内部实现采用 K-D Tree 来管理实例对象。相对于 ISM（Instanced Static Mesh Component，实例化静态模型组件），HISM 能够支持分簇 LOD 实例进行渲染，这个特性使得它比较适合一定范围内植被对象的管理和渲染。但是当范围增大，植被实例增加时，HISM 导致的 CPU、GPU 消耗都会急剧增加。常用的解决方案是增加植被 Static Mesh 的 LOD 区分度，但这无法很好地缓解这个问题，同时会引起中远景的植被表现力急剧下降。图 13.11 所示为 HISM 渲染效果图。

图 13.11　HISM 渲染效果图

Imposter 方案是常用的远景植被渲染方案，原理是离线对一棵植被的多个方向进行拍照，在运行期根据相机和植被的相对位置，在一个四边形面片上显示对应的纹理来渲染一棵植被，相比于数千面的网格模型，复杂度低很多。另外，Imposter 通常会作为一个独立的 Mesh LOD 存在，因为只有一个 LOD，所以可以使用 ISM 存储植被群，在数据结构上，ISM 比 HISM 存储的多级 Mesh LOD 更高效。同时，为克服传统的 Imposter 方案缺乏光照方面的表现力的缺陷，本方案进行了如下优化。

- 纹理数据：BaseColor。RGB 通道存储 Albedo 信息；Alpha 通道存储 Depth 和 Mask 信息。RG 通道存储 Normal 信息；B 通道存储 AO（Ambient Occlusion，环境光遮蔽）信息；Alpha 通道存储植被的厚度和类别信息，可以用于调节 SSS（Sub Surface Scattering，次表面散射）效果。

- 增强立体感，法线进行球面处理。OriNormal 为捕捉拍到的法线；SphereNormal 为球面法线；NewNormal 为处理后的法线。处理公式如下：

$$NewNormal=lerp(OriNormal,SphereNormal,lerpParam)$$

式中，lerpParam 参数的取值范围是 0～1，越小就越靠近原来捕捉的法线，越大就越靠近球面法线。可以通过调节 lerpParam 参数获取想要的效果。

- SSS 效果。当烘培 Impostor Normal 时，多增加一个渲染 Pass，用来生成植被的厚度图。植被厚度信息保存在 Normal 纹理的 Alpha 通道里面。植被厚度信息用来进行 SSS 效果的处理：植被的光线透视效果主要通过厚度来体现，越厚则光线透视效果越差，越薄则光线透视效果越强。计算公式如下：

$$SSS=SSS\times Thickness$$

图 13.12 所示为植被 Imposter 渲染效果图。

图 13.12　植被 Imposter 渲染效果图

图 13.13 所示为植被 Imposter 资源纹理。

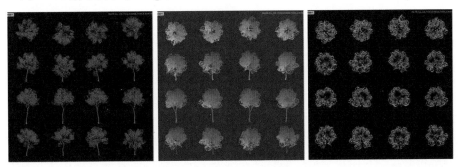

图 13.13　植被 Imposter 资源纹理

13.2.5 系统指标制定

在开发游戏时，游戏开发人员会经常问自己，游戏需要占用多少 CPU、内存、需要多少帧率（FPS）。总体来说，CPU、内存占用越少越好，FPS 越高越好。但都是相对的，如 FPS 越高，游戏体验越流畅，但也意味着消耗资源越多，电量消耗越快。根据 2019 年中国移动游戏质量白皮书给出的建议，有如下的参考数据，如图 13.14 所示。

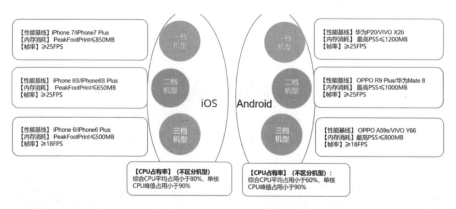

图 13.14　系统性能指标

在制定系统指标的数值时，游戏开发人员需要根据游戏类型和硬件平台的能力，为不同的 FPS 数值，设置对应的场景复杂度总量、CPU 时间、GPU 时间、Draw Call 数值和 Memory 数值，反复调试总结，最终形成一个合理的数值配置文件，作为系统指标模块的输入。在此基础上，反馈控制器模块会根据当前的系统指标的预期数值和输出检测反馈数值的差值，同时根据当前场景复杂度，系统会自动选一个合适的 FPS 数值作为目标，并根据 CPU 时间、GPU 时间、Draw Call 数值和 Memory 数值动态调整场景复杂度，以期在目标 FPS 上稳定运行游戏。

13.3　输出部分

输出部分除包括将场景内容输出给显示设备的渲染模块外，还包括用于检测系统运行时指标数据的输出检测器模块。游戏开发人员关心的指标数据通常包括 FPS、CPU、GPU、内存、带宽、电量消耗等数据。想要精确地获取这些数据，必须依赖硬件平台自身的驱动特性。实际上在大部分情况下，应用层没有办法简单有效地得到这些系统内核层面的数据。根据不同系统的设计需求，开发人员可以简化问题需求，只需要高效并相对准确地获取 FPS、CPU 时间和 GPU 时间，以及内存和带宽等数据。

13.3.1　输出检测器模块

虚幻引擎 4 的 Stats（统计）系统已经实现了一套性能数据检测机制，可以获取上述数据，具体可以参考虚幻引擎 4 官方网站的 Stats System OverView 的内容。本方案采用该机制，获取 FPS、Draw Call、CPU 时间、GPU 时间和 Memory 数据，作为运行期的反馈数据，和系统指标模块数据进行对比，得到反馈数据输入给反馈控制器模块。当然，读者可以根据项目需要，利用和扩展 Stats 系统，获取 Game Thread、Renderer Thread、RHI Thread 及 GPU Thread 不同阶段下一些具体事件和函数的时间和内存消耗，如 I/O 加载、计算场景物件可见性、生成 Vertex Buffer（顶点缓存）等，为反馈控制器模块提供精细控制策略的数据。

13.3.1.1　Stats 系统

Stats 系统基于插桩（Tag），在需要测试的代码前后插入 Tag，来获取其运行时间或其他消耗数据。Stats 系统有多种类型的 Stat，可用于 CPU、GPU 消耗，也可用于统计 Draw Call 和对象实例数量及内存消耗等。Stats 可以支持的数据类型如下。

- Cycle Counter：泛型循环计数器，用于统计数据对象生命周期中的循环次数。
- Float/Dword Counter：每帧都会清空的计数器。
- Float/Dword Accumulator：不会每帧清空的计数器，作为可重置的持久统计数据。
- Memory：特殊类型的计数器，针对内存跟踪进行优化。

13.3.1.2　扩展定制 Stats 系统

通过虚幻引擎 4 内置的 Stat 命令，开发人员可以获取大部分常用的数据。但上文提到过，根据项目需要，为了给反馈控制器模块提供精细控制策略的数据，开发人员需要定制 Stats 系统，获取某些特殊函数调用的消耗。虚幻引擎 4 的 RHIcommandlist 内置函数 FRHICommandListImmediate::SetCurrentStat，可以通过 Renerer Thread 调用，统计 RHI Thread 的多个 Commmand 执行的 Tag 标记，细分这些 Tag，可以定位系统需要监控的 Renderer Thread 和 RHI Thread 的热点。同理，开发人员可以通过类似的插桩机制来监控 Game Thread 的热点。

13.4　反馈控制部分

在介绍反馈控制部分的各个模块之前，明确两个概念：低帧率和卡顿。一方面，在表现上，低帧率和卡顿都会让游戏运行时 FPS 变慢，区别是低帧率是长时间持续性的，卡顿是短时间间断性的。另一方面，在起因上，低帧率通常是当前场景复杂度过高造成的，导致某些函数调用消耗过高，而卡顿往往由不合理的资源调用触发，导致函数调用或系统同步时间过长，如一帧内 I/O 消耗、对象序列化、对象实例化或垃圾回收等。需要指出的是，本章提出的场景复杂度控制系统能缓解部分加载引起的卡顿问题，但最终目标在于改善和优化低帧率问题，即控制场景复杂度在某个合理区间内。

13.4.1　复杂度控制器模块

在游戏运行时，当场景对象确定之后，复杂度控制的本质就是如何在设定的策略和有限的硬件资源条件下，尽可能多地显示更多更好的物件，即在性能和画面之间取得一个较好的平衡。在本方案中，为了达到获取平滑 FPS 的目的，需要保持场景复杂度在一个预期范围内，方案通过智能控制场景中对象的加载卸载、显示隐藏、LOD 控制等手段来实现。图 13.15 所示为本方案采用的复杂度控制器模块示意图。

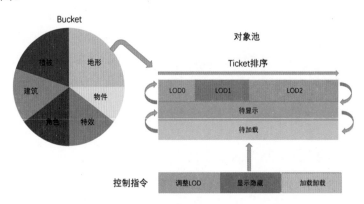

图 13.15　复杂度控制器模块示意图

首先方案会根据当前的复杂度数据，选择出需要控制的对象类别，然后在该类别的对象列表中，根据对象评分的排序，选择出需要控制的对象，最后根据控制指令对该对象进行相应处理。本方案的复杂度控制器模块会接收 3 个类型的控制指令：调整 LOD、显示隐藏对象、加载卸载对象。这 3 条指令的调整力度依次增强。

- 调整 LOD：选择特定的 LOD，直观的表现是调整画面细节。当 GPU、CPU、内存、带宽任意一个核心要素出现超负荷时，应该优先考虑调整 LOD。特殊的基于 LOD 的优化手段包括 HLOD（Hierarchical Level Of Detail，分层细节层级）、地形低模代理等，可以减少 Draw Call 和 RHI Thread 负荷，但是会增加内存使用量；植被的 Imposter 优化，可以降低 GPU Thread 渲染消耗和 Renderer Thread 对象管理消耗；低细节的动画或物理计算，有助于减少 Game Thread 消耗。

- 显示隐藏对象：包括显示隐藏单个场景对象和调整对象实例群的 Scalability。当 RHI Thread 的 CPU 耗时过少/过多或 GPU Thread 的 GPU 耗时过少/过多告警时，应该考虑显示/隐藏场景对象。

- 加载卸载对象：这种策略通常基于内存方面的考虑。当内存富余时，加载对象；当内存告警时，卸载对象。

13.4.2　Visibility 检测

Visibility 检测属于场景预处理模块，需要说明的是，它属于 Runtime 阶段的预处理。实际上，场景管理方案可以增加离线预处理模块，即离线检测工具，主要用于自动分析场景各区域复杂度，帮助设计人员更有效地设计场景内容。虚幻引擎 4 已经集成了一定功能的复杂度离线检测工具，用于检测网格的顶点数、内存占用、纹理、光照贴图、材质等信息。虚幻引擎 4 内置了多种 Visibility 检测算法，按消耗从小到大排序依次为 Distance Culling（距离裁剪），Frustum Culling（视锥体裁剪），PVS Culling（Precomputed Visibility Set，预计算可见性集合裁剪），OC（Occlusion Culling，遮挡裁剪）。在实际游戏中，会多种算法并用，通常首先使用 Distance Culling 和 Frustum Culling 进行初步裁剪，如图 13.16 所示。

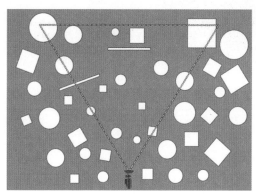

图 13.16　Culling 示意图

然后利用 PVS 对当前视野内的静态物体进行裁剪。PVS 的优点是运行效率高，缺点是需要离线烘焙可见性信息，增加运行时内存开销，无法处理动态物体。最后利用 OC 进行进一步的遮挡剔除。OC 根据实现方式可以分为 Hardware OC、HZB（Hierarchical Z-Buffer，分层 Z 缓冲）OC、 Software OC。Hardware OC 是直接利用图形 API Query 接口查询对象可见性的遮挡剔除技术，优点是可以根据当前已有的深度信息，直接在 GPU 层面查询遮挡信息，但是存在硬件查询的开销，以及 GPU 数据回读到 CPU 带来的时延问题，容易导致颠簸等现象，并且在执行效率和裁剪有效性上存在一定的问题。HZB OC 是利用 Hierarchical Z-Buffer 的遮挡剔除技术，需要 Hierarchical Z-Buffer 的支持，移动平台通常没有此数据，而且 HZB OC 的裁剪偏保守，在裁剪有效性上存在问题。所以目前移动平台通常使用的是 Software OC，在 CPU 层面利用软光栅化技术得到场景深度信息进行遮挡剔除。根据算法的特性，设计合适的数据结构，利用 SIMD（Single Instruction Multiple Data，单指令流多数据流）优化，可以保证实时性和裁剪有效性。详情可以参阅文章[1]。本方案根据上面的算法，在虚幻引擎 4 和移动平台优化定制了一套 Software OC 方案，效果图如图 13.17 所示。

图 13.17　Software OC 效果图

13.4.3　场景对象加载

场景对象的加载与卸载是一种复杂度控制手段，会影响 I/O、CPU 和内存消耗。这里重点讲一下加载问题，因为不合理的加载策略可能导致卡顿问题。

首先，来看加载策略问题，即加载什么对象、什么时候加载。通常场景对象可以分为功能类对象（影响玩法）和装饰类对象（影响显示）。一般情况下，场景管理方案需要优先加载功能类对象，并根据对画面的贡献程度，按距离或触发器模式，加载其他装饰类对象。

其次，为防止卡顿问题，需要采用分帧策略，在进行异步加载的同时需要限

---

① JON HASSELGREN Magnus Andersson, AKENINE-MÖLLER T. Masked Software Occlusion Culling[Z]. 2016.

制每帧的加载时长。这不仅会影响 Game Thread，还会影响 Renderer Thread 和 RHI Thread 创建对象而导致的帧消耗时间。

最后，场景对象的加载有两个重要指标：加载速度、加载的资源量。

- 加载速度的影响因素包括数据存储格式、I/O 速度、同步异步等。其中数据存储格式与项目密切相关，包括压缩解压算法、资源大小、序列化速度等。
- 加载的资源量主要是指一次性加载的资源的数量。在虚幻引擎 4 中有一个 Sublevel 的概念，Sublevel 是被作为一个整体进行加载的。为不同类型、大小、重要性的场景对象进行不同的 Sublevel 划分方式，对于加载的优化十分重要。

13.4.4　反馈控制器模块

反馈控制器模块根据反馈的系统指标数据和期望的系统指标数据之间的差异，按照一定的策略发送控制指令给复杂度控制器模块，从而达到调节场景复杂度的目的。图 13.18 所示为反馈控制器流程图。

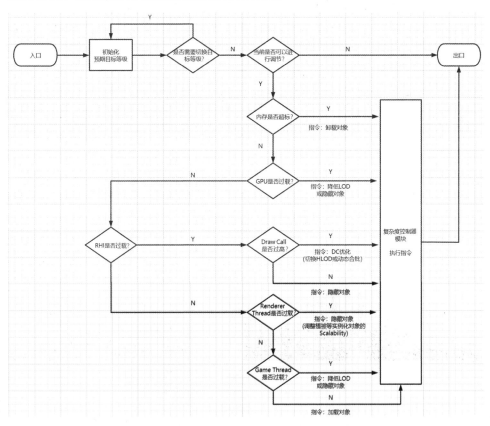

图 13.18　反馈控制器流程图

对图 13.18 的说明如下。

（1）初始化。根据当前硬件平台，初始化既定目标值：目标 FPS、场景复杂度总量、CPU 时间、GPU 时间、Memory 数值、Draw Call 数值。

（2）计算当前视口场景复杂度，和目标复杂度比较，确定是否需要根据差值切换目标等级。是，跳到（1）；否，跳到（3）。

（3）确定是否可以进行调节（上一次调节是否结束，当前环境是否允许新的调节动作）。否，等待；是，跳到（4）。

（4）根据当前内存使用量，和目标内存数值比较，确定当前内存是否超标。是，发送卸载对象指令；否，跳到（5）。

（5）根据当前 GPU 消耗，和目标 GPU 消耗进行比较，确定 GPU 是否过载。是，根据过载级别发送降低 LOD 指令或隐藏对象指令；否，跳到（6）。

（6）根据当前 RHI Thread 的 CPU 消耗，和目标 CPU 消耗进行比较，确定 RHI Thread 是否过载。是，［当前 Draw Call 是否过高？是，发送 Draw Call 调节指令（切换 HLOD 或在 Renderer Thread 没有过载的情况下动态合批）；否，发送隐藏对象指令］；否，发送升高 LOD 指令或显示对象指令或取消 HLOD 指令。

（7）根据当前 Renderer Thread 的 CPU 消耗，和目标 CPU 消耗进行比较，确定 Renderer Thread 是否过载。是，发送隐藏对象指令（调整植被等实例化对象的 Scalability）；否，发送显示对象指令（调整植被等实例化对象的 Scalability）。

（8）根据当前 Game Thread 的 CPU 消耗，和目标 CPU 消耗进行比较，确定 Game Thread 是否过载。是，跳到（9）；否，发送加载对象指令，跳到（9）。

（9）返回（2）。

13.5　测试数据

图 13.19 所示为本方案的测试场景。全场景采用 PCG（Procedural Content Generation，程序化内容生成）技术生成，有 12km×12km 大地形，有丰富的地表地貌（沼泽、河流等），还有户外密集的植被区域。

图 13.19　测试场景

图 13.20 所示为基于上面场景的测试数据。

图 13.20　测试数据

通过测试数据可以看出，游戏在运行过程中除了几个轻微的卡顿点之外，整个 FPS 被平滑地控制在设定范围内。这几个卡顿点主要发生在地形所在的 Sublevel 的加载处和远处的植被区域的加载处。虽然在游戏进行过程中，有大量场景物件不断进入角色视野，但是通过场景复杂度控制系统，场景复杂度可以始终稳定在一个设定的预期范围内，从而保证游戏可以平滑运行。

对于图 13.20 的数据，标注点 1 是刚进入场景，物件较少，但是有大量物件正在加载和实例化，存在一个 FPS 波动过程。标注点 2 是切换到一个植被种类较为丰富的区域，在隐藏和卸载出生点的物件的同时，会加载对应的植被物件，有一个较小的卡顿点。标注点 3 是进入一个视野开阔的地方，加载和显示较多的 Sublevel 和植被数量，出现一个卡顿点。标注点 4 和标注 3 类似，视野开阔，除需要加载角色周围的 Sublevel 和植被外，还需要加载远处地形的代理模型和 Imposter 资源，出现一个相对严重的卡顿点。如何解决加载大块资源或如何组织场景资源来避免卡顿问题，是本方案下一步需要优化的工作。

13.6　总结

本章分析了大世界场景的典型特征，并在介绍现代硬件平台的核心资源和渲染架构的基础上，给出了复杂度的定义与评估。结合工业控制中的负反馈控制理论和游戏运行的目标需求，提出了大世界的场景复杂度控制方案，根据反馈的系统指标数据和期望的系统指标数据之间的差异，以及预先制定的控制策略，生成相应的控制指令，最终智能实现场景对象的加载卸载、显示隐藏、LOD 控制及平滑的游戏运行体验。读者可在此基础上，根据项目的需求及发布平台，合理定制系统指标模块、场景预处理模块、反馈控制器模块和复杂度控制器模块。

第14章

基于多级细节网格的
场景动态加载

对于当今的大型次世代手游来说，可能需要表现超大世界及大量细节丰富的场景物件，在移动端极易遇到大规模场景加载导致的性能问题，Level Streaming（关卡流式加载）是用于解决大场景加载的一类技术。本章将介绍一种基于多级细节网格的 Level Streaming 技术，它可以提高加载速度，降低加载内存，改善加载卡顿等性能问题。本章首先指出移动端处理大场景加载过程中面临的主要问题瓶颈，然后分析现有主流引擎的实现方案，接着解释基于细节网格的加载方案的核心原理，并详细描述该方案的离线处理过程和运行计算过程，最后讨论基于这种分级细节网格的思想，可以进一步拓展去解决哪些问题。

14.1　Level Streaming

随着手游品质的不断提升，大世界已经逐渐成为很多游戏的主流场景设计理念，对于移动端来讲，很难在较短时间内将整个场景加载进来，主要原因有两个：一个是资源数量导致的 IO（Input-Output，输入和输出）问题，另一个是物件的加载过程伴随着各种复杂的处理过程［如创建顶点 Buffer（缓存），创建贴图 Mipmap（次级贴图），执行各种初始化逻辑等］。一种比较成熟的做法是异步地渐进式地将玩家可视范围内的有限场景加载进来，根据玩家的移动，将不再可视的部分卸载出去，将新进入视野的部分加载进来，这叫作 Level Streaming。

在 Level Streaming 的过程中可能面临并需要解决如下问题。

- 准确性，应该被看见的场景内容一定要被加载到。
- 最小化性能开销，不应该被看见的场景内容尽量被卸载出去。

- 加载速度，用最少的时间让用户看到最主要的场景内容。
- 流畅性，尽量不出现可视物件闪现引起的视觉卡顿。

随着场景资源量的增大，美术师对细节的追求，硬件设备的偏低端，上述问题的解决会愈发困难。此外，因为可能涉及美术资源的处理，因此技术方案本身要考虑到对美术工作流程的友好性。

现有的一些主流商业游戏引擎都不同程度地支持 Level Streaming 方案。例如，在使用较广泛的商业引擎 Unreal Engine 4（下文简称 UE4）中，需要人工地把大场景划分成几个 Sublevel（子关卡），每个 Sublevel 可以单独设置加载距离，Sublevel 可以相互存在空间重叠区域，程序在运行中遍历每个 Sublevel 的加载距离来确定加载卸载。在使用过程中，Sublevel 的美术设计人员经常会反映如下问题。

- 设计者不能准确判断要设计的 Sublevel 的尺度，Sublevel 是最小加载单元，Sublevel 过大，会存在加载冗余，过小则处理的 Level（关卡）量过多，这会让设计者进退两难。
- Sublevel 中的物件被当成一个整体一起被决定加载或卸载，美术师不能准确判断哪些东西放在哪个 Sublevel 中合适。大型建筑需要较远物件都加载，细节物件很近就不加载，把它们放在一个 Sublevel 中显然存在性能问题。
- 缺少场景的重要度排序信息，不能很好地决定优先将哪些 Sublevel 加载进来。

在广泛应用的商业引擎 Unity3D 中，设计者把大场景人工地划分成几个分隔开的单独的小场景来制作，程序在运行中动态地加载卸载这些小场景，当然 Unity3D 中有一些插件进行了优化。

本章提供的 Level Streaming 方案希望给出一种改进的方案，既可以保证最小化加载和流畅性等性能，又可以让设计人员在进行 Sublevel 划分和摆放时更加自动化且合理。

14.2　基于多级细节网格的 Level Streaming

为了解决前面提出的问题，本章提出了一种叫作多级细节网格的数据结构，它是这样一种数据结构（见图 14.1），不仅将空间划分成大小相等的多个方形区域，还在同一个空间上按照不同的划分尺度划分了多级。例如，图 14.1 中存在大小不同的两级网格（L1 层和 L2 层），其中大一些的物件（如六角星）被放在 L1 层中，而小一些的物件（如四角星）被放在更小更密集的 L2 层中。场景中可能存在 N 层这样的网格。

可以发现网格中放置的物件的大小规模和物件所在的层级的网格大小成正比，即规模大的物件，会被划入更大更稀疏的网格层级中。这样多级细节网格除存储场景的物件的位置信息外，还存储一些其他有用的信息，如下。

- 物件的规模。
- 物件的细节程度。
- 物件的重要度。

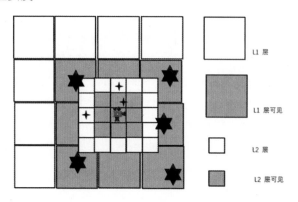

图 14.1　多级细节网格结构示意图

如果基于这样的多级细节网格信息进行加载，在每个层级上都固定加载视野周围的 N 个网格，那么划分尺寸越小的层级，加载的范围就越小，这符合人眼的感知规律，即细小的物件（如小草、小装饰物）只需要加载距视点较近的一块范围，而高大的标志性建筑，很远的范围都要加载。

本方案实际上对场景物件的可视情况预先进行了量化并将其组织在一种重叠的多级空间数据结构中，这个结构对场景物件的细节程度进行了量化，根据细节层可以得到场景中大多数静态物件的细节的排序信息，预先存储下来，由此可以得到如下有益优化。

- 美术师工作简单，美术师不用关心怎样划分 Sublevel 及将物件放在哪个 Sublevel 中，一切交由自动的预处理算法完成，适合大世界制作。
- 加载量最小化，内存小，可视化判断的实体数量小，保证了越细节的场景，物件被加载的范围越小，大场景中被同时进行加载卸载判断的空间区域始终在一定数量下，大部分物件都不会被纳入可视化判断和加载处理情况，不会随场景复杂度上升而上升（因为实际上场景复杂度再高，近处能见的物件数量仍然有限）。
- 提高用户感知的加载速度。可以根据细节层为 Streaming 过程的异步加载调整优先级，那些大网格区域用高优先级加载，用户可以在短时间内得到场景区域的主体，细节物件稍后补充上。
- 减少加载卡顿。对于传统的单层的 Sublevel 划分方法，当用户处于地块交界上来回移动时，可能会反复触发某些 Sublevel 的加载和卸载机制，形成卡顿。而本方案因为有重叠的多层网格，每层尺度不同，所以某一层次的 Sublevel 交界处对于其他层次不容易形成交界，且物件被分配到了重叠的多层上，大大降低了卡顿的概率，再配合双阈值的策略，可以进一步减少卡顿。

- 方便进行品质切换。当应用于低配机型时，只需要设定一个阈值，限制某级别以下的网格层参与加载，就自动完成了一种机型品质的降档策略。

下面将详细地探讨多级细节网格结构的生成及基于它的 Level Streaming 实现。

14.3　将场景预处理成多级细节网格结构

我们需要将美术制作的原始场景处理成多级细节网格的数据结构。预处理流程图如图 14.2 所示。

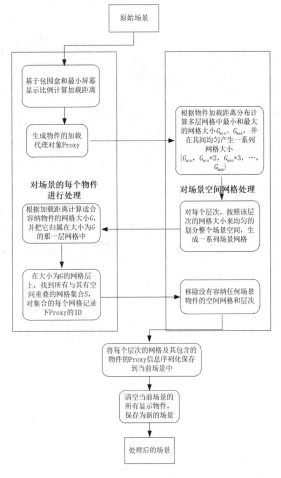

图 14.2　预处理流程图

14.3.1 输入场景

预处理的输入是美术设计人员使用各种游戏引擎或场景编辑器编辑好的场景资源，场景资源由很多场景物件组成，可以只处理占多数的静态物件。场景物件信息通常包含它所处的世界坐标位置 $P(P_x,P_y,P_z)$，以及它的包围盒 Bounds $(X_{\min},Y_{\min},Z_{\min},\text{Length},\text{Height},\text{Width})$，一般出于性能考虑，需要定义物件的一个最小可视屏占比 $S_{\min}$，即在渲染中，当物件的屏占比小于 $S_{\min}$ 时，则认为不可见。对于大世界的场景来说，场景的规模可能很大，可能大于几千米，且场景的物件数量很多，通常大于几万个。美术师可能用各种规范来制作这个场景，如共同在一个大的 Unity3D 的 Scene（场景）中制作，或者分别在一个独立的 UE4 的 Sublevel 中制作，本算法没有对美术制作进行较强的规范约束。图 14.3 所示为一个典型的输入场景，其中的立方体表示这个建筑的包围盒。

图 14.3　输入场景

14.3.2 计算物件的加载距离并生成加载对象

遍历场景的所有物件，对于每个遍历到的物件，计算它的加载距离 D。设当前观察位置的视野角度为 Fov（单位为弧度），设可视的最小屏占比为 $S_{\min}$，则 D 的计算方式定义为

$$D = 1.1 \times \max\left(\text{Length},\text{Height},\text{Width}\right) / \left(2 \times S_{\min} \times \tan\left(\text{Fov} / 2\right)\right)$$

这里的 max() 部分先获取物件的长、宽、高中最大的尺度，用它除以分母部分则近似算出在给定视野角度和最小屏占比时物件距离视点的距离，当物件距离视点的距离大于这个值后就可以被认为不可见了（屏占比将小于设定的最小屏占比

阈值），最后乘系数 1.1 代表稍微增大一些物件的可视距离作为最终的加载距离，这样当物件比可视距离稍微远一些的时候就可以开始加载，减少加载的延迟感。

遍历场景的所有物件，对于每个遍历到的物件，生成一个加载代理对象 Proxy，Proxy 至少包含如下元素(Path,P,R,S,D,B,ID)，其中，Path 是这个物件的资源路径；D 是加载距离；P 是场景中的位置；R 是旋转；S 是缩放；B 是包围盒；ID 是这个场景物件的唯一标识。

14.3.3　生成场景的多级细节网格结构

统计所有场景物件的加载距离，找出其中最大的加载距离 D_{max}，根据 D_{max} 生成一组序列

$$D_{Sequence} = (1,2,4,8,16,32,64,64 \times 2, 64 \times 3, \cdots, 64 \times k)$$

这里的单位是 m，其中最后一个元素是最接近 D_{max} 的且比 D_{max} 大的 64 的整数倍的值。这里使用 64 作为提升网格尺度的基本参考值，64 是具体项目中的一个经验值，可以根据具体的场景的物件尺度分布情况调整，调整得更小（更细密）或更大。计算整个场景的包围盒大小 Bscene，Bscene 是能包含场景所有物件的最小的立方体。Bscene 的最小 3D 坐标和长宽高记为

$$\left(Bscene_x, Bscene_y, Bscene_z, Bscene_{Length}, Bscene_{Height}, Bscene_{Width} \right)$$

基于 $D_{Sequence}$ 生成一组网格层次，对于 $D_{Sequence}$ 中的每一个元素 D_l（$1 \leqslant l \leqslant n$），定义它代表第 l 层网格，遍历每一个层次进行如下操作：在第 l 层上，将场景均匀分成与坐标轴平行的网格结构，该网格结构由很多区块组成，其中在 x 轴方向第 i 列，z 轴方向第 k 行的区块表示为 Block(l,i,k)，每个 Block 至少包含两个元素，即它包含的场景物件代理对象 ID 列表和它的包围盒 Bounds(l,i,k)，它的最小 3D 坐标和长宽高为

$$\left[(i+0.5) \times D_l + Bscene_x, Bscene_y, (k+0.5) \times D_l + Bscene_z, D_l, Bscene_{height}, D_l \right]$$

14.3.4　将场景对象划归到相应的网格上

遍历场景中的所有代理对象 Proxy，首先根据它的加载距离 D 选择它所在的网格层次 l，l 是 $D_{Sequece}$ 中大于或等于 D 的所有元素中的最小的一个。然后遍历第 l 层上的所有区块，计算每个区块的包围盒 Bounds(l,i,k)和代理对象 Proxy 的包围盒 B 的重合度 S，两个包围盒的重合度计算就是计算它们重叠的空间区域。如果 $S>0$，说明 Proxy 相关的场景物件在 Block(l,i,k)的空间内；如果 $S \leqslant 0$，则将 Proxy 的 ID 记录在 Block(l,i,k)的 ID 列表内。

14.3.5 保存网格信息到文件

先遍历每一个层次中的每一个空间区块 Bounds(*l*,*i*,*k*)，找到 ID 列表内容为空的区块，将其删除。再遍历每一个层次，把其中空间区块数量为 0 的层次删除。保存当前剩下的所有空间区块 Bounds(*l*,*i*,*k*)到场景文件中，同时保存所有代理对象 Proxy 信息到场景文件中，清空场景中的所有场景物件，保存成新的场景文件。

14.4 基于多级细节网格结构的加载

一旦建立起场景的多级细节网格结构，就可以在程序运行时基于该数据结构进行优化的场景加载。运行时场景加载流程如图 14.4 所示。

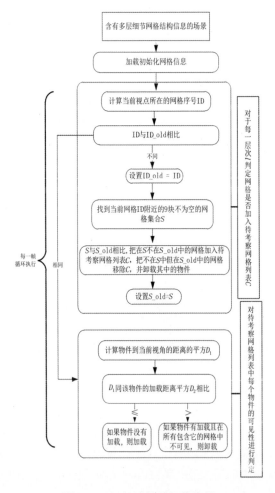

图 14.4 运行时场景加载流程

14.4.1　加载网格数据和物件代理对象

当程序启动（或场景初始化）时，加载场景文件，将当前场景的所有空间区块 Bounds(l,i,k)和场景物件代理对象 Proxy 保存到内存中。

14.4.2　更新加载和卸载的物件

在程序运行的每一帧（或定时地）进行如下流程。

（1）获取当前所处观察位置的 3D 坐标，记为 Location，遍历当前的每一层网格进行如下计算。在第 l 层网格上，计算 Location 所处的场景网格坐标 Plocation，Plocation 的计算方式是

$$Plocation = \lfloor (Location_x - Bscene_x) / D_l \rfloor, \lfloor (Location_z - Bscene_z) / D_l \rfloor$$

（2）找到所有 abs(Plocation$_{x-i}$)≤1 并且 abs(Plocation$_{z-k}$)≤1 的区块 Block(l,i,k)，将这些 Block 中的 ID 列表中记录的所有 Proxy 加入当前场景的待加载列表 LoadList 中。

（3）对于当前场景中所有已经加载了的 Proxy，检查其是否处于 LoadList 中，如果不处于，则将其卸载或隐藏。

（4）此时的 LoadList 中存储的就可认为是当前应该被加载的对象，但准确来说其中仍有一些物件是超过可视距离的，因为被选取的是以视点为中心的 3×3 的格子，所以最外层的格子中一些较远的物件的距离还是比可视距离大的，不过这种物件的数量是可控的。这里有个可选的步骤，即如果希望最小化内存加载，就可以遍历一遍当前的 LoadList 中的每一个场景物件代理对象 Proxy，计算该物件距离当前观察位置的距离 D，如果 $D < D_{Proxy}$，则真正认为该物件将要被加载。如果希望减少这次遍历的开销，则可认为 LoadList 中都是需要被加载的物件。

（5）对于确定的需要被加载的物件，读取其 Proxy 中的存储的物件资源路径和位置信息，加载并显示在该位置上。

（6）最后清空当前的 LoadList。

14.5　多级细节网格的其他应用

本方案通过预先将大世界中的常见物件组织到多级细节网格结构中，实现了性能和内存都较优的场景加载。多级细节网格结构其实存储了场景物件的规模和细节程度的信息，细节程度在某些情形下可看作重要度信息，至少从渲染的角度，

越细节的东西一般是越可以被忽略的。重要度信息提供了一种有用的参考工具，可以扩展用于其他地方。

14.5.1 加载优先级

为了进一步缩短场景的加载时间（尤其在用户切换场景时），通常可以为场景物件设置一定的优先级，以便优先加载重要的物件，待重要度比较高的物件加载好后，就可以让用户进入场景，而不重要的物件可以在用户进入后异步地渐渐补充加载进来。这种策略可以提升用户切换场景的操作体验，用户可以快速地进入场景，并看到场景中重要的地表、海水、标志性建筑、主要的房屋等，一些点缀性质的物件可以进入后再加载。多级细节网格就可以提供这种重要度信息，在实现中，将尺寸较大的层级上的物件的优先级调高，设定一个优先级的阈值，只要加载好优先级小于这个阈值的物件后，就可以进入场景。此外，不只是进入场景，玩家在整个场景的漫游中，依据优先级进行异步加载，可以得到更好的用户体验。

14.5.2 品质切换和机型适配

在手游中，一般会依据硬件设备的配置进行画面品质的切换或机型适配，机型适配的策略中重要的一项是调整场景中加载物件的数量，即在低配机上某些场景物件被隐藏或不加载，以节省内存和处理器的渲染压力。但是在低配机上隐藏哪些物件很难有好的方法来决断，有些情况是靠美术师人工标记的，如 UE4 中 Detail Mode（细节模式）的概念，比较麻烦。多级细节网格的重要度概念可以应用在这里，同样为不同的硬件配置设定一个阈值，当层级的划分尺寸小于这个阈值时就不加载这个层级上的物件，这样在低配机上，阈值较高，更多的物件不被加载，但重要的物件总会被加载。

14.6 总结

本章提出了一种基于多级细节网格结构的场景加载方案，并在实际游戏中应用于移动端游戏超大型 3D 场景的加载和连续展现。图 14.5 展示了运行时固定区域场景物件随摄像机移动的改变情况，可以看到，当摄像机逐渐远离该区域时，该区域内的小物件很快就会消失，而重要的物件较晚才消失，从而保证了用户看到的物件的准确性及最小化内存加载。

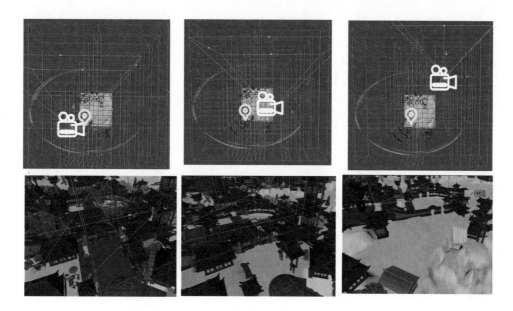

图 14.5　运行时固定区域场景物件随摄像机移动的改变情况

　　本方案的优势在于预先将所有场景物件的位置连同重要度信息整理排列存储在一个数据结构中，实现了"越不重要的物件，加载越少越近"的目标，并可以根据重要度进行一些加载优先级上的优化。此外，这种场景结构的划分和处理可以完全实现自动化，在实际的项目应用中，场景的美术设计人员不需要关心场景物件的区块划分或分块设计，制作流程相对简单。

部分 V

服务端架构和技术

面向游戏的高性能服务
网格 TbusppMesh

15.1　TbusppMesh 摘要

微服务架构由分而治之的思想演化而来。传统的大型又全面的系统随着互联网的发展已经很难满足市场对技术的需求，于是从单独架构发展到分布式架构，又从分布式架构发展到 SOA（Service Oriented Architecture，面向服务的架构），服务不断地被拆分和分解，粒度越来越小，直到微服务架构的诞生。

TbusppMesh 是一款腾讯自研的适合游戏微服务化的 ServiceMesh（服务网格）。游戏业务相对普通互联网业务来说，对性能和有状态的场景依赖比较重，游戏性能要求低时延高吞吐，游戏中有大厅服、场景服、公会服等众多有状态服务。

TbusppMesh 在万兆网卡压测场景下吞吐量能达到网卡带宽最大值，并保持低时延。TbusppMesh 优化了 Kubernetes 原生的 Overlay 组网能力，增加了 Kubernetes 集群 Overlay 网络下集群内外互联互通的能力，并将 Overlay 网络下跨 Node 结点的 Pod 通信能力提升近 4 倍，从 2.4Gbps 提升到了 9.4Gbps。TbusppMesh 同时支持 Kubernetes 多集群通信能力。TbusppMesh 提供了有状态服务一致性 Hash 路由、选主、容灾等适合游戏业务场景的核心能力，助力游戏微服务化改造上云并提高 CI/CD 效率。

接下来从 TbusppMesh 数据通信、TbusppMesh 组网策略、TbusppMesh 有状态服务 3 个方面介绍 TbusppMesh 的技术原理和实现。

15.2　TbusppMesh 数据通信

TbusppMesh 支持基于名字服务的通信寻址，通过多线程架构并行处理、事件驱动及时收发数据包、零拷贝减少 CPU 开销等技术手段为游戏系统提供低时延、高吞吐的数据通信能力。

15.2.1　多线程架构

如图 15.1 所示，TbusppMesh 采用了单进程多线程的模型，一个 TbusppAgent（TbusppAgent 充当 TbusppMesh 的数据通信 SideCar 角色）进程由一个主线程和多个工作线程（网络线程）组成。主线程负责监听设置好的端口并接收连接请求，当对端有连接请求发送过来时，主线程会分配一个空闲工作线程，将连接请求分配给空闲工作线程。工作线程数量可以根据机器的资源进行设置。

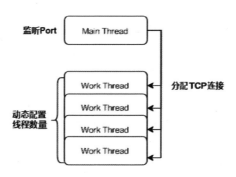

图 15.1　TbusppAgent 线程示意图

工作线程采用 Epoll 的方式进行数据收发。当发送数据时，工作线程读取共享内存中的数据，将数据以 Iovec 方式读取出来，全程采用零拷贝方式，通过 Writev 写入操作系统后，回调 Commit 函数，移动指针。当接收数据时，工作线程从网络上采用 Readv 方式将数据收回来，拷贝到本机的 TbusppMesh 接收队列里面。如果发生了网络异常，工作线程会断开 TCP 连接，销毁对应的数据结构。如果本机上的两个实例相互通信，则工作线程不参与相应的数据包转发工作，两个实例直接通过共享内存通信。TbusppMesh 为每两个有实际数据通信的 TbusppAgent 建立一条 TCP 连接，当 TCP 连接上超过阈值时间没有数据通信时，会将连接断开以便节省网络连接资源。工作线程为每一条 TCP 连接建立一个会话，保存收发两端的名字对象，后续通信的数据包包头不需要拷贝名字对象（Protobuf 对象），如图 15.2 所示。

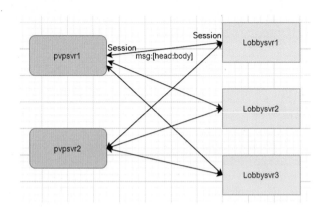

图 15.2　TbusppAgent 的 Session 管理示意图

消息从源端发送后，如果是无状态服务模型，则每次都进行选路发送（轮询、随机、基于权重等方式），这种模型没有保序通信的诉求。如果是弱状态或有状态服务模型，一旦路由确定后，则要求所有的请求能够有序进行发送，否则可能导致业务逻辑出错。TbusppMesh 的消息通道与目的端实例进行了一一绑定，确定的源端与目的端之间稳定使用同一条 TCP 连接，处于同一个 Session，因此，对于发向同一个目的地的请求做到了保序通信。

15.2.2　事件驱动

GameServer 通过 SDK 将消息写入发送队列时，会在写入数据的同时，在事件区域生成一个内部 WRITE_EVENT 事件。TbusppAgent 共享内存设计示意图如图 15.3 所示。

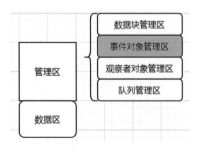

图 15.3　TbusppAgent 共享内存设计示意图

TbusppAgent 的工作线程采用了 Pipe（管道）结合事件驱动的设计，当业务进程在共享内存事件区域产生了 WRITE_EVENT 事件后，TbusppAgent 的工作线程会将该 WRITE_EVENT 事件取出并写一个字节到 Pipe 的一端，该 Pipe 是与 Epoll 对象绑定的，这样便将内部事件与 Epoll 事件（如 Epoll 事件 A）关联起来，形成

一个统一的 Epoll 处理框架。当 TbusppAgent 的工作线程通过 Epoll_wait 收到 Epoll
事件 A 后，得知哪个共享内存队列有消息需要发送到网络，此时工作线程将共享
内存中的消息发送到网络后，将 Epoll 事件 A 删除并将 Pipe 里的那一个字节删
除，如图 15.4 所示。

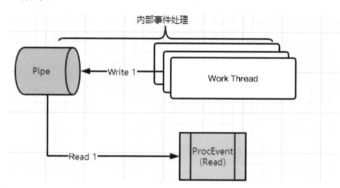

图 15.4　TbusppAgent 事件框架示意图

工作线程的调用框架如下。

```
void Run() {
ptbuspp_event_proxy_->Update(true, wait_mesc);
count = io_mgr_.ProcEvent(wait_mesc, &start_usec);
}
//其中 ProcEvent 的代码
int IoMgr::ProcEvent(int32_t timeout_ms, unsigned long long*
pstart_usec) {
    InNetProcEvent(timeout_ms, pstart_usec);
    UserEventProcEvent();
}
int IoMgr::InNetProcEvent(int32_t timeout_ms, unsigned long long*
pstart_usec) {
    m_event_count = evt_obj_.Wait(timeout_ms);
    for (int i = 0; i < m_event_count; ++i) {
        InGetEvent(i, &events, &data);
        if (events & EPOLLIN) {
            pfd_array_[fd].user_events &= ~EPOLLIN;
            pnotify->ReadEvent();
        }

        if (events & EPOLLOUT) {
            pfd_array_[fd].user_events &= ~EPOLLOUT;
            pnotify->WriteEvent();
        }
    }
}
```

```
int IoMgr::UserEventProcEvent() {
for (int i = 0; i < evt_count; ++i) {
    if (pfd_array_[fd].user_events & EPOLLIN) {
        pfd_array_[fd].user_events &= ~EPOLLIN;
        pnotify->ReadEvent();
    }
    if ((pfd_array_[fd].user_events & EPOLLOUT)
&& !pfd_array_[fd].disable_user_out_event) {
        pfd_array_[fd].user_events &= ~EPOLLOUT;
        pnotify->WriteEvent();
    }
}
}
```

网络线程写入 Pipe 后，调用 ReadEvent 函数，根据入栈时的队列信息，可以知道哪个发送队列有数据要发送，将共享内存中的数据偏移量及长度写入发送缓冲区，发送缓冲区此时为可读状态。

```
TMsgPeekEngine::ProcMsg() {
    //从共享内存读
    TmsgGetMsgInfo(iovec,iovcnt);
    //交给具体的 Server 处理消息
    pSendServer->ProcessMsg(iovec,iovcnt);
}
int TbusppSendQueue::ProcessMsg(...) {
    ...
    if (msg_count == 0) {
        HasMsgWaitWriteEvt();
    }
}
int TcpTbusppMsgSend::HasMsgWaitWriteEvt() {
    //通过仿函数，一路调用到 Epoll 对象
    pfd_array_[fd].user_events |= EPOLLOUT;
    puserevent_array_[user_event_count_] = fd;
    user_event_count_++;
}
```

可以看到，如果发送消息是一个从无到有的过程，即之前的消息已经发送完成，此时会重新触发 Epollout，通过 UserEventProcEvent 函数调用 Writev 写入操作系统，从而发送到网络上。为了防止对端异常一直被 Pipe 触发，消息始终发不出影响网络线程的性能，设计了丢包机制。当某个消息 60s（可配置）还没发出去时，会进行丢包处理，并回调给业务明确丢掉的包的 SEQ，从而让上层业务决策。如果 GameServer 一直不消费，接收队列写满以后，TbusppMesh 将暂停从网络收包。TbusppMesh 提供了函数接口，可获取消息在队列中的停留时长，业务可以观

察是否出现了 SideCar 发包阻塞及是否出现了 GameServer 收包不及时, SideCar 发包阻塞及 GameServer 收包不及时都会导致消息的时延变大。通过消息的追踪打点, 可以知道消息在每一段路径里消耗的时长, 从而轻易定位出大时延问题。

15.2.3　零拷贝

TbusppMesh 与 GameServer 之间采用共享内存机制通信, 共享内存底部采用内存池方式, 所有的队列共享内存池, 将内存池划分为固定大小的 Block, 按需获取, 如果不再使用, 则放回内存池中。在整个消息的发送过程中, TbusppMesh 通过巧妙的设计, 在用户消息已经放入共享内存的前提下, 从共享内存读出到最终写入操作系统, 全程采用零拷贝方式。从共享内存读取数据时, 提供了 Iovec 方式的读接口, Peek 到的是消息的指针及消息的长度, 读取出来后, 为防止发送过程阻塞, 增加了一个 MesgDesc 对象对消息进行缓存, 同样地, 这里缓存的是指针。向共享内存写入数据时, 如果发送缓冲区已经空了, 则生成一个 Epollout 事件, 触发该事件将数据写入操作系统; 如果发送缓冲区还有消息待发送, 则不再生成额外的 Epollout 事件。当消息通过 Writev 写入操作系统后, 通过 OnSendResult 回调机制移动指针, 从而将消息从共享内存中删除。从网络上接收消息时, 收到包后将包拷贝到 TbusppMesh 的接收通道中。对于单机上两个实例的交互, TbusppAgent 不参与数据转发, 而让两个实例直接写入对端的接收队列, 这样整个发送过程, 除了 GameServer 写入数据和读取数据, 都是零拷贝的。

15.3　TbusppMesh 组网策略

Kubernetes 的原生组网是使用 Flannel 建立一个覆盖网络（Overlay Network）[1], 这个覆盖网络会将数据包原封不动地传递到目标容器中。覆盖网络是建立在另一个网络之上并由其基础设施支持的虚拟网络。覆盖网络通过将一个分组封装在另一个分组内来将网络服务与底层基础设施分离。将封装的数据包转发到端点后, 将其解封装。Flannel 致力于给 Kubernetes 集群中的 Node 提供一个三层网络, Flannel 并不控制 Node 中的容器是如何进行组网的, 仅仅关心流量如何在 Node 之间流转。Flannel 的局限如下。

- 在大数据量的情况下性能表现差, 尤其是跨 Node 间 Pod 通信。
- 有状态服务支持能力不足, 无法提供集群内外点到点通信能力。
- 多集群能力支持不足。

---

[1] Flannel Github 官网. Kubernetes Overlay 网络之 Flannel[EB/OL].[2021-08-01].

基于上述原因，TbusppMesh 没有使用 Kubernetes 原生的组网作为底层的网络，而结合 TbusppMesh、Kubernetes 及 Docker 提供的 HostPort 能力实现了一套自己的组网策略。

15.3.1 整体架构

TbusppMesh 架构图如图 15.5 所示。基于 Client-go 开发的 TbusppController，将 Kubernetes 的服务信息传给 TbusppNameServer，使 TbusppNameServer 接管 Kubernetes 的服务信息，这样集群外的虚拟机上的 GameServer 下的 SideCar 就可以通过名字发现 Kubernetes 集群内的 GameServer 的 IP 信息，随后发送消息给集群内的 Pod。具体运行流程如下。

（1）对于 Kubernetes 集群内，GameServer 和 SideCar 部署在 Pod 里。

（2）对于 Kubernetes 集群外，GameServer 和 SideCar 部署在虚拟机里。

（3）Pod 和虚拟机都有自己的 IP，相当于真实的机器。

（4）每个 Pod 或虚拟机里包含一个 SideCar，用来负责 GameServer 之间的通信。

（5）当 GameServer1 要和 GameServer3 通信的时候，先把消息发送给 GameServer1 所在的 SideCar，GameServer1 的 SideCar 通过 TbusppNameServer 获取 GameServer3 的 SideCar 所在虚拟机的 IP，再把消息发送出去。

（6）GameServer3 的 SideCar 收到消息后，将消息转发给 GameServer3。至此，一次消息就发送成功了。

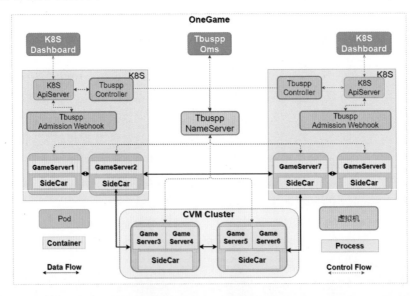

图 15.5　TbusppMesh 架构图

15.3.2　组网方案

既然原生 Kubernetes 给 Pod 分配的是私有 IP，那么外部的虚拟机是无法直连集群内的 Pod 的。也就是说，GameServer3 的 SideCar 无法将消息投递给 GameServer1 的 SideCar，因为 GameServer3 所在的虚拟机和 GameServer1 所在的 Pod 网络是不通的。GameServer1 的 IP 是私有 IP。Kubernetes 原生网络的限制示意图如图 15.6 所示。

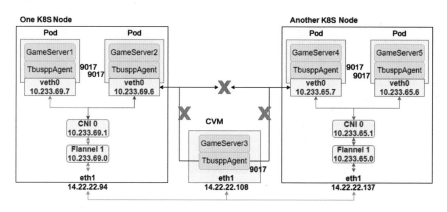

图 15.6　Kubernetes 原生网络的限制示意图

优化方法，TbusppMesh 组网示意图如图 15.7 所示。

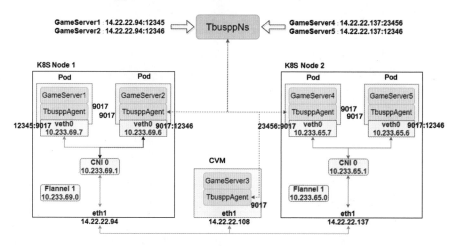

图 15.7　TbusppMesh 组网示意图

Node 机器 NodeA 上有 Pod 节点 PodA，通过端口映射的方式实现从 NodeA 机器的端口转发到 PodA 节点的端口上，实现原理是通过 HostPort 方式（使用

Iptables）映射 NodeA 的端口到 PodA 的端口。HostPort 的基本实现原理是 DNAT
（目的地址转换，Linux 提供的一种网络转发模式）。图 15.8 所示为 TbusppMesh 组
网下 Node 的 Iptables 示意图。

图 15.8 TbusppMesh 组网下 Node 的 Iptables 示意图

业务使用 TbusppMesh 部署微服务后，集群内外通信的原理和流程如下。

（1）当 Kubernetes 集群外的虚拟机节点 TbusppAgent 启动的时候，监听虚拟
机的 IP 和端口，即 14.22.22.108:9017，并且上报给 TbusppNS 相同的 IP 和端口，
即 GameServer3 的 TbusppAgent 在 TbusppNS 里记录的信息为 14.22.22.108:9017。

（2）对于 Kubernetes 集群内的 Pod，监听 Pod 的 IP 和端口，即 10.233.69.7:9017，
但是上报给 TbusppNS 的是 NodeIP 和 NodePort（一种随机端口），即
14.22.22.94:12345。也就是说，GameServer1 的 TbusppAgent 在 TbusppNS 里记录
的信息为 14.22.22.94:12345。GameServer2、GameServer4、GameServer5 也在
Kubernetes 集群内的 Pod 里面。

（3）基于第（2）步，GameServer2 的 PodIP:PodPort 到 NodeIp:NodePort 的随
机映射实现方法基于 Kubernetes 的 HostPort 和 Tbuspp-AdmissionWebhook 相互配
合及生成的随机端口，实现原理是 DNAT，实际记录到 TbusppNS 里的地址是
NodeIP:NodePort。

（4）由于 GameServer1 在 TbusppNs 里的 IP 和端口是 NodeIP:NodePort，而
NodeIP:NodePort 天然和外部是互通的，因此 GameServer3 访问 GameServer1 会直
接将请求发往 14.22.22.94:12345 这个地址。

（5）当 14.22.22.94:12345 收到包后，由于 14.22.22.94 已经配置好了 DNAT 路
由规则，因此会将包直接转发给 Pod 地址 10.233.69.7:9017，从而被 GameServer1
的 TbusppAgent 劫持，随后转发给 GameServer1。这样集群内外互通问题就完美
解决了。

（6）如果 GameServer1 访问 GameServer4 要如何解决呢？GameServer1 会将
请求直接发往 14.22.22.137:23456。

（7）14.22.22.137:23456 收到包后，会根据配置的 DNAT 路由规则转发给
GameServer4 所在的 Pod 地址 10.233.65.7:9017，从而被 GameServer4 的
TbusppAgent 劫持后转发给 GameServer4。

15.3.3　点到点共享内存通信实现机制

对于跨机（跨 Pod 或 CVM）环境而言，TbusppMesh 会为每个本机实例创建一个接收通道（该通道被本机实例独占），为每个远端实例创建一个发送通道（该通道被远端实例独占）。图 15.9 所示为 TbusppAgent 点到点队列示意图。

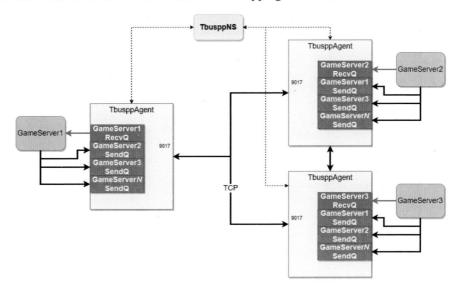

图 15.9　TbusppAgent 点到点队列示意图

当要发送数据时，数据被发送到本地的与对端绑定的发送队列；当要接收数据时，从本地的与接收实例绑定的接收队列中接收（一个接收实例只有一个接收队列），这样实现了点到点的通信能力。

至此，TbusppMesh 的互联互通的解决方案描述完毕。只要物理机基础网络可以互通，在任何容器 CVM 和物理机混合网络环境下，业务都可以使用 TbusppMesh 实现点到点通信。

15.3.4　相关代码

基于 Client-go 开发 Tbuspp-Controller，通过相关的 Label 获取 Kubernetes 指定的 Pod。

```
func (c *Controller) GetPodByServiceAndLabel(svcName string, nameSpace
string,
    label map[string]string) map[string]*v1.Pod {
    // key := model.KeyFunc(svcName, nameSpace)
    // var reqs  labels.Requirements
```

```go
selector := labels.NewSelector()

for k, v := range label {
    value := []string{v}
    r, err := labels.NewRequirement(k, selection.Equals, value)

    if err == nil {
        if r != nil {
            // var rs = [...]labels.Requirement{*r}
            selector = selector.Add(*r)
        } else {
            log.Errorf("make NewRequirement err")
        }
    } else {
        log.Errorf("make NewRequirement err %s", err.Error())
    }
}

log.V(4).Infof("selector get pods is %s!", selector.String())

pods, err := c.podlister.Pods(nameSpace).List(selector) // 过滤此
nameSpace 下的所有符合 selector 的 Pods
if err == nil {
    mapValidPodsTmp := make(map[string]*v1.Pod)
    // var sortPods []string
    for _, pod := range pods {
        services, err := helper.GetPodServices(c.servicesLister, pod)
        if err == nil {
            for _, service := range services {
                if service.Name == svcName { // 通过服务名进行匹配
                    // sortPods = append(sortPods, pod.Name)
                    mapValidPodsTmp[pod.Name] = pod
                    // log.Infof("pods Hostname %s map size %d
pods %v",pod.Name, len(map_validPods))
                }
            }
        } else {
            log.Errorf("GetPodServices podName %s  err %s", pod.Name,
err.Error())
        }
    }

    return mapValidPodsTmp
}
log.Errorf("List Pod failed, namespace %s label %v err %s",
nameSpace, label, err.Error())
return nil
}
```

15.3.5 性能压测

TbusppMesh 性能压测示意图如图 15.10 所示。Node 内核版本：3.10.107-1-tlinux2-0053；Kubernetes 版本：v1.14.3-tk8s-v1.1-1；压测工具：test-client&&iperf。

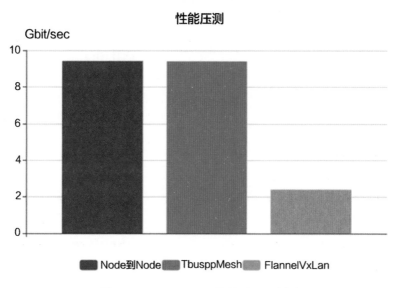

图 15.10 TbusppMesh 性能压测示意图

15.4 TbusppMesh 有状态服务

无状态服务：前后的请求之间没有关联性，将请求发给服务下任一实例进行处理都能得到正确的结果。

有状态服务：有严格的路由规则，只能将请求发给指定的一个实例。如果将请求发到了同服务的其他实例上，可能造成拒绝处理、数据错乱，甚至影响整个服务的正确性。

游戏中除无状态服务外，还有大量的弱状态服务和强状态服务。弱状态服务和强状态服务可以统一归纳到有状态服务中。对有状态服务的支持是游戏通信框架中非常重要的一点。例如，在游戏后台的大厅服中，分布式场景下同时有多个大厅服的实例 L1、L2、L3 对外提供服务，那么对于同一个用户 ID，通过接入端 Hash 后必须接入同一个大厅服，以便用户在大厅服的缓存信息保持一致，保证用户体验。

对于 TbusppMesh 而言，由于不理解上层的业务数据，当路由发生变动，需要进行数据迁移/搬迁工作时，必须要有业务参与才能做到。因此，TbusppMesh 主要负责在业务扩缩容过程中，做好变更过程的路由一致性，并及时给予上层业务路由变更的信号，从而支持业务主动和被动搬迁操作。

15.4.1 一致性 Hash 环

TbusppMesh 采用基于权重的一致性 Hash 作为有状态服务路由的一致性保证算法，平衡性采用增加虚节点实现，单调性选择 FNVHash 进行保证，如图 15.11 所示。

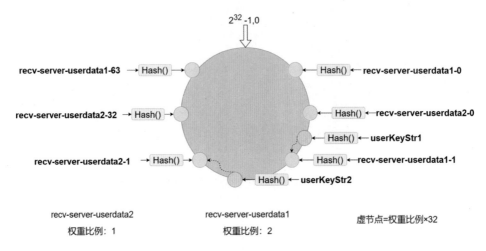

图 15.11 TbusppMesh Hash 环示意图

有状态服务的关键流程是保证扩缩容阶段（实例上下线阶段）路由的一致性。TbusppMesh 分两步完成路由变更，采用 2PC 的方式保证路由的最终一致性[①]，具体如下。

15.4.2 有状态实例 Prepare 上线流程

Prepare 上线请求时序流程示意图如图 15.12 所示。

（1）Server3 通过 TbusppAgent4 向 TbusppNS3 提交有状态服务上线请求。

（2）TbusppNS3 检查 TcaplusDB 中实例所属服务是否为有状态服务，检查实例当前处于什么状态，如不为 Prepare 状态，则修改 TcaplusDB 中状态为 Prepare（若已为 Prepare 状态，则停止上线流程，返回上线失败消息），同一个实例只能同时处在一个两阶段过程中。

---

① Two-phase 维基百科官网. Two-phase commit protocol[EB/OL].[2021-08-01].

（3）TbusppNS3 修改完 TcaplusDB 后，向 TbusppAgent4 及其他的 TbusppNS 发送 Prepare 通知，在 Prepare 通知过程中会推送全量预上线路由，并等待 Prepare 流程完成（若有一个 Prepare 通知失败，则回滚发送 Abort 通知）。

（4）TbusppAgent 收到 Prepare 通知及预上线路由后，会在 Client 的路由 Hash 环内加入 P1 状态点，表示 Server3 预上线（P1 状态点等待 Commit 成功后正式生效）。

（5）完成 Prepare 上线流程。

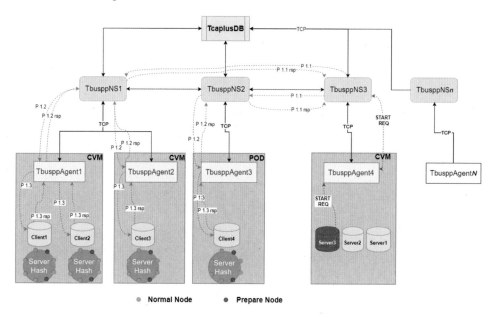

图 15.12　Prepare 上线请求时序流程示意图

关于图 15.12 的名词说明：TbusppNS 表示 TbusppNameServer；Client 表示作为请求端的 GameServer；Server 表示作为服务提供方的 GameServer；CVM 表示 CloudVirtualMachine。

15.4.3　有状态实例 Commit 上线流程

Commit 上线确认时序流程示意图如图 15.13 所示。

（1）TbusppNS3 在收到所有 Prepare 投票完成确认后，向 TcaplusDB 中写入 Commit 状态。

（2）TbusppNS3 向 TbusppAgent4 及其他的 TbusppNS 发送 Commit 通知。

（3）尽量通知所有 Client 完成预上线路由 Commit 确认（使 Hash 环节点生效），从而完成 Commit 上线。

（4）如果 TbusppAgent 超时没有收到 Commit/Abort 通知，TbusppAgent 就会主动向 TbusppNS 拉取最新通知。若多次重试后仍然失败，则会进行异常对账处理。

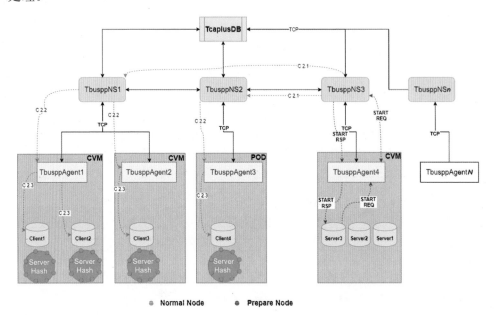

图 15.13　Commit 上线确认时序流程示意图

15.4.4　有状态实例批量上线

在真实的使用场景下，业务会有批量起服的情况，如果仍按照逐个实例去发起 2PC 流程，性能会差很多，于是实现了批量发起 2PC 流程的能力，多个实例可以同时发起有状态上线。TbusppMesh 批量上线流程如图 15.14 所示。

（1）1 2 3 … n 个实例同时上线，TbusppNS 收到上线请求后，并发发起这 n 个实例的 Prepare 通知。

（2）等待 n 个实例的 Prepare 的响应，并在本地循环检查哪些实例 Prepare 成功了。

（3）阶段性聚合 Prepare 成功的实例，将实例的状态批量置为 Commit，实例上线成功。

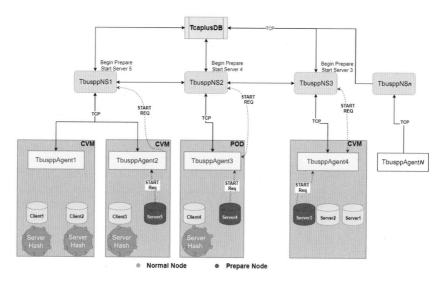

图 15.14　TbusppMesh 批量上线流程

15.4.5　云上有状态服务及 HPA 能力的支持

TbusppMesh 结合自身路由管理及自定义 GameController 及 Kubernetes 原生支持的横向扩缩容能力[1]，制定了一套云上有状态服务的方案，架构如下。

如图 15.15 所示，TbusppMesh 结合自身的有状态服务能力及 Kubernetes 能力，在 Kubernetes 上深度扩展了 Controller 实现，进而提供了一种云上有状态服务的管理能力。

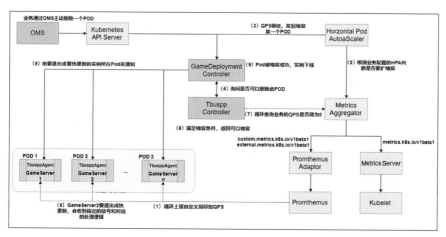

图 15.15　TbusppMesh 云上有状态服务示意图

---

① Kubernetes 官网. Kubernetes Pod 水平伸缩[EB/OL].[2021-08-01].

具体技术原理及流程如下。

（1）业务使用 GameDeployment 部署 GameServer 实例到 Kubernetes 集群中。

（2）业务配置自定义扩缩容规则，如平均连接数小于 10 便开始缩容，大于 500 便开始扩容。

（3）当 GameServer2 实例连接数小于 10 时，HPA 发起缩容操作[①]，缩容 Pod2，GameDeployment 的 WorkQueue 中添加删除 Pod2 的任务。

（4）GameDeployment 循环向 TbusppController 发起询问（如可配置 10s 询问一次），询问是否可以删除 Pod2，TbusppController 向 TbusppNameServer 发起 GameServer2 预退出的通知，通知其他所有的实例。

（5）其他实例收到 GameServer2 预退出的通知，不再向 GameServer2 发送请求。

（6）GameServer2 收到自己预退出的通知后，将本地未处理完的的数据处理完，此时 GameServer2 可以发送消息给其他实例。

（7）TbusppController 循环查询 GameServer2 上报的连接数[②]，如果发现为 0，则下次 GameDeployment 询问的时候返回 True。

（8）GameDeployment 发现可以删除 Pod2 了，将 Pod2 删掉。

（9）至此，整个缩容过程完成。

扩容流程类似，只不过相比缩容来说，扩容只需要保证路由一致性即可，没有缩容前的条件判断。

业务自定义指标横向扩缩容示例如下。

```
apiVersion: autoscaling/v2beta1
kind: HorizontalPodAutoscaler
metadata:
  name: {{ include "recv-server.name" . }}
spec:
  scaleTargetRef:
    apiVersion: tkex.tencent.com/v1alpha1
    kind: GameStatefulSet
    name: {{ include "recv-server.name" . }}
  minReplicas: 1
  maxReplicas: 5
  metrics:
    - type: Pods
      pods:
        metricName: qps
        targetAverageValue: 50
```

① Kubernetes 官网. Kubernetes HPA[EB/OL].[2021-08-01].
② Kubernetes 官网. Kubernetes 资源指标管道[EB/OL].[2021-08-01].

15.5　总结

本章整体介绍了 TbusppMesh 为游戏业务场景提供云原生服务网格能力的技术原理和实现。

游戏需要具有低时延、高吞吐的分布式通信能力，而且大部分游戏已从分区分服架构转换为全区全服架构，这就对海量数据通信提出了要求，TbusppMesh 的海量高性能设计满足了这些能力要求。在组网方面，游戏从传统虚拟机灰度升级到 Kubernetes 时，需要传统虚拟机集群和 Kubernetes 集群互联互通，游戏出海需要跨洲际通信，海量节点之间需要直连通信而非中转通信来降低通信时延和运营成本，TbusppMesh 在服务网格层面提供了这些能力。在游戏系统中，有状态服务在路由一致性、消息保序、扩缩容、故障切换方面比传统互联网的无状态服务面临更大技术挑战，TbusppMesh 在这些方面进行了深度优化，不管在实体机、虚拟机还是 Kubernetes 上都可以充分支持。

TbusppMesh 在服务网格层面为游戏用户提供顺畅、稳定的游戏品质，并且让开发网络游戏变得简单高效。

游戏配置系统设计

16.1 游戏配置系统概述

游戏配置是指在游戏研发过程中，对各子系统及玩法中各类数值数据的一种统称，是游戏的基础，也是游戏中非常复杂和庞大的一块。游戏配置的设计和管理方式在游戏研发历史中经历了一代代的发展和演变，衍生出了各种各样的方式。本章主要介绍一种便捷的游戏配置管理方式，它实现了：

- 可视化管理。
- 版本历史和回滚。
- 一站式发布。

本章在讲述游戏配置系统的同时，会对整个游戏配置从设计、生产到使用进行详细介绍，并在 Github 上发布了一个 Demo 实例供读者对照参考。读者可以在 Github 上探索 configmanagedemo 查看 Demo 具体实现细节。由于篇幅有限，部分游戏配置系统的补充介绍请参阅 Demo 的 README 文件。

16.2 游戏配置简介

从游戏设计的角度看，一个游戏的整体架构由多个子系统组成：核心玩法系统、经济系统、外围运营系统等。每个子系统由相关的配置数据支撑。配置数据从各子系统中拆分出来，通常包含核心玩法数据、奖励或掉落数据、商城数据、运营活动数据等，这些数据分别属于游戏的各个模块，不同的模块配置数据由对应的策划人员、开发人员、测试人员负责配置和更新。游戏配置系统是把各子系统配置数据集中管理起来的一个流程工具，是整个游戏的配置数据管理中心。如何设计简洁、易用的游戏配置系统，让不同角色（策划人员、开发人员、测试人员）的使用者相互间高效地协作起来？本章将给出答案。

游戏配置数据的使用和管理贯穿整个项目的研发、测试、运营周期中，通常情况下，配置数据是按模块来划分的，每个模块或服务有自己的配置数据，各模块可根据需要进行配置数据的更新或回滚。

本章接下来从游戏配置系统、配置设计与发布、配置 Web 管理系统 3 个方面进行详细讲述。

16.3　游戏配置系统

游戏配置系统是衔接策划人员和游戏生产服务的桥梁，主要负责将策划人员配置的数据进行一系列检查和转换后，变成服务器可以使用的二进制文件，并推送给相关的服务器。游戏配置数据生产和使用的流程图如图 16.1 所示。

策划提交配置Excel　　　数据转换　　　文件管理和发布　　　游戏各子服务加载

图 16.1　游戏配置数据生产和使用的流程图

游戏配置系统在准备好配置数据后，以推送事件通知的形式告知业务服务，业务服务收到通知后通过游戏配置系统提供的接口拉取配置数据。详细的信息可以参阅 Demo 的 README 文件。游戏配置系统在整个游戏中的架构如图 16.2 所示。

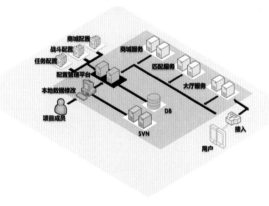

图 16.2　游戏配置系统在整个游戏中的架构

16.4　配置设计与发布

配置设计遵从配置简单、多角色协作使用方便高效的核心理念，选定存储形态后，脚本自动识别分析配置格式完成配置数据结构体生成、配置数据读取和转换。下面分别从数据存储形态、数据组织、数据格式、数据转换、数据发布、版本管理和不同环境使用七个方面阐述游戏配置的思考和设计，并以商城表为模板进行详细介绍。

16.4.1　数据存储形态

本章以 Excel 表格为存储形态，讲述游戏配置系统的设计。

除表 16.1 展示的 Excel 表格配置的优点外，Excel 表格支持的公式计算、拖曳编辑等高级功能让策划人员在编辑数据时得心应手，这是其他工具难以撼动 Excel 表格在游戏配置工具中的地位的重要原因。

表 16.1　配置形式对比

存 储 形 态	适 用 场 景	配置备份和回滚
文本文件	适合玩法比较简单、配置项比较少的游戏，编辑和管理比较简单	可以使用版本管理工具维护版本的管理（SVN 和 Git）
数据库	适合各类简单、复杂的游戏配置存储，当配置数据项较多时，不易编辑管理和维护	对数据库进行备份和回滚的操作
Excel 表格	适合各类简单、复杂的游戏配置存储，方便编辑和维护，所见即所得	可以使用版本管理工具维护版本的管理（SVN 和 Git）

16.4.2 数据组织

了解存储后我们来看看配置数据的组织方式。

- 每个独立的子系统使用独立的一个 Excel 文件。
- 在同一个子系统中，每个独立模块使用不同的 Excel Sheet。

在这样的组织方式下，根据表名即可知道所属子系统或服务，将子系统配置分成不同的 Excel 文件，有利于项目不同子系统之间解耦，方便程序的按需加载。下面以商城系统为例，讲述子系统配置数据的组织。

商城系统是一个独立的子系统，新建一个 Gameshop.xls。这里设定策划需求为游戏局外和游戏局内两种场景。先增加一个名为 INDEX 的 Sheet，作为子系统配置信息索引，用于存储各个 Sheet 的功能描述信息；再创建 Shop（游戏局外商店配置）和 Insideshop（游戏局内商店配置）两个 Sheet。

数据表头如图 16.3 所示。

	A	B	C	D	E
1			导出		
2		添加者	SheetName	TargetDIR	Sheet说明
3	*#	GuanZi	shop	\csv\shop.csv	固定商店列表
4	*#	Abureq	insideshop	\csv\insideshop.csv	局内商店商品
5					
6					
7					
8					

INDEX　shop　insideshop

图 16.3　数据表头

16.4.3　数据格式

数据组织方式统一后，我们就可以进行 Sheet 数据表的格式设计了，主要有以下两点。

1. 确定配置项

配置项（商品 ID，商品名称）就是 Sheet 表格里的列名称，是策划人员、客户端、服务端共同根据需求定义的。策划人员进行数据数值配置，客户端和服务端根据格式进行数据的读取和使用，所以在协作上，如果有更改表结构的需要，应该通知各方。

2. 配置项格式

如图 16.4 所示，每个配置项包括以下属性：数据类型（从第 2 行第 2 列开始的 INT、TEXT）、字段名称（从第 3 行第 2 列开始的 id、name）、数据使用方（从第 1 行第 2 列开始的，*#、#表示客户端使用，*表示服务端使用，*#表示客户端服务端都使用）、是否导出（第 1 列的*#、#表示客户端使用，*表示服务端使用，*#表示客户端服务端都使用）。

	A	B	C	D	E	F	G	H	I
1		*#	*#	*#	*#	*#	*#	*#	*#
2	*#	INT	TEXT	STRING	STRING	INT	INT	INT	STRING
3	*#	id	name	icon	items	valid_hours	money_type	money_present_price	money_original_price
4									
5		商品ID	商品名称	商品Icon	物品ID	限时	货币类型	货币现价	货币原价
6	*#	1	蓝宝石	/Game/TP_Art_Assets/TP_UI/CommonUI/Icons/Ite	7000001	0	1	100	100
7	*#	2	红宝石	/Game/TP_Art_Assets/TP_UI/CommonUI/Icons/Ite	7000002	0	1	100	100
8	*#	3	强化石	/Game/TP_Art_Assets/TP_UI/CommonUI/Icons/Ite	7000003	0	1	100	100
9	*#	4	青龙偃月刀	/Game/TP_Art_Assets/TP_UI/CommonUI/Icons/Ite	8000001	2400	1	50000	100000
10	*#	5	赤兔	/Game/TP_Art_Assets/TP_UI/CommonUI/Icons/Ite	9000001	24	1	30000	100000
11									
12									
13									

图 16.4　Shop 配置表的配置项格式

16.4.4　数据转换

至此我们已经将一个配置表完成，后续需要将表格数据转换成程序需要的二进制文件，此处主要采用脚本工具，进行自动化转换。本节以 Python 脚本为例，讲述转换过程。

（1）确定目录，确定编码，遍历 xls 文件。

（2）遍历 xls 的每一个 Sheet，生成 JCE/Tars 数据结构定义文件。

（3）读取 Sheet 的内容，生成中间文件.csv，输出。

（4）根据 csv 的输出内容，生成配置数据序列化二进制文件.b 文件。

图 16.5 所示为转换流程图。

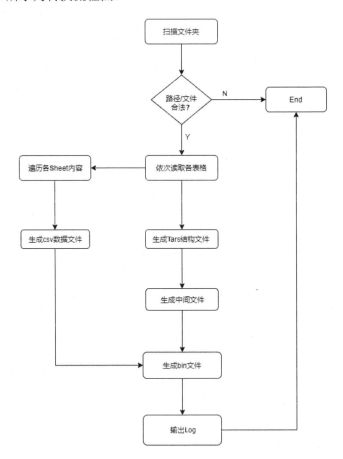

图 16.5　转换流程图

至此，生成了程序可以直接使用的 bin 文件，以及可以作为检查文件的可视化中间文件 csv。

16.4.5　数据发布

完成数据生产之后，怎么将配置数据与服务器进行衔接成了关键，这是游戏配置系统的核心功能。开发者可以主动或自动化地将配置文件提交到游戏配置系统，游戏配置系统在进行版本管理的同时，将消息发送给所有游戏服务器，游戏服务器按需进行文件同步，从而获得最新的配置文件。

图 16.6 所示为发布数据流图。

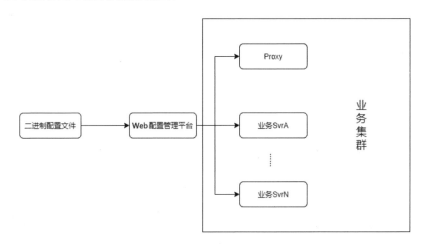

图 16.6　发布数据流图

16.4.6　版本管理

在配置文件发布后，需要对不同版本的配置文件进行查看管理。通过游戏配置系统，可以便捷地查看所有的配置文件列表，同时配置文件详情页面展示了配置文件的历史和操作记录。

不论是上传配置还是使用按钮来回滚某个配置，游戏配置系统都会产生一个状态为已触发的通知任务，并通过 Webhook 通知配置的业务服务地址。业务服务地址通过接口拉取配置文件并校验 MD5 后，通过 HTTP（Hypertext Transfer Protocol，超文本传送协议）接口通知游戏配置系统配置文件拉取成功，这时的任务状态变为成功。

通过游戏配置系统和业务系统的交互配合，可以轻松地管理配置文件。图 16.7 所示为 gameshop.b 配置文件的详情页面，展示了已经上传的配置文件和正在使用的配置文件的情况。

文件ID	文件名	文件大小	文件描述	上传者	上传时间	使用情况	操作
3	gameshop.b	4	test	admin	2021-02-25T15:54:44.857+08:00	使用中	使用中
1	gameshop.b	657	example test	admin	2020-11-30T21:23:03.286+08:00	未使用	使用

‹ 1 ›

操作记录

任务ID	操作者	创建时间	更新时间	状态	版本
3	admin	2021-02-25T15:54:44.865+08:00	2021-02-25T15:54:44.865+08:00	成功	3
1	admin	2020-11-30T21:23:03.292+08:00	2020-11-30T21:23:03.292+08:00	已触发	1

‹ 1 ›

图 16.7　gameshop.b 配置文件的详情页面

16.4.7　不同环境使用

游戏配置系统的环境和游戏业务的环境有关。在部署游戏业务的时候，通常有开发、测试、生产等不同部署环境，它们面向的用户和用途不同。一般情况下，它们是独立部署的，数据是不互通的。

基于这种情况，建议每个环境独立部署配置管理平台。这样后续的使用和维护流程都会更加清晰，减少出错概率。

16.5　配置 Web 管理系统

前文已经对游戏配置系统进行了详细的介绍，为了方便读者实践，本文为读者准备了一个开箱即用的游戏配置系统。游戏配置系统具体的安装部署和使用步骤可参考项目 README 指引。

16.5.1　架构设计

系统架构设计如图 16.8 所示。

游戏配置系统的前端使用 Vue.js 编写，后端使用 Golang 开发。游戏配置系统提供一个 Web 页面供用户访问使用，同时为业务服务器回调提供了 API（Application Programming Interface，应用程序接口）。

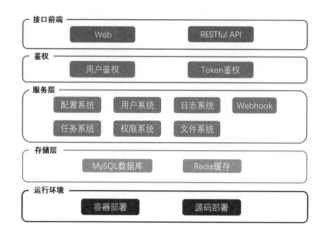

图 16.8 系统架构设计

在存储上，配置管理平台使用 MySQL 存储一般数据，包括文件二进制数据；使用 Redis 作为缓存系统，主要用于用户登陆 Session 维护。

在使用上，用户可以使用源码部署配置管理平台，本文打包了 Docker 镜像，方便用户一键部署。

16.5.2 扩展开发

在使用上文提供的游戏配置系统时，读者可能会有相应的扩展需求。读者可以详细参阅项目 README 文件和源码，进行扩展开发。

1. 接入权限系统

针对用户和服务访问，系统提供了用户鉴权和 Token 鉴权两种方式，具体流程参考图 16.9。如有必要，可以在此基础上进行扩展开发，或者修改鉴权代码接入已有权限系统。

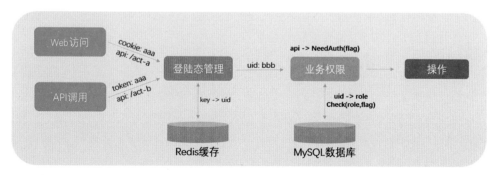

图 16.9 鉴权流程

2. 自定义转换工具

本文提供了基于 Tars 的脚本转换工具，可以将配置文件转换为 Tars 结构的二进制文件。如果读者有更多的自定义的需要，可以自行开发定制转换脚本。

16.6　总结

本章以理论结合实践的方式讲述了游戏配置系统的设计，并提供了一套开箱即用的解决方案。游戏配置系统是游戏架构中的必要组成部分，一个好的游戏配置系统可以把各协作者从流程上紧密连接起来，提高团队协作和开发的效率。

游戏敏捷运营体系技术

17.1 游戏运营概况

腾讯游戏以强大的用户运营能力帮助玩家持续提升游戏体验，其强大的运营能力得益于底层丰富的运营工具链的支持。

图 17.1 所示为腾讯游戏全生命运营周期，从用户进入游戏时提供的新手期帮助体系，到用户在游戏内持续活跃的干预支持、各种类型的商业化运营方案，到对流失用户的持续引导回流。团队用技术帮助腾讯游戏完成精细化运营落地，帮助玩家持续提升游戏体验，提升游戏运营品质。

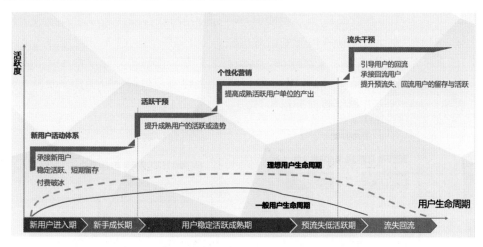

图 17.1　腾讯游戏全生命运营周期

针对游戏所处的各个阶段，提供相应的运营工具链（见图 17.2），包括从研发期的通用 SDK（登陆、支付、安全等）、统一后端接口（IDIP）、游戏标准化日志系统与个性化商城，到测试期的官网支持、数据 BI 工具支持（IData）、营销发货能力支持（AMS）、数据挖掘服务，再到运营期的各类营销活动系统、用户画像系统、自助拖曳化营销活动开发系统（鲁班）等。通过组合及串联这些工具，为游戏提供数据和营销全链路能力，帮助游戏运营人员快速发现问题、定位问题、解决问题及迭代调优。

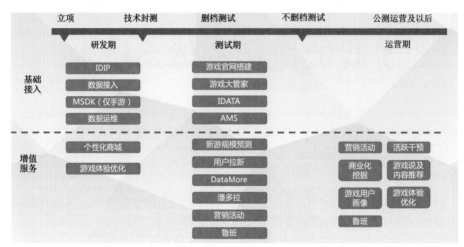

图 17.2　游戏各阶段运营工具链

在实现整体敏捷运营之前，传统运营工具链架构如图 17.3 所示。图 17.3 左侧是游戏运营工具体系，所有的接口都是各个游戏提供的，包括支付、发货及数据接口（用户各类状态数据），上层游戏客户端部分是游戏端或活动端的人员负责开发游戏内的原生运营系统或内嵌到游戏内浏览器的 H5。图 17.3 右侧是游戏运营的 BI 系统，通过游戏日志采集组件，实现日志采集、传输与存储，并且提供大数据计算引擎（如 Hadoop、Spark 等计算引擎），最终实现数据分析工具、报表工具等系统，为游戏运营提供数据分析服务。

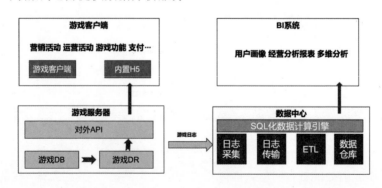

图 17.3　传统运营工具链架构

这样的类型架构对于游戏运营来说存在以下两大挑战。

（1）运营对研发侧依赖较大，需要占用大量游戏研发人力。可以看到，图 17.3 左侧的运营架构所有接口（如用户状态查询接口、发货接口、支付接口等）都是由游戏开发侧来实现的，相比于游戏自身的功能，运营活动需要各种各样定制化的接口（特别是数据接口），这样就需要占用大量的游戏研发时间来提供各种各样的接口。同时，由于研发接口一般部署在服务器上，每次发布都需要跟随版本发布，因此运营活动周期非常长，灵活性也受到了限制。

（2）运营策略的变更导致游戏版本频繁发布，同时大量活动存在于游戏服务器中会影响主服务的稳定性：运营活动最大的特点就是活动需要频繁变更（如奖品、用户参与资格等），这导致游戏可能要频繁发布版本甚至停机配合进行策略变更。同时，由于不确定的活动接口，游戏研发需要开发大量一次性的接口和数据，因此服务器非常臃肿，影响游戏服务稳定性。

下面举例说明传统运营架构的一个常见运营问题。

在游戏运营过程中，业务运营策划人员发现游戏存在一个副本设计上的缺陷，导致某个职业（如法师）的玩家由于战斗力被降低而无法通关，这个职业的玩家在游戏内外进行投诉，使得该游戏面临大量玩家流失的风险。游戏运营人员接到投诉后快速定位到是副本的某个小怪技能极大地降低了法师玩家的攻击力，使得法师玩家难以通关。因为事情比较突然，又面临线上大量客户投诉，因此需要紧急处理这个问题。

常规的做法是修改更新服务器端副本小怪机制，降低小怪技能影响，但是该种做法可能会影响副本机制从而需要对整个副本玩法进行重新验证。第二种做法是紧急上线一个运营活动，让法师职业的用户可以领取一件限时装备，防止副本小怪技能对其战斗力大规模削减。这种做法需要游戏服务器额外开发逻辑接口并进行大量数据处理摘选出满足要求的用户来发放，这类接口需要游戏服务器额外开发版本接口，同时部署在游戏服务器上的查询接口如果被大量调用的话，会极大影响游戏本身的服务能力。类似的问题时常发生在游戏内。

上述情况的发生，直接导致运营效率低下、游戏版本稳定性下降等问题。针对这些问题，一套不依赖游戏版本的敏捷运营技术——DataMore 服务体系诞生了，它可以帮助实现敏捷、灵活及更加精细化的游戏运营。

针对挑战（1）中运营严重依赖研发侧的问题，这套架构在两个方面进行了技术优化与改造。

- 利用日志+实时计算能力，建设 Xone 数据平台（一个通过简单配置就可以完成大数据实时与离线处理的数据服务平台），将数据处理与数据状态接口生产剥离出游戏服务端，实现完全自动化、配置化的数据定义、加工与计算，为上层服务提供各类数据指标服务。

通过游戏日志，设计数据采集、传输、计算为一体的数据实时与离线处理平台，该平台采用 Qlog（腾讯日志系统）＋ Kafka ＋ Flink & Storm 框架构建了实时计算能力，可以实现 200ms 内从数据采集到指标计算，并且实现了 SQL 化及可视化的指标定义，支持数据计算实时任务下发并自动生产各类用户数据接口。由于这些数据会直接用于与游戏收入有关的各类营销活动或运营系统中，因此既要保障计算效率，又要保障计算质量，让数据异常、丢失等问题出现的概率降到最小。虽然在数据处理方面有大量的异常处理方案（如数据补录方案、节点故障方案等），以及各种单点监控能力，但是由于整条数据链路太长，简单的单点问题处理方案不足以保障整条数据链路的质量，因此需要采用数据与调用血缘服务保障数据全链路稳定与可用。

- 建立数据质量保障系统，即数据与调用血缘管理系统。

数据营销类系统有两种数据流向。第一种是数据计算流，从采集、传输、计算到指标提供都经过很长的数据计算流程，流程中的数据计算错误、数据丢失、延迟等都可能影响整体数据质量。第二种是调用链路，由于上层应用会调用很多微服务（如一个满足资格发奖的运营活动需要调用用户登录服务、用户资格服务、游戏发货服务、游戏通知服务等），调用链路变动冗长，会让一些问题暴露后难以快速发现和定位。因此我们建立了数据与调用血缘管理系统，在全链路上监控数据流向，快速发现与定位问题，将问题与活动联动，显著减少由数据问题导致的各类运营事故。

针对挑战（2）中大量活动导致游戏逻辑臃肿及影响游戏自身功能的问题，基于云原生及微服务技术的 Service Mesh（服务网格）平台被选用为解决方案。

基于云原生技术及微服务架构理念和游戏运营系统的特性，我们设计了从代码开发、集成、交付到运维部署、线上运营，并且包含数据营销后台 CI/CD/CO 的一站式的开发者平台，可以将游戏的核心服务迁移到云原生平台。开发者平台基于 Service Mesh 的理念，实现了无侵入的海量高并发服务治理能力（权限控制、服务监控、服务流量管理等），可以将游戏运营服务无缝迁移至该平台。该平台提供的各种能力更加适合高并发场景下的运营活动（如自动扩缩容能力、服务降级能力等），这样的设计可以将那些臃肿、复杂且需要频繁更新的服务进行迁移及微服务改造，让它们既不依赖于游戏服务，也不影响游戏服务，还可以做到随时下线、随时丢弃。

当然，无论是将数据计算剥离出游戏，还是将运营服务剥离出游戏，都需要遵循一套理念（游戏运营与游戏研发解耦），因为游戏研发系统希望游戏越稳定越好，变化越少越好。而游戏运营系统要求游戏更加灵活，策略更新更加频繁。如果将两者合并在游戏内提供服务，会出现各种不兼容的场景。例如，游戏内上线一个营销活动，因为运营系统希望奖励或逻辑做到最好从而提升运营效果，所以需要不停地修改和优化逻辑，不停地上线实验与验证，这就要求游戏服务不停地更新、发布。此过程可能会影响游戏其他功能或造成大量版本测试时间消耗。

因此，DataMore 围绕着解耦设计，一步一步将游戏内与运营相关的服务和能力以服务化形式沉淀下来。图 17.4 所示为 DataMore 运营技术解决方案。

DataMore 的核心包括以下两点。

- 建设 Service Mesh 平台，将游戏内各种服务沉淀和运行于平台中，对服务进行了 PaaS 标准的定义，包括接口标准化、运维标准化、SLA（Service Level Agreement，服务级别协议）等，这些服务以开箱即用的方式被提供，游戏的运营开发者可以利用这些服务再次组装各类活动或服务，使用起来更加低门槛、高效率，降低创新的成本。
- 利用 Xone 数据平台将数据处理与游戏解耦，并以 PaaS 化的形式沉淀于 Service Mesh 平台，为上层提供通用游戏数据。

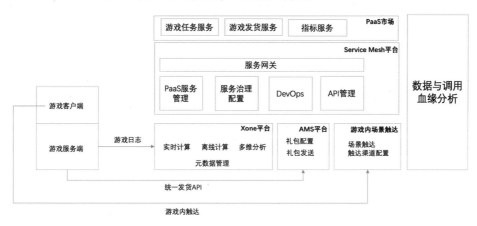

图 17.4　DataMore 运营技术解决方案

下面将对 Xone 大数据计算系统、数据与调用血缘服务及 Service Mesh 平台分别进行详细的介绍。

17.2　DataMore 大数据计算体系建设

DataMore 是基于游戏日志及标准化 API，借助实时计算能力打造的与游戏解耦的运营工具链，可以帮助游戏实现敏捷快速运营。DataMore 主要的技术难点有以下 3 点。

- 以日志形式进行实时计算如何保障计算的准确性及实时性。
- 对于越来越多的个性化运营系统，如何实现高效支撑与扩展。
- 相比于游戏内，冗长的游戏外计算链路如何快速发现和定位数据问题。

17.2.1　实时数据计算

相比于传统的离线计算在辅助决策和用户挖掘方面的支持，实时计算得以让数据从辅助层上升到应用层，基于用户日志的实时计算可以在毫秒级时延范围内计算玩家的各种游戏行为数据，并直接将这些数据作为游戏运营或游戏功能的数据应用在玩家的游戏场景中。

17.2.1.1　数据价值

大数据在游戏运营中扮演的角色越来越重要，精细化、高效率、更好效果已经成为数据的价值体现。随着数据计算从离线时代发展到实时计算时代，传统数据应用从数据分析报表、数据挖掘等离线应用蜕变成游戏内外的实时数据应用。

DataMore 顺应技术变更的发展，提出了基于游戏日志数据，利用实时和离线计算打通数据营销和渠道能力，打造了一站式的游戏数据运营体系，为业务提供以解决运营问题为目标的数据运营服务。DataMore 服务着近百款游戏业务，沉淀了用户关怀、实时干预、个人中心、排行榜、用户任务、社交化任务等运营服务方案。

17.2.1.2　指标计算引擎架构

实时指标计算服务最初基于实时大数据计算框架 Storm 实现，由于 Flink 技术的快速发展及离线计算对于指标计算的需求，有必要将实时指标计算服务中指标计算部分的功能抽取出来，实现计算框架隔离，这是指标计算引擎诞生的初衷。指标计算引擎目前已经实现 Storm 和 Flink 版本，并在内部进行开源，用户可根据提供的开发方法自己实现其他版本的指标计算服务。

图 17.5 所示为腾讯游戏数据一体化指标平台 Xone 的架构。从下往上看，数据存储层支持各种数据存储与计算引擎［包括实时计算集群 Storm/Flink、队列服务 Kafak、KV（Key Value，键值对）存储引擎 Redis 及查询搜索引擎 Elasticserch］，服务调用层提供了一整套抽象的数据开发语言（选用常用的 SQL），可以实时计算开发。为了兼容更加复杂的数据二次加工的能力，抽象了 Faas 服务（函数即服务），开发者可以利用 Javascript 进行数据接口的二次开发。基于这些底层能力，构建了一整套的配置管理系统，增加了数据管理、权限控制、开发界面、资源管理等能力，游戏运营开发者可以轻松开发上层各类型应用系统。

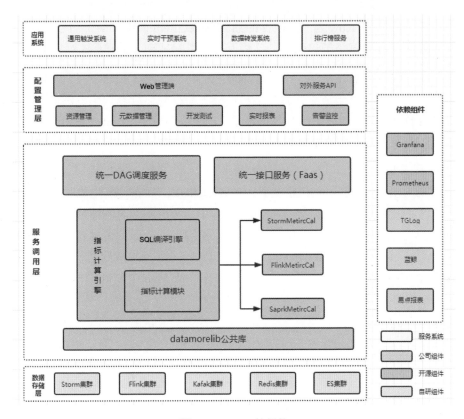

图 17.5 Xone 的架构

17.2.1.3 Xone SQL 引擎

很多时候，应用方希望使用 SQL 语法对数据进行解析，实现输入一条数据，输出 SQL 解析后的结果，并且可使用结果对数据进行进一步分析加工。

目前市场上的 Storm SQL 和 Flink SQL 等框架具有此类功能，但是代码和计算框架强耦合在一起，很难进行剥离，而且 Storm SQL 和 Flink SQL 依赖 Apache Calcite 进行 SQL 解析，Calcite-core 和其他必要的依赖库加起来接近 10MB，对指标计算框架的负担太重。

指标编译引擎采用 fdb-sql-parser 进行 SQL 解析（600KB），获得解析后的语法树，随后分析解释语法树，使用 Codehaus 解释结果编译成静态 Java 函数。

1. 实体抽象

- GenCodeObj：包含每个子句的代码，返回类型和返回值。递归实现，由语法树中叶子节点的 GenCodeObj 对象逐层拼装上层的 GenCodeObj 对象。
- DynamicColVal：每个子句生成的静态代码类，通过 eval(Row row) 方法计算子句的值，Row 为一条数据的抽象，SelectItem 调用每个子句独享的 eval() 方法，获取每个子句的值，并将返回结果封装到 SelectItem 对象中。

2．AST 语法树

AST 语法树是叶子节点结合表结构，很容易推导出静态代码。例如，Openid 是表结构的第二列，则对于一行数据来说，它的取值就是 row.getFieldIndex(2)，回归向上，推导出上层的静态代码，并生成 Java 类对象。

3．表关联

Xone SQL 编译器支持包括关联表的复杂 SQL，静态代码生成时会认为关联表的值已经按照 KV 的形式存储在 Map 结构中，考虑到多表的情形，Map 的 Key 为表名，Value 为 Sub Map；Sub Map 的 Key 为字段，Value 为值内容。当进行 SQL 编写时，从关联表获取的数据用'{{.table.field}}'表示。当生成底层代码时，若发现当前模式的字符串常量，则进行特殊逻辑处理，从 Map 中取值。

表结构举例如下。

```
moneyflow=header:string:0,tablename:string:1,openid:string:2,dteventtime
:string:3,
          gameappid:string:4,platid:bigint:5,zoneareaid:bigint:6
dyntable=tablename:string
```

SQL 语句如下。

```
select 1 from moneyflow where tablename = '{{.dyntable.tablename}}'
```

静态代码如下。

```java
public boolean eval(Row row, Map<String, Map<String, Object>> map) {

  Map subMap_1 = (Map)map.get("dyntable");
  String r_1 = null;
  if(subMap_1 != null) {
   r_1 = subMap_1.get("tablename").toString();
  }

  Boolean r_2= false;
  String left_2 = row.getField(1);
  String right_2 = r_1;
  if(null != left_2 && null != right_2 ) {
     r_2= (org.apache.commons.lang.StringUtils.equals(left_2,
right_2));
   }

  return r_2;
}
```

动态条件配置说明如下。

- 主表的日志会根据关联表的 Key 模板，自动找到对应的关联表的记录，其中关联表的记录为 Json 格式的字符串，Json 串的 Key 为关联表的字段。
- 当动态条件使用关联表的字段时，必须采用'{{.tableName.fieldName}}'格式。

例如，计算一个用户在活动有效期内的累计指标，用户的有效期范围存放在关联表 redistable 中，Key 模板为 xone|pre|xx|{{.openid}}，Value 格式为{"begin":"2018-02-01 12:00:00", "end":"2018-03-01 23:59:59"}，那么动态条件为dteventime >= '{{.redistable.begin}}' and dteventime <= '{{.redistable.end}}'。

另外，动态条件支持多值查询，只需要将多个值存放在关联表中的字段用 In语句进行匹配即可。

例如，计算白名单用户的累计指标，白名单用户在关联表 whiteTable 中，Key模板为 xone|pre|xx，Value 格式为{"whiteList":"1011,1023,1023"}，那么动态条件为openid in ('{{.whiteTable."whiteList"}}')。

17.2.1.4　小结

指标计算引擎架构目前已实现 Storm 和 Flink 版本，其他计算框架的指标计算可以组合上面的 SQL 编译引擎和指标计算模块来轻松实现。目前 Storm 版本的指标计算应用在 Xone 系统实时指标中，Flink 版本的指标计算在腾讯云和 IDC 的Flink 集群中已实现。对比 Strom 版本，Flink 版本在状态管理、窗口支持、消息投递、容错方式、计算性能等方面得到极大提升，后期指标计算引擎架构会逐步从Storm 版本替换到 Flink 版本以获得更多的特性支持。

17.2.2　游戏数据服务血缘关系构建

随着 DataMore 数据服务不断向精细化、数字化、智能化持续突破，目前数据服务的整体链路越来越长且越来越复杂。从游戏日志的产生，到经过离线数据分析和实时的流式计算处理形成指标，数据血缘关系已经变得错综复杂，加上微服务和 Service Mesh 技术的引入，加大了数据应用层的血缘关系复杂度。数据服务链路长且复杂，导致出现异常时定位问题困难，并且无法快速评估影响面等问题，因此我们通过构建血缘关系来提升发现问题的能力。

如图 17.6 所示，在一个游戏内，击杀怪物超过一定数量后，即可获取奖励，这种类型的业务逻辑需要经历非常漫长的数据链路与调用链路。游戏内用户的行为（每一条击杀怪物的数据）都会以日志的形式被日志系统从游戏内采集出来，集中传输到公共计算集群中进行实时计算（计算总击杀数量），并且把用户击杀怪物的数据存储起来，提供给上层 API 查询，这称为数据链路。玩家参加活动打开游戏客户端后，请求活动 API 服务，活动 API 服务调用规则服务判断玩家是否达到击杀怪物数量目标，并且根据查询数据判断玩家是否符合资格获取奖励，这称为调用链路。

这些链路由于承载了海量用户的参与，无论是数据计算量还是调用量都非常大，一旦中间过程中发生一些问题（如日志采集失败、传输数据丢失、调用超时等），极难进行问题的定位及快速处理，因此我们设计了一套游戏数据服务血缘关系，将所有数据链路及调用链路的数据进行血缘整合。通过血缘技术，每一条用户数据都知道从哪儿来，被哪儿调用，从而快速定位运营问题，甚至根据血缘关系对线上问题进行自动化处理（如自动安抚因数据计算错误而投诉的玩家等）。

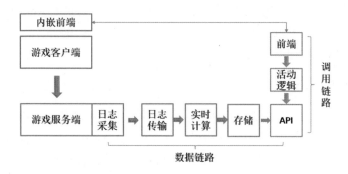

图 17.6　DataMore 复杂数据与调用链路

17.2.2.1　血缘关系构建

血缘关系的构建非常复杂，除要考虑数据计算的血缘外，还需要考虑用户调用链路上的血缘。一些数据的计算关系非常复杂且冗长，导致数据血缘的构建量非常大，因此需要一整套的数据血缘系统进行保障。

1. 血缘关系构建准备工作

因为血缘关系的复杂度越来越高，管理难度越来越大，所以对血缘关系的构建采取分而治之的思路，即定义整个数据服务路径中的关键节点，通过这些关键节点的上下游关系，画出一条关键路径，对于整体的血缘关系，只需要关注关键路径即可，若需要关注细节，则可以由负责该关键节点的平台提供更细节的血缘关系。同时，需要为划分出的关键节点分配血缘节点 ID 及节点之间的关系。在分配 ID 时，需要对整个数据服务路径进行分层划分，以预留可能发生的关键路径的扩展与变化。

2. 血缘关系构建过程

图 17.7 所示为数据血缘关系构建过程。

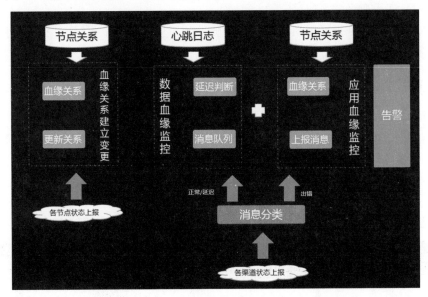

图 17.7　数据血缘关系构建过程

（1）血缘关系上报。

做完血缘关系构建的准备工作后，整个血缘关系的上报就比较简单了，各个关键节点需要上报自己节点分配到的血缘模块 ID 及节点本身的特征 ID。特征 ID 用于描述本关键节点的信息，可以是一个任务的 ID，也可以是一个接口信息或组合该关键节点的多个信息，通过该特征 ID，能够在该关键节点中明确需要通过血缘关注的对象，还能通过该特征 ID 获取该关键节点隐藏的细节的血缘关系。

同时，上报需要指定前一个节点的模块 ID 和前一个模块 ID 的特征 ID，用于上报后自动构建血缘关系。当所有节点都把自己的血缘信息上报后，就可以通过定义的关键路径自动构建出完整的血缘关系链路。

（2）血缘节点状态上报。

血缘关系上报后，各关键节点需要上报节点的状态信息。血缘节点的状态随上报的特征 ID 的不同而不同，如果特征 ID 是一个任务，则可以上报该任务的状态是成功、延迟还是出错；如果特征 ID 是一个接口，则可以上报该接口的服务情况。

（3）应用血缘监控。

对于上报状态是出错的情况，应立即根据第（1）步中的血缘关系来评估整体的影响面，并根据血缘关系发出告警。对于上报任务状态是延迟或其他告警类的状态，需要加入观察队列继续观察，如果长时间未能恢复或多个周期上报了同样的状态，则需要根据血缘关系来评估整体的影响面。

（4）基于血缘关系告警。

这一步主要是指利用血缘关系发出告警，可以在血缘上报时，根据业务场景制定各关键节点的告警规则及收敛规则。

17.2.2.2　DataMore 全链路血缘关系实践

DataMore 数据全链路血缘检测架构如图 17.8 所示，将数据服务链路分为 5 个层级，通过采集上报每个层级的数据流向上下游关系，最终形成完整的血缘关系链。例如，在 IaaS 层采集上报运营商、机房、流量等基础指标信息及项目与资源关系等信息；在 PaaS 数据层采集上报数据入库、数据透传等关系信息；在 PaaS 计算层采集上报集群负载情况、数据消费关系、数据指标关系等信息；在 DSaaS 层采集上报微服务调用跟踪链、接口使用指标关系和集群调度等信息。

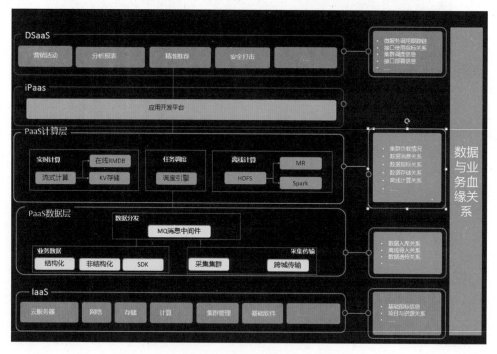

图 17.8　DataMore 数据全链路血缘检测架构

血缘关系构建完成后，除可以应用到可视化检索方面外，其更有价值的应用点是通过数据血缘快速发现运营问题。运营人员收到数据血缘告警后，可马上知晓数据的延迟、遗漏及出错等故障影响到了哪些接口、哪些应用、哪些项目、哪些指标等。通过精准的影响面评估，可以提早与业务侧沟通相应的应急预案。在问题定位方面，可通过血缘关系反向追溯数据来源，辅助运维人员快速且精准地定位问题根源，有效提升 DataMore 运营服务质量。

除对线上运营问题的快速发现及问题定位外，我们在数据质量方面也有非常多的保障，目前提供游戏数据从采集、传输、接入到计算的全链路质量保障。从完整性、一致性、准确性和及时性等多维度进行质量监控，保障全链路数据质量；通过趋势分析、同比/环比分析及质量评分等全方面分析数据质量监控结果，定制质量报告。腾讯的数据质量保障的建设分为以下 4 个步骤：第一，定义数据的标准，包括格式、类型及上报模式等，均统一标准化；第二，定义质量规则。此部分同业界一致，采用完整性、一致性、准确性和及时性等监控维度；第三，质量监控，包括对账、心跳、内容检查和延迟告警等相应的保障；第四，质量报告。为产品侧输出整体数据质量的趋势报告，包括同比、环比及各个质量维度的达标率情况等。总之，我们通过业务+流程+技术的手段来提供游戏数据从采集、传输、接入到计算的全链路质量保障。

17.3　基础平台

我们需要建设一套基础的开发与运行平台，为数据和营销应用提供从开发到构建再到运营的整套流程，通过完善的工具链及自动化策略的融合，让运行于游戏内的数据应用达到游戏级的稳定与可用性。

17.3.1　云原生微服务平台

腾讯游戏运营活动数量众多，在实际开发过程中，个性化的需求较高，大量相同的功能重复开发，一定程度上限制了活动开发的效率，同时各个业务技术栈不同，很多服务具有超高并发的特点，对开发者的开发能力要求很高，所以急需一个方式既能提供运营服务能力的复用，尽量减少重复造轮子，又能以较低的门槛支持开发者开发出质量可靠的应用上线服务，为此腾讯游戏开发出云原生微服务平台。

产品的架构是平台提供的敏捷基础设施，开发者只需要关注业务本身，通过平台的服务组件可以快速地推向市场，通过服务市场沉淀的 PaaS 可以快速开发出用户需要的 SaaS 服务。云原生微服务平台分层架构如图 17.9 所示。

图 17.9　云原生微服务平台分层架构

具体分层如下。

- IaaS：运维负责，供给软硬件、资源规划，不再处理业务特性，也就意味着开发者不必转移大量知识到运维层。
- 服务组件：平台负责提供通用的工具集，抽象出硬件资源和基础设施。
- PaaS 开发：提供通用的技术能力或解决某一特定业务问题的能力，以便上层业务系统快速组合搭建。
- SaaS 产品：提供具体的业务特性，具有较低的开发成本和丢弃成本。

同时，可利用游戏平台将应用微服务化，实现 DevOps，在同种用户体验下完成服务的全球部署。

从技术层面看，云原生微服务平台具有以下的功能。

（1）全托管的高可用容器集群。

- 一键生成运行镜像。代码和环境绑定后直接推送到镜像仓库，开发人员无须关注 Dockerfile，即点即生成运行镜像。
- 可视化 CI/CD。自动化对接部署流水线，用定制的流水线模板快速完成从构建到部署整个流程。
- 服务程序一键部署。可以一键部署应用程序到容器集群中，无须深入理解 Kubernetes 即可对服务实施升级、扩容、版本控制等运维操作。
- 多可用区，高可用性。通过平台可快速实现系统架构的多可用区部署，轻松构建同城或者异地的多活及灾备业务架构。

（2）全面的服务治理。

- 细粒度的流量管控。通过扩展开源产品 Envoy，实现了在 HTTP 上细粒度的灰度发布、蓝绿发布、限流限频、熔断、故障注入等微服务治理功能。
- 无代码侵入。深度整合了流量入口网关和服务网格 Istio，服务治理对开发语言无依赖，可选用 C++、Go、PHP、Swoole、Nodejs、Python 等任何语言开发服务。
- 多种服务发现和负载均衡方法。支持 K8S Service、K8S EndPoints 列表等服务发现方法，提供轮询、一致性哈希、随机方法，甚至客户端自定义的负载均衡方法。
- 动态下发，实时生效。具有可视化配置路由转发、权限管控、请求转换、访问统计等几十种服务治理配置或插件，更改后实时生效。

（3）低学习成本，高效率开发。

- 一体化的云原生解决方案。平台全方位对接多种云服务，业务无感知使用日志、镜像仓库、存储等基础能力，在充分使用云上弹性资源能力的同时，极大减少了上云的适配工作。
- 立体化的监控能力。内置监控中心，以指标和日志方式，从资源使用、网络调用、服务自定义指标 3 个维度，通过采集从底层机器到业务模块的 200 多个指标进行立体化监控。
- 自研云、公有云同种架构，提供一致的用户体验和运维管理。支持将服务低成本地部署到海外公有云集群中。

（4）数据营销服务市场。

平台以服务市场的方式共享大量高质量的数据和营销服务，开发者可以通过上层的组合，快速开发自己的 PaaS 或 SaaS 服务。

用户利用平台的基础设施可以快速开发出微服务，服务天生具备了监控告警、自动化部署发布和标准的服务间通信能力。微服务架构如图 17.10 所示。

在微服务架构下，资源可以弹性地申请释放，对业务无侵入性，可以控制服务的流量，同时具备对服务的监控能力，这套架构可以使用在自研云和公有云上。

- 抽象底层资源，按需申请释放。
- 不限定业务开发语言、开发框架，对业务无侵入性。
- 解耦开发和运营，无须更改代码便可精确控制服务流量。
- 服务具有全面的可观察性。
- 自研云、公有云同种架构，提供一致的用户体验和运维管理。

图 17.10　微服务架构

用户在平台开发微服务主要关注 3 个问题：可用性、可观察性和上云后的容器化问题。其中，可用性是最重要的问题，也是开发者的底线。

在微服务同步通信的状态下，需要更高的可用性保障。在单体服务中，1 个服务具有 99% 的可用性，则整个应用具有 99% 的可用性，但在微服务状况下，3 个服务都具有 99% 的可用性，则整个应用只有 97% 的可用性（99%×99%×99%）。

可用性下降一般有以下原因。

- 发布：如版本变更。
- 故障：服务不可用（进程 Crash、物理机损坏、业务逻辑错误等）。
- 流量压力：超过服务能力上限等。
- 外部强依赖：依赖的关键服务错误会直接导致服务整体不可用。

平台需要着重解决这 4 个方面的问题。

1．应对发布

不同于物理机环境，使用容器环境更新版本的策略是把服务实例销毁后，建立新的服务实例，这带来了一个问题，即在销毁和新创建的过程中，流量有可能丢失，K8S 本身提供了一个 Service 的负载均衡组件做这件事，但仍然存在两个问题，因为均衡负载和删除容器是两个独立的操作。一个问题是时序问题；另一个问题是服务要处理特定的信号才能保障长链接不会突然断开。但是在实际的业务环境中，服务技术栈多样、开发模式多样，适配相同的逻辑是很困难的事情。可以通过网关来接管 K8S 的 Service 负载均衡组件，通过监听 K8S 的 API Server 实时感知工作负载的 IP 变化情况，把就绪的 IP 下发给网关后，网关直接通过 IP 链接服务，网关把不在 IP 列表中的空闲长链接断开，就可以避免无效的长链接。但这个方案带来的问题是，每天的服务版本更新次数比较多，有可能短时间内多个服务同时更新，这就导致了 IP 变化非常频繁，所以在 IP 下发时设计了去抖动的策略，在部署发布高峰期，IP 会有序地下发，从而避免网关频繁变动导致的不稳定。

具体的去抖动优化是通过配置下发模块完成的，主要根据最小静默时间及最大延迟时间两个参数控制分发事件的发送来实现。t_n 表示在一个推送周期内第 n 次接收到更新事件的时间，如果 $t_0 \sim t_n$ 不断有更新事件发生，并且在 t_n 时刻之后的最小静默时间内没有更新事件发生，那么根据最小静默时间原理，配置下发模块将会在 t_n+最小静默时间发送配置。在很长的时间内源源不断地产生更新事件，并且更新事件的出现频率很高，不能满足最小静默时间的要求，如果单纯依赖最小静默时间机制无法产生配置下发事件，则会导致相当大的延迟，根据最大延迟时间机制，如果当前时刻距离 t_0 时刻超过最大延迟时间，则无论是否满足最小静默时间的要求，配置下发模块都会下发配置。

最小静默时间机制及最大延迟时间机制的结合，充分平衡了配置生成与下发过程中的时延及配置下发模块自身的性能损耗，提供了控制 API 网关性能及稳定性的方案。

传统 K8S 系统发布架构如图 17.11 所示。

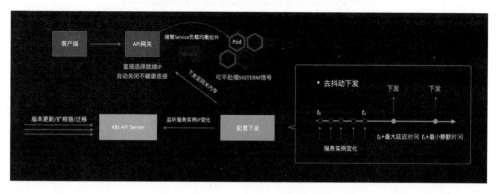

图 17.11　传统 K8S 系统发布架构

在发布过程中，为了测试新功能或更安全地发布，需要用蓝绿发布或灰度发布，一般的灰度发布只能按照机器的维度进行，腾讯游戏微服务平台的网关通过监听配置服务器，可以动态地读取用户定义的规则配置，进行精细化导流，如可以把 IOS 区 20% 的用户导入新版本，并且每个版本都有独立的监控体系，可以更好地评估发布效果。

利用 API 网关改进后的系统发布架构如图 17.12 所示。

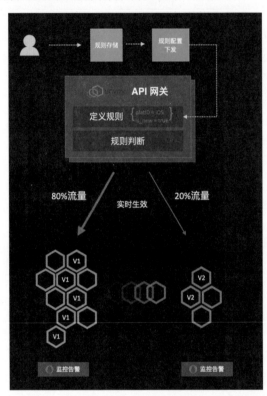

图 17.12　利用 API 网关改进后的系统发布架构

2．应对故障

- 首先在部署环节，所有的组件都需要跨可用区来部署，从而减小机房机架整体故障导致服务不可用的风险。关键组件包括接入层网关、K8S API Server、DNS、ETCD 等。
- 通过网关的动态配置能力支持安全重试条件配置、一键关闭接口等避免雪崩的操作。例如，敏感接口可通过 API 或界面实时关闭，快速止损。对于特定流量导致的故障，如恶意用户、恶意 IP、极端的业务参数，可通过黑名单拒绝请求。

自定义安全重试策略如图 17.13 所示。

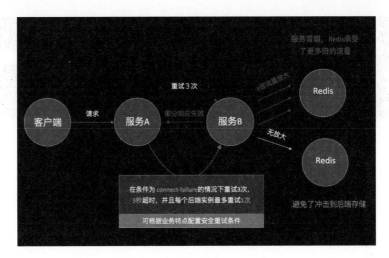

图 17.13　自定义安全重试策略

- 通过注入故障实现故障演练，如在 HTTP 服务中注入 1/1000 的返回 500 个状态码的响应，观察服务发生的情况，以提高服务的健壮性。

3．应对流量压力

- 扩缩容。流量大了，首先想到的就是扩容。原有的扩容与否是人工评估的，各个服务资源监控数据分散，需要针对业务单独定制手工策略或脚本操作，需要环境安装、验证、版本发布等环节，耗时为小时级别。当前平台可以通过监控服务的运行数据、关联集群的整体资源水位线，以及关联服务的上下游关系，做到自助提单，审批环节自动审批。在容器化的环境下，镜像固定，API 是声明式的，完全一键化操作，扩缩容耗时可以减小到分钟级别。

- 服务降级。服务能力毕竟有上限，如果不具备扩容条件的话，就需要进行服务降级，如限制访问频率、流量熔断、流量丢弃。

4．应对外部强依赖

在微服务中，容量评估复杂，接口层扩容后，相关联服务容量很难准确地同步扩充，如一个服务扩容后，相关联的服务是否需要同比例扩容？有没有比检视代码更好的方式？

微服务开发平台用 Service Mesh 的 Sidecar 劫持服务出入流量，识别特定协议，生成统计信息，递归渲染出链路图后，对服务进行压力测试，对比不同时间段的链路快照，计算差异部分，从而导出特定请求影响的服务链路和放大倍数。

全链路自动资源评估方案如图 17.14 所示。

图 17.14 全链路自动资源评估方案

17.3.1.1 可观察性

服务上线后，需要各种指标来帮助观察服务是否健康，有没有故障风险，是否需要进行进一步的变更。具体来说，包括如下方面。

- 资源饱和度：CPU、内存、磁盘、网络等。
- 错误情况：Crash、逻辑错误、健康检查失败等。
- 服务延迟：上游服务、下游服务等。
- 服务流量：QPS、入流量、出流量。
- 服务发生的事件：重新调度、资源不足以运行等。
- 业务数据。

腾讯游戏平台提供日志和指标两种方式来完成服务的全面可观察性。立体化监控体系如图 17.15 所示。

全面的可观察性

图 17.15 立体化监控体系

17.3.1.2　容器化问题

业务在迁移上云过程中，需要做出适当的适配才可以享受云原生微服务平台的红利，平台可以通过多种技术方式尽量降低这种适配成本。业务需要做出的变化如下。

- 服务需要做好自己随时被杀死、重启、重新调度的准备。
- 本地 IP 会发生变化。
- 需要自行处理服务依赖的 Agent。

综上，利用云原生微服务平台可以低成本、高效率地完成微服务开发。

17.3.2　云原生微服务网关

云原生微服务网关是外部世界进入应用服务的入口点，能够对服务的请求响应进行处理过滤，从而在无须入侵服务代码的情况下，对外提供限频、鉴权、参数改写、日志报表统计等一系列动作，同时通过插件系统进行个性化配置，为服务提供完善的服务流量治理与通用业务逻辑处理，降低服务开发接入平台的成本。

在腾讯游戏运营架构中，云原生微服务网关是服务沟通集群内外的核心通道，负责把请求路由到 K8S 集群内具体的工作负载上。云原生微服务网关如图 17.16 所示。

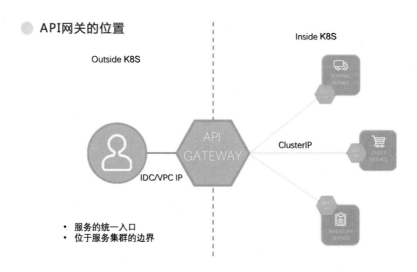

图 17.16　云原生微服务网关

但一定要使用网关吗？如果没有网关的话，服务可以正常运行吗？网关能给业务带来哪些实际的收益呢？

17.3.2.1 数据面的演进

在传统的分布式架构中，客户端访问负载均衡系统，通过负载均衡系统获取实际后端服务的 IP 来完成请求，如图 17.17 所示。

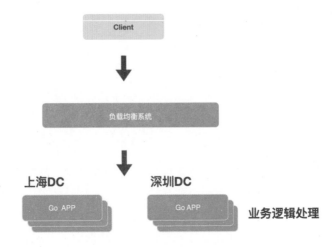

图 17.17 传统的分布式架构

这样的架构很简单，环境依赖少，测试容易，部署方便，负载均衡可以在客户端内实现，也可以在一个集中式的类似反向代理的系统中实现，如果项目只在短时间内使用并且没有复杂的流量治理需求，则当前架构是一个好的选择。

但是大部分项目随着业务环境的变化，会逐渐出现一些问题。

- 迭代周期变长。

需求变化快，项目添加的功能越来越多，因为服务使用特定的语言和框架开发，因此只有一个或几个开发人员熟悉系统，新人学习成本较高，最终导致无法轻易地调整开发规模，迭代周期变长。

- 代码耦合严重、版本管理难度大。

各个服务之前都可能有相同的功能诉求，在没有良好的沟通共享机制下，会产生多个服务重复开发相同功能，每个服务实现的质量参差不齐的问题，如项目上线后，有的服务漏打了日志，有的服务在实现限流功能时存在逻辑漏洞。

- 系统可能存在薄弱环节。

除实现业务逻辑之外，开发人员投入的精力有限，因此系统容易在基础功能上产生逻辑缺陷、安全隐患及可能的部署和运营问题，如有的服务在登录校验时有漏洞。

17.3.2.2　微服务网关架构

为解决项目演进导致的一系列问题，采用中间件思想，剥离常用的和业务逻辑无关的功能到中心化节点中，以提升效率，减少开发复杂性，如图 17.18 所示。

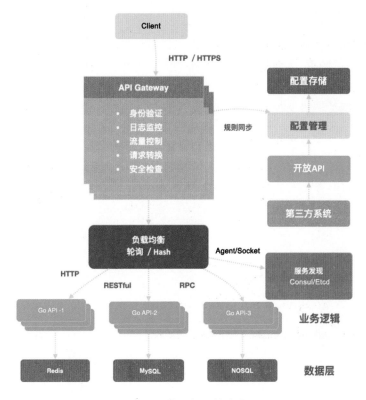

图 17.18　微服务网关演进 1

用中心化的 API Gateway 来提供服务有以下好处。

- 中间件统一升级和维护，减少了开发复杂性。

开发人员无须在业务代码中一遍又一遍地实现基础功能，可以专注于业务需求实现。

- 通过服务聚合和转换，在保持接口设计稳定的同时灵活调整后台服务。

微服务网关作为服务唯一的入口，只要注册在网关的服务路由保持不变，通过更改路由对应的配置信息，就可以做到如 API 统一规范、旧版本兼容等服务直连客户端很难做到的事情。

- 细粒度的故障隔离。

如果某条路由出现故障，可在网关中单独配置"直接返回客户端错误"，使可能产生故障的路由完全不到达实际的服务节点，从而不影响其他正常功能的提供。

- 作为单独的安全层，提升后台服务安全性。

通过在线或离线地审查每个请求，可以把恶意访问挡在网关层，服务本身无须重点关注。

17.3.2.3　网关核心能力

腾讯游戏运营使用的基于 Envoy 的网关同时具有 L7 和 L4 的能力，不过在功能上对 L7 有所侧重，主要适配 Web 系统与微服务中较为常用的 HTTP/1、HTTP/2、gRPC 等协议。

微服务网关演进 2 如图 17.19 所示。

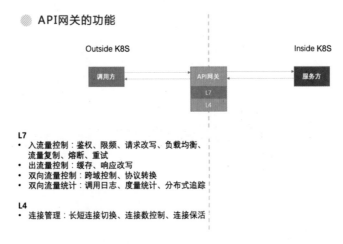

图 17.19　微服务网关演进 2

1．路由请求

微服务网关的关键功能之一是路由请求，网关通过将请求路由到相应的服务来对外提供 API，从而暴露服务能力。当网关收到请求时，会查询路由配置表，通过路由配置表来决定把请求路由到后端哪个服务上。

为了降低用户配置路由的成本，把路由配置开发为 UI 交互式界面，这样大大降低了学习成本，扩大了受众面。路由配置最终会转化为网关所需要的数据格式。

配置通过表单提交到后台后，便会存储到统一的配置中心。网关的控制平面会监听到服务配置的变化后，将平台自定义的 Json 配置结构转化为 Envoy 所需要的格式，从而使 Envoy 认识。控制平面将转化后的配置实时下发到所有的网关数据平面，即 Envoy 当中，Envoy 接收新的配置后，无须重启或重载，即可完成配置的更新，实现网关配置的实时同步更新。

那么，Envoy 的配置是如何从数据平面同步给 Envoy 的呢？又是如何保障数据的最终一致性及错误处理的呢？

Envoy 为配置的远程同步下发定义了一套名为 xDS 的资源发现服务，Envoy 自身作为客户端主动向注册到自身的数据平面获取配置数据，周而复始，从而达到配置的更新，如图 17.20 所示。

◈ **xDS API概述**

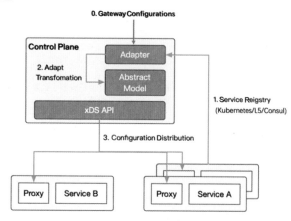

图 17.20　Envoy-xDS 配置下发

2. 流量治理

由于网关处于调用方与服务方之间，能够获取所有请求响应的数据，因此能够基于应用层协议进行许多处理。API 网关流量治理如图 17.21 所示。

◈ **API网关的流量治理**

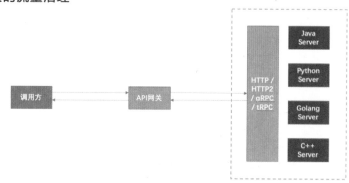

- 面向协议：通信协议有关、开发语言无关，流量治理作用于协议的通信过程
- 开发解耦：服务开发者未在服务中实现的流量治理能力可在API网关中随意添加
- 统一控制：API网关提供统一的配置平面，为所有不同服务提供一致的控制方式

图 17.21　API 网关流量治理

使用 API 提供便利的第一个例子是通过 API 网关来控制服务灰度发布过程，主要原理是通过判断请求的参数来区分需要将请求转发到的后端，如图 17.22 所示。

◎ 面向协议的流量控制示例（一）：灰度测试

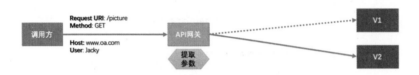

- 从 Header 中取出 User 参数，并进行判断：如果是 Jacky，则访问 V2 灰度版本，否则访问 V1 正式版本

一个根据内网用户灰度的 ODP 配置的示例

图 17.22　流量控制——灰度测试

第二个例子是网关对同一次的请求响应进行关联修改，以自动添加浏览器前端需要的跨域头为例，如图 17.23 所示。

◎ 面向协议的流量控制示例（二）：允许跨域

- 检查本次请求是否已配置跨域
- 检查 Origin 头参数是否满足允许跨域的配置
- 缓存本次跨域信息待返回时使用

图 17.23　流量控制——允许跨域

3．网关的可观测性

网关对请求响应的数据进行数理统计后，能够通过日志、Prometheus 等方式上报到远程日志、监控报表、告警平台等系统，与外部统计监控系统进行联动，为服务提供自动化的流量观测视图与告警服务。API 网关可观测性如图 17.24 所示，其中度量统计与视图如图 17.25 所示，请求响应日志如图 17.26 所示，上下游服务视图如图 17.27 所示。

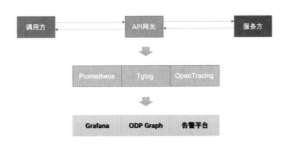

图 17.24　API 网关可观测性

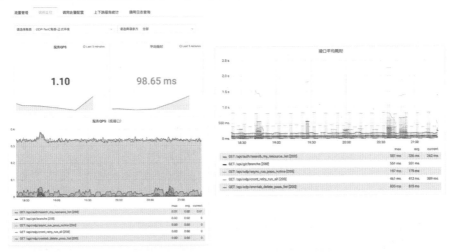

图 17.25　API 网关可观测性——度量统计与视图

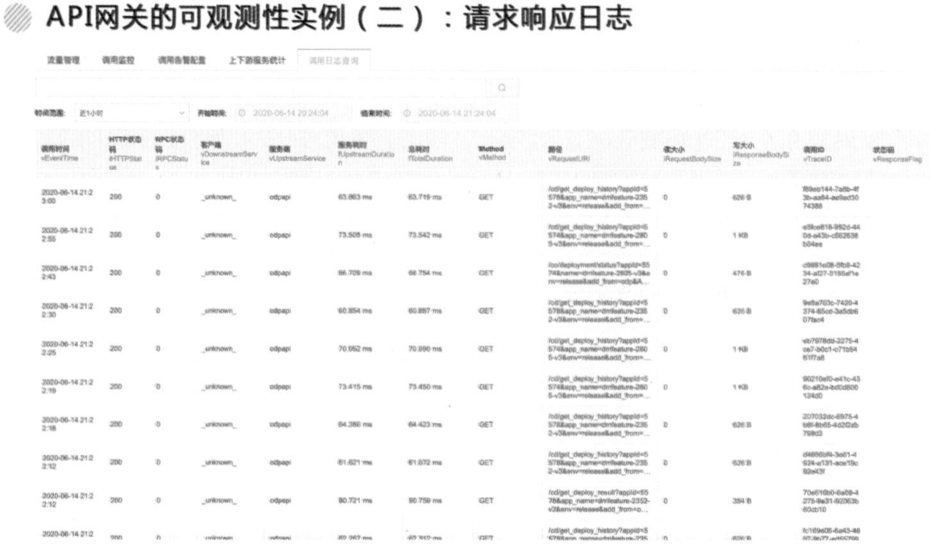

API网关的可观测性实例（二）：请求响应日志

图 17.26　API 网关可观测性——请求响应日志

API网关的可观测性实例（三）：上下游服务视图

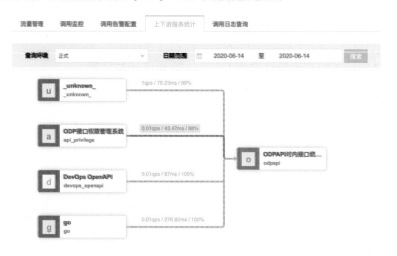

图 17.27　API 网关可观性——上下游服务视图

17.3.2.4　个性化扩展网关

在微服务网关中，默认提供的中间件并不足以完成特定环境的业务逻辑，在具体的需求场景下，仍然有大量通用的插件需求，所以下面讲述如何个性化地扩展网关。腾讯游戏使用的 Envoy 在可扩展性方面来说是非常出色的。对于源码本身，Envoy 为每个核心组件都定义了一套完善的抽象方案，方便核心开发者进行核心功能的扩展。此外，对于扩展功能的开发，Envoy 提供了几套便捷扩展的方案，其中包括：

- 可开发扩展的 Filter。
- 使用 Lua 脚本动态扩展。
- External Authorization 独立进程扩展。
- WebAssembly 动态扩展。

其中，前 3 个是已经比较成熟的方案，而 WebAssembly 正在紧锣密鼓地开发中，预计将在 Envoy 1.16 版本中正式发布。Envoy 扩展架构如图 17.28 所示。

◈ Envoy扩展架构

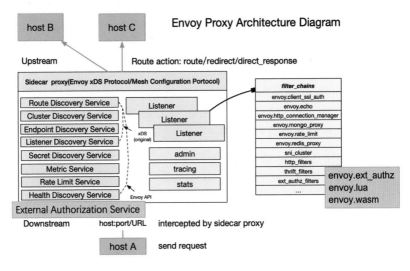

图 17.28　Envoy 扩展架构

网关主要通过与 Envoy 部署在同一实例的独立进程进行功能扩展，如图 17.29 所示。

独立进程扩展的主要实现方式是实现 Envoy 所定义的 External Auth 及 Access Log 接口，抽象出属于外部扩展程序的一套配置与执行流程，配合 Envoy 进行服务流量治理。

与 Nginx 类似，Envoy 支持使用 Lua 脚本来进行扩展功能的开发，开发者只需要实现两个简单的回调函数，便能够添加自定义的功能。但与 Nginx 的 Lua 脚本开发框架 OpenResty 相比，Envoy 的 Lua 脚本开发依然缺乏成熟的开发框架，因此较难适应大规模的扩展开发场景。

◉ **API网关的扩展方式：Ext-Auth与Accesslog Service**

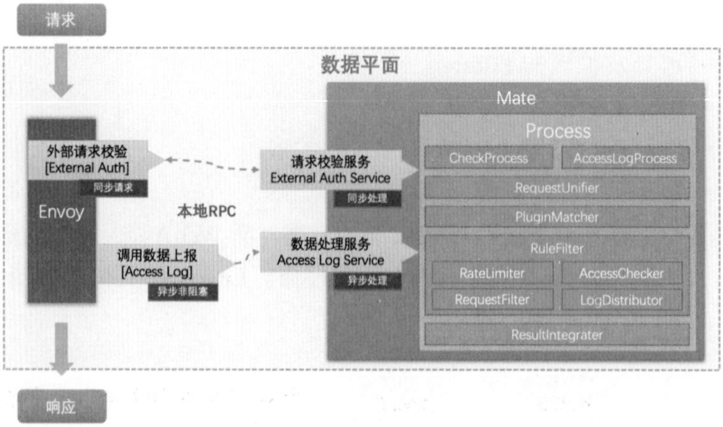

图 17.29　Envoy 扩展方式

　　Webassembly 动态扩展开发是指 Envoy 基于 Webassembly 技术，在 Envoy 程序中加载 WASM 的执行环境，如 V8 引擎，来动态执行获取的.wasm 文件，从而实现动态扩展开发而无须对 Envoy 进行重新编译。此外，WASM 的高性能及开发的便捷性，相信在不久的将来，将会成为网关扩展的主流开发模式。

　　以上是腾讯游戏在运营活动中使用微服务网关的实践，目前已经大规模使用在现网环境中，极大地提高了开发效率及服务治理能力，这种让服务在不更改代码的情况下实现动态路由、流量治理、增加可观测性的能力已经成为腾讯游戏运营活动开发的关键利器。

17.4　总结

　　DataMore 上线以来，帮助业务实现了完全不依赖于游戏版本的实时运营体系，沉淀了超过 11 类运营方案（可快速扩展与升级），累计触达近 5 亿个用户，让敏捷运营的理念贯穿整个游戏用户运营周期，帮助业务全面提升了游戏各项指标。

　　回顾上面的问题及解法，可以提炼出对腾讯游戏运营技术的一些思考。

17.4.1　价值

　　早期，大数据在游戏行业的价值主要体现在数据分析上，如对游戏的分析和对用户的分析。大数据是作为一个辅助决策工具存在的，它的价值需要借助分析专家或游戏运营才能发挥，而这些价值并不好度量。随着大数据实时计算技术的应用及稳定性和可靠性越来越好，目前已经可以利用大数据实时计算能力生产环境应用了。这个时候大数据的价值从分析问题提升到了解决问题。通过建设一套独立于游戏的实时数据平台，可以为游戏实时营销活动提供更多的数据支持，帮助游戏实现快速运营落地，从而为游戏带来直接的活跃收益及商业化收益。

17.4.2　解耦

解耦是技术领域中的流行词，一些设计模式被提出来让各种代码逻辑、功能逻辑解耦，降低相互之间的影响。在游戏领域，可以让游戏策划与游戏运营完全解耦，这样游戏运营策略不再依赖于冗长的版本开发与发布，更加灵活，更加快速。利用微服务对业务逻辑解耦，利用数据服务（Xone）对数据解耦，可以实现整个运营体系的解放，游戏领域只是其中一个尝试，只要稍加改造，就可以应用于互联网的各种运营型服务中。

17.4.3　创新

创新的难度在于如下两点。

（1）创新的思维与能力。

（2）创新的成本。

第（1）点这里不展开讨论，来看第（2）点，在游戏内很多创新难以开展，主要是因为成本太高，每一次的运营活动都需要各个角色、多个服务的开发者，以及多个功能的改造。这种低效率的开发模式让游戏运营的创新需要好几个月才能落地。因此，基于微服务的理念，将很多能力分门别类地放在 DataMore 平台中，同时提出 PaaS 标准，让这些微服务按照标准开发及开放，为上层应用提供"开箱即用"的能力。这样，上层的开发者在进行创新时，只需要找到这些服务，并且以标准化方式使用即可。这种思想类似于现在流行的"技术中台建设思想"：上层开发者是特种兵，他们为解决问题而战，通过一台通信设备，就可以非常低成本地调用技术中台提供的各项支持，在前线战斗中不断发挥自己的想象力来获得成功。

部分 VI

管线和工具

从照片到模型

18.1　从照片到模型概述

Photogrammetry 通过对一系列物体与环境的照片里的图像信息进行对比、测量，把这些信息翻译成模型、贴图等有用信息。如图 18.1 所示，Photogrammetry 的输入是一系列照片，输出是一系列点云、3D 模型。通过这种技术，我们可以对物体拍摄各个角度的照片，从而在软件里快速还原模型的形状和材质。

图 18.1　从照片到模型

2019 年，举世闻名的巴黎圣母院被烧毁。所幸早年已经有学者对整个巴黎圣母院进行了扫描工作，将外部建筑结构和内部各种琐碎的角落（如屋顶、拱顶、楼梯间等）都进行了完整的扫描和建模，这对后续的重建工作起到了重要的指导作用。本章搭建的 Photogrammetry 生产管线可以用于从普通大小物件到大地形、大型物件模型的重建，将从拍摄照片到输出可用于实时渲染的模型的整个流程智能化、自动化，以便用较少的人力、较快的速度完成大规模室外场景的 3D 重建工作。这将对游戏制作、数字化展览、数字化记录保存历史文化遗产、科学研究等起到很大的帮助作用。

18.1.1　挑战

生成的模型质量完全是由照片的拍摄质量决定的，重建算法对照片拍摄有特殊的要求，因此采集阶段（从拍摄到校色）需要一定技巧。对于大场景重建，虽然从基本技术角度来说，室内小型物体与大规模室外场景的 3D 重建，从照片到模型的基本原理一致。但是在室外的拍摄条件下，光线基本不可控，无法营造理想的泛光照明环境，大型物体也不是所有位置都可以贴近拍摄的，要获取大规模场景的每个角度的信息，往往需要借助无人机来拍摄海量的照片。由此，后期数据处理的难度和工作量极大提升。除要真实还原出 3D 模型外，为了可以放入实时展示的 3D 场景中，仍需要对模型进行优化，去除模型贴图中的阴影，生成 PBR（Physical Based Rendering，基于物理的渲染）材质贴图等一系列操作，目前进行这些操作需要大量人工干预和使用不同的软件，而且效果往往依赖于处理者的美术工具使用水平。因此要提出一个比较完善的工作流程和自动化解决方案，高效率地解决如何智能地从海量照片资源中进行筛选，如何自动化地在贴图中去除拍摄的照片中带入的阴影等问题，生成可用于实时 3D 展示的模型。

18.1.2　流程概览

本章将对在现实环境中拍摄所遇到的问题进行讨论，介绍对这些问题的思考及整理出的工作流程规范和自动化流程，还会介绍对采集的数据带光照的问题的处理。最后进行总结，以及展望未来的探索方向。

工作流程概览如图 18.2 所示。本章主要分为 3 部分。

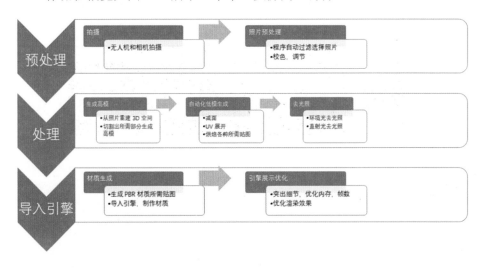

图 18.2　工作流程概览

第一部分：拍摄和预处理。用于建模的照片拍摄不同于一般的风景拍摄，需要有原则、有规划地完成各部分的拍摄才能保证还原的质量。对不同相机设备、不同拍摄参数的照片需要进行校色等工作。大型建筑物的重建甚至需要无人机航拍才能完成拍摄任务，而无人机并不方便同时控制拍摄和飞行，需要每次从几万张照片中用程序筛选对焦清晰，将包含所有不同角度信息的尽量少的照片交给后续流程，以优化处理速度和减少硬件开销。

第二部分：模型生成和处理。从照片还原成面数很高的原始模型后，生成用于实时渲染的低模，以及后续各种材质所需的贴图。由于在室外拍摄，被拍摄物体不可避免地暴露于周围的漫反射环境光和直射阳光的照射下，因此物体的各种阴影必然被拍到了照片里，进而还原的模型的贴图也是带有阴影的。为了在不同光照的虚拟环境中使用，必须把这些拍摄到的阴影清理干净。为了物体在虚拟的场景中看起来真实，展示出物体的金属、非金属、光滑或粗糙的表面属性，要为模型生成实时渲染引擎中所需的材质，这样才能在实时渲染引擎中高效真实地渲染出来。

第三部分：去光照。当今引擎都是遵循物理渲染（Physically Based Rendering）理念的渲染管线，所使用的漫反射贴图（Base Color Maps）是物体表面的反照率信息。受限于各种因素，采集的环境光照一般比较复杂，拍摄的照片所生成的漫反射贴图会带有环境光照信息，需要将这些这些环境光照信息去除才可以正确地在引擎中重新着色。

18.2　拍摄和预处理

拍摄和预处理流程（见图 18.3）分为拍摄、照片校色、软件对齐照片、生成高模 4 个阶段。

图 18.3　拍摄和预处理流程

18.2.1　拍摄器材准备

拍摄照片的质量直接影响最终数字模型的生成质量。对于拍摄器材的选择，推荐使用成像质量较高的数码单反相机，镜头的选择比较广泛，可以选择焦段灵活的变焦镜头（如 24～70mm）。需要准备两张色卡，分别为标准 24 色色卡及 18%

灰度色卡。在一些特定的场合，尤其是光线比较暗的地方，为了达到良好的曝光效果，一副稳定的摄影三脚架是必备的。另外，应对长时间外拍，需要准备大容量存储卡、充足的备用电池，以及一台笔记本电脑用来及时拷贝和检查数据。卷尺可以在后期生成模型的时候提供正确的比例作为参考，反光板可以在一些较暗的角落提供补光。拍摄器材如图 18.4 所示。

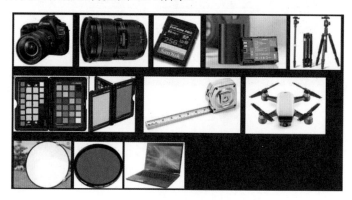

图 18.4　拍摄器材

18.2.2　被拍摄物体与环境选择

选择拍摄对象前，首先要理解 Photogrammetry 的核心是对不同照片中像素的分析比较，所以被拍摄物体表面需要有足够细节的颜色信息，并且不能有很强的反射，缺少正确的照片细节会导致无法生成正确的表面信息（图 18.5 和图 18.6 展示了不佳的拍摄对象和良好的拍摄对象）。另外，尽量不要选择有很强阴影的拍摄环境，以避免被拍摄物体上有很强的投影，因为这些都会被记录到最终的颜色贴图里，为了减少后期的工作量，通常来说阴天比晴天更适合外拍。

图 18.5　不佳的拍摄对象

图 18.6　良好的拍摄对象

18.2.3　相机参数设定

Photogrammetry 拍摄和普通风景人像拍摄不太一样，要尽量保证照片每一个像素都清晰（大景深）并在合理曝光范围内。对于同一个物体的一系列照片，其曝光和颜色必须一致。如果拍摄的照片颜色各异，亮度不同，则生成模型时，对其颜色的还原会产生比较大的影响，主要表现为物体表面产生不均匀的颜色和亮度变化。所以拍摄前调整相机参数至关重要。需要有合理的拍摄规范来保证每张照片完整地记录模型在每个角度的信息。需要关注的因素有照片成像清晰度、亮度、色彩及白平衡。

将相机拍摄格式设定为 RAW，以获得更大的亮度动态范围，也方便后期校准照片。在日常拍摄时，大多采用自动曝光和自动白平衡让相机根据当前环境来推测一个合理的参数。这样拍摄一张照片没有问题，但是对于一系列照片，要求所有的参数都是固定的，因此需要根据当前拍摄环境给相机设定一组固定的拍摄参数。那么如何做呢？这里牵涉到曝光和白平衡两个概念。

18.2.3.1　影响曝光的参数

调整曝光就是确定相机在当前环境下拍摄的拍摄参数，相机测光时会根据被拍摄物体及周围的亮度预估出一个大致的曝光值，这个值会让相机在拍摄物体的时候使用一个合理的曝光范围。由于自然环境的光线变化复杂，每个角度测出来的曝光值都不一样，因此需要固定一个相对合理的曝光中间值来拍摄这个物体。通常来说会选择一个光线较好的角度，使用相机自带的测光系统来固定 3 个参数：光圈、快门速度和感光度（ISO）。这 3 个参数是相互影响的。

- 光圈。较大的光圈使被拍摄物体较远端的部分不会模糊，可以保证照片整体都比较清晰。但较大光圈会让相机进光量减少，需要考虑环境亮度，配合适当的快门速度和感光度使用。建议光圈在 $F8$ 以上。

- 快门速度。当手持拍摄时，快门速度影响了照片的清晰度和拍摄成功率。建议手持拍摄的时候快门速度在 1/100s 以下，避免手持不稳造成照片模糊。在环境亮度比较低的地方，建议使用三脚架。

- 感光度。较小的感光度可以有效地减少照片噪点的产生，所以在曝光条件允许时优先采用 ISO100。较高的感光度会产生较多的噪点，影响模型计算的精度，使生成的模型表面凹凸不平。

18.2.3.2　测光

在拍摄时，需要根据环境采用相机测光的方式来设定照片的曝光参数，使照片拥有合理的曝光范围。首先把相机校准到 M 挡（手动挡）。在不同的亮度环境下，平衡光圈和快门速度两个参数，尽量使光圈 F 值在 8 以上，并且快门速度保持在 1/100s 或更小（手持拍摄）。对拍摄对象进行测光（多数相机通常半按快门），调整快门速度和光圈并观察相机中的 EV 条，使 EV 条处在如图 18.7 所示的 EV 中间位置。当拍摄光线较暗的地方时，可以考虑使用三脚架，在不影响成像质量的前提下，使用更慢的快门速度来保证曝光值，从而达到同样的亮度。当无法使用三脚架时，考虑手持拍摄，在快门速度为 1/100s 的前提下，提高感光度并使用更小的光圈 F 值。

图 18.7　相机中的 EV 中间位置

18.2.3.3　白平衡

白平衡的基本概念是"不管在任何光源下，都能将白色物体还原为白色"，对于在特定光源下拍摄时出现的偏色现象，通过加强对应的补色来进行补偿。相机的白平衡设定可以校准色温的偏差，在拍摄艺术照时可以大胆地调整白平衡来达到想要的画面效果。非艺术的数据采集需要通过校色来还原物体本来的颜色，所以需要设置一个固定值，以便后期配合色卡进行校色。通常，我们找到相机的白平衡设置并设定为6500K。

18.2.4　相机拍摄要点

相机的拍摄要点如下。

- 保持调整好的快门速度、光圈、感光度来拍摄，中途不要进行任何调整。
- 对焦一般采用自动对焦模式（AF），拍摄静态的物体推荐使用单次自动对焦模式（AF-S），每次拍摄需要确保对焦正确，可以半按快门确保对焦在正确物体上。
- 保证每一张照片至少和另一张照片有 20%～30%的重叠区域，这种连续的照片有利于后期模型的生成。
- 被拍摄物体上每个点至少保证要被 3 张以上不同角度的照片拍摄到，可以以被拍摄物体为圆心，每隔 15°拍摄一张照片，可以在每个可站的位置采用蹲拍、半蹲拍、立拍、俯拍等姿势，以覆盖更多的拍摄角度。拍摄的相机位置如图 18.8 所示。

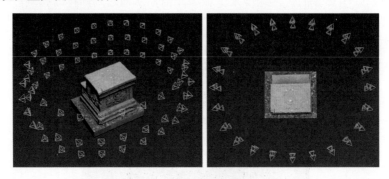

图 18.8　拍摄的相机位置

- 拍摄一张包含色卡的照片，色卡正面向上，注意色卡不要放置在阴影里。
- 经常检查拍摄结果，若有问题及时补拍。

18.2.5　无人机拍摄

对于非常高的建筑类对象，如大教堂、厂房等，在地面只能拍摄到一个角度的地面画面，因此需要借助无人机来拍摄高处的照片。

在无人机飞行过程中，边飞行边手动控制拍照并不现实，因为需要拍摄足够清晰且连续的照片。要拍摄连续画面，可以在拍摄高清视频后，用处理工具从视频中截取画面。但是视频存在帧间压缩，还原出的模型表面噪点较多。建议使用支持 RAW 档连拍、可换专业云台相机的专业无人机。除相机外，还要配上高速 SSD。

很多地区是禁飞的，在出发之前应确定该地区是允许飞行的。在禁飞区，无人机是无法起飞的，在限制区最高飞行高度是 120m。在出发前，应确保电池充电完毕，无人机状态良好。另外，因为无人机的 SSD 容量有限，所以通常需要准备笔记本电脑和移动硬盘，以便存储数据。在飞行之前要规划好飞行路线，通常需要对建筑物完整地环绕飞行。

无人机拍摄的目的与相机拍摄的目的相同，与相机拍摄的不同点在于无人机飞行的范围比较远，拍摄过程中光照环境差异比较大，因此如果用手动模式拍摄，就需要不停地调整曝光。经过实践，边控制飞行边调整拍摄参数比较困难，自动模式反而效果较好。

无人机拍摄距离越远，拍摄的表面特征信息越少。无人机拍摄时要尽量靠近物体，但是仍然比相机拍摄要远，因此较好还原模型所需的照片要多得多。无人机拍摄如图 18.9 所示。

图 18.9　无人机拍摄

18.2.5.1　程序筛选

从照片还原到 3D 模型这一步，每次可接收照片的总数是有限制的。输入的照片越多，计算机的计算量越大，所需内存和处理时间越多。一次 25min 的航拍能拍摄 5 万～6 万张照片，显然把所有照片都拿去计算是不现实的，需要智能地剔除失焦、模糊、过度重复的照片，并确保留下的照片有一部分画面重叠，以便与照片计算特征点对齐。

为了剔除重复照片，可以采用 OpenCV 对照片进行预处理和挑选：首先灰度化,然后利用 PHash 算法计算图像特征码,采用 Hamming Distance 计算 Difference,最后输出满足图像配准要求的最小数量的图片。

18.2.6 照片后期处理

照片处理主要是指还原照片的真实颜色和亮度,这些颜色会成为最终模型的基础颜色。照片处理过程主要由校色、校准白平衡及校准曝光 3 部分组成。

校色主要是指校准相机的颜色曲线。为什么要校色?因为每个相机硬件不同,拍摄出来的照片颜色和真实的颜色有一定的色偏,因此需要一个固定的颜色作为参考来校准,通常来说就是拍摄的色卡。使用含有色卡的 RAW 照片生成数字负片(DNG)文件,使用色卡对应的校色软件(如 Xrite 的 ColorChecker Camera Calibration)进一步生成校色配置文件来校准相机颜色,如图 18.10 所示。生成校色配置文件后,就可以在 CameraRaw 中使用这个配置来批量校色了。

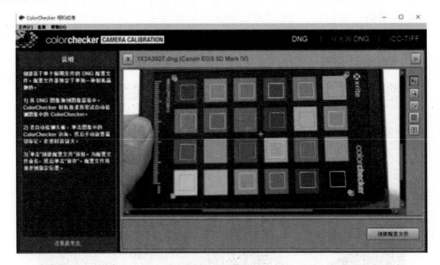

图 18.10　色卡校准

如图 18.11 所示,通过分析色卡中的色块,可以分别校准照片的白平衡及曝光。

校准白平衡的目的是减少照片里环境光对物体本身色彩倾向的改变,如当前的环境光是偏黄色的 5000K,那么物体会有一些颜色倾向,需要把物体校准回 6500K 下的应有表面色。在实际应用场景中,不同的环境会给物体打出不同颜色的灯光,只有物体本身没有颜色倾向才会得到正确的受光效果。以常用的 CameraRaw 为例,可以使用白平衡校准工具选取灰色色块来校准整张照片的白平衡。

图 18.11　白平衡校准

　　同时调节曝光参数（Exposure），观测灰度卡的颜色值（色卡下方第 4 个灰色色块），直到颜色值被校准到 RGB（117,117,117）这个中间色调的时候。这样这张照片的亮度就被校准到了一个合理的范围内。校准前后的差异如图 18.12、图 18.13所示。

图 18.12　校准前

图 18.13　校准后

18.2.7　原始模型生成

目前照片建模软件已经非常成熟，常见的照片建模软件的工作流程如下。

（1）相机和镜头的畸变修正。

（2）2D 图像特征提取与匹配。

（3）运动推断结构（Structure from Motion）。

（4）深度图与点云数据生成。

（5）网格模型数据生成。

（6）模型顶点或贴图着色。

从照片到模型实例如图 18.14 所示。将校色完毕的照片导入照片建模软件后，为了正确修正畸变，需要检查软件从 Exif（Exchangeable image file format，可交换图像文件格式）信息中读取的相机型号、镜头等是否正确。执行特征点查找和对齐操作，确定所有照片都可以正确推断出相机姿势，确定拍摄照片的可用性。为了提高性能和缩短处理时间，要设置正确的包围盒，确保只计算和输出必要的数据，最终输出待处理的高模和颜色信息（顶点色和贴图）。

图 18.14　从照片到模型实例

18.3　模型生成和处理

模型原始数据处理完毕，由于输出的模型面数非常夸张，颜色贴图 UV 布局不合理，很难直接用到实际项目中，因此需要对它们进行优化，并生成最终渲染需要的贴图。模型处理流程如图 18.15 所示，分为优化多边形、拓扑和 UV 分布、贴图烘焙制作和最终渲染 4 部分。

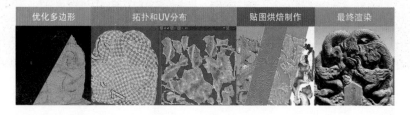

图 18.15　模型处理流程

一般，美术师会使用各种不同的数字内容生成软件来处理上述流程的每一部分，如 Zbrush、Maya、xNormal、Photoshop 等，这里不进行赘述。美术师可以使用各自擅长的工具，对每一步进行精雕细琢，以达到良好的艺术效果和品质。

18.3.1　自动化管线

传统的处理方式虽然质量较高，但是需要消耗非常多的人力和时间。既然拍摄照片建模非常容易且高效，那么在处理海量照片生成的原始数据时有没有一个折中的方案呢？本节提出了基于 Houdini 和 Substance 的自动化模型处理管线。不同于传统模型处理管线，使用 Houdini 流程和程序化的自动化模型处理管线可以节省大量的制作成本，同时给予一定输出品质上的保证。该管线充分利用了软件的过程化处理能力，用户可以根据项目特点对该管线进行修改，该管线可以减少很多美术师的工作量，适合大量模型的初步处理与贴图去光照处理。例如，一个石雕可以在数分钟内完成整个制作流程，最终输出低模和必要的贴图，而传统制作可能需要 1～2 天。大致的工作流程如下（参考了 Houdini Assets[①] 和 Iamag 的资料[②]）。

18.3.1.1　模型优化和 UV 展开

模型优化和 UV 展开的 Houdini 的自动化资源处理管线如图 18.16 所示。

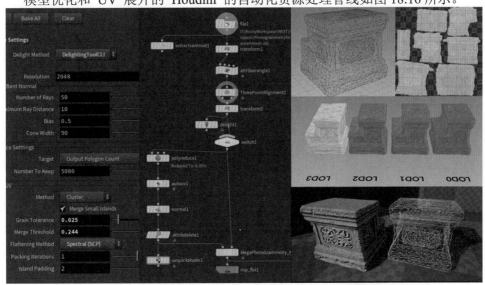

图 18.16　模型优化和 UV 展开的 Houdini 的自动化资源处理管线

通过使用 Polyreduce 及 Auto UV 对模型进行初步的减面和自动 UV 布局计算，设置预期的低模多边形数量及 UV 分布参数，可以得到一个面数适合游戏的低模，并为之后的贴图烘焙做好准备。优化多边形的同时自动制作了模型的 LOD（Levels Of Detail，细节层次）。

---

① HOVE T. GAME READY ASSETS FROM PHOTOGRAMMETRY[J/OL]. 2020.

② KRUEL L. Automated Photogrammetry To Game Res Pipeline[J/OL]. 2018.

18.3.1.2 贴图烘焙

Houdini 的核心烘焙工具是 Mapbaker，在基础生产管线中，高模拥有的表面信息可以通过烘焙传递给低模的贴图主要有漫反射（Base Color）贴图、法线（Normal）贴图、环境光遮蔽（Ambient Occlustion）贴图。需要额外烘焙去阴影处理的贴图有世界法线（World Normal）贴图、可见性法线（Bent Normal）贴图、位置（Position）贴图等。

18.3.1.3 PBR 贴图生成

目前，流行的大多数游戏渲染引擎都采用了 PBR 技术。PBR 是指用物理原理和微平面理论建模的着色/光照模型，旨在使用真实的物理参数来体现材质的特效。大多数基础材质的核心渲染原理是 BRDF（Bidirectional Reflectance Distribution Function，双向反射分布函数）。常用的 PBR 贴图有漫反射、法线、高光（Specular）、粗糙度（Roughness）、金属度（Metallic）等贴图。当前的照片建模重建技术对金属物体、高反射物体、透光物体的还原并不理想，拍摄的大多数物体是粗糙的非金属物体。所以金属度贴图可视为黑色的。高光贴图在大多数的物体表现里通常使用一个常数来代替，从而起到减少贴图数量的目的（参考 Unreal Engine 相关资料[①]）。

通过照片和烘焙生成的漫反射贴图多少会带有一些真实环境里的阴影，如果这些阴影过强地表现在漫反射贴图里，则会和虚拟场景里的灯光及这些灯光计算的实时阴影产生冲突，因此需要使用去光照的手段来处理（见图 18.17）。

图 18.17　去光照

粗糙度用来表示物体表面粗糙或光滑的程度。越粗糙的表面对光线的散射越明显，物体呈现出的高光和反射越少，反之亦然。可以粗略认为，粗糙度是微观表面凹凸对光线的反射程度。在现有的贴图中，可以采用漫反射贴图中的高频信息和法线贴图的凹凸信息来近似推算材质的粗糙度，并且在艺术效果上进行一些

---

① ENGINE U. Physically Based Materials[J/OL]. 2018.

调整，达到更好的材质表现。

本流程采用 Substance Designer 的节点化流程来生成粗糙度贴图（见图 18.18）。输入烘焙的漫反射贴图和法线贴图，经过设置好的计算过程，输出一张合理可信的粗糙度贴图。这个步骤可以进行批量处理操作。

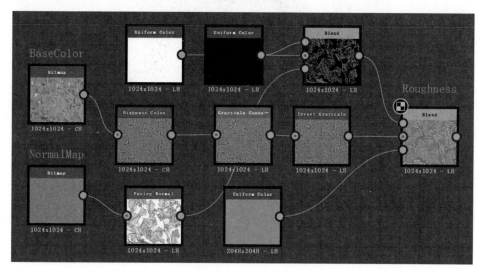

图 18.18 生成粗糙度贴图

可以对比一下单一颜色粗糙度贴图和通过计算生成的粗糙度贴图的差别，贴图上具有更多的明暗对比可以使材质表现出更多的光影细节，如图 18.19 所示。

图 18.19 光影细节对比

18.3.2 最终渲染

使用生成的漫反射、法线、环境光遮蔽及粗糙度等贴图制作 PBR 材质，给场景正常打上光照后，物体的基础质感就可以很好地被还原（见图 18.20）。

图 18.20　最终输出效果

18.4　去光照

在游戏引擎实际渲染时使用的贴图中，漫反射贴图应该是不带任何光照信息的反照率颜色贴图。由建模软件生成的漫反射贴图是使用带有环境光照信息的照片计算得来的，需要将多余的环境光照信息去除，才可以让游戏引擎按照当前的场景风格、时间、天气等布置光源，经实时计算或离线烘焙后重新进行光照计算，正常融入场景。

计算流程需要在现实环境中拍摄大量照片来重建模型，比较理想的拍摄环境是没有阳光又能保持一定亮度的阴天。但是实际拍摄环境和场所受到许多限制，并不能保证每一次拍摄都有如此理想的环境。

由于现存重建技术，此流程基本只能采集粗糙表面的物体，假定物体一定是粗糙度固定，基本不带高光的物体。受到现存技术的限制，高光会在建模生成贴图时被多张照片数据源的平均化过程移除，本节将在以上假定的前提下进行去光照的还原计算。关于环境光部分的去光照，本节参考了 Unity 现有的方案实现[①]，而现存的闭源或开源的环境光或直射光去光照方案对直射光所产生的影子的去除结果都不理想，常常存在去不干净或颜色溢出的情况，所以本节提出了适用于直射光去光照的方法。

18.4.1　数据准备

使用模型重建软件生成模型（见图 18.21），完成模型多余部分的裁切后，使

---

① VAUCHELLES F, LAGARDE S. Unity De-Lighting Tool[J/OL]. 2017.

用 Houdini 流程自动或人工完成模型简化、UV 映射，将模型重新导入重建软件生成对应 UV 的漫反射贴图（见图 18.22）。现存模型重建软件生成漫反射贴图的算法是使用多张照片生成的点云数据进行加权平均色着色，或者使用图元到多张照片的映射信息加权着色。之后将在这张平均化的漫反射贴图上去光照。

图 18.21　重建的原始模型　　　　　图 18.22　带阴影的漫反射贴图

为了方便起见，本节的去光照流程使用贴图数据而不直接使用模型数据进行计算，最终去光照结果会写入贴图。由于算法的需要，流程将生成世界空间位置（World Position）、世界空间法线（World Normal）、环境光遮蔽（Ambient Occlusion）、可见性法线（Bent Normal）等贴图（见图 18.23、图 18.24）。如果使用模型数据转写，则可以在 Vertex Shader 中让模型顶点直接使用 UV 坐标，正常光栅化即可简单将顶点间插值的数据写入贴图；也可以结合到自动化管线中，由 Houdini 直接烘焙所需贴图。

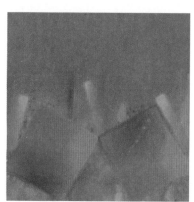

图 18.23　世界空间位置贴图　　　　　图 18.24　世界空间法线贴图

18.4.2 多维 LUT

后续去光照需要实现一个通用的 LUT（LookUp Table）工具类，可以由模板参数指定任意维度和通道，需要实现以下功能。

- 支持任意维度和通道格式。
- 带权重的采集功能。
- 任意维度采样插值。
- 带权重累加值的 Mips。

本节使用的 LUT（见图 18.25）一般默认使用 4 个通道保存(R,G,B,W)，每个通道默认使用 32 位精度浮点数，其中 W 为权重。构造 LUT 时由参数指定大小，如使用$(16,16,16)$初始化一个 3D LUT。

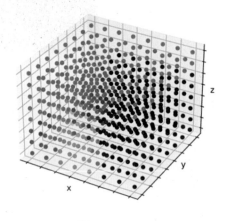

图 18.25 LUT

当采集数据时，接收的参数为一个多维坐标和色彩值，将提供的色彩值(R,G,B,W)累加到所给的坐标对应的元素上。

由原始 LUT 开始依次生成每个维度一半大小的下一级 LUT，将相邻的所有元素累加到一起，如$(16,16,16)$大小的下一级 Mip 是$(8,8,8)$，直到生成只有一个元素的 LUT 为止，即将边长为 2 个像素的 n 维卷积核结果保存在下一级 Mip 的像素中。

当采样插值时，接收一个与 LUT 相同维度的浮点坐标参数。只使用最近点采样的效果并不理想（见图 18.26），为了改善采样的效果，有必要实现相邻元素之间的线性插值（效果如图 18.27 所示）。例如，一个 4D LUT 在采样时可以获取 16（2^4）个采样点，首先用采样点的(R,G,B)除以 W 得到平均值，然后计算坐标偏移量，以偏移量的超体积作为权重（超体积的总量为 1），加权求和得到插值后的最终结果。实现时可以使用模板展开来去除循环。

图 18.26　最近点采样效果

图 18.27　改善后的采样效果

18.4.3　环境光去光照

通过采集整体平均色，计算各角度的预估环境光照值并写入一张 2D 的经纬度环境光照 LUT 中，通过采样这张 LUT 近似地去除环境光光照（见图 18.28）。主要流程如下。

（1）生成所需世界空间法线贴图、环境光遮蔽贴图、可见性法线贴图。

（2）计算贴图的整体平均色。

（3）将表面颜色与平均色的亮度差采集到法线经纬度坐标的环境光照 LUT 中。

（4）应用查询 LUT 得到的环境光照信息进行去光照。

图 18.28　环境光去光照

18.4.4　直射光去光照

环境光去光照算法在处理有太阳光（直射光）照射的模型时效果不佳，无法很好地移除直射光产生的阴影。在去除的投影是自投影，或者投影的图元同样是生成模型的一部分的前提下，可以通过指定投影特征原点、投影点获得投影信息来判断是否处于阴影之中。有了这些信息就可以计算平均亮度差或平均光照强度，并去除直射光光照。主要流程如下。

（1）生成所需位置贴图、法线贴图。

（2）在模型上指定投影特征原点和投影点得到直射光方向并生成 Shadow Mask。

（3）采集非阴影区域平均颜色信息到 LUT 中。

（4）采集阴影区域平均颜色信息到 LUT 中。

（5）查询两张 LUT 对应位置得到亮度差进行去光照。

（6）对边缘进行亮度平均化后期处理。

18.4.4.1　生成 Shadow Mask

编写工具在模型表面上指定投影特征原点和对应的投影点（见图 18.29），获得直射光的方向信息，按照直射光方向渲染 Shadow Map，并根据 UV 映射信息将模型数据光栅化转写成 Shadow Mask 贴图（见图 18.30），得到亮面和暗面区域。自动化流程实现了方向光指定和 Shadow Mask 渲染的功能，在 Houdini 中创建标记对象进行特征点标记，用 Redshift 渲染器渲染 Shadow Mask 输出。

图 18.29　直射光指定

图 18.30　Shadow Mask 贴图

18.4.4.2　去光照

使用两个 5D LUT 来记录纹素所在对象空间坐标和对象空间法线经纬度 $(X,Y,Z,\text{Latitude},\text{Longitude})$ 的亮面和暗面的平均颜色信息。遍历漫反射贴图的每一个纹素，根据 Shadow Mask 判断是亮面纹素还是暗面纹素，将纹素 $(R,G,B,1)$ 采集到亮面和暗面 LUT 中，并生成 Mips。遍历漫反射贴图暗面中的每一个纹素，按对象空间坐标和对象空间法线经纬度采样亮面和暗面的 LUT，求出亮度差并应用到漫反射贴图纹素上获得去光照结果（见图 18.31、图 18.32）。

图 18.31　原始模型　　　　　　　图 18.32　去光照结果

18.4.5　直射光去光照的另一种方法

使用上述方法处理大多数模型效果都不错，但对于部分颜色不单一的模型可能会出现颜色溢出问题。为了解决以上问题，本节提出了另一种直射光去光照的方法，通过采集光照强度来去光照。主要流程如下。

（1）生成所需位置贴图、法线贴图。

（2）在模型上指定投影特征原点和投影点得到直射光方向并生成 Shadow Mask。

（3）对 UV 空间的 Shadow Mask 查找有效边缘。

（4）考虑法线和方向，计算平均光照强度，并采集到 LUT 中。

（5）查询 LUT 对应位置得到光照强度，使用法线计算受光并进行去光照。

（6）对边缘进行亮度平均化后期处理。

使用 Prewitt 等边缘检测算子对 Shadow Mask 卷积提取边缘，与预设阈值对比并将结果记录到一张新贴图中。为了避免 UV 接缝对采集的影响，只保留位置和法线都连续的点。

当生成 3D LUT 时，对于边缘检测所记录的点，以参考点为中心，计算漫反射贴图的局部区域（如 64 像素×64 像素）亮部和暗部的平均色。同样为了避免接缝影响，只有位置和法线都连续的地方才会参与平均化计算。采集平均色后求得亮度差，根据法线和阳光方向计算区域的光源亮度，并将其采集到 LUT 的(X,Y,Z)位置。完成全部采集后为 LUT 生成 Mips。遍历漫反射贴图暗面中的每一个纹素，按对象空间坐标查询 LUT 得到光源亮度，将其作为光源应用到影子部分的漫反射贴图纹素上获得去光照结果（见图 18.33、图 18.34）。

图 18.33　原始模型　　　　　　　　　　图 18.34　去光照结果

18.5　结果展示

我们已将这套内容生产流水线使用在我们的项目生产流程中，表 18.1 所示为部分模型重建结果与制作时间。

表 18.1　部分模型重建结果与制作时间

模　型	名　称	拍摄时间	制作时间	手工制作时间（预估）
	水泥工厂一角	1 天	1 天	20 天
	木门	1 小时	0.5 天	10 天

续表

模　型	名　称	拍摄时间	制作时间	手工制作时间（预估）
	石碑	1 小时	0.5 天	20 天
	门环	1 小时	0.5 天	8 天
	庭院正门	0.5 天	1.5 天	30 天
	雕刻墙	1 小时	0.5 天	40 天

18.6　总结

从照片到模型的技术非常适合于还原经过时间和雨水冲刷，有大量自然形成的不规则细节的物体。例如，古建筑、残破雕塑，或者存在大面积精美细节的物体。这些物体如果要靠人工完成建模的话，即使是经验丰富、技术高超的建模师也需要投入 1~2 个月的时间来处理一个模型，而且不能保证百分百忠实还原。因此，此技术极大地减小了在建模方面的人力投入，并且保证了还原的真实度，具有非常大的研究价值。

2017 年，故宫推出了"VR 博物馆"，借助 3D 扫描、VR、全景等先进技术，让游客突破了时空限制，仿佛摇身变成古人，在鲜活的历史场景中行走、触摸和体验。这项技术并非只能重建放在博物馆的藏品之类的小型物体，对单座古建筑、整体建筑群、大型雕塑或难以搬动的室外文物等的重建同样意义重大。这无疑展示出了 3D 数字技术在文博考古行业的巨大发展潜力。3D 扫描建模技术在加强文物修复、考古发掘、文博展览、科学研究、社会教育等方面将起到革命性作用。

一种可定制的 Lua 代码编辑检测工具

19.1 LuaHelper 简介

Lua 语法简单、使用灵活，在游戏开发中十分流行。但相对于 C、Java、Go 等热门语言，Lua 仍然是一种小众语言，其生态并不完善，IDE 等开发工具及配套支持相对较少，一定程度上影响了 Lua 的开发效率及质量。

通过比较目前市面上流行的各种插件，我们发现各插件在对 Lua 项目的支持上仍存在一些不足。例如，在代码编辑方面，随着项目工程文件的日益增多，插件使用存在卡顿情况，代码补全效率下降；全局引用查找等基础功能仍未支持。在代码静态检测方面，仅能提供"单文件"程度的检测；语义检测种类较少，检测的错误有限。

针对以上不足，本章遵从微软 LSP（Language Server Protocol，语言服务协议），前端使用 TypeScript 语言，后端使用 Go 语言开发了一款跨平台 Lua 工具。目前主要提供了 VSCode 插件的应用 LuaHelper。LuaHelper 具有如下特性。

- 在代码编辑方面，除包含基础代码编辑辅助功能外，还支持符号查找、全局引用查找、智能代码补全等功能。其中，智能代码补全具有基于历史记录、基于类型推导的智能补全特性。
- 在代码静态检测方面，丰富了语义检测类型，包括局部变量定义未使用、变量引用未定义等类型，并提供了错误检测项与错误忽略类型项的配置功能。
- 提供了项目级代码的检测，实现了毫秒级实时增量检测。

- 采用 Go 协程池方式，利用多协程提高插件并发运行效率，较好解决了项目工程文件庞大带来的卡顿、效率降低的问题，插件性能显著提升。
- 通过借鉴 EmmyLua 插件注解思想，根据"弱类型、强注释"原则，提供了一种友好非侵入式的动态语言协议字段规范的解决方法，对于大型 Lua 项目的开发来说，可以有效提升代码开发效率，降低维护成本。

19.2 研究现状

Lua 是一种强大、高效、轻量级、可嵌入的脚本语言，具有语法简单、可扩展语义能力强大、增量垃圾回收的自动内存管理等特性，非常适合脚本编写和快速原型制作，在游戏开发领域非常流行。但其语言配套支持相对较少，一定程度上制约了其语言的开发效率与质量，尤其对于一些大型复杂项目而言。在本章作者参与的《刺激战场》开发过程中，后端采用了 Lua 语言编写，项目进展到一定过程时暴露出了如下问题。

- 代码编辑自动提示种类较少，一定程度上影响了编码效率。
- 没有项目级代码检测工具，各类错误无法实时提示，很多错误在代码运行时才会暴露，代码错误修复成本高。
- 随着项目迭代，项目规模与复杂度递增。动态语言对数据结构无明确定义的特点使得项目后期的维护成本越来越高。
- 随着工程规模递增，现有部分插件出现运行卡顿的现象。
- 不支持项目一些自定义语言的使用方式。例如，工程中使用了特有的 Import 来导入一个 Lua 文件（封装了各自的环境变量），结果所有插件无法跳转和代码补全。

为了解决以上问题，以及完善 Lua 语言的工具支持，推动语言的发展，本章采用微软 LSP，基于 Lua 编译原理过程，结合 Lua 在项目过程中的实际使用经验，编写了一种可定制的 Lua 代码编辑检测工具。希望该工具提供的 Lua 编辑、检测、注释等方面的功能，可以提高开发者使用 Lua 过程中的效率与质量，共同推动 Lua 语言的发展。

19.3 实现原理

LuaHelper 是基于 LSP 实现的，本节将从 LSP 介绍、LSP 运行过程和 LuaHelper 运行过程 3 个方面展开介绍，详细阐述 LuaHelper 的实现原理。

19.3.1　LSP 介绍

LSP（Language Server Protocol）是一种语言服务端协议，是由微软提出并与 Redhat、Codenvy、Sourcegraph 等公司联合推出的一套开源协议，用于语言功能插件开发。在编码过程中，当为编程语言添加自动补全（Auto Complete）、跳转定义（Go to Definition）、悬停文档（Documentation on Hover）等功能时，以往通常因为各个开发工具的特殊性，需要单独开发相应的功能。LSP 通过统一标准化开发工具与功能插件之间的通信协议，大大简化了上述过程，一套功能插件通过 LSP 可以适配多个开发工具。

LSP 的本质是根据编辑器与功能插件的交互，制定的一套公共的流程与协议。当用户使用基于 LSP 的工具（编辑器或 IDE）编辑一个或多个源码文件时，该工具将充当功能插件的客户端。在用户代码编辑过程中，该工具将通知功能插件用户当前所做事务。例如，打开文件、在特定文本位置插入字符。客户端可以请求功能插件执行语言服务。例如，格式化文本文档中的指定范围、查找变量的定义与引用的内容等。功能插件则对该请求进行服务响应。例如，将格式化后的文本传输给客户端、将包含指定变量的详细信息（变量定义与引用的文件位置）回传，从而响应客户端查找变量定义与引用内容的请求。

综合以上介绍，LSP 的意义在于可以解决市场上多语言与多编辑器交叉使用的问题。如果有 m 个编辑器，每个编辑器支持 n 种语言，则需要开发 $m×n$ 次。当编辑器和功能插件均支持 LSP 时，仅需要开发 $m+n$ 次即可。LSP 把插件的开发分为前端和后端，后端可以使用任何语言，通过 LSP 适配不同的前端。编辑器通过调用不同语言的插件来实现支持不同语言特性的需求。不同编辑器中的同一语言服务，可以共用同一个后端插件，极大地减少了插件的开发量。插件前端与后端通信，采用 Json 协议格式。No LSP 与 LSP 对比图如图 19.1 所示。

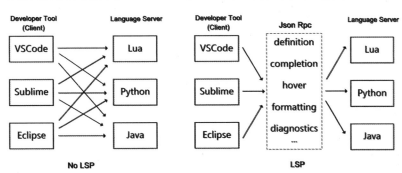

图 19.1　No LSP 与 LSP 对比图

目前支持 LSP 的编辑器：VSCode、Eclipse IDE、Atom、Sublime Text、Emacs 等。

19.3.2　LSP 运行过程

LSP 插件运行机制图如图 19.2 所示。

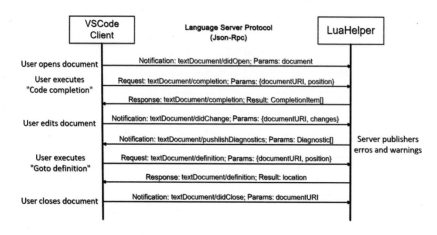

图 19.2　LSP 插件运行机制图

- 用户打开文档时：通过编辑器通知插件，用户已打开文档（"textDocument/didOpen"）。插件收到通知后，开始对该文档进行解析，并将相关的解析内容缓存至内存，以便提供后续的语言服务。
- 用户编辑文档时：通过编辑器通知插件，用户对文档进行了修改（"textDcoument/didChange"）。插件解析变更内容，并更新内存中已有的解析数据。如果插件检测到错误或告警，则通知编辑器显示（"textDcument/publishDiagnostics"）。
- 用户执行跳转定义时：编辑器发送"查找定义"请求（"textDocument/definition"，该请求包含文档路径和当前变量位置），插件根据内存中的解析内容，将变量所在的文档路径及位置返回编辑器。
- 用户关闭文档时：编辑器发送文件关闭请求（"textDcument/didClose"），通知插件释放文档缓存。

下面以一个 C++文档的"查找定义"请求为例（"textDocument/definition"），了解 LSP 的具体格式。请求示例如下。

```
{
    "jsonrpc": "2.0",
    "id" : 1,
    "method": "textDocument/definition",
    "params": {
        "textDocument": {
```

```
        "uri": "file:///p%3A/mseng/VSCode/Playgrounds/cpp/use.cpp"
    },
    "position": {
        "line": 3,
        "character": 12
    }
  }
}
```

回包示例如下。

```
{
  "jsonrpc": "2.0",
  "id": 1,
  "result": {
      "uri": "file:///p%3A/mseng/VSCode/Playgrounds/cpp/provide.cpp",
      "range": {
          "start": {
              "line": 0,
              "character": 4
          },
          "end": {
              "line": 0,
              "character": 11
          }
      }
  }
}
```

综合以上两个示例，可以得出，LSP 主要通过文档路径、光标位置等信息与插件进行通信，这些信息与编程语言的种类无关，适用于各类编程语言。这种方式大大简化了协议内容及与插件的通信过程。

19.3.3　LuaHelper 运行过程

LuaHelper 插件运行过程图如图 19.3 所示。

插件运行基本过程如下。

（1）用户打开 Lua 类型文件，激活插件。

（2）插件前端会连接 lualsp.exe 后台程序。通信的方式是管道通信，协议采用 JSON RPC。

（3）前后端连接成功后，后端一次性读取目录下所有的 Lua 文件，进行词法分析、语法分析、语义分析，并缓存中间结果。

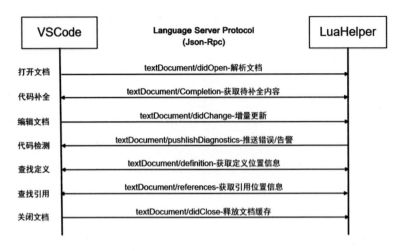

图 19.3　LuaHelper 插件运行过程图

（4）当用户编辑文件时，前端会发送 didChange 请求，后端会根据修改内容，对其进行词法分析、语法分析、语义分析，并更新缓存中间结果。

（5）用户在编辑文档过程中，输入相关内容，会触发代码补全机制，后端根据输入内容查找关联信息，并将结果返回。

（6）用户保存编辑内容后，后端会把检测结果（warning 或 error）通过 publishDiagostics 同步给前端显示。

（7）当用户查询变量定义时，前端会发送 definetion 请求，后端会根据中间结果，返回其文档路径及位置信息，前端根据返回结果跳转到相应位置。

（8）当用户查询变量引用时，前端会发送 references 请求，后端遍历中间结果，返回其所有已存在的位置信息，前端根据返回信息进行引用结果显示。

（9）当用户关闭文档时，前端会发送 didClose 请求，后端释放文档缓存。

综上，LuaHelper（后端）作用如下。

- 解析 Lua 源文件，并将解析后生成的 AST、相关辅助信息等中间数据缓存，而且可以实时对增改内容提供增量更新。
- 响应编辑器发送的 Json Rpc 请求，提供相应的语言服务。
- 实时推送代码检测结果，并在编辑器上显示。

19.4　相关理论

LuaHelper 后端实现参考了编译器将源程序翻译成目标代码的过程。如图 19.4 所示，传统的编译器主要把源程序（字符流格式）进行词法分析、语法分析、语义分析，经过代码优化及代码生成，最终生成目标代码（二进制格式）。LuaHelper

和编译器都包含了词法分析、语法分析、语义分析 3 个模块，LuaHelper 的第 4 个模块直接对外提供语言服务。

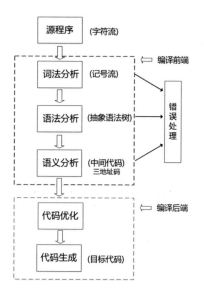

图 19.4 传统的编译器流程图

LuaHelper 后端解析项目中所有的 Lua 源文件，经过词法分析、语法分析、语义分析后，生成辅助数据。利用辅助数据，LuaHelper 可以对外提供语言服务。其实现的重点，本质上是对 Lua 文件的词法分析、语法分析、语义分析的 3 个过程。因此插件涉及的基础理论集中在上述 3 个方面。

在词法分析和语法分析过程中，本章没有采用 Lex、Flex、Yacc、Bison、Antlr 等自动的词/语法解析器生成器来进行词/语法分析，而通过手工编码来实现。采用这样的实现方式是因为手工编码的方式相对自动生成器而言，更加高效和灵活，尤其方便扩展一些额外的属性字段，为之后的拓展功能的开发保留了改造空间。定制化手动解析是目前非常流行的一种解决方法，GCC 4.0、LLVM、Lua 2.1、Go 等编译器都是采用的这种方式。Lua 早期是使用 Lex 作为词法分析器的，Lua 2.1 版本改成手动词法分析器后，解析性能比原来的 Lex 自动生成器提高了 2 倍。

19.4.1 词法分析

本节将从理论基础与实现过程展开介绍词法分析。

19.4.1.1　理论基础

词法分析是 LuaHelper 的第一阶段，将 Lua 源码（源码字符流），解析生成记号流（也称单词流），本质上可以理解为切词。如图 19.5 所示，记号流表示每个词组成的记号串。其中，每个记号具有多种属性，属性用于后续的词法分析和语义分析。具体的属性如下。

- 类型：标识符、关键字、数字、字符串、运算符、分割符、注释、空白等。
- 值：具体的参数值，如数值、字符串值等。
- 位置：记号的位置信息，如所在行、列等。

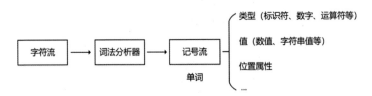

图 19.5　词法分析流程图

目前词法分析的实现方式主要有 2 种：手工编码实现和借助工具实现。具体对比如下。

- 手工编码实现：相对复杂，需要将 Lua 语法的各方面细节均考虑到，实现复杂。但具有高效、灵活、易于扩展升级的优势，是目前非常流行的实现方法。GCC 4.0、LLVM 编译器都是采用的这种方法。
- 借助工具实现：借助词法分析器自动化生成工具（如 Lex、Flex）来自动生成词法分析结果。优点在于可以快速生成原型，实现过程相对简单，但是难以控制实现细节和优化解析效率，而且一些拓展功能将受制于工具提供的解析类型，不易拓展。

基于以上 2 种实现方式的优缺点比对，LuaHelper 为了实现实时检测、注解解析等功能，对词法分析的解析性能、解析种类都有一定的要求，因此最终采用了手工编码实现的方式，从而保障了插件代码检测的实时性，并方便了后续的注解类型的解析。

19.4.1.2　实现过程

词法分析器通常采用有限状态自动机实现。以 Lua 语言简短关系表达式为例，"test >= 12" 的分析流程图如图 19.6 所示。

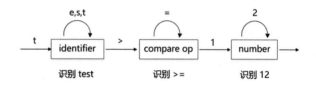

图 19.6　"test >= 12"的分析流程图

标识符、比较操作符与数字字面量 3 种 Token 的词法规则描述如下。

- 标识符：第一个字符是字母或_，后面的字符可以是字母、数字或_。
- 比较操作符：>或>=（其他比较操作符暂时忽略）。
- 数字字面量：全部由数字组成（其他复杂情况暂时忽略）。

依据这样的规则，可以构造出有限状态自动机。词法分析程序遇到 test、>=和12 时，会将它们分别识别成标识符、比较操作符和数字字面量。3 种 Token 的有限状态自动机如图 19.7 所示。

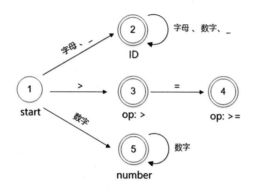

图 19.7　3 种 Token 的有限状态自动机

在图 19.7 中，共有 5 种状态。

（1）start 状态：启动词法分析时的开始状态。

（2）标识符（ID）：在 start 状态时，当第一个字符是字母或_的时候，迁移到状态（2）。当后续字符是字母、数字或_时，保留在状态（2）。否则，记录该 Token，回到 start 状态。

（3）比较操作符（>）：在 start 状态时，当第一个字符是>时，迁移到状态（3）。

（4）比较操作符（>=）：在状态（3）时，当下一个字符是=时，迁移到状态（4）。

（5）数字字面量（number）：在 start 状态时，若第一个字符是数字，则迁移到状态 5。若后续字符仍是数字，则保持在状态（5）。

上述 3 种 Token 解析对应的核心代码如下。

```
c = getNowChar()                    // 获取当前字符
if c == '>' {
```

```
    next_char = getNextChar()                    // 获取下一个字符，前瞻
    if next_char == '=' {
        token := ">="
        l.setNowToken(TkOpGe, token)             // 为 ">=" 比较操作符
    } else if next_char == '>' {
        token := ">>"
        l.setNowToken(TkOpShr, token)            // 为 ">>" 右移位操作符
    } else {
        token := ">"
        l.setNowToken(TkOpGt, token)             // 为 ">" 比较操作符
    }
} else if c == '_' || isLetter(c) {
    token := l.scanIdentifier()
    l.setNowToken(TkIdentifier, token)           // 为标识符
} else if isDigit(c) {
    token := l.scanNumber()
    l.setNowToken(TkNumber, token)               // 为数字字面量
}
```

19.4.2 语法分析

本节将从理论基础与实现过程展开介绍语法分析。

19.4.2.1 理论基础

语法分析是 LuaHelper 的第二阶段，根据 Lua 语言的语法规则，对 19.4.1 节中的词法分析生成的 Token 流进行分析，生成对应的语法树（AST）结构，以供后续阶段使用。在生成 AST 的过程中需要解决一个问题：程序中总是一个结构嵌套着另一个结构的，程序中还嵌套着子程序。如何解决这种循环嵌套的问题就是语法分析的关键。LuaHelper 借助上下文无关法（Context-Free Grammar，CFG，用来形式化、精确描述编程语言的一种工具）来定义 Lua 语言的语法。GFG 是一个四元组(N,T,P,S)，主要内容如下。

- N：非终结符的集合。
- T：终结符的集合。
- P：一组产生式规则。
- S：$S \in N$，唯一开始符号。

其中，最重要的是 P，即产生式规则，每个产生式规则都包含非终结符、终结符或开始符号。一种文法 G 如下。

```
S -> AB
A -> aA | ε
B -> b | bB
```

由上述产生式规则，可知 A/B/S 分别推导出如下内容。

```
A : { ε, a, aa, aaa, ... }
B : { b, bb, bbb, ... }
S : { b, bb, bbb, ..., ab, abb, ..., aab, aabb, ... }
```

综上所述，S/A/B 是非终结符，表示可以继续推导；a/b/ε 是终结符，表示推导的完成；上面 3 条推导语句表示 3 个产生式规则，代表了一种非终结符的推导方式；S 表示开始符号。

结合实际使用，Lua 语法本质上就是 G，判断一条语句是否可由 Lua 语法推导得出，相当于判断该语句是否存在于 S 集合，若存在，则可根据对应的语法生成对应的 AST。该过程即 LuaHelper 语法分析的主要工作。

LuaHelper 语法分析采用的是自顶向下分析中的递归下降分析算法，它具有如下优点。

- 分析高效（线性时间，避免回溯，能极大缩短整个语法分析阶段的耗时）
- 容易实现（方便手工编码，实现中需要向后多看词，进行预测分析）
- 错误信息定位和诊断信息正确（有利于向用户展示详细的错误信息）

递归下降分析算法的基本思想如下。

- 为每一个非终结符构造一个分析函数。
- 利用前瞻（LookAhead）符号选择产生式规则。

递归下降分析算法采用分治法来提高分析效率，对于每个产生式规则，都定义了对应的处理方法。在调用产生式规则处理方法时，会遇到 2 种情况。

- 当遇到终结符时，将终结符（本质上是 Token）与句中对应的 Token 进行比较。若符合，则继续；若不符合，则返回。
- 当遇到非终结符时，调用该非终结符的分析函数即可。该过程会涉及递归调用。

19.4.2.2　实现过程

结合以上理论知识，现在详细介绍 LuaHelper 语法分析的实现过程。LuaHelper 自顶向下对 Lua 源码进行解析，首先从 AST 的根节点入手。Lua 源码文件实际上是一个代码块，如图 19.8 所示，解析结果是一个 Block 结构体。

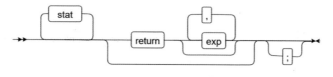

图 19.8　Lua 代码块语法图

核心代码如下。

```
//block ::= {stat} {retstat}
type Block struct{
    Stats    []Stat           // Lua 语句列表
    RetExps  []Exp            // 返回值列表
    Loc      lexer.LocInfo    // 坐标信息
}

func parseBlock(l *Lexer) *Block{
    return &Block{
        Stats:   parseStats(l),
        RetExps: parseRetExps(l),
        Loc:     l.GetNowTokenLoc(),
    }
}
```

通过调用 parseStats()函数解析语句序列，调用 parseRetExps()函数解析可选的
返回语句，并记录位置信息。其中，parseStat()在未遇到 return 或结束标志时，被
循环调用来解析语句。因此解析的核心过程就在 parseStat()中。在介绍 parseStats()
实现过程前，先罗列 Lua 的 15 种语句，如下。

```
stat ::=    ';'
        | varlist '=' explist
        | functioncall
        | label
        | break
        | goto name
        | do block end
        | while exp do block end
        | repeat block until exp
        | if exp then block {elseif exp then block} [else block] end
        | for Name '=' exp ',' exp [',' exp] do block end
        | for namelist in explist do block end
        | function funcname funcbody
        | local function Name funcbody
        | local namelist ['=' explist]
```

针对以上 15 种语句，应分别对应编写分析函数。以局部变量声明语句为例，
将 Lua 局部变量声明语句抽象后，可
描述为局部变量声明语句以关键字
local 开始，后跟逗号分隔的标识符列
表，接着是可选的等号和逗号分隔的
表达式列表。Lua 局部变量声明语句
的语法图如图 19.9 所示。

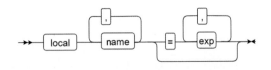

图 19.9　Lua 局部变量声明语句的语法图

根据图 19.9 可知该类语句 AST 的结构体如下。

```
type LocalVarStat struct {
    NameList  []string
    ExpList   []Exp
    Loc       lexer.LocInfo
}
```

将左值一一记录在 NameList 中，将右值按与左值对应的顺序记录在 ExpList 中。其中，Exp 列表可为空。局部变量声明语句在解析的过程中，需要解决一个问题：局部变量声明语句和局部函数定义语句都以关键字 local 开头。前瞻一个 Token，如果是关键字 function，就解析局部函数定义语句，否则解析局部变量声明语句。

```
// local function Name funcbody
// local namelist ['=' explist]
func parseLocalAssignOrFuncDefStat(l *Lexer) Stat {
    l.NextTokenOfKind(lexer.TkKwLocal)
    if l.LookAheadKind() == lexer.TkKwFunction {
        return parseLocalFuncDefStat(l)
    }

    return parseLocalVarStat(l)
}
```

根据语法图描述，可对应编写如下解析代码。

```
// local namelist ['=' explist]
func parseLocalVarStat(l *Lexer) *LocalVarDeclStat{
    _, name0 := l.NextIdentifier()              // local name
    nameList := _finishNameList(l, name0)       //{',' name}
    var expList []Exp = nil
    if l.LookAhead() == lexer.TkOpAssign {      // [
        l.NextToken()                           // '='
        expList = parseExpList(l)               // ExpList
    }                                           // ]

    loc := l.GetNowTokenLoc()
    return &LocalVarStat{
        NameList: nameList,
        ExpList:  expList,
        Loc:      loc,
    }
}
```

至此，局部变量声明语句的解析过程完成，生成了对应的 AST。

19.4.3 语义分析

本节将从理论基础与实现过程展开介绍语义分析。

19.4.3.1 理论基础

语义分析是 LuaHelper 的第三阶段，也称为上下文相关分析。语义分析主要对之前的抽象 AST 进行深度优先遍历，生成作用块信息（ScopeInfo）、符号表（VarInfo 集合）等中间数据。利用中间数据，可以检测有无语义错误，关联上下文相关属性。例如，变量使用前是否声明，函数参数是否一致。除此之外，在代码补全、查找定义、查找符号等功能的实现过程中，也会反复借助该中间数据。

变量或函数的名称，称为符号。如下述 VarInfo 所示，符号表中记录符号的名称、类型、位置等信息。特别地，对于函数、表而言，需要额外记录其特征信息，如函数参数、函数返回值、表成员变量等。

```
// VarInfo 单个符号信息
type VarInfo    struct {
    Name        string          // 符号的名称
    ReferExp    ast.Exp         // 变量引用的具体表达式，变量等号右边的表达式
    ReferFunc   *FuncInfo       // 如果变量是定义的函数类型，则指向函数定义的 FuncInfo
    SubMaps     map[string]*VarInfo   // 包含的所有成员信息（table 子成员）
    Loc         lexer.LocInfo   // 初始定义的位置信息
    VarType     LuaType         // 变量定义的类型
    UseFlag     bool        // 局部变量是否被引用过了。第一次检测若没有引用，则进行告警
}
```

LuaHelper 将符号分为全局符号和局部符号，分别对应 Lua 语言中的全局变量和局部变量。对于全局符号，LuaHelper 使用 map 存储，key 为符号名称，value 为 VarInfo。局部符号依赖于其所在代码块的作用域，Lua 的一个代码块可以认为是一个作用域。如 ScopeInfo 结构体所示，作用域设置了符号表，该符号表包含了该作用域内的所有局部符号。ScopInfo 可以被递归嵌套，代表作用域之间的层次关系。代码块的定义如下所示。

```
// ScopeInfo 作用域，块信息
type ScopeInfo    struct {
    Parent      *ScopeInfo          // 父的 ScopeInfo
    SubScopes   []*ScopeInfo        // 所有子的 ScopeInfos
    Func        *FuncInfo           // 是否对应函数信息
    VarVec      []*VarInfo          // 块中对应的符号表
    Loc         lexer.LocInfo       // 位置信息
}
```

作用域之间的嵌套关系，可以借助如下 Lua 代码段简单举例。其中，Part1（整体代码块）包含 1 个子代码块；Part2（test 函数代码块）包含 2 个 if 语句子代码

块。下述 Lua 代码段中包含了多个局部符号信息，如变量 a、b、c、d。

```lua
local a = 1                          -- 整体代码块

local function test()                -- test 函数代码块
    local b = 1

    if a > 1 then                    -- if-1 语句子代码块
        local c = 1
        print(c)
    end

    if b == 1 then                   -- if-2 语句子代码块
        local d = 2
        print(2)
    end
end
```

LuaHelper 的全局符号 map 表如图 19.10 所示。

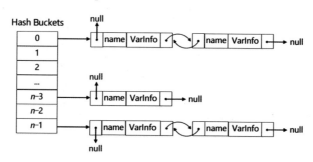

图 19.10　LuaHelper 的全局符号 map 表

LuaHelper 的局部符号 ScopeInfo 嵌套关系图如图 19.11 所示。

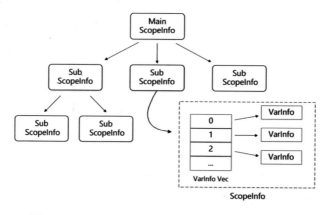

图 19.11　LuaHelper 的局部符号 ScopeInfo 嵌套关系图

19.4.3.2　实现过程

语义分析涉及多次抽象 AST 遍历，第一次遍历生成全局符号表和作用块信息（ScopeInfo）等中间结构。第二次遍历检测具体语义，该过程需要借助第一次遍历生成的信息。

第一次遍历抽象 AST 的具体实现过程如下。

（1）当对一个 Lua 文件的抽象 AST 初次分析时，创建一个 Main ScopeInfo，作为该 Lua 文件的根 ScopeInfo。

（2）当发现以 function、if、for、while 标记开头的语法块时，会产生新的 ScopeInfo，并将其关联到父层的 ScopeInfo。父层 ScopeInfo 会指向子层 ScopeInfo。

（3）当发现 local 局部定义语句时，生成局部符号信息，并把局部符号信息插入对应的 ScopeInfo 信息中。

（4）当发现赋值语句时，如 a = 1，在当前 ScopeInfo、父层 ScopeInfo 及全部符号表中查找是否存在符号名为 a 的符号。若存在，则表示已有变量重赋值操作；若不存在，则表示需要定义全局变量 a，即创建全局符号，并将其插入当前文件的全局符号 map 表中。

第二次遍历抽象 AST，主要进行一些语义检测。具体实现过程如下。

（1）同第一次遍历抽象 AST，逐行创建 Lua 文件的 ScopeInfo 结构及局部符号信息。

（2）进行语义检测。例如，符号引用，若为 print(a)语句，则需要查找符号 a 是否有定义。若未定义，则进行引用未定义告警。该查找顺序为：①查找当前 ScopeInfo 是否存在局部符号 a；②递归查找父层 ScopeInfo 中是否存在局部符号 a；③查找第一次遍历生成的全局符号 map 表。

19.5　代码检测

Lua 是一种动态弱类型语言，无法和静态类型语言一样在编译阶段通过源码分析来确保程序类型安全，也无法进行一些复杂语义分析来确保程序运行正常。因此，Lua 的静态代码检测尤为重要。代码静态检测通过检测源码是否遵守特定规则，在程序执行前就可以识别出许多常见的编码问题，在程序编写过程中就可以进行错误提示，从而加快错误修改过程，降低错误的修改成本，提升代码质量。而且 Lua 语言的语法简单、使用灵活。随着项目的增大，代码的维护成本愈发增大。代码检测成为项目维护中的一个痛点，一些问题要延迟到代码执行期间才会暴露，存在很大的安全隐患。为了解决以上问题，LuaHelper 提供了静态代码检测功能。

LuaHelper 静态代码检测类型主要如下。

（1）词法错误，不合法的单词。例如，Lua 的变量名只能以字母或_开头，其他字符不合法。

（2）语法错误，不合法的 Lua 语法结构。例如，if 开头的条件语句需要以 end 结尾，若缺少 end，则会提示语法错误。

（3）函数定义的参数名是否重复。

（4）局部变量定义后是否未使用。

（5）table 构造时是否包含重复的 key。

（6）函数调用的参数列表个数与函数定义处是否一致。

（7）变量在使用前是否定义。

前面的（1）～（5）检测项的实现涉及词法分析、语法分析及简单的语义分析。以（3）检测项为例，只需要获取函数定义处所有的函数参数名，判断是否存在重复即可。（6）～（7）检测项，需要查找变量定义，变量定义可能是 local 变量、upvalue 变量、当前文件 global 变量或其他文件的 global 变量。

19.5.1　实现原理

当 VSCode 打开 Lua 工程目录时，LuaHelper 插件后台程序会扫描工程目录下所有的 Lua 文件，进行词法分析、语法分析，语法分析后会生成 AST。在此之后，会进行第一次和第二次 AST 遍历。代码检测包含在上述的过程中，词法分析阶段会进行词法检测，对非法单词进行告警。在语法分析阶段，对于非法 Lua 语法结构，也会进行告警。第一次 AST 遍历会进行一些简单的语义分析。例如，检测函数定义的参数名是否重复、局部变量定义后是否未使用，因为这些语义的检测不需要关联复杂的结构和其他的 Lua 文件数据结构。第二次 AST 遍历会进行一些特殊语义检测。例如，函数调用的参数列表个数与函数定义处是否一致、变量在使用前是否定义等。插件后端检测到的代码错误会异步推送到 VSCode 编辑器前端，在诊断输出窗口进行显示。

代码检测的主要工作是检测代码是否遵守特定的规则。因为整套规则集较为复杂，所以本节重点以“变量在使用前是否定义”为例进行解释，对整套规则集不再赘述。Lua 对于未定义变量默认为 nil，在编写代码时，极易使用到未定义的变量，如下所示。

例 1　以下 Lua 片段不存在语法问题，但是在执行时会异常崩溃。

```
local b = 1
b = b + a          -- 语法层面没有问题，执行期间报错，a 没有显示定义
print(b)
```

例 2 在编写过程中，出现变量名拼写错误。

```lua
local test_a = "1"
print(test_b)        -- 实际想输出 test_a，但是误写成了 test_b
```

例 3 删除变量，导致原有变量引用处异常。

```lua
-- foo = 1            -- 定义被注释

print(foo)            -- foo 被注释，但还存在引用
```

对于"赋值的语义检测"，需要涉及两次 AST 遍历。以查找变量定义为例，变量可能是局部变量或全局变量。当遍历单个 Lua 文件的 AST 时，采用的遍历顺序依赖于行序，因此单次 AST 遍历无法关联到行序靠后的一些全局符号。所以 LuaHelper 采用了两次遍历，即第一次遍历所有 Lua 文件对应的 AST，生成 Lua 全局符号表，全局符号表包括全局变量和函数；第二次遍历 Lua 文件对应的 AST 时，需要特别对"变量使用"进行变量定义查找。查找变量定义流程图如图 19.12 所示，父系作用域局部变量为 Lua Upvalue 的变量。若在检测阶段未查找到变量定义，则在 VSCode 诊断输出框中进行告警显示。

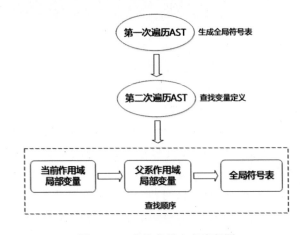

图 19.12　查找变量定义流程图

19.5.2　检测配置项

LuaHelper 支持代码检测内容的配置，以适应各类场景与需求。例如，Lua 作为一种嵌入式脚本语言，需要调用其宿主语言导出的符号。此类符号在 Lua 侧未定义，但 Lua 脚本会使用这些符号，此时需要忽略对该类符号的告警。开发者往往需要忽略或屏蔽一些特定文件或文件夹的告警。

LuaHelper 配置文件为 luahelper.json，位于 VSCode 工程目录下。如此设计

可以使相同项目组共用一份配置文件。配置文件可以通过 git 或 svn 版本工具统一管理。

配置文件的格式为 Json 序列，各项常用配置格式如下。

```
{
    "BaseDir":"./",
    "ShowWarnFlag":1,
    "IgnoreModules":["hive", "import"],
    "IgnoreErrorTypes": [4],
    "IgnoreFileOrFloder": [
        "port/on.*lua",
        "tests/",
        "one.lua"
    ],
    "IgnoreFileErrTypes": [
        {
            "File": "common/",
            "Types": [4]
        }
    ]
}
```

各项配置说明如下。

- "BaseDir":"./"，该项表示待加载的 Lua 文件目录。该项为相对目录，相对于配置文件。配置值的设定可根据实际情况灵活调整，如在作者的项目中，该配置值为"BaseDir":"./bin/"。

- "ShowWarnFlag":1，该项表示是否开启所有类型的代码检测告警。其中，1 为开启，0 为关闭。

- "IgnoreModules":["hive","import"]，该项表示在代码检测过程中，需要忽略的未定义变量集合。Lua 工程经常需要调用 C++等其他宿主语言导入的符号，此处可配置需要忽略的该类符号。示例中值的含义为代码检测过程中忽略"hive"和"import"变量未找到定义的告警。

- "IgnoreErrorTypes":[4]，该项表示忽略指定类型的告警，该值可配置多项。该值为整型，4 代表局部变量定义未使用，具体错误类型详见 LuaHelper 工具 Guide。

- "IgnoreFileOrFloder":[]

```
"IgnoreFileOrFloder": [
    "port/on.*lua",
    "tests/",
    "one.lua"
]
```

该项表示 LuaHelper 无须对指定文件或文件夹进行任何处理。值的填写与支持 Go 的 regexp.Match 正则模式匹配。例如，上述配置的含义是忽略分析 port 文件夹下以 on 开头的各项 Lua 文件，忽略分析 tests 文件夹下各项内容，忽略分析 one.lua 文件。

- "IgnoreFileErrTypes": []

```
"IgnoreFileErrTypes": [
    {
        "File": "common/",
        "Types": [4]
    }
]
```

该项表示忽略指定文件或文件夹下的指定告警类型。例如，上述配置含义是忽略 common 文件夹下类型 4 的错误告警。（类型 4 为局部变量定义未使用）。

19.5.3　实现特点

LuaHelper 的静态代码检测采用全量检测与增量检测相结合的技术。VSCode 开启 Lua 工程时，首先进行全量检测。此时插件会扫描工程目录下所有的 Lua 文件，对其进行词法分析、语法分析、第一次 AST 遍历、第二次 AST 遍历，并缓存所生成的各项中间数据（包括各 Lua 文件所产生的全局符号表、局部符号表、AST 等）。当对 Lua 文件内容编辑保存后，立即触发增量检测。增量检测主要对修改后的 Lua 文件重新进行词法分析、语法分析、第一次 AST 遍历。特别地，需要对工程下所有的 Lua 文件进行第二次 AST 遍历。上述特别处理过程的原因是对某 Lua 文件修改后，其他 Lua 文件可能会引用该 Lua 文件中的变量，因此需要重新检测变量是否定义。

为了提升插件分析及检测效率，LuaHelper 使用了 Go 语言多协程技术。由于各 Lua 文件的解析过程相互独立，插件对各 Lua 文件进行词法分析、语法分析及第一次 AST 遍历时，可以将每个文件的解析作为一项单独的任务进行分发，即每个 Lua 文件的解析可交由一个 Go 协程处理。当上述处理完成后，插件需要对工程中所有 Lua 文件进行第二次 AST 遍历，该阶段同样可以采用 Go 语言多协程技术，过程同上。协程分析图如图 19.13 所示。

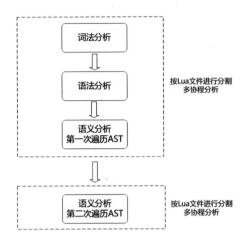

图 19.13　协程分析图

19.6　注解功能

本节针对 Lua 弱类型语言的特点，基于"弱类型，强注释"的原则，利用注解功能改进弱类型语言因缺失类型而在项目开发维护中带来的各项不足。

19.6.1　开发背景

Lua 是一种动态脚本语言，在实际使用过程中，存在许多因缺少静态语言类型而带来的不便，如下。

- 无法在代码编写阶段发现大部分的错误，许多错误需要到运行时才能暴露，无法及早发现 Bug。
- 缺少显示的编程规则，无法第一时间明确 API 的输入输出类型，代码可读性较差。
- 在大型工程中，往往需要多人协作开发，版本需要经常重构优化，因其弱类型特点，代码重构及协作开发性较差。
- 在编辑器或 IDE 中，代码编辑或代码辅助（代码补全、跳转定义、智能提示等）功能较弱。

针对以上问题，目前脚本语言解决方法大致有 2 个方向。

① 新开发一门语言，如 TypeScript 支持类型系统，能翻译成为 JavaScript。

TypeScript 是由微软发明的一种编程语言,设计的初衷是帮助 JavaScript 的开发人员像类似静态语言 C++、Java 那样编写代码，如使用高级语言的强类型、面向对象、语法检测、代码编译等特点。TypeScript 包含一个编译器，可以将用

TypeScript 编写的代码转换为原生的 JavaScript 代码。

② 语法级别支持类型，如 Python 3.5 版本支持类型标注。

Python 采用的侵入式兼容修改方案对底层语法分析进行了修改，新增了注解语法。Python 运行时并不强制标注函数和变量类型。类型标注可被用于第三方工具，如类型检测器、集成开发环境、静态检测器等。以实际代码为例，函数接收两个整型参数，并返回两数之和，如下所示。

```python
def add(x: int, y: int) -> int:
    return x+y

z = add(3.14, 1.23)
```

在函数 add func 中，两个参数预期为 int 类型，并且返回 int 类型。即使实参传入为浮点型，Python 运行该段程序也能正常运行，最终 z 值为 4.37。Python 解释器对该类语法并不提供额外校验。此类型语法并不影响 Python 代码的解释和执行。

综上，类型标注的作用如下。

- 作为开发文档附加说明，方便使用者调用、传入和返回类型。
- 该模块加入之后不影响程序运行。类型不匹配时不会引起错误。
- IDE 根据标注类型，可以进行代码提示、代码补全、类型检测等功能。
- 非侵入式注解，利用现有注释格式，新建注释语法，实现类型标注。

相对分别需要开发新语言或修改语言底层词、语法分析的解决方法，通过注释进行类型标注的方法，实现更为便捷，方法更为通用。该方法无须原生语言底层支持，配合注释，新建注释语法，利用辅助插件即可完美实现。根据以上分析对比，LuaHelper 最终选择了该方法进行 Lua 的类型标注，实现过程参考 EmmyLua 插件的部分注释注解功能，并在其基础上进行了进一步扩展与功能丰富。

19.6.2 实现原理

注释注解是指通过特定的注释语法规则来标明或引用结构，因为是在原生注释内容之中的，所以不会对语言产生影响。LuaHelper 通过在解析 Lua 文件特定的注释结构时，生成相应的中间数据来实现注释注解功能。注解结构如下所示。

```
---@class People @定义 People 类型
---@field name string
---@field address string
---@field age number
```

当解析到以---@class 开头的注释内容时，LuaHelper 判定其为新定义的注解类型结构。其后的---@field 标识的内容，表示该注解类型的成员。在语义分析阶段，插件会生成相应的中间注解类型结构 People，该结构的成员分别是 name、address、age，且各个成员均有对应的类型。

当引用注解类型时，只需要在变量定义前一行添加以 ---@type 注释开头的语句。示例如下。

```
---@type People 表示其后的变量 one 类型为 People
local one
```

通过以上标注，即可将 Lua 变量 one 与注解类型 People 进行关联，变量 one 具有 People 类型的各个成员。在代码编辑过程中，LuaHelper 可对其进行代码提示、代码补全等功能。

注解类型本质上是 Lua 变量的一种附加关联属性，与 Lua 变量原生类型属性在代码提示过程中共同发挥作用。当 Lua 变量关联了注解类型时，因为注解会提供更多额外信息，所以 LuaHelper 在代码提示过程中会优先使用注解类型属性。Lua 变量原生类型有 nil、boolean、string、number、table 等。

19.6.3　语法规则

LuaHelper 注释注解方式以---@开头，以区别 Lua 中以--开头的普通注释。完整注释注解语法用 EBNF（扩展巴科斯范式）表述如下。

```
annotate ::= ---@class class_name [: PARENT_TYPE {, PARENT_TYPE}]
[@comment]
        | ---@type TYPE [@comment]
        | ---@field field_name TYPE [@comment]
        | ---@param param_name TYPE [@comment]
        | ---@return TYPE {, TYPE} [@comment]
        | ---@generic G
        | ---@alias alias_name TYPE [@comment]
```

其中，TYPE 的详细介绍如下。

```
TYPE ::= nil | boolean | number | string | function  | table
    | void
    | any
    | class_name
    | TYPE '[' ']'
    | table<TYPE, TYPE>
    | fun(param: TYPE [, param: TYPE]) '{' :TYPE [, TYPE] '}'
    | TYPE '|' TYPE
```

EBNF 语法说明如下。

- {}扩起来的内容，表明出现 1 次或多次。
- []括起来的内容，表明出现 0 次或 1 次。
- 表示或者的关系。

19.6.4　语法详情

本节将详细介绍各类注释语法的使用规则。

19.6.4.1　class 定义类型

使用---@class 表示类似 C++中的 struct 类型，并支持继承（包括多继承）关系。

详细格式如下。

```
---@class class_name [: PARENT_TYPE {, PARENT_TYPE}] [@comment]
```

其中，PARENT_TYPE 表示继承的父 class 类型。

详细使用示例如下。

- 不存在继承关系。

  ```
  ---@class People @定义 People 类型
  ---@field name string
  ---@field address string
  ---@field age int
  ```

- 存在单继承关系。

  ```
  ---@class Man : People @定义 Man 类型，单继承
  ---@field phone number
  ```

- 存在多继承关系。

  ```
  ---@class Man : People, Team @定义 Man 类型，多继承
  ---@field attr string @额外属性
  ```

19.6.4.2　type 用法

使用---@type 表示变量的类型。

详细格式如下。

```
---@type TYPE [@comment]
```

其中，TYPE 表示一种类型集中的一个类型，该集合中包含多种原生类型及自定义类型。

1. type 定义简单类型

```
TYPE ::= nil | boolean | number | string | function | table
    | void
    | any
    | class_name
```

其中，class_name 为用户自定义的类型。

Lua 的默认类型如下。

- nil：空。
- boolean：bool 型，取值 true 或 false。
- number：整型或浮点型。
- string：字符串类型。
- function：函数类型。
- table：默认 table 类型。

使用示例如下。

- type 为 Lua 原生类型。

  ```
  ---@type string @变量 test 类型为字符串类型
  local test
  ```

- type 为自定义 class 类型。

  ```
  ---@class People
  ---@field name string
  ---@field address string
  ---@type People @定义 one 类型为 class People
  local one = {}
  ```

2. type 定义数组类型

```
TYPE ::= TYPE '[' ']'
```

利用 TYPE[] 的方式来标注数组类型，数组中每个元素类型均为 TYPE。

使用示例如下。

- 数组类型为 Lua 原生类型。

  ```
  ---@type string[] @test_list 的元素类型为 string 数组
  local test_list
  ```

- 数组类型为自定义 class 类型。

  ```
  ---@type People[] @people_list 为 People 数组成员
  local people_list = {}
  -- one 的类型是 People
  local one = people_list[1]
  ```

```
for i, value in pairs(people_list) do
    -- i 的类型为 number
    -- value 的类型为 People
end
```

3. type 定义 map 类型

```
TYPE ::= table<TYPE, TYPE>
```

利用 table<TYPE, TYPE>的方式来标注 map 类型，其中 key 类型为 TYPE，value 类型为 TYPE。

使用示例如下。

```
---@type table<string, People> @定义 People 的字典结构，key 为 string，value 为 People 类型
local dict = {}
-- one 的类型为 People
local one = dict['key']
for key, value in pairs(dict) do
    -- key 的类型为 string
    -- value 的类型为 People
end
```

4. type 定义 fun 类型

```
TYPE ::= fun(param: TYPE [, param: TYPE]) '{' :TYPE [, TYPE] '}'
```

利用 fun 来标注定义的函数类型。

使用示例如下。

- 基础用法。

```
---@type fun() @简单函数类型，该函数无参数，无返回值
local fun1
```

- 带函数参数。

```
---@type fun(param1 : string, param2 : number) @该函数包含 2 个参数，无返回值
local fun2
```

- 带函数参数与返回值。

```
---@type fun(param1 : string) : number, string @该函数有 1 个参数类型为 string，2 个返回值类型分别为 number 与 string
local fun3
```

5. type 定义多个可能的类型

```
TYPE ::= TYPE '|' TYPE
```

Lua 是动态语言，其变量可能为不同类型，使用|表示该变量可能为多种类型。使用示例如下。

```
---@type People | number @该变量可能为 People 类型，也可能为 number 类型
local one
```

19.6.4.3 field 定义 class 成员

使用---@field 定义 class 成员。
详细格式如下。

```
---@field field_name TYPE [@comment]
```

使用 field 时，需要紧跟---@class 声明。
详细使用示例如下。

```
---@class People @定义 People 结构
---@filed name string @紧挨着上一行的 class，表明有 name 成员
local one = {} --定义的这行紧跟着 class 的定义，表明类型是 People，one 有
name 成员
```

19.6.4.4 param 函数参数声明

使用---@param 定义函数参数的类型。
详细格式如下。

```
---@param param_name TYPE [@comment]
```

详细使用示例如下。
- 函数参数。

```
---@param people People @类型是 People
---@param age number @类型是整型
---@param info string | number @类型可能是 string，也可能是 number
local function setInfo(people, age, info)
    ...
end
```

- 匿名函数。

```
---@param info string | number @变量类型可能是 string，也可能是 number
setCallback(function(info)
    ...
end)
```

- 迭代器 kv。

```
---@param k number @类型为整型
---@param info People @类型指向 People
```

```
for k, info in pairs(info_table) do
    ...
end
```

19.6.4.5　return 函数返回类型

使用---@return 定义函数返回类型。

详细格式如下。

```
---@return TYPE {, TYPE} [@comment]
```

详细使用示例如下。

- 基础用法。

```
---@return People @返回 People
local function create()
    ...
end
```

- 多返回值函数。

```
---@return number @第一个返回值为 number 类型
---@return People @第二个返回值为 People 类型
local function getInfo()
    ...
end
```

```
--或者可表示如下。
---@return number, People @第一个返回值为 number 类型，第二个返回值为 People 类型
local function getInfo()
    ...
end
```

19.6.4.6　generic 泛型类型

使用---@generic 模拟高级语言中的泛型，如 C++语言中的模板。

详细格式如下。

```
---@generic G [@comment]
```

详细使用示例如下。

```
---@generic T @定义泛型 T
---@param param1 T @参数的类型为泛型 T
---@return T @函数的返回类型为泛型 T
local function test_one(param1)
    ...
end
```

```
---@type People
local one
local value = test_one(one)  -- one 的类型是 People，所以 test_one 函数
```
的返回类型也是 People，并可进一步推导 value 类型也是 People

19.6.5　注解使用场景

通过注释注解可以有效地对数据结构的成员属性和成员方法进行标注。注释注解主要有如下 2 个应用场景。

- Lua 代码类型标注。注解的使用能够较为准确地标注出 Lua 对象的结构、函数调用方法等，提升了代码的可读性，并可为代码编写过程提供相应的代码提示，增强了代码编辑的效率与质量。

- 提供与第三方框架的代码交互。Lua 作为一种嵌入式脚本语言，会频繁与其宿主语言进行交互。但 Lua 在编辑过程中，无法对宿主语言进行代码提示，往往需要手动查阅才可以明确相关成员信息，一定程度上影响了开发效率与质量。利用宿主语言注解中间格式，采用注解方法，可以有效解决上述问题，如图 19.14 所示。

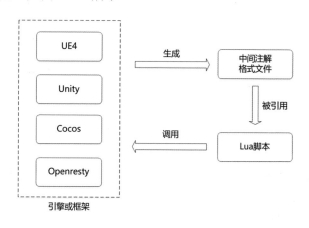

图 19.14　Lua 对客户端引擎和框架的支持图

例 1　客户端采用 UE4 开发引擎，在 Lua 层需要大量调用 UE4 导出的 C++对象，或者蓝图导出的对象。通常情况下，Lua 侧代码编辑无法对此类对象进行代码补全和变量相关属性提示，只能通过查看 C++对象原型或蓝图资源编辑中的详细信息，手动拷贝使用。该方式效率较低，且易引发错误。针对以上情况，客户端开发人员可以通过工具自动生成注解格式中间文件，插件根据注解格式中间文件信息，可提供代码自动补全、成员对象查看等功能。

例 2　在 Openresty 框架下编写 Lua 时，需要调用 C++层 ngx 导出的一些对

象（如需要调用 ngx.timer 对象的一些成员）。一般编辑器插件无法提示 ngx.timer 对象的所有成员，只能在需要时手动查阅相关 API 文档。当插件引入相关的注解格式中间文件后，即可列出该对象的所有成员，如图 19.15 所示。

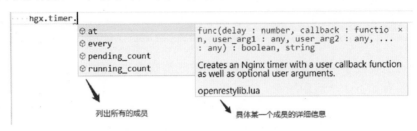

图 19.15　提示 ngx.timer 模块的所有成员

19.7　总结

综上所述，针对 Lua 市面现有插件效率、功能方面的不足，本章介绍了一款高性能 VSCode Lua 插件 LuaHelper。LuaHelper 基于 LSP，通过定制开发 Lua 的词法分析、语法分析、语义分析三大核心模块，利用 Go 协程技术，有效提升了插件的运行效率，实现了插件功能的实时响应。LuaHelper 还通过全新设计语义分析阶段后产生的中间结构数据，丰富了对 Lua 语言编码的各项支持，包括代码编辑辅助、代码检测等方面。而且针对 Lua 弱类型语言缺少类型系统而带来的代码可读性差、维护成本高、Bug 暴露不及时等问题，给出了一种利用注释注解的解决方案，即利用现有的注释规则，设计一套注释语法，从而可以在不侵入语言的前提下，完成对 Lua 的结构标注。

LuaHelper 的设计开发旨在提供一个功能齐全、支持完善的 Lua 集成开发工具，从而有效提升 Lua 开发的效率及质量，推广 Lua 语言的应用。Lua 的运用灵活，LuaHelper 仍需要对各类 Lua 的一些特殊语法、用法进行进一步的功能定制化开发；针对当前 LuaHelper 的各个模块，仍需要进一步进行性能分析，并继续优化运行效率；对于 Lua 的各类框架，LuaHelper 仍需要针对性地进行注解内容的完善，以便对于各类主流框架，LuaHelper 都可以良好适配。针对以上不足与待改进的地方，LuaHelper 的开发者会持续改进，同时希望各位 Lua 开发者可以提出宝贵的意见。

安卓平台非托管内存分析方案

20.1　内存问题

安卓平台一直缺乏简单易用的非托管内存数据采集与分析工具。对于大型游戏项目来讲，没有合适的底层工具，内存分析就是噩梦般的存在。本章旨在通过整合安卓平台中的相关技术，提供一种易用且高效的非托管内存数据采集和数据分析解决方案。

要实现平台相关的解决方案，首先需要了解安卓平台的特点。

20.1.1　安卓平台简介

安卓系统中的程序直接操作的是虚拟内存（Virtual Memory）。虚拟内存是操作系统对物理内存或存储设备的一种映射，可提供给不同进程相同大小的内存地址空间，且在程序看来这个内存地址空间是连续的，方便开发者使用。

虚拟内存是按页（Page）分配的，页是固定长度且连续的虚拟内存块。页在真正被使用时才会和物理设备建立映射。当操作系统内存不足时，会将长时间未使用的文件页或在磁盘中有备份的页释放掉，再次用到时会重新加载。操作系统还会将一些运行时产生的页压缩存储于内存中，以降低整体内存占用。

当需要申请内存时，可通过 mmap 函数建立内存映射关系。

```
// map files or devices into memory
void *mmap(
    // 建立映射的起始地址，一般填 NULL
    void *addr,
    // 需要映射的大小
    size_t length,
```

```
// 映射区域的内存保护
// PROT_EXEC | PROT_READ | PROT_WRITE | PROT_NONE
int prot,
// 标记映射区域是否共享，是否有磁盘备份
int flags,
// 文件映射时表示文件描述符
int fd,
// 文件偏移
off_t offset
);
```

mmap 是底层的内存分配函数，常见的 malloc 函数就是基于它实现的。

安卓系统使用 PSS（Proportional Set Size）作为程序内存占用的计量方式，即程序私有页与共享页均值之和。可通过 adb 命令得到进程内存报告。

```
adb shell dumpsys meminfo package com.xxxx.xx
```

meminfo 数据分类如表 20.1 所示，其中的 Heap 分类即本章主要分析的内存分类。

表 20.1　meminfo 数据分类

分　　类	详　　情
Native Heap	malloc、引擎、第三方库
Dalvik Heap	Dalvik 虚拟机内存
Dalvik Other	JIT 和安卓 GC
.so .dex mmap	Native 和 Dalvik 或 ART 代码
EGL mtrack	≈ Surface/TextureView
GL mtrack&Gfx dev	≈显存
Unknown	系统无法分类的内存

那么，安卓平台目前存在哪些现有的内存分析工具呢？

20.1.2　安卓平台现状

安卓平台可使用 ASan[1]或 HWASan 进行内存泄漏等内存问题的分析，但其不适合大型游戏项目，也无法解决内存过大的问题。安卓 10 开发了 Perfetto[2]性能分析套件，支持非托管内存的数据采集，但仅支持安卓 10 及以上的设备。目前不存在一种比较易用且完整的非托管内存分析工具或流程。

---

[1] Address Sanitizer 官网。
[2] Perfetto 官网。

20.2　解决方案

一套成熟便捷的方案由内存分配函数注入、堆栈回溯、数据传输、符号表解析这几步组成。首先需要一个内存分配函数的加钩（Hook）方案，考虑到稳定性与可配置性，选择使用开源的 xHook 项目[①]进行加钩操作。只需要调用 xhook_register 函数，即可对动态库 libunity.so 的内存分配函数 malloc 进行替换，来进行内存分配操作的监控。

```
xhook_register(".*/libunity\\.so$", "malloc", (void*)loliMalloc, nullptr);
```

在替换函数 loliMalloc 中记录下调用堆栈及所申请的内存大小，因为游戏中内存分配操作频率非常高，所以需要将不必要的实时运算转换为离线运算。因此需要在运行时将原始数据存储至外存中，随后在运算性能更强大的计算机客户端进行数据整合与分析。

此方案需要为目标进程添加额外的代码。为提高方案的易用性，可通过代码注入来实现对目标进程的无感侦听，通过 Java 调试接口（JDWP[②]）可对打开调试开关的程序进行 Java 代码注入，如图 20.1 所示。

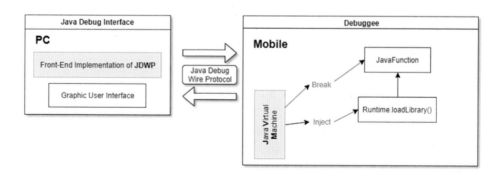

图 20.1　JDWP 通信协议执行过程

使用 JDWP 协议打断后，即可注入 Java 代码加载第三方动态库。

```
Runtime.getRuntime().loadLibrary("/data/local/tmp/libloli.so");
```

接着使用动态库初始化函数 JNI_OnLoad 进行必要的初始化，最终实现对目标进程自动添加额外代码的工作。

使用自定义的 malloc 函数替换系统函数后，即可通过 libunwind.so[③]中提供的

---

① xHook 官网.

② 参见《JDWP 代码注入》.

③ 参见《Android 堆栈回溯》.

API 导出函数调用堆栈。

堆栈回溯操作常见于日志系统中，日志系统回溯堆栈的频率低，因此不需要过于关注性能问题。使用堆栈回溯接口导出的原始数据是当前进程空间中的虚拟地址，需要对其进行二次处理，才能知道当前地址属于哪个动态库，从而进行函数地址翻译为函数符号的操作。上述步骤在日志系统中都是实时计算的，一般通过 dladdr 函数来判断某个虚拟地址所在的动态库，其核心逻辑如下。

```
soinfo* find_containing_library(const void* p) {
    for (soinfo* si = solist_get_head(); si != nullptr; si = si->next) {
        if (address < si->base || address - si->base >= si->size) {
            continue; // 当前虚拟地址不在动态库 si 的地址范围内，跳过
        }
        // 否则，其属于动态库 si 的地址范围
```

可以看到，通过简单的遍历操作来检查所有加载进内存的动态库所管理的虚拟内存范围，从而判断输入的虚拟内存地址属于哪个动态库。这是一个复杂度为 $O(n)$ 的过程，因此更适合离线计算，包括下一步翻译地址为函数符号的操作。尽可能多地将实时运算转换为离线运算，能够降低内存分析过程对手机游戏执行性能的影响。

完整的调试过程如图 20.2 所示。

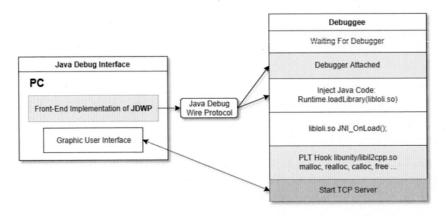

图 20.2　完整的调试过程

20.2.1　方案存在的问题

经性能测试发现当前流程的性能瓶颈在于使用 libunwind.so 进行堆栈回溯这一步，于是对几种常见的堆栈回溯技术进行了研究，如表 20.2 所示。

表 20.2　堆栈回溯技术

名　称	优　点	缺　点
①libunwind.so	即插即用	速度慢
②instrument-functions	速度快	重新编译、包体增大
③no-omit-frame-pointer	速度快	重新编译

第①种回溯技术主要的优点是即插即用，绝大多数 APK 中的动态链接库均可使用此技术在运行时进行堆栈回溯。对于内存分配不是很频繁的小型项目来说，其性能是足够支撑的。同时对需要采集的数据总量进行了优化，此优化参考了 GooglePerfetto 的设计，通过统计学原理在有一定准确性的基础上降低了需要采集的数据总量。

第②种回溯技术源自高德地图的技术文章，通过编译器选项对所有函数进行插桩，在桩函数中通过无锁结构进行堆栈回溯，多线程性能达到默认回溯技术的 10 倍。其主要缺点为桩函数会大大增加包体大小，对大型项目影响较大。

第③种回溯技术源自 GoogleAsan 项目，是一种基于寄存器的堆栈回溯方案，其性能优于第②种回溯技术，且不会对包体大小造成影响，是目前在编译器支持的情况下最优的方案。

对以下几种方案进行真机性能测试后，发现基于寄存器[①]的方案速度最快，最适合手机游戏项目，相关数据如表 20.3 所示。

表 20.3　虚幻引擎 4 第三人称 Demo 性能数据

技 术 方 案	进入游戏用时	APK 包体大小	libUE4.so 大小
不进行内存分析	00:14.34	217MiB	1.68GiB
基于寄存器的方案	00:14.34	217MiB	1.68GiB
进阶版编译器插桩方案	00:18.38	226MiB	1.72GiB
编译器插桩方案	00:49.88	330MiB	2.45GiB
libunwind 方案	08:05.41	217MiB	1.68GiB

因此，如果可以修改代码并重新打包游戏，且使用的编译器支持这些高级特性时，应该尽可能使用性能更好、对包体影响更小的堆栈回溯方案。

解决了运行时 CPU 运算相关的性能问题后，需要解决数据存储的问题。

大型游戏项目短时间内会产生巨量的内存分配数据，由于内存分配数据的时间相关性，必须记录下所有数据后才可进行数据分析。巨量的数据会很快造成内存压力，需要将数据通过 TCP Socket 实时传输到计算机中，随后将传输到计算机中的数据缓存到硬盘上来减缓内存问题。采集结束后逐个进行数据处理与分析，

---

① 参见《寄存器堆栈回溯》.

可大大降低调试工具与被调试进程的内存压力。

大型游戏的动态库通常体积较大,直接使用 NDK 工具链中的 Addr2line 工具翻译函数地址效率低下。可通过 nm 工具[①]将完整符号导出为文本文件,并按地址进行排序。在工具中读排序后的数据,结合二分查找法,可将符号表翻译的过程优化到数十秒的水平。

```
nm -nCS /path/to/library_with_symbols.so
```

将处理后的数据根据调用堆栈进行聚合,即可将内存分配操作与引擎代码联系起来,很清晰地了解不同代码所产生的内存分配情况,从而进行有针对性的优化或调整。

20.3 适配游戏引擎

为何需要适配游戏引擎?

游戏引擎会使用内存池技术(类似系统的 malloc 实现)对内存分配操作进行缓存与复用,并且游戏引擎会使用更适合游戏的内存缓存策略,以提高内存分配性能。因此直接使用钩子函数去钩 malloc、mmap 函数是无法得到有效数据的,需要对引擎进行适配,在内存池层面采集数据,从而获取更有参考价值的内存分配信息。

目前已对两大游戏引擎进行了深度适配(需要拥有引擎源码且能够重新构建游戏引擎),以提供游戏项目良好的使用体验。当然,其中的原理是通用的,理论上可用于任何安卓项目中,不局限于游戏引擎。

20.3.1 适配虚幻引擎 4

若使用的虚幻引擎是 4.24 及以上版本,则可使用基于寄存器的堆栈回溯方案。

首先需要将内存分配器改为 FMallocAnsi,即可直接使用 malloc 进行内存分配,但 malloc 运行效率比默认的 FMallocBinned 低,因此可以通过添加代码来手动上报内存分配、释放的数据。

```
extern void (*loli_alloc_ptr)(void*, size_t);
extern void (*loli_free_ptr)(void*);

void* FMallocBinned::Malloc(SIZE_T Size, uint32 Alignment) {
    // ...
```

---

① Michael Kerrisk. The Linux Programming Interface,maintainer of the Linux man-pages project. 2021.

```cpp
#ifdef USE_LOLI_PROFILER
    loli_alloc_ptr(Free, Size); // <-- 在此记录分配
#endif
    MEM_TIME(MemTime += FPlatformTime::Seconds());
    return Free;
}

void* FMallocBinned::Realloc(void* Ptr, SIZE_T NewSize, uint32
Alignment) {
    // ...
#ifdef USE_LOLI_PROFILER
    loli_free_ptr(Ptr); // <-- 记录老指针的释放
    loli_alloc_ptr(NewPtr, NewSize); // <-- 记录新指针的分配
#endif
    MEM_TIME(MemTime += FPlatformTime::Seconds());
    return NewPtr;
}

void FMallocBinned::Free(void* Ptr) {
#ifdef USE_LOLI_PROFILER
    loli_free_ptr(Ptr); // <-- 在此记录释放
#endif
    Private::PushFreeLockless(*this, Ptr);
}
```

通过暴露函数地址 loli_alloc_ptr/loli_free_ptr，让内存工具在注入代码时找到并替换虚幻引擎内存池中的内存分配、释放接口。用于记录数据的钩子函数会通过 thread_local 等技术优化多线程调用的性能。在数据采集到一定数量后，压缩并通过 TCP Socket 发送至计算机客户端中存储，以备后续分析处理。

然后需要打开编译器选项 -fno-omit-frame-pointer，这样可让编译器将 FramePointer 存储到寄存器中，即可将堆栈获取的过程优化为"查表"。

```csharp
// Engine/Source/Programs/UnrealBuildTool/System/RulesAssembly.cs
if (Platform.Platform == UnrealTargetPlatform.Android &&
Rules.bUseLoliProfiler)
{
    Rules.GlobalDefinitions.Add("USE_LOLI_PROFILER=1");
    Rules.AdditionalCompilerArguments += " -fno-omit-frame-pointer";
}
```

对于老版本的虚幻引擎，可使用基于编译器插桩的堆栈回溯方案。

```csharp
if (Platform.Platform == UnrealTargetPlatform.Android &&
Rules.bUseLoliProfiler)
{
    Rules.GlobalDefinitions.Add("USE_LOLI_PROFILER=1");
```

```
    Rules.AdditionalCompilerArguments += " -finstrument-functions-after-
inlining";
    // 当 after-inline 选项不支持时，直接使用 -finstrument-functions
}
```

可参考高德地图的技术文章[①]实现桩函数的代码。虚幻引擎使用 UnityBuild 构建方案，因此只需要添加桩函数的实现，无须定义到头文件中。

20.3.2　适配 Unity 引擎

可通过扩展 Unity 的 Java 代码 UnityPlayerActivity.java，添加启动参数——systemallocator。使 Unity 引擎使用 malloc 分配内存，以抓取更全面的数据。

```
protected String updateUnityCommandLineArguments(String cmdLine) {
    return "-systemallocator";
}
```

Unity 2018 引入了 Bee 构建系统，若 APP 是 64 位的，则只需要修改如下构建脚本，即可使用基于寄存器的堆栈回溯方案。

```
// Tools/Bee/Bee.Toolchain.Android/AndroidNdkCompiler.cs
// if (Optimization != OptimizationLevel.None)
// {
//     // important for performance. Frame pointer is only useful for
profiling, but
//     // introduces additional instructions into the prologue and
epilogue of each function
//     // and leaves one less usable register.
//     yield return "-fomit-frame-pointer";
// }
yield return "-fno-omit-frame-pointer"; // <- 打开 Framepointer 选项
```

对于 32 位的 APP 暂时只支持基于编译器插桩的堆栈回溯方案，详见下文。

Unity 2017 或 Unity 5 可使用基于编译器插桩的堆栈回溯方案。

```
// PlatformDependent/AndroidPlayer/Jam/Android_NDK.jam.cs
// 2017
            Vars.Android_CFLAGS_debug.Assign(
                "-O0",
                "-D_DEBUG",
                "-fno-omit-frame-pointer",
                "-finstrument-functions", // <-- 添加
                "-fno-strict-aliasing");
            Vars.Android_CFLAGS_release.Assign(
```

---

① 参见《高德地图插桩堆栈回溯方案》.

```
            "-Os",
            "-DNDEBUG",
            "-fomit-frame-pointer",
            "-finstrument-functions", // <-- 添加
            "-fstrict-aliasing");
// 5.6
// ######## Common flags for all toolchains ########
Android.CFLAGS.release = ... -finstrument-functions ;
Android.CFLAGS.debug = ... -finstrument-functions ;
```

桩函数的定义需要添加到 NDK 中的 jni.h 头文件中，这样接口才能被其他函数访问到。根据当前的平台设置选择正确的文件夹，选择正确的架构（arch-arm 或 arch-arm64），jni.h 位于架构文件夹下的/usr/include 中，添加如下 2 行代码。

```
#ifndef JNI_H_
#define JNI_H_

#include <sys/cdefs.h>
#include <stdarg.h>

extern void __attribute__((no_instrument_function))
__cyg_profile_func_enter(void* this_func, void* call_site);
extern void __attribute__((no_instrument_function))
__cyg_profile_func_exit(void* this_func, void* call_site);
```

将桩函数的实现放到以下位置。

```
PlatformDependent/AndroidPlayer/Source/main/AndroidLoli.cpp
PlatformDependent/AndroidPlayer/Source/AndroidLoli.cpp
```

即可在 libunity.so、libmain.so 中实现桩函数。

20.4　性能表现

使用装载有高通骁龙 865 CPU 的设备对在研大型 UE4 项目进行性能测试。采集时长为 122s，平均帧率从 57.88fps 下降到 26.64fps，对游戏线程增加了 1.65～2.2 倍的额外负载。游戏线程帧时间对比如图 20.3 所示。

在图 20.3 中，横轴为帧号，纵轴为每帧游戏线程的负载，橙色为不采集内存数据时的游戏线程负载，蓝色为采集内存数据时的游戏线程负载。

拥有常驻内存分配记录后，可通过对比不同时间点的数据，分析内存泄漏问题。通过内存分配记录的调用堆栈生成唯一键值，即可进行数据对比。通过对比不同时间点下，不同堆栈所产生的函数调用次数，能够输出一段时间内可能发生泄漏的函数调用堆栈，从而简化分析流程。

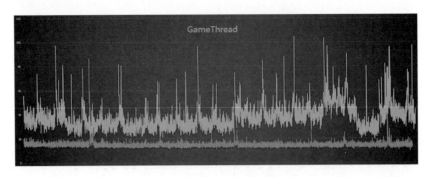

图 20.3　游戏线程帧时间对比

此方案可为大型游戏项目提供较流畅的数据采集体验,降低开发者分析安卓程序非托管内存的难度,完整的技术方案已通过 Github 向读者开源[①],以虚幻引擎构建的安卓程序为例,在抓取数据后可通过 TreeMap 的形式查看未释放内存的分配情况,如图 20.4 所示。此外,本方案支持选择时间区间,对不同时间点的数据进行对比,以分析内存泄漏问题。

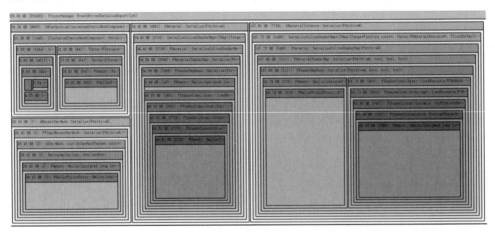

图 20.4　内存分配情况

通过采集的数据看到,测试进程中大部分内存占用是虚幻引擎的材质系统中的着色器模块引起的,因此可以进行一些着色器内存的优化工作。通过这种直观的方式,将内存分配操作关联到代码层面,可以更有效地开展游戏内存优化工作。

---

① 参见《LoliProfiler》.

过程化河流生成方法研究与应用

随着开放世界游戏的流行，为了高效制作资产和填充世界，过程化内容生成技术（Procedural Content Generation，PCG）应用日益广泛，借助 Houdini 强大的几何处理能力和非破坏性特点，可以方便地构建过程化系统，在这方面育碧等 3A 大厂已经展示过很多成功案例。

过程化生成主题十分广泛，涵盖地形、河流、道路、植被、建筑等，且边界仍在不断扩大。本章介绍过程化河流生成，目前比较有特色的河流生成方法是游戏《地平线：黎明时分》中提出的方法，考虑了阶梯瀑布、山谷侵蚀、宽度变化等河流自然特征，能够得到比较生动的效果。本章借鉴地平线方法，在此基础上进行补充和扩展，实现一套鲁棒可控的河流生成系统。

大致流程如下。

（1）用户通过输入曲线控制河流走势和基础宽度，支持多条曲线形成河网。

（2）对输入的曲线进行滑落、侵蚀、阶梯化、宽度变化、约束求解，得到河网骨架。

（3）由河网骨架生成河面、河床、河岸及遮罩。

（4）生成石头、流向、水花粒子。

（5）生成数据通过 Houdini Engine 转换为游戏引擎数据。

其中保留了地平线方法中阶梯瀑布、山谷侵蚀、宽度变化等特色；补充了河网生成；改进了河面生成方法，解决了自相交瑕疵和支流衔接问题；利用距离场优化了 Flow Map 数据量；使用 Flow Vector 驱动河面流动；通过 Houdini Engine 实现在游戏引擎内生成。

本章所述河流生成方法应用于游戏《重生边缘》。

21.1 过程化挑战

过程化技术很早就被用于游戏开发了，但以往主要应用于允许较强随机性的特定类型游戏，如各种 Roguelike 游戏《孢子》、《无人深空》等。对于一般的商业游戏，由于需要严格遵守设计要求，强随机性的过程化技术难以适用。随着游戏场景规模的不断扩大，尤其是开放世界的流行，人力成本激增，过程化技术受到重视，并产生了新的应用思路，使用过程化技术进行辅助制作，在提高效率的同时具有可控性。

对于特定类型资源的制作，World Machine、SpeedTree、Substance Designer 等基于过程化的工具已经普及。Houdini 作为更通用的过程化软件，可在更高层次上对资源进行整合，完成游戏世界最终生成和装配。基于 Houdini 搭建过程化管线并应用于游戏大世界制作的方案有《孤岛惊魂 5》《幽灵行动》等游戏，它们的成功实践使人们看到此项技术的巨大潜力，越来越多的游戏和厂商开始引入过程化技术。

当然，以算法代替人工并不是一件容易的事情。过程化面临以下挑战。

- 可控性：生成结果需要符合设计预期，随机性适度。
- 鲁棒性：在任何条件下均能得到合理、无瑕疵的结果。
- 媲美手工：生成结果尽可能不输于手工。
- 兼容手工：生成内容与手工编辑内容不产生冲突（数据分离）。
- 易用性：操作过程简单直观。

本章以河流生成为例，针对上述问题给出解决思路。

《地平线：黎明时分》提供了一种河流生成方法[1]，考虑了阶梯瀑布、山谷侵蚀、宽度变化等自然特征，能够得到较为生动的效果，为媲美手工提供了基础。但分享省略了河网生成、瑕疵处理等一些比较重要的内容，导致离项目实用有一定差距。本章将以此方法为蓝本进行补充和扩展，着重解决可控性和鲁棒性问题，结合在《重生边缘》项目中的实践经验，提出完整生成算法和操作流程。

21.2 Houdini / Houdini Engine 简介

Houdini 是一款 3D 动画和特效软件，在影视、游戏领域有广泛应用，具有以下特色。

- 完全基于过程化技术（非破坏性）。
- 可对几何元素进行并行处理（解耦情况下）。

---

[1] Horizon Zero Dawn: Procedural Rivers & Wires.

- 节点化，易于使用和调试。
- 内置节点涵盖常用几何算法。
- 可编程（支持语言为 VEX/Python）。

Houdini Engine 提供了一套接口（HAPI）[①]，可用于插件开发，实现在第三方应用程序中使用 HDA（Houdini Digital Assets，Houdini；数字资产）。目前官方推出的插件有 Houdini Engine for 3ds Max/Maya/Unity/Unreal。同时，用户可以使用 HAPI 实现自己的插件。

21.3　河流组成及视觉要素

河流包含如下要素。
- 形态走势。
- 流动。
- 石头、水花、泡沫。
- 反射、折射、边缘半透、岸边潮湿。

在生成河流时，应尽可能全面地囊括这些要素，以获得完整丰富的视觉效果。

21.4　河流生成

自然界中的河流（非人工挖掘）是长期地质演化的结果，理论上可以通过对地形进行侵蚀模拟得到，但这种方式极不可控，难以预料最终结果，所以我们决定放弃这个方向，采用美术导向（Artist Driven）的方式，手工布局，自动生成细节。以带有宽度信息的曲线作为河流的简化表示，输入生成系统，系统结合曲线与地形信息，生成河岸、河床、河面、石头、水花和遮罩。

21.4.1　河流曲线生成

借鉴地平线方法，对输入曲线进行以下 4 步操作，可得到较为自然的河流曲线。
（1）滑落（Sliding）。
（2）侵蚀（Erode）。
（3）阶梯化（Cascade）。
（4）宽度变化（Width Variation）。

滑落：将输入曲线想象为一根绳子，落在崎岖不平的地形上，其上各点沿地

---

① HAPI Overview.

形坡度滑落，产生与地形吻合的自然弯曲，如图 21.1 所示。

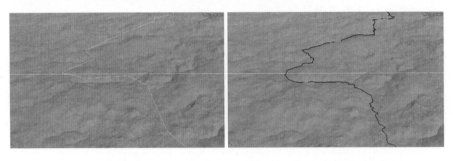

（a）滑落前　　　　　　　　　　　　　　（b）滑落后

图 21.1　滑落

根据图 21.2 中的几何关系，由 P 点滑落一小段距离 dL，算法如下。

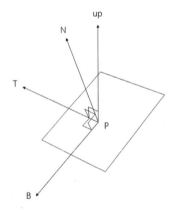

图 21.2　滑落方向计算

N=P 点处地形法线 //可用 Ray 节点实现（勾选 Point Intersection Normal）

up=(0,1,0)

T=cross(N,up)

B=cross(N,T) //B 即滑落方向

P=P+dL*B //滑落

　　以上过程反复迭代多次直至产生满意结果。由于每次迭代都是对点的简单操作，且为并行，因此无须担心性能。

　　侵蚀：通过滑落得到了与地形吻合的河流曲线，若曲线所经之处存在高地，则会导致上行，而河流应满足"水往低处流"，故需要将高地侵蚀为峡谷，如图 21.3 所示。

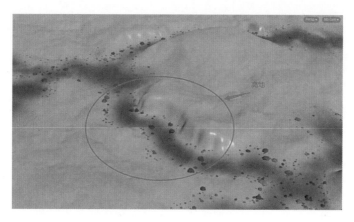

图 21.3　将高地侵蚀为峡谷

算法很简单，只需要依次遍历曲线上各点，如果当前点比上一个点高，则将当前点下拉到与上一点相同高度，伪代码如下。

```
for(int i=1;i<n;i++)
    P(i).y=min(P(i).y,P(i-1).y)
```

阶梯化：自然界河流通常呈阶梯状，形成级联的小瀑布，如图 21.4 所示。

图 21.4　自然界河流形成级联小瀑布

从形态角度模拟这种现象，可采用如下算法。

（1）将河流曲线分段。

（2）每段划分为若干层（为了效果自然，层数及各层厚度应加入一定随机性）。

（3）在每层内对曲线"取整"。

阶梯化过程如图 21.5 所示。

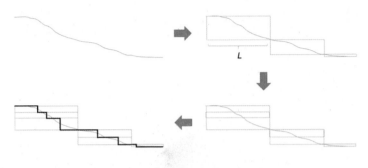

图 21.5　阶梯化过程

其中，将曲线分成多段分别阶梯化，是为了整体形态失真程度可控。由于分段端点必然与曲线重合（不失真），因此分段越小，潜在失真程度越小；分段越大，潜在失真程度越大。将河流曲线分段，可用 GroupbyRange 节点每隔若干顶点取一点后，用 Polycut 节点将曲线在这些点处切开。对其中一段进行阶梯化的简便方法是先对划分的每个层生成 Plane，再对曲线段上各点 P 使用 Xyzdist+Primuv 寻找这组 Plane 上的最近点 P'，将 P 移动到 P'。考虑到一些区段并不需要生成阶梯，允许使用 Volume 对这些区段进行标记，标记区域保持原状，如图 21.6 所示。

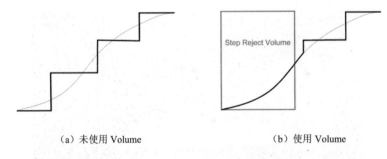

（a）未使用 Volume　　　　　　　　　　（b）使用 Volume

图 21.6　Step Reject Volume

阶梯化结果如图 21.7 所示，其中标红处为阶梯。

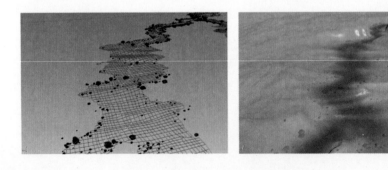

图 21.7　阶梯化结果

宽度变化：主要考虑如下 3 个因素对河流宽度的影响。

- 用户指定。
- 峡谷深度。
- 坡度。

用户指定对宽度的影响：用户可直接指定曲线各控制点的宽度，作为河流的基础宽度 W_0。

峡谷深度对宽度的影响：如图 21.8（a）所示，当河流流过高地时，为保证水不往高处流侵蚀成峡谷，峡谷深度即高地顶部与河道高度之差。定性来讲，峡谷深度越深，水流速度越大，河流宽度越窄；反之，峡谷深度越浅，水流速度越小，河流宽度越宽。极限情况是峡谷深度为 0，即不存在高地，河流流过平原，此时河流摊开，水流变缓，水面开阔。可通过函数 volumesample 获取曲线上指定点 P 处的地形高度，与 P 点高度作差即峡谷深度。峡谷深度与河流变窄量 dW_1 之间的定量关系曲线可暴露为 UI 交由美术师指定。

坡度对宽度的影响：如图 21.8（b）所示，坡度越大，水流速度越大，河流宽度越窄。曲线 Slope 计算代码为 T.y/sqrt(1-T.y*T.y)。坡度与河流变窄量 dW_2 之间的定量关系曲线可暴露为 UI 交由美术师指定。

综合以上 3 个因素得到最终宽度 $W=W_0-dW_1-dW_2$，即可产生较为自然的宽度变化效果。

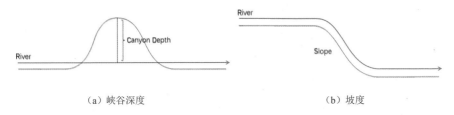

（a）峡谷深度　　　　　　　　　　　　　（b）坡度

图 21.8　峡谷深度与坡度对宽度的影响

有无宽度变化对比如图 21.9 所示。

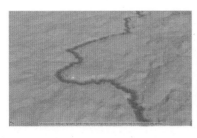 

（a）无宽度变化　　　　　　　　　　　　（b）有宽度变化

图 21.9　有无宽度变化对比

21.4.2　河网骨架生成

考虑由多条曲线生成河网，若逐支串行生成，则时间复杂度为 $O(N)$（N 为分支数），效率过低。为了提高效率，可先求河网骨架，再一次性并行生成各支，这样时间复杂度降为 $O(1)$。

河网骨架需要满足如下 2 条约束。

- 各支在交汇点处等高。
- 各支满足"水往低处流"（各支都是河流曲线）。

需要进行约束求解，求解过程主要涉及 2 个操作：高度对齐和反向传播。

下面通过 2 个例子来说明。

例 1　输入曲线 A、B 及地形，如图 21.10（a）所示（地形格中灰度代表高度，颜色越深，高度越低），生成河网骨架。

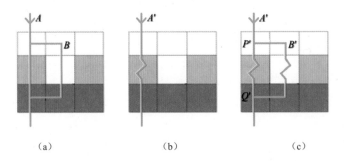

（a）　　　　　　　　　　（b）　　　　　　　　　　（c）

图 21.10　例 1 的河网骨架生成过程

生成步骤如下。

（1）由输入曲线 A 生成河流曲线 A'。

（2）由输入曲线 B 生成河流曲线 B'，但在侵蚀之前需要进行下拉对齐：将交汇点 P'、Q' 附近河流曲线 B' 的顶点下拉至与河流曲线 A' 等高（如果点 P'、Q' 处河流曲线 B' 确实高于河流曲线 A' 的话）。

如此所得结果满足 2 条约束，为最终河网骨架。

例 2　输入曲线 A、B 及地形，如图 21.11（a）所示（地形格中灰度代表高度，颜色越深，高度越低），生成河网骨架。

生成步骤如下。

（1）由输入曲线 A 生成河流曲线 A'。

（2）由输入曲线 B 生成河流曲线 B'，但在此过程中要插入一些额外步骤。

- 侵蚀前进行下拉对齐：将交汇点 P'、Q' 附近河流曲线 B' 的顶点下拉至与河流曲线 A' 等高（如果点 P'、Q' 处河流曲线 B' 确实高于河流曲线 A' 的话）。

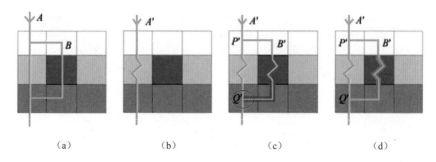

图 21.11　例 2 的河网骨架生成过程

- 侵蚀后进行上拉对齐：侵蚀过程中，由于中央格凹陷，河流曲线 B' 经过中央格后将侵蚀出峡谷，当河流曲线 A' 与河流曲线 B' 汇合于 Q' 点时高度产生矛盾。因此侵蚀后需要进行上拉对齐：将交汇点 P'、Q' 附近河流曲线 B' 的顶点上拉至与河流曲线 A' 等高（如果点 P'、Q' 处河流曲线 B' 确实低于河流曲线 A' 的话）。
- 上拉后进行反向传播：上拉破坏了河流曲线 B' 的"水往低处流"性质，为了恢复此性质，紧跟一个反向传播步骤进行修正，即逆向遍历河流曲线 B' 顶点，如果当前顶点比前一个顶点低，就将其拉高。伪代码如下。

```
for(int i=n-2;i>0;i--)
    P(i).y=max(P(i).y,P(i+1).y)
```

如此所得结果满足 2 条约束，为最终河网骨架。

例 2 比例 1 复杂之处在于地形中央格凹陷，河流曲线 A' 与 B' 汇合于 Q' 点时高度产生矛盾，这里采用反向传播法解决矛盾。另外，由例 2 可见，生成结果与生成顺序有关（"先 A 后 B"与"先 B 后 A"结果不同），因此引入支流优先级概念，优先级高的曲线先生成。支流优先级手工指定即可（参考自然界中河流分支的主次关系）。

由例 2 可归纳出一般的河网骨架生成算法。

（1）将输入曲线按支流优先级排序。

（2）对第 1 条输入曲线生成河流曲线。

（3）依次对之后各条输入曲线生成河流曲线，在侵蚀前进行下拉对齐，在侵蚀后进行上拉对齐，并进行反向传播修正。

约束求解保证了河网的合理性，有无约束求解效果对比如图 21.12 所示。其中，图 21.12（a）和图 21.12（b）为无交汇点高度对齐和有交汇点高度对齐的效果对比，图 21.12（c）和图 21.12（d）为无反向传播和有反向传播的效果对比。

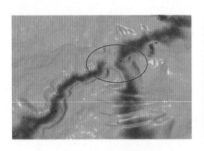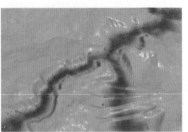

（a）无交汇点高度对齐　　　　　　　　　　（b）有交汇点高度对齐

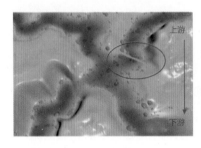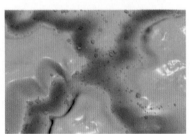

（c）无反向传播　　　　　　　　　　　　　（d）有反向传播

图 21.12　有无约束求解效果对比

21.4.3　河网骨架生成延伸讨论

21.4.2 节中对例 2 的高度矛盾采取的解决方法相当于在 B' 两侧添加堤坝。实际上，除堤坝方案外，还有其他解决方案（见图 21.13）。

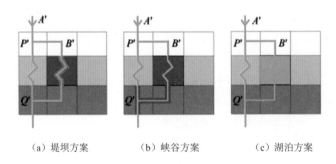

（a）堤坝方案　　　　　　（b）峡谷方案　　　　　　（c）湖泊方案

图 21.13　不同解决方案

峡谷方案：Q' 处产生高度矛盾后，保持 B' 不变，对 A' 进行修正，使 A' 下游产生与 B' 匹配的峡谷。

湖泊方案：让中央凹陷格成为湖泊，湖水水面高度与最后一行格子高度一致。这样，当 B' 从湖中流出与 A' 汇合于 Q' 处时，便不会产生高度矛盾。

比较 3 种方案，如下。

- 在堤坝方案中，后生成的河流曲线不影响先生成的河流曲线（生成 B' 时不影响 A'），算法简单。在峡谷方案中，后生成的河流曲线影响先生成的河流曲线（生成 B' 时要反过来修改 A'），算法相对复杂。
- 堤坝方案和峡谷方案的效果均有不理想处，堤坝方案易产生大面积堤坝，峡谷方案易产生大面积峡谷。（不过此问题可以解决，见 21.4.4 节打破"水往低处流"限制）。
- 湖泊方案比较科学，但可控性较差，生成结果与最初设计可能相差甚远，实际项目为了可控性，更倾向于提供湖泊工具进行显式指定。

由于当前项目对可控性有较高要求，因此排除了湖泊方案。考虑到算法简洁，最终选择了堤坝方案。读者可根据自身项目特点尝试不同方案。

21.4.4　打破"水往低处流"限制

通常情况下，不希望河流下游产生过长过深的峡谷，或者过长过高的堤坝。虽然这些问题可以通过修改地形解决，但轻微地势起伏难以精确控制，并会随着地形跨度增大积累一定的高度差，导致生成结果出现非预期的深沟高垒，而且游戏中地形设计考虑的因素很多，往往不允许单独为河流进行大的调整。解决此问题较好的方法是让河流生成算法具有一定弹性，不严格遵守"水往低处流"的规则，允许轻微上流。引入坡度阈值 slopeThreshold 来限制上流幅度，经实验，当 slopeThreshold 取较小值时，既能做到河水上流不被玩家察觉，又能有效地控制峡谷和堤坝面积。

允许轻微上流后，侵蚀、反向传播、阶梯化算法进行如下调整。

侵蚀算法调整为：

```
for(int i=1;i<n;i++){
    dL=distance(P(i-1).xz,P(i).xz)
    dH=slopeThreshold*dL
    If(P(i).y>P(i-1)+dH){
        P(i).y=P(i-1)+dH
    }
}
```

反向传播算法调整为：

```
for(int i=n-2;i>0;i--){
    dL=distance(P(i).xz,P(i+1).xz)
    dH=slopeThreshold*dL
    If(P(i).y<P(i+1)-dH){
        P(i)=P(i+1)-dH
```

```
        P(i)=min(P(i),terrainHeight) //防止悬空
    }
}
```

阶梯化算法：基本算法不变，增加判断，只对下坡生成阶梯，不对上坡生成阶梯。

允许轻微上流前后例 2 结果示意图如图 21.14 所示。可见，允许轻微上流避免了大面积堤坝的产生，是比较理想的方法。

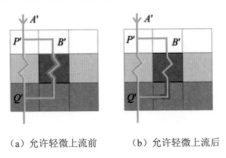

（a）允许轻微上流前　　　（b）允许轻微上流后

图 21.14　允许轻微上流前后例 2 结果示意图

21.4.5　河岸、河床、河面生成（条带方案）

由河流曲线生成河岸、河床、河面，按《地平线：黎明时分》中给出的算法，步骤如图 21.15 所示。

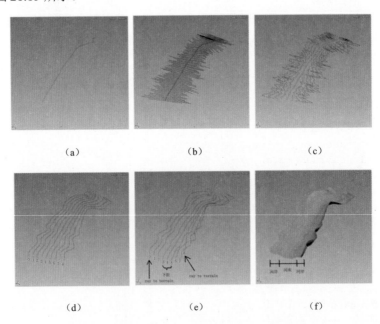

（a）　　　　　　　　（b）　　　　　　　　（c）

（d）　　　　　　　　（e）　　　　　　　　（f）

图 21.15　河岸、河床、河面生成过程（条带方案）

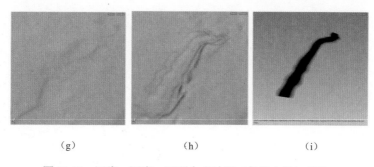

（g）　　　　　　　　（h）　　　　　　　　（i）

图 21.15　河岸、河床、河面生成过程（条带方案）（续）

在图 21.15 中，（a）为河流曲线；（b）拷贝线段到曲线顶点上；（c）为 Skin（Connectivity 选 Columns），得到河流曲线束；（d）为 Smooth，获得平滑的河流曲线束；（e）为两侧曲线投射到地形，中央 3 条曲线下拉；（f）为 Skin，得到河岸、河床 Mesh。（g）为原始地形；（h）为河岸、河床 Mesh 投射到地形；（i）为取（d）中央 5 条曲线 Skin，得到河面 Mesh。

条带方案所得河面 Mesh 为条带状布线。条带方案最终效果如图 21.16 所示。

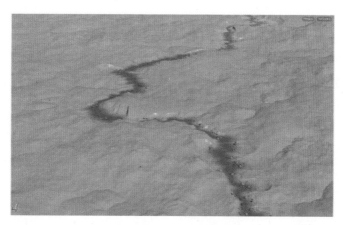

图 21.16　条带方案最终效果

在如图 21.25 所示的条带方案中，由于河流是单条河流且没有剧烈转折，因此未暴露缺陷，实际上条带方案存在以下问题。

- 转弯处 Mesh 重叠（自相交）。
- 支流 Mesh 重叠。

条带方案的问题如图 21.17 所示。

21.4.6 节提出一种改进方案，在保持效果不变的前提下解决 Mesh 重叠问题。

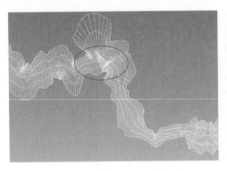 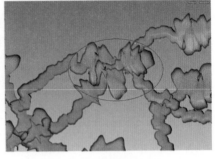

（a）转弯处 Mesh 重叠（自相交）　　　　　（b）支流 Mesh 重叠

图 21.17　条带方案的问题

21.4.6　河岸、河床、河面生成改进（栅格方案）

在基于条带的框架下彻底解决 Mesh 重叠问题是非常困难的，因此改变策略，改为由 Heightfield（高度场）提取河面，这样便能确保所得河面 Mesh 为单层。新方案步骤如下。

（1）生成河岸、河面 Heightfield（先不挖河床）。

（2）生成 Depth Mask（深度遮罩，水面到河床深度）。

（3）提取河面。

（4）挖河床。

生成河岸、河面 Heightfield：在图 21.15（e）中不对河流曲线束中央 3 条曲线进行下拉，直接 Skin，可得河岸、河面 Mesh，随后投射到地形得到河岸、河面 Heightfield（未挖河床），如图 21.18 所示。

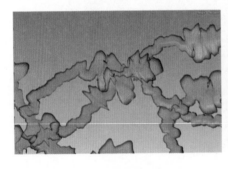 

（a）河岸、河面 Mesh　　　　　　（b）河岸、河面 Heightfield（有瑕疵）

图 21.18　生成河岸、河面 Heightfield

可见，所得 Heightfield 在交汇口处存在很多瑕疵，若直接由此提取河面，得到的河面 Mesh 将继承这些瑕疵，不可接受。为了修复这些瑕疵，可由 Heightfield 各点向上发射线与条带 Mesh 求交，交点数≥2 者，即多层 Mesh 重叠区域，标红。对标红区域略微扩张后进行平滑，即可消除瑕疵，如图 21.19 所示。

将条带重叠区域 Heightfield 标红，VEX 代码如下。

```
//volumewrangle，0 号输入端为 Heightfield，1 号输入端为条带 Mesh
vector pos[];
int prim[];
vector uvw[];
vector P=set(v@P.x,@height,v@P.z);
int hitCount=intersect_all(1,"",P,{0,1e5,0},pos,prim,uvw);
@mask=hitCount>=2
```

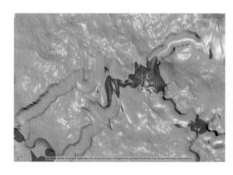 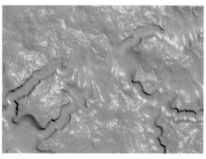

（a）Mesh 重叠区域标红　　　（b）标红区域平滑（得到无瑕疵河岸、河面 Heightfield）

图 21.19　消除瑕疵的过程

生成 Depth Mask：首先按照图 21.15（i）生成河面条带 Mesh，且使其带有中间黑边缘白的顶点色，顶点色代表水深（为了过渡柔和，可对条带 Mesh 进行细分）；然后将顶点色投射到河岸、河面 Heightfield 上，对于交汇口多层 Mesh 重叠区域，可取各层颜色乘积作为最终投射颜色，得到 Depth Mask，如图 21.20 所示。VEX 代码如下。

```
//volumewrangle，0 号输入端为 Heightfield，1 号输入端为条带 Mesh
vector pos[];
int prim[];
vector uvw[];
vector P=set(v@P.x,@height,v@P.z);
int hitCount=intersect_all(1,"",P,set(0,1e5,0),pos,prim,uvw);
float mask=1;
for(int i=0;i<hitCount;i++){
    vector col=primuv(1,"Cd",prim[i],uvw[i]);
    mask*=min(1,col.r);
}
@mask=1-mask;
```

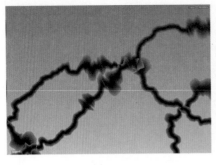 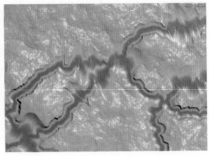

（a）河面条带 Mesh　　　　　　　　　　（b）Depth Mask

图 21.20　生成 Depth Mask

提取河面：简单的方法是将整个地形转 Mesh 后，删除未标红的面。若希望速度更快，可采用如下点阵法。

（1）Heightfield 重采样（此步可选，目的是控制面数）。

（2）在 Heightfield 标红区域各像素中心生成 Point。

（3）每个 Point 拷贝一个小矩形，矩形边长为 Heightfield 像素大小。

（4）将矩形投射（Ray）到 Heightfield 并焊接（Fuse）。

最终得到如图 21.21 所示的栅格河面。

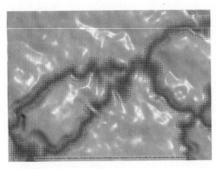 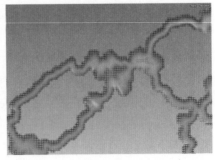

（a）标红区域像素中心生成 Point　　　　　　　（b）栅格 Mesh

图 21.21　栅格河面

不过，这样得到的河面边缘是翘起来的，如图 21.22（b）所示。可用如下方法修复。

（1）将条带河面标黑，将颜色传给栅格河面。

（2）以颜色值为权重，对栅格河面高度进行平滑。

如图 21.22（c）和图 21.22（d）所示，中央黑色区域权重为 0，不被平滑；边缘白色区域权重为 1，被平滑为与相邻黑色区域同等高度，这样就达到了既修复边缘翘起又不损伤河面细节的目的。随后可进一步删除全部落在地面之下的面。修复前后对比如图 21.23 所示。

（a）条带河面　　　　　　　　　　　（b）栅格河面

（c）条带河面标黑后颜色传递给栅格河面　　　（d）以颜色值为权重对高度进行平滑

图 21.22　修复过程

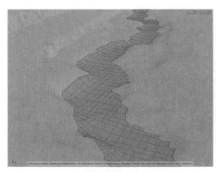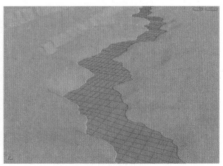

（a）修复边缘前　　　　　　　　　　　（b）修复边缘后

图 21.23　修复前后对比

挖河床：前面已经得到了河岸、河面 Heightfield 及 Depth Mask，按 Depth Mask

上的深度对河岸、河面 Heightfield 进行下沉，即可挖出河床，如图 21.24 所示。

图 21.24　挖河床

至此河岸、河床、河面生成完毕，解决了 Mesh 重叠问题。栅格方案最终效果如图 21.25 所示。

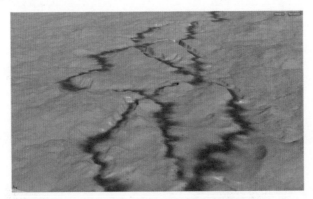

图 21.25　栅格方案最终效果

生成河岸及河面的同时会生成 Bank Mask（河岸遮罩）和 Wet Mask（湿遮罩），如图 21.26 所示，其中 Bank Mask 中挖掉了 Slope（山坡）较大区域。

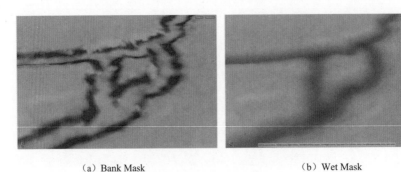

（a）Bank Mask　　　　　　　　　　　　（b）Wet Mask

图 21.26　Bank Mask 和 Wet Mask

相比条带方案，栅格方案能够从根本上避免瑕疵，对任意复杂河网产生合理结果，具有很好的鲁棒性。

21.4.7　减面、切块、LOD

生成河面 Mesh 后，需要进行减面、切块、LOD。

减面：21.4.6 节提取河面时有一步 Heightfield 重采样过程，已对面数进行了一次削减。但由于此步只能进行均匀削减，不够充分，所以再加一步自适应减面。为减少顶点插值瑕疵，在 Pereserve Quads 模式下进行减面（Polyreduce 节点勾选 Preserve Quads），效果对比如图 21.27 所示。

（a）不减面　　　　　　　　　　　　　　　（b）减面 50%

图 21.27　效果对比

切块：为了有利于剔除、Streaming 和 LOD，对河面 Mesh 进行切块。简单按方格进行切块，方格尺寸可以指定，为了不增加面数，落在方格边缘的面并不真正切开，而整体归入较近的方格。河面 Mesh 切块如图 21.28 所示（图中各切块染成了不同颜色）。

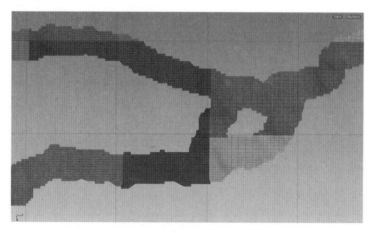

图 21.28　河面 Mesh 切块

LOD：直接使用游戏引擎的自动 LOD 功能即可。

21.4.8　流向

河流的基础流向（Base Flow）与河流曲线的走向一致，可先求河流曲线各点切线，再用 Attribtransfer 节点将切线传给河面 Mesh 顶点（注意需要将 Distance Threshold 调得足够大），随后进行适当 Blur，以保证交汇口处 Base Flow 不发生突变。基础流向如图 21.29 所示。

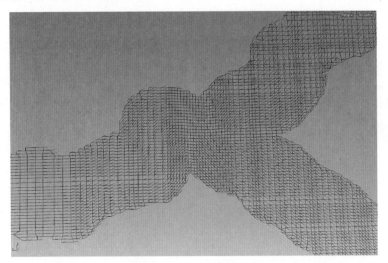

图 21.29　基础流向

在没有障碍物的情况下，基础流向就是最终流向；如果河中有漏出河面的石头，则受到石头的阻挡，水流在石头周围会发生偏转。游戏中流向向量（Flow Vector）的计算通常采用比较简单的方法，直接将基础流向与障碍物梯度（可适当缩放）进行合成，即 Flow=Base Flow+(−Gradient)×Gradient Scale，如图 21.30 所示。

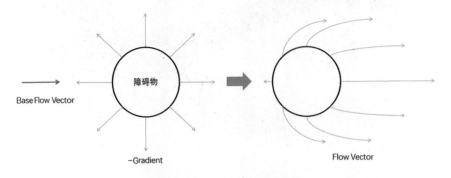

图 21.30　Flow Vector 计算原理

得到河面各点 Flow Vector 后，便可烘焙 Flow Map。考虑到当河流较长时，

Flow Map 体积会很大，则可用顶点色加距离场（Distance Field①）替代 Flow Map，即在材质中通过顶点色获得 Base Flow（Base Flow 是大尺度信息，对精度要求不高，因此可存到顶点色里），通过距离场获得障碍物梯度（因为许多效果用到距离场，所以距离场相当于是免费的），实时合成 Flow Vector。两种方案如图 21.31 所示。

图 21.31　两种方案

21.4.9　石头、水花

河流的石头分布是长期演化的结果，具有比较复杂的规律，此处只取浅显经验：河心石头大，河边石头小（河心水流急，小石头被冲走，只剩大石头；河边水流缓，小石头会沉积下来）。另外，从美术角度考虑，希望河心石头尽量大些，露出水面，以便产生水花和泡沫，视觉效果更丰富。河流石头分布与水花如图 21.32 所示。

（a）河流石头分布　　　　　　　　　　　　（b）水花

图 21.32　河流石头分布与水花

石头生成过程如下。

（1）将条带河面拆成中央和边缘两部分，分别投影到地形，得到河心 Mask 和

---

① Mesh Distance Fields.

河边 Mask。

（2）在河心、河边 Mask 区域分别随机撒点（同时将手工摆放的石头引入，对生成的点进行剔除，避免冲突）。

石头生成过程如图 21.33 所示。

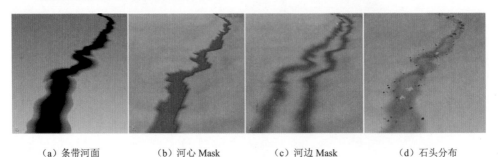

（a）条带河面　　　（b）河心 Mask　　　（c）河边 Mask　　　（d）石头分布

图 21.33　石头生成过程

石头迎着水流的一面产生水花，可通过放置粒子系统来表现，粒子系统位置、朝向的求法如下。

（1）石头与河面求交，在交线上均匀取点。

（2）以石头法线作为各点法线，如果一个点的法线与 Base Flow 点乘的结果小于 0，则留下，否则删除。

粒子系统位置、朝向如图 21.34 所示。

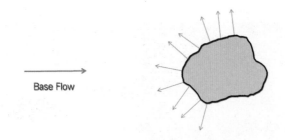

Base Flow

图 21.34　粒子系统位置、朝向

注：此处可以做得更复杂，如在迎着水流和背着水流两面都放置粒子系统（不同类型）。

计算石头与河面交线，首先使用 Intersectionanalysis 节点（勾选 Output Intersection Segments）；然后对交线 Resample 生成交点，求交点处石头法线，此外可直接用 Ray 节点（勾选 Point Intersection Normal）；最后为粒子系统设置适当的 Culling Distance，以便优化性能。石头和水花如图 21.35 所示。图 21.35（a）中的黄色箭头表示粒子，图 21.35（b）所示为将箭头替换成粒子后的效果。

（a）　　　　　　　　　　　　　　　　　（b）

图 21.35　石头和水花

21.5　材质

河流的材质表现包含河面和河岸两部分，河面材质主要实现流动、反射、折射、边缘半透等效果，河岸材质主要实现岸边潮湿效果。

河面材质：由于栅格方案生成的河面不具有条带 uv，因此无法通过 uv 滚动来实现河面的流动效果。我们采用世界坐标作为 uv 来进行纹理映射，并使用 Flow Vector 对 uv 进行偏移，实现波纹及泡沫流动，代码如下。

```
uv=worldPosition.xy
uvOffset=flowSpeed*flowVec*time
uv=uv+uvOffset
```

随着 time 逐渐变大，uvOffset 逐渐变大，产生流动效果。但若 uvOffset 过大，纹理将产生撕裂，如图 21.36 所示。

图 21.36　uvOffset 无限增大直到纹理撕裂

为避免撕裂，将 uvOffset 进行周期性复位，代码改为：

```
uvOffset=flowSpeed*flowVec*fmod(time,T)
```

uvOffset 周期性复位如图 21.37 所示。

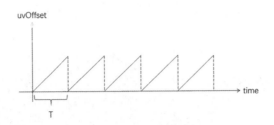

图 21.37　uvOffset 周期性复位

但复位会导致流动效果发生跳变，为了掩盖跳变，将波纹和泡沫在跳变前后渐隐，即引入一个以 T 为周期变化的 alpha 值，代码如下。

```
alpha=(sin(x*2*pi/T-pi/2)+1)/2
```

周期性显隐如图 21.38 所示。

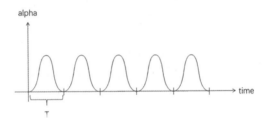

图 21.38　周期性显隐

至此，得到无跳变周期性显隐的流动效果。为了看起来连续，可将 N 个上述效果进行叠加，各效果之间相差 T/N 个周期，通常取 N=2 就够用了。河面流动效果如图 21.39 所示。（读者可在 B 站上搜索 houdini+ue4river demo 2-2 查看视频演示过程）。

（a）石头周围泡沫　　　　　　　　　　　（b）小瀑布泡沫

图 21.39　河面流动效果

　　这种基于 Flow Vector 驱动的流动效果实现方法的好处是不依赖河面 uv，从而不存在交汇口处 uv 衔接问题。另外，可在坡度大的部分对 Flow Vector 进行适当放大，使这些地方的 uvOffset 更大，流动效果更强，同时在这些地方调高泡沫强度。石头周围及岸边浅处泡沫通过距离场产生，河面位置可随机产生一些泡沫（通过噪声图控制），用于暗示水面之下潜在的阻挡，提升视觉复杂度（见图 21.40）。通过 distanceToNearestSurface 或顶点色 alpha 实现岸边透明效果。最后，添加折射和反射效果。

图 21.40　随机泡沫

　　河岸材质：河岸比较显著的材质效果是潮湿，通过将 Wet Mask 区域的 Albedo 和 Roughness 压低来表现。另外，可使用噪声纹理在潮湿区域随机混合一些苔藓。

　　最终效果如图 21.41～图 21.43 所示。

图 21.41　最终效果 1

图 21.42　最终效果 2

图 21.43　最终效果 3

21.6　工作流程

　　河流编辑：如图 21.44 和图 21.45 所示，在游戏引擎中使用 Spline 工具对河流进行编辑，指定走势和基础宽度（无须考虑高度），并指定支流优先级、源头和曲线类型。

　　指定支流优先级：决定河网骨架生成时的支流生成顺序。

　　指定源头：对每条输入曲线指定一个端点作为源头，目的是方便用户对支流进行反向。

　　指定曲线类型：Spline 在场景中有多种用途，包括河流、道路、围栏等，因此需要添加类型标记。

数据互通：将 Spline 数据重采样为点列，位置、宽度、优先级、源头、类型等信息作为点属性。点列数据传入 HDA 生成河流，生成结果由 Houdini Engine 传回游戏引擎，转换为场景数据。

图 21.44　河流编辑：编辑 Spline

图 21.45　河流编辑：结果

数据分离：生成河流涉及对地形的修改，为做到非破坏性（可复原），引入分层机制（UE4 中称为 Edit Layer[①]），河流生成系统对地形的修改并不直接覆盖原始地形层，而将改动生成到新层中，从而实现生成数据与手工编辑数据分离。在图 21.46 中，（a）为开启河流层，（b）为关闭河流层，关闭河流层则地面完全复

---

① Landscape Edit Layers.

原。另外，所有由 Houdini 生成的 Mesh 和 Instance 都带有 Houdini 标记，从而区分是生成的还是手工摆放的。

（a）开启河流层　　　　　　　　　　　（b）关闭河流层

图 21.46　开启河流层与关闭河流层对比

　　过程拆分：我们在实际使用过程中发现，河流主体（河岸、河床、河面）与附属物（石头、水花）的生成频率是不同的。河流主体生成频率较低，经过少数调整即可定型；附属物生成频率较高，石头密度和大小常需要反复调整。为使每次更新附属物时不必重新生成河流主体（提高效率），可进行过程拆分，将河流生成系统 HDA 拆分为 riverSys_main.HDA 和 riverSys_rock_particle.HDA。riverSys_main.HDA 在生成河流主体的同时输出中间文件 for_rock_particle.bgeo.sc，其中包含生成石头和水花所需的中间结果。riverSys_rock_particle.HDA 读取此中间文件（避免重复计算）生成石头和水花。河流生成系统结构如图 21.47 所示。

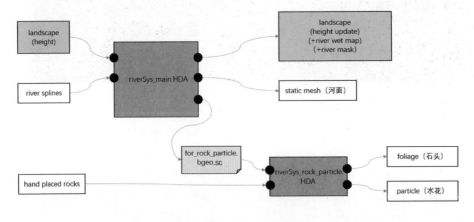

图 21.47　河流生成系统结构

21.7 总结

本章介绍了一种基于 Houdini 的过程化河流生成方案。该方案借鉴《地平线：黎明时分》中对河流自然特征的表现，补充了瑕疵处理、河网生成、材质表现、效率优化、工作流程等内容，重点解决了可控性和鲁棒性问题，其原则、思路同样适用于其他生成主题，希望对读者构建自己的过程化系统有所启发。